建筑职业技能鉴定教材配套读本

# 防水工

## 升级考核试题集


雍传德　雍世海
张　良　屈锦红　编

中国建筑工业出版社

**图书在版编目（CIP）数据**

防水工升级考核试题集/雍传德等编. —北京：中国建筑工业出版社，2008
建筑职业技能鉴定教材配套读本
ISBN 978-7-112-07058-9

Ⅰ.防… Ⅱ.雍… Ⅲ.建筑防水-工程施工-职业技能鉴定-习题 Ⅳ.TU761.1-44

中国版本图书馆 CIP 数据核字（2008）第 002295 号

本书根据国家劳动和社会保障部教材办公室组织编写的供建筑行业防水专业初级防水工、中级防水工、高级防水工培训和鉴定使用的《职业技能鉴定教材》和建设部人事教育司组织编写的"技师防水工"教材编写而成。

本书主要内容为初级防水工、中级防水工、高级防水工、技师防水工应分别掌握的有关防水知识和操作技能，用判断题、选择题、问答题、计算题的形式编写。内容涉及建筑识图和制图知识，建筑防水材料，建筑防水工程施工知识、建筑防水工程施工管理知识；防水卷材、防水涂膜、刚性防水、地下工程防水、厕浴间防水施工操作技能；以及建筑外墙防水、构筑物防水施工操作技能；建筑防水工程渗漏防治以及施工机具与安全生产防护等内容。

* * *

责任编辑：周世明 张伯熙
责任设计：赵明霞
责任校对：兰曼利 张 虹

建筑职业技能鉴定教材配套读本
**防水工升级考核试题集**
雍传德 雍世海
张 良 屈锦红 编

*

中国建筑工业出版社出版、发行（北京西郊百万庄）
各地新华书店、建筑书店经销
北京红光制版公司制版
北京富生印刷厂印刷

*

开本：787×1092 毫米 1/16 印张：19¼ 字数：465 千字
2008 年 4 月第一版 2008 年 4 月第一次印刷
印数：1—3000 册 定价：**40.00** 元
ISBN 978-7-112-07058-9
（13012）

# 前　言

培养同现代化建设要求相适应的数以亿计的高素质劳动者，是建立现代企业制度，实现国民经济持续、稳定、快速发展的重要基础。企业之间的竞争，归根结底是技术的竞争，人才的竞争。是否拥有一支力量雄厚的中、高级技术工人队伍是企业实力的重要标志。

当前建筑企业中、高级技术人才数量严重不足、而且素质和技能水平偏低，已经影响了企业技术进步以及产品质量的提高。加快培养一大批具有熟练操作技能的技术工人队伍，是当今建筑企业进一步发展的当务之急。

为满足职业培训和职业技能鉴定工作的需要，迎接初级防水工、中级防水工、高级防水工、技师防水工培训考核和升级考试热潮的到来，现编写本书。其指导思想是突出为考核服务使防水工便于熟练掌握考核鉴定的范围和内容，便于把握重点。同时也是为企业生产实际需要的基本原则。

本书根据建筑防水专业的特点，以及防水工各等级标准要求的不同，编写中注重了先进性、科学性、规范性、针对性和实用性。内容通俗易懂，适合不同等级防水工自学使用及各级培训和鉴定机构组织升级考核复习使用，对相关专业职业技术学校师生和技术人员有较重要的参考价值。

本书由雍传德、雍世海、张良、屈锦红编写，雍传德主编。

本书编写时还参考了已出版的多种相关培训教材，并对这些教材的编写作者一并表示谢意。

本书虽经多次推敲、修改核证、查实，但限于编者的专业水平和实践经验，仍难免有不足，甚至有疏漏和错误之处，敬请各位读者提出宝贵意见，在此表示衷心感谢。

# 目　　录

# 第一章　初级工试题

## 第一节　初级工判断题

**一、判断题**（对打√，错打×）

**1.** 建筑工程施工图是设计师根据建设单位的设计任务书而设计绘制的重要技术文件，它是指导建筑施工的重要技术依据。（　）

**2.** 为了说明建筑物的朝向和方位，在总平面图上，还应用指北针加以标志。（　）

**3.** 总平面图是指导施工的重要图纸，一般标明建筑物的长度、宽度、高度、细部构造等，以及轴线的编号。（　）

**4.** 建筑施工图一般泛指建筑物的平面图、立面图、剖面图、建筑详图（或称大样图）以及材料作法表或文字说明。（　）

**5.** 读图的方法一般是"先细后粗，从小到大，建筑、结构相互对照"。（　）

**6.** 读图的步骤是，一要清理图纸；二要粗看一遍；三要对照阅读；四要图样会审。（　）

**7.** 识读屋顶图的顺序，先看屋面外围有无女儿墙或天沟，再看流水的方向、坡度，水落管口的位置及出入口位置等。（　）

**8.** 建筑剖面图主要是表示建筑物的外貌，它反映了建筑立面的造型、门窗形式和位置，各部分的标高、外墙面的装修材料和做法。（　）

**9.** 建筑详图是表示某些部位的结构构造和详细尺寸，必须绘制详图来说明。房屋详图一般有墙身节点构造大样图、楼梯间详图、屋面构造详图、门窗详图及其他配件详图。（　）

**10.** 墙身节点采用较大的比例，一般为1∶50。（　）

**11.** 墙身节点详图主要表达了建筑物从基础上部的防潮层到檐口各主要节点构造。（　）

**12.** 查阅门窗标准图集时，首先弄清门窗代号的含义，然后找出该门窗的立面图，并查找相对的尺寸。然后根据立面图中节点代号，查阅节点详图进行门窗识图。（　）

**13.** 建筑标准配件图分建筑配件标准图、建筑构件标准图。（　）

**14.** 目前我国编制的标准配件、构件图集，按其使用范围大致有两类：国标和省标。（　）

**15.** 当设计常年最高地下水位低于地下工程底板标高，又无形成滞水可能时，可不作防水处理。（　）

**16.** 当地下工程的墙体采用砖砌筑时，砌体必须用水泥砂浆砌筑，外墙的外侧应抹20mm厚1∶2水泥砂浆找平层，再刷涂料防潮层。（ ）

**17.** 地下工程防水施工方法有明挖法和暗挖法两种。（ ）

**18.** 地下工程处于冻土层中的混凝土结构，其混凝土抗冻融循环不得少于50次。（ ）

**19.** 地下工程防水做法可采用刚性防水、柔性防水和多道设防、刚柔结合的复合防水做法。（ ）

**20.** 防水混凝土是通过调整配合比，掺加外加剂、掺和料配制而成，抗渗等级不得小于S4。（ ）

**21.** 防水混凝土结构厚度不应小于100mm，裂缝宽度不得大于0.2mm，并不得贯通。（ ）

**22.** 聚合物水泥砂浆防水层单层施工厚度宜为6～8mm。（ ）

**23.** 地下工程柔性防水主要是卷材防水层。（ ）

**24.** 地下工程卷材防水层应铺设在混凝土结构上主体的迎水面上。（ ）

**25.** 地下工程卷材防水层为一或二层，应选用高聚物改性沥青类或合成高分子防水卷材。（ ）

**26.** 地下工程防水处于转角处、阴阳角等特殊部位，应增贴1～2层相同的卷材，宽度不宜小于250mm。（ ）

**27.** 地下工程防水施工，选用合成高分子防水卷材，厚度不应小于3mm，单层厚度使用时厚度不应小于3mm，双层使用时，总厚度不应小于6mm。（ ）

**28.** 地下工程防水施工，在阴阳角处应做成圆弧或45°（135°）折角。（ ）

**29.** 地下防水工程，卷材防水层铺贴应采用外防外贴法铺贴，当施工条件受到限制时，也可以采用外防内贴法铺贴卷材。（ ）

**30.** 地下防水工程采用无机防水涂料时，宜用于结构主体的迎水面，有机防水涂料宜用于结构主体的背水面。（ ）

**31.** 地下工程涂料防水层包括无机防水涂料和有机防水涂料。（ ）

**32.** 地下工程防水涂料可采用外防外涂、外防内涂两种做法。（ ）

**33.** 水泥基渗透结晶型防水涂料的厚度不应小于0.4mm。（ ）

**34.** 塑料防水板应在初期支护基本稳定并经验收合格后进行铺设。铺设防水板的基层宜平整、无尖锐物。（ ）

**35.** 金属防水层金属板的拼接应采用焊接，拼接焊缝应严密。竖向金属板的垂直接缝，应上下对齐。（ ）

**36.** 墙身防潮层的标高一般设在地坪下一皮砖处。（ ）

**37.** 窗台的坡面必须坡向室外，在窗台下皮抹出滴水槽或鹰嘴，以防尿墙。（ ）

**38.** 伸缩缝通常设置宽度为30～50mm。（ ）

**39.** 大板建筑外墙面材料防水就是采用防水密封膏或防水砂浆嵌塞于接缝内，防止雨水进入。（ ）

**40.** 平屋面从防水方法上分，可分为柔性防水屋面和刚性防水屋面。（ ）

**41.** 平瓦、波形瓦的瓦头挑出封檐板的宽度宜为500～700mm。（ ）

**42.** 中间天沟设置在女儿墙内或设置在屋架挑出的牛腿上。 ( )

**43.** 沥青防水卷材根据涂盖用沥青材料的不同分为氧化沥青防水卷材和高聚物改性沥青防水卷材两大类。 ( )

**44.** APP改性沥青具有优良的高温特性，耐热度可达110℃。 ( )

**45.** SBS和APP改性沥青卷材幅宽为100mm，厚度有聚酯胎卷材3mm和4mm两种；玻纤胎卷材有2mm、3mm和4mm三种。 ( )

**46.** 三元乙丙橡胶防水卷材其特点是抗拉强度高、伸长率大，对基层的伸缩及开裂变形的适应性强。 ( )

**47.** 基层平整度的检查应用2m长直尺，把直尺靠在基层表面，直尺与基层间的空隙不得超过5mm。 ( )

**48.** 一般要求基层的混凝土或水泥砂浆的含水率控制在9%～12%以下。 ( )

**49.** 卷材防水应选择在晴朗天气下施工，此时防水层铺贴效果最佳。 ( )

**50.** 各类防水卷材适宜的施工气温是10～30℃之间。 ( )

**51.** 热风焊接法施工合成高分子防水卷材时温度不低于－20℃。 ( )

**52.** 卷材防水层铺贴时间应为水泥类基层龄期不少于6d。 ( )

**53.** 防水找平层的种类有水泥砂浆找平层、细石混凝土找平层和沥青砂浆找平层。 ( )

**54.** 用防水砂浆做防潮层，即在水泥砂浆中掺入1%～3%的防水粉，待搅拌均匀后，用铁抹子抹在防潮部位，砂浆厚度不小于1cm，一般用于墙身防潮层或地下室外墙防潮层。 ( )

**55.** 墙身防潮层位于室内地面标高处的墙身上，需在全部墙身上设置。 ( )

**56.** 油膏类和涂料类防潮层应保证涂抹厚度不小于1mm，且厚度应均匀一致。 ( )

**57.** 防水屋面所使用的卷材须按建筑物等级进行选择。 ( )

**58.** Ⅰ级屋面防水等级是特别重要的民用建筑和对防水有特殊要求的工业建筑，防水层耐用年限为25年，应选用合成高分子防水卷材、高聚物改性沥青防水卷材，三道或三道以上防水设防。 ( )

**59.** 一般当屋面防水面积大于40m$^2$时，找平层宜设分格缝，缝宽25～30mm。 ( )

**60.** 在找平层与突出屋面结构的交接处和转角处均应做成圆弧。当使用合成高分子防水卷材时圆弧半径为20mm。 ( )

**61.** 屋面需要设置排汽道时，排汽通道必须纵横交叉贯通，不能堵塞，并与屋面排汽孔相连通。 ( )

**62.** 屋面工程中不得使用焦油沥青胶。 ( )

**63.** 热用沥青胶由石油沥青基料、优质溶剂和复合填充料配制而成。 ( )

**64.** 冷用沥青胶由石油沥青基料和填充料等配合加热熬制而成。 ( )

**65.** 热粘贴法是用热沥青玛𤨮脂将卷材与基层和卷材层间粘贴叠层而成防水层的方法。 ( )

**66.** 热粘贴法铺贴防水卷材前，采用湿刷法涂刷冷底子油，即在基层水泥凝结过程中涂刷。 ( )

**67.** 湿刷法涂刷冷底子油应注意掌握涂刷时间，一般在水泥砂浆抹完后 1～2h 进行。 （ ）

**68.** 卷材的铺贴方向可根据屋面的坡度及是否受振动等按技术规范确定。 （ ）

**69.** 屋面坡度小于 3%时，防水卷材宜垂直屋脊铺设。 （ ）

**70.** 屋面坡度在 3%～15%之间时，防水卷材可垂直或平行屋脊铺设。 （ ）

**71.** 相邻两幅卷材的接头应错开 150mm 以上。 （ ）

**72.** 相邻两幅卷材上下两层长边应错开 1/3 卷材幅宽。 （ ）

**73.** 合成高分子防水卷材采用粘结法满铺时，短边搭接宽度为 80mm。 （ ）

**74.** 高聚物改性沥青防水卷材采用空铺法，长边搭接宽度为 80mm。 （ ）

**75.** 沥青防水卷材满铺时，短边搭接宽度为 70mm。 （ ）

**76.** 对高低跨相邻的屋面，应先铺高跨后铺低跨。 （ ）

**77.** 在同一面积屋面上，应先铺离上料近的部位卷材，再铺较远部位的卷材。（ ）

**78.** 卷材的铺贴有实铺法和空铺法。 （ ）

**79.** 排汽屋面在铺贴第一层油毡时，油毡搭边要粘牢，距檐口、山墙、伸缩缝 200mm 的范围内仍应满涂沥青玛𤇙脂。 （ ）

**80.** 沥青防水卷材铺贴时，端部收头时用压条或垫片钉压固定，再用密封材料将凹槽嵌填封严。 （ ）

**81.** 冷玛𤇙脂含有溶剂，浸润性强，铺贴沥青防水卷材前可不必涂刷冷底子油，减少了施工程序，加快了施工进度。 （ ）

**82.** 实铺法铺贴沥青防水卷材，具体操作方法有浇油法、刷油法和刮油法。 （ ）

**83.** 空铺法是在铺第一层油毡时，仅在油毡侧边 100～150mm 宽的范围内满涂，而中间部分采用条形、蛇形或点形花撒沥青玛𤇙脂进行铺贴。 （ ）

**84.** 沥青玛𤇙脂的使用温度不低于 110℃，熬制好的沥青应尽快用完。 （ ）

**85.** 绿豆砂保护层适用于沥青防水卷材热法施工。 （ ）

**86.** 施工要快速连贯趁热进行，要保证热玛𤇙脂的厚度均匀（2～3mm），绿豆砂要保证嵌入沥青玛𤇙脂内 1/4 粒径，并要注意立面部位的认真粘贴。 （ ）

**87.** 预制板块保护层适用于上人及非上人屋面的防水层。 （ ）

**88.** 水泥砂浆或细石混凝土保护层与防水层之间应粘结牢固，不应脱离。 （ ）

**89.** 屋面柔性防水层混凝土保护层浇筑后应及时养护，时间不少于 7d。养护后将分格缝清理干净，待干燥后嵌填密封材料。 （ ）

**90.** 热熔法施工是采用热空气焊枪进行防水卷材搭接粘合的施工方法。 （ ）

**91.** 冷粘法是采用工厂配制好的冷玛𤇙脂或改性沥青冷胶料，施工时不需加热，直接涂刮粘贴油毡或沥青玻璃布油毡、沥青玻纤胎油毡的施工方法。 （ ）

**92.** 冷贴法施工是采用胶粘剂进行卷材与基层，卷材与卷材的粘结，而不需要加热的施工方法。 （ ）

**93.** 自粘法施工，是采用带有自粘胶的防水卷材，不用热施工，也不需涂刷胶结材料，而直接进行粘结的施工方法。 （ ）

**94.** 在熬制沥青时，投放锅内的沥青应不超过全部容积的 2/3。 （ ）

**95.** 熬制沥青的锅灶附近应备有防火设备，如铁锅盖、灭火机、干砂、铁锹、铁

板等。 ( )

**96.** 屋面工程验收时，应检查屋面有无渗漏、积水和排水系统是否畅通，可在雨后或持续淋水1h后进行。 ( )

**97.** 可作蓄水检验的屋面，其蓄水时间不少于12h。 ( )

**98.** 各种屋面工程，包括找坡层、保温层、找平层、防水层及保护层等，均为每$1000m^2$抽一处，每处抽查面积$100m^2$，且不得少于3处。 ( )

**99.** 屋面（含天沟、檐沟）找平层的排水坡度，必须符合设计要求。检验方法：用水平仪（水平尺）、拉线和尺量检查。 ( )

**100.** 卷材防水层所用卷材及其配套材料，必须符合设计要求。检验方法：检查出厂合格证、质量检验报告和现场抽样复验报告。 ( )

**101.** 涂膜防水施工是指在基层（找平层）上现场涂刷、刮涂或喷涂防水涂料的抹压施工作业。 ( )

**102.** 防水涂料按形成涂膜的厚度不同可分为厚质防水涂料和薄质防水涂料。 ( )

**103.** 国家标准《屋面工程质量验收规范》GB 50207—2002规定，涂膜防水层用于Ⅲ、Ⅳ级防水屋面时均可单独采用一道设防。 ( )

**104.** 涂膜防水层用Ⅰ、Ⅱ级防水屋面时均可单独采用一道设防。 ( )

**105.** 屋面防水涂料应采用沥青防水涂料、高聚物改性沥青防水涂料。 ( )

**106.** 沥青基厚质防水涂料的涂膜防水层厚度一般为2～4mm。 ( )

**107.** 防水涂膜在满足厚度的前提下，涂刷的遍数越多对成膜的密度越好。 ( )

**108.** 涂膜防水层涂刷时应多遍涂刷，不论是厚质涂料还是薄质涂料均不得一次成膜。 ( )

**109.** 涂膜防水层涂布施工时需待先涂的涂层干燥成膜后，方可涂布后一遍涂料。 ( )

**110.** 屋面防水涂膜的水泥砂浆保护层厚度不宜小于10mm。 ( )

**111.** 涂膜防水屋面施工应"先低后高，先近后远"涂刷涂料。 ( )

**112.** 屋面转角与立面涂层应该薄涂，遍数要多，并达到要求厚度。 ( )

**113.** 涂膜防水胎体施工，当采用两层胎体增强材料时，上下层宜互相垂直铺设。 ( )

**114.** 涂膜防水胎体施工，搭接缝应错开，间距不应小于幅宽的1/3。 ( )

**115.** 涂膜防水胎体施工，屋面坡度小于15%，胎体可垂直屋脊铺设。 ( )

**116.** 屋面坡度大于15%的，为防止胎体增强材料下滑，要求垂直于屋脊铺设。 ( )

**117.** 天沟、檐沟与屋面交接处的附加层宜空铺，空铺的宽度为100～200mm。 ( )

**118.** 檐口处涂膜防水层的收头，应用防水涂料多遍涂刷或用密封材料封严。 ( )

**119.** 泛水处的涂膜应涂刷至女儿墙的压顶下，收头处应用的防水涂料多遍涂刷并封严，压顶也应作防水处理。 ( )

**120.** 厚质涂料一般采用抹压法或刮涂法施工，主要以冷施工为主。 ( )

**121.** 涂膜施工前，对于细微裂缝处（0.3mm以下）可嵌填密封材料，然后增强涂布防水涂料，或在裂缝处作一布二涂加强层。 ( )

**122.** 铺设胎体增强材料可采用湿铺法或干铺法施工。 ( )

**123.** 涂膜防水层施工，气温低于 0℃或施工时高于 40℃时不宜施工，夏季宜选择早晚施工。 ( )

**124.** 涂膜防水层施工顺序，先大面施工，后做节点、附加层施工。 ( )

**125.** 玻璃纤维网格布的搭接宽度不得小于 50mm，应铺平均匀，不得起鼓。 ( )

**126.** 涂膜防水层施工，施工人员不得穿皮鞋高跟鞋施工。 ( )

**127.** 沥青麻丝填塞变形缝空隙施工填塞前，要先将变形缝内的杂物清除干净，然后填塞背衬材料，再嵌塞沥青麻丝或油绳。沥青麻丝外皮距建筑物外表面 0.5cm 左右，用镏子镏平即可。 ( )

**128.** 沥青混合物的填料：耐酸工程采用温石棉；耐碱工程采用闪石类石棉。 ( )

**129.** 拌制沥青混凝土的砂石粒径以不大于 35mm 为宜。 ( )

**130.** 沥青胶泥配制时，石油沥青应加热至 250～270℃，普通石油沥青加热至 200～230℃，然后按配合比，将预热的干粉料逐渐加入，不停地搅拌，直至均匀时为止。

( )

**131.** 沥青砂浆或沥青混凝土的摊铺温度一般要控制在 150～160℃，压实后成活温度为 110℃。 ( )

**132.** 沥青砂浆或沥青混凝土摊铺顺序应自边部开始，逐渐移向中心。 ( )

**133.** 沥青砂浆或沥青混凝土施工中，分层施工时，上下层的施工缝必须互相错开。接槎部位必须紧密、平顺、烫缝不应枯焦。 ( )

**134.** 沥青砂浆或沥青混凝土施工完毕，质量要求表面平整，用 2m 靠尺检查，凹处空隙不得大于 10mm。 ( )

**135.** 木龙骨防腐处理，将沥青熬热至 200℃，然后将木龙骨放入，浸泡 20min，捞出后晾干，即可使用。 ( )

**136.** 防腐块材铺砌，块材的铺贴顺序应先做低处，后做高处；先做地沟、地槽，后做地面、墙裙。 ( )

**137.** 防腐块材铺砌，铺砌块材前应将块材进行预热，当气温低于 0℃时，应预热至 40℃左右。 ( )

**138.** 金属板材屋面适用于Ⅱ、Ⅲ级屋面防水等级。 ( )

**139.** 瓦搭接要避开主导风向，以防漏水。 ( )

**140.** 檐口要铺成一条直线，瓦头挑出檐口长度 50～70mm。 ( )

**141.** 脊瓦要在平瓦挂完后拉线铺放。接口须顺主导风向。 ( )

**142.** 油毡瓦屋面的脊瓦与两坡面油毡瓦搭盖宽度每边不小于 80mm。 ( )

**143.** 油毡瓦的脊瓦与脊瓦的压盖面不小于脊瓦面积的 1/3。 ( )

**144.** 油毡瓦防水屋面的排水坡度应≥20%。其基层应铺设一层沥青防水卷材垫毡。油毡瓦铺设，应不少于 3 层。 ( )

**145.** 金属板材屋面瓦适用于防水等级Ⅰ～Ⅲ级的屋面防水。多用于非保温轻型的工业厂房、库棚和临时性建筑工程屋面。 ( )

**146.** 金属板材屋面，上下两排金属板材的搭接长度，应根据板型和板面波长确定，并不应小于 100mm。接缝要用密封材料嵌填严密。 ( )

**147.** 金属板材檐口挑出长度不应小于 100mm。 ( )

148. 金属板材伸入檐沟内的长度不应小于50mm。 ( )

149. 金属板材屋面，暴露在屋面的螺栓，须带防水垫圈。 ( )

150. 基层较潮湿、含水较多，或防水层材料内含有水分，会造成卷材防水层起鼓。 ( )

151. 建筑物的不均匀下沉，温度变化引起的热胀冷缩及受到较大的振动，造成屋面基层的变动，使防水层产生空鼓。 ( )

152. 用水泥砂浆抹面的山墙、女儿墙压顶，由于温差和干缩变形，使压顶出现横向裂纹，引起渗漏。 ( )

153. 天沟的纵向排水坡度太小，甚至有倒坡现象，或是天沟堵塞，排水不通畅，造成天沟漏水。 ( )

154. 屋面找平层应平整、干燥、清洁，基层处理剂涂刷应均匀，这是防止卷材开裂的主要技术措施。 ( )

155. 在受力集中、屋面基层变形较大的部位，应先干铺一层卷材条做缓冲层，使防水层能适应基层伸缩的变化。 ( )

156. 屋面积水、排水系统不通畅，易造成屋面渗漏。 ( )

157. 石油沥青和焦油沥青掺混后有很强的防水性能和耐化学腐蚀性。 ( )

158. 油毡表面隔离材料为石粉的称为粉毡，为云母片的称为片毡。 ( )

159. 片毡适用于多层做法的防水层的各层与面层。 ( )

160. 石油沥青油纸适用于建筑防潮及包装，也可以做多层防水层的下层。 ( )

161. 玻璃纤维薄毡以短切纤维为原料，纤维越细，其薄毡的性能越好。 ( )

162. 玻璃纤维胎油毡的标号是以玻璃纤维胎材质标号命名的。 ( )

163. 加入填充料后的沥青胶结材料称为沥青玛琦脂。 ( )

164. 沥青玛琦脂的技术指标有三项：耐热度、柔性、粘结性。其中柔韧性和粘结性最重要。 ( )

165. SBS橡胶改性沥青油毡低温柔性－20℃无裂纹。 ( )

166. 配制聚氯乙烯胶泥时，煤焦油的油温应控制在120～140℃。 ( )

167. 沥青防水施工是一种有毒害作业，而且容易发生烫伤。 ( )

168. 沥青砂浆找平层能增加与防水层的粘结能力，避免防水层出现起鼓现象，尤其适合于防水层的冬季施工。 ( )

169. 冷底子油的品种必须与所铺贴的卷材相一致，不得错用。 ( )

170. 石油沥青冷底子油可用于焦油沥青卷材铺贴。 ( )

171. 在基层上弹好铺贴油毡位置线，用以保证铺贴时卷材摆放位置准确和长边的平直。 ( )

172. 油毡表面的云母片或滑石粉，应在打开以后清刷干净，然后反面卷好，置于操作部位，立放待用。 ( )

173. 地下防水层的施工必须在地基和结构经过验收合格后进行。 ( )

174. 在整个地下防水工程施工期间，都必须作好排水和降低地下水位的工作。 ( )

175. 穿过防水层的各种管道、设备、预埋件等，应在防水层施工前安装固定好和进

行防水处理。（　）

**176.** 临时保护墙上油毡要按规定留置搭接长度，并在临时保护墙上口作好固定和收头处理。（　）

**177.** 在作底板保护层施工时要铺好马道和卸料铁皮，防止在运输和抹保护层过程中损坏油毡防水层。（　）

**178.** 屋面油毡卷材施工，平面与立面相交处的卷材，应先铺平面，由平面向上铺至立面。（　）

**179.** 沥青砂浆，选用建筑石油沥青，采用平板振捣器时，用 60 号沥青为宜。（　）

**180.** 普通石油沥青不宜配制沥青砂浆和沥青混凝土。（　）

**181.** 耐酸工程选用滑石粉、石灰岩粉作为沥青砂浆粉料。（　）

**182.** 耐碱工程选用石英粉、辉绿岩粉作为沥青混凝土的粉料。（　）

**183.** 耐氟酸工程选用硫酸钡粉、石墨粉作为沥青砂浆的粉料。（　）

**184.** 沥青砂浆的配合比为，粉料和骨料混合物：沥青重量（%）＝100：8～10。（　）

**185.** 沥青胶灌缝用，其配合比为，沥青：粉料（石英粉）：石棉＝100：80：5。（　）

**186.** 沥青胶铺贴立面块材用，其配合比为，沥青：粉料（石英粉）：石棉＝100：200：5。（　）

**187.** 沥青砂浆每层压实厚度不超过 60mm。（　）

**188.** 立面抹涂沥青砂浆时，每层厚度不应小于 7mm，最后一层要用烙铁烫平。（　）

**189.** 沟槽内的排水坡度不小于 0.5%。（　）

**190.** 坡度在图纸上无法用符号表示。（　）

**191.** 外墙板水平缝空腔内不准堵塞任何杂物，否则将会起到毛细管作用，将雨水导入室内。（　）

**192.** 刚性防水适用于结构变形较小的建筑。（　）

**193.** 屋面的变形缝处不论采用哪一种防水作法，其泛水高度必须大于 25mm。（　）

**194.** 对于防水要求较高的厂房，外墙板应作高低缝，外侧接缝口应敞开，使口不能形成毛细管，以有效的阻止雨水渗透。（　）

**195.** 屋面积灰较多的厂房，应采用有组织排水，以便排水通畅。（　）

**196.** 在 15～18℃时，60 号石油沥青用铁锤击时，不会碎裂而只是变形。（　）

**197.** 混凝土找平层的混凝土强度等级不应低于 C20。（　）

**198.** 油膏类及涂料类防潮层应保证涂料厚度不小于 1mm。（　）

**199.** 地下防水工程临时性保护墙应用水泥砂浆砌筑。（　）

**200.** 伸缩缝应从基础层上部结构全部断开。（　）

**201.** 预制外墙板安装后，在墙面上留下了横向和竖向的接缝，横缝必须作防水，竖缝可不作防水。（　）

**202.** 屋面找坡可进行结构找坡也可用保温层找坡。（　）

**203.** 构件自防水是利用钢筋混凝土板自身的密实性，对板缝进行局部防水处理而形

成的防水屋面。 (　　)

**204.** 当屋面坡度小于3%时，卷材应平行于屋脊方向铺贴。 (　　)

**205.** 因工期要求，水泥砂浆找平层不能干燥，可在潮湿的基层上铺油毡，但应在屋面上设排汽孔。 (　　)

**206.** 沥青锅一旦着火，可用水扑灭。 (　　)

**207.** SBS改性油毡可在负温下进行施工。 (　　)

**208.** 沥青的标号是按针入度来划分的。 (　　)

**209.** 采用两种以上标号沥青熬玛琋脂，应先放软化点高的沥青，再放软化点低的沥青。 (　　)

**210.** 防水施工应在阴阳角、烟囱根、管道根、天沟、水落口底部位作1～2道加强层。 (　　)

**211.** 石灰乳化沥青是一种可在潮湿基层上冷施工的防水涂料。 (　　)

**212.** 防水工程是建筑工程的重要组成部分。 (　　)

**213.** 墙身防潮层应在室内地坪以上。 (　　)

**214.** 窗台与窗框之间必须用麻刀和水泥砂浆将缝隙塞严。 (　　)

**215.** 沉降缝是为了防止建筑物由于温度变化而引起建筑物开裂而设置的。 (　　)

**216.** 防水工程是在地面以下施工的工程。 (　　)

**217.** 面层坡度小于5%的屋面称为平屋面，大于5%的屋面称为坡屋面。 (　　)

**218.** 任何沥青材料都不能在潮湿的基层上施工。 (　　)

**219.** 粘贴油毡每层玛琋脂的厚度不宜超过2mm。 (　　)

**220.** 一般的来说建筑物基础应埋在地下水水位以下，冰冻线以上。 (　　)

**221.** 刚性防水层的基层即结构层，整体刚性要好，否则会因结构变形而导致屋面漏水。 (　　)

**222.** 当厂房有高低跨屋有或天窗，屋面向下部屋面排水时，必须在水落管口设保护板以防冲毁防水层。 (　　)

**223.** 将一小块沥青投入汽油中，充分溶解后，溶液是棕黑色为煤沥青。 (　　)

**224.** 玻璃纤维胎油毡耐腐蚀性能较纸胎油毡差。 (　　)

**225.** 为了增强沥青胶结材料的抗老化性改善耐热度，可掺入一定量的粉状物，如滑石粉。 (　　)

**226.** 配制好的石灰乳化沥青储存时，表面应加水覆盖。 (　　)

**227.** 聚氯乙煤胶泥每一工程应留一组试样，检查其抗拉强度、粘结强度、耐热度、延伸率等指标。 (　　)

**228.** 在修补基层时如个别地方较为潮湿，可用火焰喷灯进行修补。 (　　)

**229.** 屋面防水工程完工后，严禁在上面剔凿打洞，避免发生渗漏。 (　　)

**230.** 屋面防水工程，坡面与立面相交处，应先铺立面，后铺坡面。 (　　)

**231.** 坡度超过15%的工业厂房拱形屋面和天窗的坡面上，防水卷材施工，不能进行短边搭接。 (　　)

**232.** 玻璃纤维胎油毡施工，在女儿墙等平立面相交部位必须用玻璃纤维布胎代替玻璃纤维胎油毡。 (　　)

**233.** 油膏嵌缝时可进行热灌也可进行冷嵌施工。（　）

**234.** 建筑施工图纸在图标栏内应标注“建施××号图”，以便查阅。（　）

**235.** 建筑施工图纸在图标栏内应标注“结施××号图”，以便查阅。（　）

**236.** 结构施工图在图标栏内应标注“结施××号图”，以便查找。（　）

**237.** 结构施工图在图标栏内应标注“建施××号图“，以便查阅。（　）

**238.** 建筑施工图包括设计说明、各层平面图、各层立面图、剖面图、构件详图、材料做法说明等。（　）

**239.** 结构施工图包括设计说明，各层平面图、各层立面图、剖面图、构件详图、材料做法说明等。（　）

**240.** 结构施工图包括基础平面图和基础详图，各层结构平面布置图、结构构造详图、构件图等。（　）

**241.** 建筑施工图包括基础平面图和基础详图，各层结构平面布置图、结构构造详图、构件图等。（　）

**242.** 施工图上的比例反映了建筑制图与建筑物实际大小之间的比值关系，一般用阿拉伯数字表示。（　）

**243.** 施工图上的比例反映了建筑制图与建筑物实际大小之间的比值关系，一般用拉丁字母表示。（　）

**244.** 用图例绘图不仅能提高绘图效率，简化图画，而且也可以一目了然地看懂图纸。（　）

**245.** 详图与被索引的图样在同一张图纸内时，应在详图符号内用阿拉伯数字注明详图的编号。（　）

**245.** 详图与被索引的图样不在同一张图纸时，应在详图符号内用阿拉伯数字注明详图的编号。（　）

**246.** 有时一个详图标注在几个轴线上，应将有关轴线的编号同时注明，可以按各轴线编号去查找详图。（　）

**247.** 会审记录、设计核定单、隐蔽工程签证等均为重要的技术文件，应妥善保管，作为施工决算的依据。（　）

**248.** 剖面图与总平面图、立面图是构成建筑施工图的基本图样。（　）

**249.** 剖面图与平面图、立面图是构成建筑施工图的基本图样。（　）

**250.** 剖面图的标高和尺寸标注与立面图的标高和尺寸标注方法一样，一般应标在剖面图的两侧，但也可将层高或细部标高直接标在图内，以便于寻找。（　）

**251.** 剖面图的标高和尺寸与立面图的标高和尺寸标注方法不一样，一般应标在剖面图的两侧，但也可将层高或细部标高直接标在图内，以便于寻找。（　）

**252.** 建筑配件标准图是指与建筑设计有关的配件的建筑详图。（　）

**253.** 建筑配件标准图是指与结构设计有关的构件的结构详图。（　）

**254.** 建筑构件标准图是指与结构设计有关的构件的结构详图。（　）

**255.** 建筑构件标准图是指与建筑设计有关的配件的建筑详图。（　）

**256.** 地下工程设置在建（构）筑物室外地坪以下，包括建筑工程地下室、蓄水池、地铁、隧道及人防工程，常年受到水的侵蚀。因此对地下工程的外墙板和底板必须采取有

效的防潮和防水措施。（　）

**257.** 地下工程的设防要求，应根据使用功能、结构形式、环境条件、施工方法及材料性能等因素合理确定。（　）

**258.** 地下工程处于侵蚀性介质中的工程，应采用耐侵蚀的防水混凝土、防水砂浆、卷材或涂料等防水材料。（　）

**259.** 地下工程处于侵蚀性介质中的工程，应选用耐老化的防水混凝土、防水砂浆、卷材或涂料等防水材料。（　）

**260.** 刚性防水又称结构自防水，一般采用金属板材防水层。（　）

**261.** 水泥砂浆防水层包括普通水泥砂浆、聚合物水泥砂浆、掺外加剂或掺和料水泥砂浆等，宜采用多层抹压法施工。（　）

**262.** 卷材防水层适用于受侵蚀介质作用或受振动作用的地下工程。（　）

**263.** 地下工程采用有机防水涂料时，应在阴阳角及底板增加一层胎体增强材料，并增涂 2～4 遍防水涂料。（　）

**264.** 地下工程采用有机防水涂料时，应在阴阳角及底部部位增加一遍防水涂料。（　）

**265.** 伸缩缝在基础部位不断开，其余上部结构均断开。缝内要填塞油麻，当缝口较宽时，可用镀锌铁皮或铝板盖缝。（　）

**266.** 伸缩缝从基础部位到上部结构均应断开，便于伸缩自由。缝内要填塞油麻，当缝口较宽时，可用镀锌铁皮或铝板盖缝。（　）

**267.** 坡屋面主要有平瓦屋面、波形瓦屋面、压型钢板屋面、塑料大型坡瓦屋面等。（　）

**268.** 平屋面主要有整浇钢筋混凝土板屋面、空气板屋面和大型屋面板屋面。（　）

**269.** SBS 改性沥青防水卷材具有优良的高温特性，耐热度可达 160℃，对紫外线老化及热老化有耐久性。（　）

**270.** APP 改性沥青防水卷材广泛应用于工业与民用建筑屋面防水及地下室工程，适合我国南方高温地区使用。也用于桥梁、隧道等工程的防水防潮。（　）

**271.** 三元乙丙橡胶防水卷材耐高低温性能好、耐热性好、冷脆温度低，可在较低气温条件下进行作业，并能在严寒或酷热的气候环境中使用。可采用单层防水做法进行冷施工。（　）

**272.** 三元乙丙橡胶防水卷材不适宜屋面工程单层外露防水，只适用于有保护层的屋面及室内楼地面、厨房、厕浴间、地下室、储水池和隧道等工程防水。（　）

**273.** 橡胶型氯化聚乙烯防水卷材，是以氯化聚乙烯树脂为主要原料，加入适量化学助剂、硫化剂及某种合成橡胶，经过塑炼、混炼、压延、硫化等工序制成的防水卷材。（　）

**274.** 聚氯乙烯防水卷材是以聚氯乙烯树脂（PVC）为主要成分，掺入改性材料、助剂及填充料，经压延工艺而制成的防水卷材。（　）

**275.** 高密度聚乙烯（HDPE）防水卷材是以聚氯乙烯树脂为主要成分，掺入改性材料、助剂及填充料，经过压延工艺而制成的防水卷材。（　）

**276.** 高密度聚乙烯防水卷材是一种新型的高档防水卷材，宜用于防水要求较高、耐用年限要求长的建筑或其他工程防水。（　）

**277.** 聚氯乙烯防水卷材具有良好的阻燃性和粘结性，由于含氯量高，难以燃烧，粘结性良好。（ ）

**278.** 氯化聚乙烯——橡胶共混防水卷材，其特点是综合性能优异，兼有氯化聚乙烯的高强度、耐臭氧、耐老化性能和橡胶类材料的高弹性、高延伸性、低温柔性等特性。（ ）

**279.** 沥青玛𤥂脂的质量检验主要有耐热度、柔韧性和粘结力三项指标。（ ）

**280.** 热玛𤥂脂是以石油沥青为基料，用溶剂和复合填充料改性的溶剂型热做胶结材料。（ ）

**281.** 冷玛𤥂脂是以石油沥青为基料，用溶剂和复合填充料改性的溶剂型冷做胶结材料。（ ）

**282.** 冷底子油可根据需要，酿成慢挥发性冷底子油，干燥时间为12～18h。（ ）

**283.** 冷底子油可根据需要，酿成快挥发性冷底子油，干燥时间为12～18h。（ ）

**284.** 玛𤥂脂标号（耐热度）的选用，与玛𤥂脂所用胶结材料种类（石油沥青或是焦油沥青）、屋面坡度及历年室外极端最高气温有关。（ ）

**285.** 慢挥发性冷底子油的干燥时间一般为5～10h，它一般涂刷在终凝前的水泥砂浆基层上。（ ）

**286.** 细石混凝土找平层，通常采用豆石作骨料，铺设厚度为3～4cm，混凝土强度等级不低于C20。表面要一次抹平、压光。（ ）

**287.** 水泥砂浆找平层，其配合比常为1∶2.5或1∶3（水泥∶砂子）拌好后，直接摊铺，厚度3～4cm，表面找平、压实。（ ）

**288.** 用一毡二油做防潮层，常用于墙身、墙基及屋面隔汽层。（ ）

**289.** 用油膏做防潮层的部位刮涂1～2遍，厚度约为1.5～2mm左右。但要注意在刮涂油膏前要涂刷冷底子油。（ ）

**290.** 墙基防潮层，一般位于室内地面标高处部位。（ ）

**291.** 在不设防水层的地下室外墙外部涂刷防潮层。（ ）

**292.** Ⅱ级防水屋面系重要的工业与民用建筑、高层建筑、防水层耐用年限为15年，应选用合成高分子防水卷材、高聚物改性沥青防水卷材，二道防水设防。（ ）

**293.** Ⅱ级防水屋面，系一般的工业与民用建筑，防水层耐用年限为10年，应选用石油沥青防水卷材（三毡四油做法）、高聚物改性防水卷材、合成高分子防水卷材，一道防水设防。（ ）

**294.** Ⅲ级防水屋面，系非永久性的建筑，防水层耐用年限为5年，可选用石油沥青防水卷材（二毡三油），一道防水设防。（ ）

**295.** 防水卷材主要有沥青防水卷材、高聚物改性沥青防水卷材和合成高分子防水卷材。（ ）

## 二、判断题答案

1.✓ 2.✓ 3.× 4.✓ 5.× 6.✓ 7.✓ 8.× 9.✓
10.× 11.✓ 12.✓ 13.✓ 14.× 15.× 16.✓ 17.✓ 18.×

19.✓　20.×　21.×　22.✓　23.×　24.✓　25.✓　26.×　27.×
28.✓　29.✓　30.×　31.✓　32.✓　33.×　34.✓　35.×　36.✓
37.✓　38.×　39.✓　40.✓　41.×　42.×　43.✓　44.×　45.×
46.✓　47.✓　48.×　49.✓　50.✓　51.×　52.×　53.✓　54.×
55.✓　56.×　57.✓　58.✓　59.×　60.✓　61.✓　62.✓　63.×
64.×　65.✓　66.✓　67.×　68.✓　69.×　70.✓　71.×　72.✓
73.✓　74.×　75.×　76.✓　77.×　78.✓　79.×　80.✓　81.✓
82.✓　83.×　84.×　85.✓　86.×　87.✓　88.×　89.✓　90.×
91.×　92.×　93.✓　94.✓　95.✓　96.×　97.×　98.×　99.✓
100.✓　101.✓　102.✓　103.✓　104.×　105.×　106.×　107.✓　108.✓
109.✓　110.×　111.×　112.✓　113.×　114.✓　115.×　116.✓　117.×
118.✓　119.✓　120.✓　121.✓　122.✓　123.×　124.×　125.×　126.✓
127.✓　128.×　129.×　130.×　131.✓　132.✓　133.✓　134.×　135.×
136.✓　137.×　138.×　139.✓　140.✓　141.✓　142.×　143.×　144.✓
145.✓　146.×　147.×　148.✓　149.✓　150.✓　151.×　152.✓　153.✓
154.×　155.✓　156.✓　157.×　158.✓　159.×　160.✓　161.✓　162.✓
163.✓　164.×　165.✓　166.×　167.✓　168.✓　169.✓　170.×　171.✓
172.✓　173.✓　174.✓　175.✓　176.✓　177.✓　178.✓　179.×　180.✓
181.×　182.×　183.✓　184.×　185.✓　186.×　187.×　188.×　189.✓
190.×　191.✓　192.✓　193.×　194.✓　195.×　196.✓　197.✓　198.×
199.×　200.✓　201.×　202.✓　203.✓　204.✓　205.✓　206.×　207.×
208.×　209.×　210.✓　211.✓　212.✓　213.×　214.✓　215.×　216.×
217.×　218.×　219.✓　220.×　221.✓　222.✓　223.×　224.×　225.✓
226.✓　227.×　228.✓　229.✓　230.×　231.×　232.✓　233.✓　234.✓
235.×　236.×　237.×　238.✓　239.×　240.✓　241.×　242.✓　243.×
244.✓　245.×　246.✓　247.✓　248.×　249.✓　250.✓　251.×　252.✓
253.×　254.✓　255.×　256.✓　257.✓　258.✓　259.×　260.×　261.✓
262.✓　263.✓　264.×　265.✓　266.×　267.✓　268.✓　269.×　270.✓
271.✓　272.×　273.✓　274.✓　275.×　276.✓　277.×　278.✓　279.✓
280.×　281.✓　282.✓　283.×　284.✓　285.×　286.✓　287.×　288.✓
289.✓　290.×　291.✓　292.✓　293.×　294.×　295.✓

## 第二节　初级工选择题

### 一、选择题

**1.** ______，是为了保证施工正常进行而必须事先做好的工作，是工程项目全过程的重要阶段，也是确保工程项目管理目标顺利完成的先决条件。

A. 施工准备工作；　　B. 施工检查工作；

C. 施工验收工作；　　D. 施工收尾工作。

**2.** 在读图的整个过程中，对读出的疑点或要点应认真做好记录，也可用铅笔在图上打个记号，以便查阅，但严禁擅自______设计。

A. 更改；　B. 修改；　C. 改变；　D. 增加。

**3.** 在工程开工之前，建设单位、设计单位和施工单位共同进行图样______。

A. 研究；　B. 讨论；　C. 会审；　D. 修改。

**4.** 会审纪录、设计核定单、隐蔽工程签证等均为重要的______，应妥善保管，作为施工决算的依据。

A. 技术档案；　　B. 技术总结；

C. 技术资料；　　D. 技术文件。

**5.** 设计说明一般写在建筑施工图的______，它用文字简单介绍工程的概况和各部分构造的做法。

A. 首页；　B. 附件；　C. 附页；　D. 末页。

**6.** 总平面图是新建工程定位放线、土方施工以及在施工前做施工组织设计时进行现场总平面布置的重要______。

A. 文件；　B. 依据；　C. 资料；　D. 依托。

**7.** 新建工程周围的地形用等高线来表示，一般等高线为______米高差一根。

A. 3；　B. 4；　C. 1　D. 2。

**8.** 总平面图中，各建筑物、构筑物、道路交叉点等均应标注______。

A. 相互关系；　　B. 相对距离；

C. 相对位置；　　D. 绝对标高。

**9.** 对于复杂的工程或新建筑群，可用较精确的______来确定各建筑的方位和道路的位置。

A. 坐标网；　B. 角度；　C. 附号；　D. 代号。

**10.** 查看房屋的______，了解外围尺寸、轴线间距尺寸、外门、窗等的尺寸及型号、窗间墙宽度、外墙厚度、散水宽度、台阶大小和水落管位置等等。

A. 图标；　B. 朝向；　C. 内部；　D. 位置。

**11.** 查看房屋______，了解房间的用途、地坪标高、内墙位置、厚度、内门、窗的位置、尺寸和型号、有关详图的编号和内容等。

A. 外部；　B. 平面；　C. 内部；　D. 立面。

**12.** 查看图样的______，了解图名、设计人员、图号、设计日期和比例等。

A. 图例；　B. 详图；　C. 说明；　D. 图标。

**13.** 屋顶______主要说明屋顶上建筑构造的平面位置，表明屋面排水情况，如排水分区、屋面排水坡度、天沟位置和水落管位置等，还表明屋顶出入孔的位置，卫生间通风、通气孔位置及住宅的烟囱位置等。

A. 平面图；　B. 立面图；　C. 剖面图；　D. 详图。

**14.** 识读______的顺序，先看屋面外围有无女儿墙或天沟，再看流水的方向、坡度，水落管口的位置及出入口位置等。

A. 建筑平面图；　　　　　　　　　　　B. 屋顶图；
C. 建筑立面图；　　　　　　　　　　　D. 建筑详图。

**15.** 建筑______主要是表示建筑物的外貌，它反映了建筑立面的造型、门窗形式和位置，各部分的标高、外墙的装修材料和做法。

A. 平面图；　　B. 剖面图；　　C. 立面图；　　D. 详图。

**16.** 看立面图抓住的______是房屋外形，主要记住各种标高，门、窗位置，要看清外墙装修的做法、水落管的位置等。看立面图要结合平面图一起看。

A. 要点；　　B. 主要；　　C. 关键；　　D. 重点。

**17.** 剖面图的标高和尺寸标注与立面图的标高和尺寸标注方法______，一般应标在剖面图的两侧，但也可将层高或细部标高直接标在图内，以便于寻找。

A. 一样；　　B. 不一样；　　C. 差不多；　　D. 差的多。

**18.** 墙身节点详图与平面图相配合，作为定位放线、砌墙装修、门窗立樘及施工材料配料的重要______。

A. 内容；　　B. 依据；　　C. 文件；　　D. 详图。

**19.** 建筑施工图中对某部位选用标准配件图中有关构造时，可采用标准详图______，指出该详图为标准图中页次和详图编号。

A. 重要标志；　　B. 重要内容；　　C. 索引标志；　　D. 重要符号。

**20.** 地下工程防水的______要符合确保质量、技术先进、经济合理、安全适用的要求，并遵循“防、排、截、堵相结合，刚柔相济，因地制宜，综合治理”的原则。

A. 内容和要求；　　　　　　　　　　B. 重点和一般；
C. 设计和施工；　　　　　　　　　　D. 材料和安全。

**21.** 当设计常年最高地下水位低于地下工程______标高，又无形成滞水可能时，可采用防潮做法。

A. 顶板；　　B. 地坪；　　C. 底层；　　D. 底板。

**22.** 必须从工程规划、建筑结构设计、材料选择、施工工艺等全面系统地做好地下工程的______。

A. 防排；　　B. 施工；　　C. 质检；　　D. 安全。

**23.** 地下工程的______，应根据使用功能、结构形式、环境条件、施工方法及材料性能等因素合理确定。

A. 设计要求；　　　　　　　　　　B. 设防要求；
C. 施工要求；　　　　　　　　　　D. 材料要求。

**24.** 防水混凝土抗渗等级不得小于______。

A. P4；　　B. P5；　　C. P6；　　D. P8。

**25.** 防水混凝土结构厚度不应小于______mm。

A. 400；　　B. 350；　　C. 300；　　D. 250。

**26.** 防水混凝土主体结构裂缝宽度不得大于______mm。并不得贯通。

A. 0.2；　　B. 0.25；　　C. 0.30；　　D. 0.35。

**27.** 防水混凝土迎水面钢筋保护层厚度不应小于______mm。

A. 40；　　B. 50；　　C. 75；　　D. 100。

**28.** 防水混凝土结构底板的混凝土垫层，强度等级不应小于______。

A. C10； B. C20； C. C15； D. C30。

**29.** 防水混凝土结构底板的混凝土垫层，厚度不应小于______ mm。

A. 50； B. 75； C. 80； D. 100。

**30.** 砌体砌筑用防水砂浆强度等级不应低于______。

A. M7.5； B. M5.5； C. M10； D. M12.5。

**31.** 聚合物水泥砂浆防水层单层施工厚度宜为______ mm。

A. 3～4； B. 6～8； C. 4～6； D. 8～12。

**32.** 掺外加剂、掺和料等的水泥砂浆防水层厚度宜为______ mm。

A. 12～15； B. 15～18； C. 18～20； D. 20～22。

**33.** 地下工程防水，采用高聚物改性沥青防水卷材厚度不应小于 3mm，单层使用时厚度不应小于______ mm。

A. 3； B. 4； C. 5； D. 6。

**34.** 地下工程防水，选用高聚物改性沥青防水卷材，当双层使用时，总厚度不应小于______ mm。

A. 4； B. 6； C. 8； D. 10。

**35.** 地下工程防水，选用合成高分子防水卷材，当单层使用时，厚度不应小于______ mm。

A. 1.0； B. 1.2； C. 1.5； D. 1.8。

**36.** 地下工程防水，选用合成高分子防水卷材，当双层使用时，总厚度不应小于______ mm。

A. 2.0； B. 2.4； C. 3.0； D. 3.6。

**37.** 地下工程防水，转角处、阴阳角等特殊部位，应增贴 1～2 层相同的卷材，宽度不宜小于______ mm。

A. 300； B. 500； C. 600； D. 1000。

**38.** 地下工程防水，选用无机水泥基防水涂料，其厚度宜为______ mm。

A. 0.5～1.0； B. 1.0～1.2； C. 1.2～1.5； D. 1.5～2.0。

**39.** 地下工程防水，选用水泥基渗透结晶型防水涂料，其厚度不应小于______ mm。

A. 0.8； B. 1.0； C. 1.2； D. 1.5。

**40.** 地下工程防水，选用有机防水涂料，根据材料的性能，厚度宜为______ mm。

A. 0.8～1.0； B. 1.0～1.2； C. 1.2～2.0； D. 2.0～2.2。

**41.** 塑料防水板幅宽宜为 2～4m，厚度宜为______ mm。

A. 1～2； B. 1.5～2.0； C. 2.0～2.5； D. 2.5～3.0。

**42.** 防潮层的标高一般设在地坪______砖处。

A. 下一皮； B. 下二皮； C. 上一皮； D. 上二皮。

**43.** 伸缩缝通常设置宽度为______ mm。

A. 10～15； B. 15～20； C. 20～30； D. 30～40。

**44.** 伸缩缝在砖混结构中每______ m 设置一条。

A. 30； B. 40； C. 50； D. 60。

**45.** 伸缩缝在现浇钢筋混凝土结构中的每______m设置一道。

A. 40； B. 50； C. 60； D. 30。

**46.** 瓦屋面的排水坡度一般为：平瓦______。

A. 10%～20%； B. 20%～50%； C. 15%～25%； D. 25%～30%。

**47.** 平瓦、波形瓦的瓦头挑出封檐板的宽度宜为______mm。

A. 20～30； B. 30～40； C. 40～50； D. 50～70。

**48.** 波形瓦檐口挑出的长度不应小于______mm。

A. 100～150； B. 150～200； C. 200； D. 300。

**49.** 烟囱与屋面交接处在迎水面中部抹出分水线，并高出两侧______mm。

A. 20； B. 30； C. 40； D. 50。

**50.** 厂房屋面天沟内必须做好排水坡度，坡度一般在______。

A. 0.5%～1.0%； B. 0.5%～1.5%；
C. 0.5%～2.0； D. 0.5%～2.5%。

**51.** ______是以聚酯纤维无纺布为胎体，苯乙烯—丁二烯—苯乙烯热塑性弹性体为改性剂，面覆以隔离材料制成的建筑防水卷材。

A. SBS改性沥青防水卷材； B. APP改性沥青防水卷材；
C. 三元乙丙橡胶防水卷材； D. 氯化聚乙烯防水卷材。

**52.** ______是指以橡胶、树脂等高聚物为改性剂制成改性沥青为基料，以两种材料复合毡为胎体，聚酯膜、聚乙烯膜等为覆面材料，以浸涂、滚压工艺而制成的防水卷材。

A. SBS改性沥青防水卷材； B. 沥青复合胎柔性防水卷材；
C. APP改性沥青防水卷材； D. 三元乙丙橡胶防水卷材。

**53.** ______是高密度聚乙烯为主要原料，并加入抗氧化剂、热稳定剂等化学助剂，经混合、压延而成的一种防水卷材。

A. 聚氯乙烯防水卷材； B. 高密度聚乙烯防水卷材；
C. 树脂橡胶共混类防水卷材； D. 氯化聚乙烯防水卷材。

**54.** ______是以氯化聚乙烯树脂和合成橡胶混合为主体材料，加入适量硫化剂、促进剂、稳定剂、软化剂和填充料等配合剂，经过塑炼、混炼、压延、硫化等工序制成的高弹性防水卷材。

A. 聚氯乙烯防水卷材； B. 高密度聚乙烯防水卷材；
C. 树脂橡胶共混类防水卷材； D. 氯化聚乙烯防水卷材。

**55.** 在选择配合比时，应根据情况，从配合比、熬制温度、熬制时间等方面综合解决耐热度与柔韧性之间的关系，以确保沥青卷材防水层的______。

A. 比重； B. 重量； C. 数量； D. 质量。

**56.** 在熬制沥青过程中应用温度计测温。测温可用一支300℃棒式温度计插入锅心油面下______处，并不断搅拌。

A. 10cm； B. 15cm； C. 20cm； D. 25cm。

**57.** 将填充料放在铁板上预热干燥，预热温度在______℃。待沥青完全熔化和脱水后，慢慢加入干燥的填充料，不断搅拌至均匀为止。

A. 100～120； B. 120～140； C. 140～160； D. 160～180。

**58.** ______是由石油沥青的基料，用溶剂和复合填充料改性的溶剂型冷做胶结材料。

A. 冷玛琋脂；　　B. 沥青玛琋脂；

C. 冷底子油；　　D. 沥青胶。

**59.** ______是用 30 号或 10 号建筑石油沥青或软化点为 50～70℃的焦油沥青加入溶剂制成的溶液。

A. 冷玛琋脂；　　B. 沥青玛琋脂；

C. 冷底子油；　　D. 沥青胶。

**60.** 冷底子油可根据需要，酿成慢挥发性冷底子油（干燥时间______ h）和快挥发性冷底子油（干燥时间 5～10h）。

A. 10～12；　　B. 12～24；　　C. 18～20；　　D. 20～24。

**61.** 在进行各类卷材防水或涂料防水施工______，均应对基层进行验收。

A. 前；　　B. 中；　　C. 后；　　D. 完成。

**62.** 防水基层简易测试含水率方法，是将 $1m^2$ 防水卷材平坦地干铺在找平层上，静置______ h 后掀开卷材检查，如找平层覆盖部位与卷材上未见水印，即可认为基层达到干燥程度。

A. 1～2；　　B. 2～3；　　C. 3～4；　　D. 4～5。

**63.** 沥青防水卷材施工环境气温不低于______℃。

A. 0；　　B. 2；　　C. 3；　　D. 5。

**64.** 热熔法施工的高聚物改性沥青在______℃下不宜施工。

A. －10；　　B. －5；　　C. －2；　　D. 0。

**65.** 冷粘法、自粘法的高聚物改性沥青与合成高分子防水卷材在气温低于______℃时不宜施工。

A. 10；　　B. 5；　　C. 2；　　D. 0。

**66.** 热风焊接法施工合成高分子防水卷材不低于______℃等。

A. 5；　　B. 0；　　C. －5；　　D. －10。

**67.** 从混凝土各龄期收缩值比较，7d 以前收缩比较明显，而 10d 以后的收缩渐趋减小。结合上述因素与工期等条件，卷材防水层铺贴时间应为水泥类基层龄期不少于______ d。

A. 10；　　B. 12；　　C. 5；　　D. 7。

**68.** 在不设防水层的地下室外墙外部涂刷防潮层。一般的做法为：外墙外侧用防水砂浆做防潮层或用水泥砂浆抹面，从大放脚一直抹到散水处以上______ cm。

A. 20；　　B. 40；　　C. 30；　　D. 50。

**69.** 卷材防水屋面根据建筑物的性质、功能要求和耐用年限分为四个等级，防水屋面所使用的卷材须按建筑物______进行选择。

A. 等级；　　B. 性质；　　C. 功能；　　D. 要求。

**70.** Ⅰ级　特别重要的民用建筑和对防水有特殊要求的工业建筑，防水层耐用年限为 25 年，应选用合成高分子防水卷材、高聚物改性沥青防水卷材，______道或______道以上防水设防。

A. 四道或四道；　　B. 三道或三道；

C. 二道或二道；　　D. 二道。

**71.** Ⅱ级　重要的工业与民用建筑、高层建筑，防水层耐用年限为______年，应选用合成高分子防水卷材、高聚物改性沥青防水卷材，二道防水设防。

A. 25；　　B. 15；　　C. 10；　　D. 5。

**72.** Ⅲ级　一般的工业与民用建筑，防水层耐用年限为______年，应选用石油沥青防水卷材（三毡四油做法）、高聚物改性沥青防水卷材、合成高分子防水卷材，一道防水设防。

A. 25；　　B. 15；　　C. 10；　　D. 5。

**73.** Ⅳ级　非永久性建筑，防水层耐用年限为______年，可选用石油沥青防水卷材（二毡三油做法），一道防水设防。

A. 25；　　B. 15；　　C. 10；　　D. 5。

**74.** 石油沥青纸胎油毡和沥青复合胎柔性防水卷材在我国已______使用。

A. 限制；　　B. 控制；　　C. 放宽；　　D. 大量。

**75.** 做好结构找坡，坡度一般为______%或符合设计坡度要求。

A. 2；　　B. 3；　　C. 4；　　D. 5。

**76.** 注意相邻屋面板高差不大于10mm，靠非承重墙的一块屋面板应距墙______mm。

A. 10；　　B. 30；　　C. 20；　　D. 40。

**77.** 卷材防水屋面找平层______做到具有一定的强度，表面平整光滑，不起皮、不起砂、无空鼓。

A. 应该；　　B. 也许；　　C. 了解；　　D. 要求。

**78.** 卷材防水屋面找平层在分格缝处应附加______mm，宽度的油毡或卷材，单边点贴覆盖。

A. 200～300；　　B. 150～200；　　C. 100～150；　　D. 50～100。

**79.** 卷材防水屋面找平层的分格缝若兼作汽道时，应加宽缝至______mm，并与保温层连通。

A. 25；　　B. 50；　　C. 30；　　D. 40。

**80.** 卷材防水屋面找平层当面积大于20m² 时，找平层宜设分格缝，缝宽20～25mm，纵横最大间距为______m。

A. 8；　　B. 9；　　C. 6；　　D. 7。

**81.** 卷材防水屋面在找平层与突出屋面结构的连接处，以及找平层的转角处均应做成圆弧。圆弧半径根据卷材种类选用：沥青防水卷材______mm。

A. 20；　　B. 50；　　C. 75；　　D. 100～150。

**82.** 卷材防水屋面在找平层与突出屋面结构的连接处，以及找平层的转角处均应做成圆弧。圆弧半径根据卷材种类选用：高聚物改性沥青防水卷材______mm。

A. 20；　　B. 50；　　C. 50～100；　　D. 100～150。

**83.** 屋面天沟檐沟的纵向坡度不小于______%，水落口周围应做成略低的凹坑；屋面有可能排水的部位均应抹成滴水线。

A. 1；　　B. 2；　　C. 3；　　D. 5。

**84.** ______屋面的管道、设备、预埋件应事先安装好，并做好防水处理，避免防水层完工后再凿眼打洞。

A. 穿过；　　B. 经过；　　C. 走过；　　D. 路过。

**85.** 当屋面保温层干燥有困难时（含水率大于10%），或地处纬度40°以北地区，室内空气湿度大于75%，其他地区室内空气湿度常年大于______%时，保温屋面应做成排汽屋面。

A. 83；　　B. 84；　　C. 80；　　D. 85。

**86.** 卷材数量应根据工程需要一次准备充足。可根据施工面积、卷材的宽度、搭接宽度，以及附加增强层的需要等因素确定，一般按施工面积的______倍数量准备。

A. 1.1～1.2；　　B. 1.11～1.12；　　C. 1.12～1.121；　　D. 1.15～1.25。

**87.** 合成高分子防水卷材施工采用粘结空铺法，短边搭接宽度为______mm。

A. 50；　　B. 60；　　C. 80；　　D. 100。

**88.** 合成高分子防水卷材粘贴满铺法，长边搭接宽度为______mm。

A. 50；　　B. 80；　　C. 60；　　D. 70。

**89.** 高聚物改性沥青防水卷材采用满铺法施工，短边搭接宽度为______mm。

A. 80；　　B. 70；　　C. 60；　　D. 50。

**90.** 沥青防水卷材采用条粘法施工长边搭接宽度为______mm。

A. 80；　　B. 100；　　C. 50；　　D. 90。

**91.** 卷材大面铺贴______应做好节点处理以及排水集中部位的处理，铺贴附加层及增强层，以保证防水质量，加快施工进度。

A. 前；　　B. 中；　　C. 后；　　D. 质量检查前。

**92.** 沥青防水卷材采用实铺法是在涂刷了冷底子油并经12h以上的干燥基础上，满涂热沥青玛𤥂脂（使用温度不低于190°）厚度为______mm。

A. 1～1.5；　　B. 1.5～2；　　C. 2～2.5；　　D. 2.5～3。

**93.** 在无保温层的装配式屋面，为避免结构变形将卷材拉裂，在屋面的端缝或分格缝处，卷材必须空铺，或加铺附加增强层（空铺），附加增强层宽度为______mm。

A. 50～70；　　B. 70～100；　　C. 100～200；　　D. 200～300。

**94.** 粘贴卷材的每层冷玛𤥂脂的厚度宜为______mm。

A. 0.5～0.7；　　B. 0.5～1；　　C. 0.5～1.2；　　D. 0.5～1.5。

**95.** 沥青防水卷材冷粘贴施工时，面层厚度宜为______mm。

A. 0.5～1；　　B. 1～1.5；　　C. 1.5～2；　　D. 2～2.5。

**96.** 沥青玛𤥂脂的使用温度不低于______℃，熬制好的沥青胶应尽快用完。

A. 110；　　B. 175；　　C. 190；　　D. 210。

**97.** 绿豆砂（沥青防水卷材保护层用）宜选用粒径为______mm石子，应色浅、清洁，经过筛选，颗粒均匀，并用水冲洗干净。

A. 1～2；　　B. 2～3；　　C. 3～5；　　D. 5～6。

**98.** 绿豆砂应在卷材表面浇最后一层热沥青玛𤥂脂时，迅速将均匀加热温度至______℃的绿豆砂铺洒在卷材上，并应全部嵌入沥青玛𤥂脂中（1/2粒径）。

A. 100～150；　　B. 150～190；　　C. 190～200；　　D. 200～210。

**99.** 预制板块屋面防水保护层块体间要预留______mm缝隙，待1～2d后再用1∶2水泥砂浆勾成凹缝。

A. 10； B. 15； C. 20； D. 25。

**100.** 上人屋面预制板块保护层，块体材料应按楼地面工程的质量要求选用，结合层水泥砂浆应选用______水泥砂浆。

A. 1∶1； B. 1∶2； C. 1∶3； D. 1∶4。

**101.** 水泥砂浆保护层每隔______m设置纵横分格缝。

A. 2～4； B. 4～6； C. 3～5； D. 5～7。

**102.** 细石混凝土保护层分格缝宽度为20mm，面积不大于______$m^2$。

A. 40； B. 45； C. 36； D. 38。

**103.** ______施工，是采用火焰加热器熔化热熔型防水卷材底部的热熔胶进行粘结的施工方法。

A. 热风焊接法； B. 冷粘法； C. 自粘法； D. 热熔法。

**104.** ______施工，是采用镀锌钢钉或铜钉等固定卷材防水层的施工方法。适用于基层上铺设高聚物改性沥青防水卷材。

A. 热风焊接法； B. 冷粘法； C. 机械钉压法； D. 压埋法。

**105.** 沥青锅的设置地点，若设置两个沥青锅，则其间距不得小于______m。

A. 3； B. 2.5； C. 2； D. 1.5。

**106.** 在用沥青调制冷底子油时，应控制好沥青的配制温度，防止加入溶剂时发生火灾。操作人员不得吸烟，调制地点应远离明火______m以外。

A. 4； B. 6； C. 8； D. 10。

**107.** 用桶装运热玛琋脂，每次装运不能超过桶高的______。

A. 4/5； B. 3/4； C. 5/6； D. 6/7。

**108.** 在屋面或其他基层上涂刷冷底子油时，不准在______m以内进行电焊、气焊等工作，操作人员严禁吸烟。

A. 10； B. 30； C. 20； D. 25。

**109.** 当在屋面坡度超过______%的斜面上施工，必须站在坚固的梯子上操作。

A. 10； B. 20； C. 30； D. 3。

**110.** 接缝密封防水，每______m应抽查一处，每处5m，且不得少于3处。

A. 50； B. 60； C. 70； D. 80。

**111.** 找平层表面平整度的允许偏差为______mm。

A. 5； B. 6； C. 7； D. 8。

**112.** 卷材的铺贴方向应正确，卷材搭接宽度的允许偏差为±______mm。

A. 15； B. 14； C. 12； D. 10。

**113.** 高聚物改性沥青防水涂料、合成高分子防水涂料等薄质涂料的涂膜防水层的厚度为______mm。

A. 1.2～2.4； B. 1.5～3； C. 1.8～2.4； D. 1.2～2。

**114.** 涂膜防水胎体施工，胎体长边搭接宽度不得小于______mm。

A. 50； B. 40； C. 30； D. 20。

**115.** 涂膜防水胎体施工，胎体短边搭接宽度不得小于______mm。

A. 50； B. 60； C. 70； D. 80。

**116.** 水落口周围与屋面交接处应作密封处理，并加铺两层有胎体增强材料的附加层。涂膜伸入水落口的深度不得小于______mm。

A. 20； B. 50； C. 70； D. 100。

**117.** 厚质涂料防水层施工前对于基层裂缝较大部位（0.3mm 以上），可在裂缝处用密封材料填充，然后铺贴隔离层（如塑料薄膜）、宽约______mm，再增强涂布。

A. 10； B. 12； C. 15； D. 20。

**118.** 为了增强涂料与基层的粘结，在涂料涂布前，必须对基层进行处理，即先涂刷一道较______的涂料作为基层处理剂。

A. 稠； B. 浓； C. 淡； D. 稀。

**119.** 厚质涂料涂布一般涂刷冷底子油一道，其配合比一般采用所涂刷的乳化沥青：水＝______（重量比）。

A. 1.0：0.5～1.0； B. 1：1.0～1.1；

C. 1：1.1～1.2； D. 1：1.2～1.3。

**120.** 厚质涂料防水层施工，涂膜厚度控制，中间各层厚 1.3～1.5mm 左右，表面≥1.5mm，防水层总厚度为______mm。

A. 3～5； B. 5～7； C. 7～9； D. 9～10。

**121.** 涂膜防水层______部位胎体增强材料应剪裁齐整，防水层应压入凹槽内，并用密封材料予以封严，再用水泥砂浆封压盖严，勿使露边。

A. 收尾； B. 边缘； C. 收头； D. 开头。

**122.** 对锯好的木砖进行筛选，并清理干净，投入冷底子油内，浸泡______min 左右，捞出控干后即可使用。

A. 0.5； B. 1； C. 1.5； D. 2。

**123.** 沥青需加热至______℃，方可放入麻丝或麻绳，翻拌时用力要轻，但要拌合均匀。捞出后要直接放在容器内，以免弄脏，然后送至现场，进行填塞。

A. 110； B. 150； C. 200； D. 210。

**214.** 沥青混合物的配制，细骨料选用粒径为______mm 的中粗石英砂。

A. 0.25～2.5； B. 2.5～2.8； C. 2.8～3； D. 3～3.2。

**125.** 在摊铺沥青砂浆或沥青混凝土前，应在基层上先刷冷底子油，并涂一层沥青稀胶泥。其配合比可按沥青 100 份，掺______%的粉料配制。

A. 20； B. 30； C. 40； D. 50。

**126.** 沥青砂浆、沥青混凝土施工时，摊铺温度一般要控制在______℃，压实后成活温度为 110℃。

A. 110～120； B. 120～130； C. 130～140； D. 150～160。

**127.** 沥青砂浆或沥青混凝土施工时，当环境温度在 0℃以下时，摊铺温度要适当高一些，以______为宜，成活温度不低于 100℃。

A. 150～160； B. 160～170； C. 170～180； D. 190～200。

**128.** 沥青砂浆或沥青混凝土施工时，每次摊铺厚度中粒式沥青混凝土不少于 60mm，其他为 30mm。虚铺厚度用平板振捣器时为压实厚度的______倍。

A. 1.3； B. 1.4； C. 1.5； D. 1.6。

**129.** 沥青砂浆、沥青混凝土表面______密实，无裂缝、空鼓等缺陷。

A. 应该； B. 必须； C. 可以； D. 亦宜。

**130.** 沥青砂浆或沥青混凝土施工质量要求坡度合适，允许偏差为坡长的0.2%，最大偏差值不大于______cm。浇水试验时，水应顺利排出，无明显存水之处。

A. 1； B. 2； C. 3； D. 4。

**131.** 沥青胶泥和沥青砂浆在铺砌时温度，建筑石油沥青为______℃，建筑石油沥青和普通石油沥青混合物为200℃。

A. 150； B. 160； C. 170； D. 180°。

**132.** ______块材的铺砌可采用挤缝法或灌缝法。

A. 平面； B. 立面； C. 斜面； D. 正面。

**133.** 当屋面坡度大于______%、大风和地震地区，每片瓦均须用镀锌铁丝固定于挂瓦条上。

A. 30； B. 50； C. 20； D. 40。

**134.** 檐口要铺成一条直线，瓦头挑出檐口长度______%。

A. 15～30； B. 30～50； C. 50～70； D. 70～90。

**135.** 天沟处的瓦要根据宽度及斜度弹线锯料，沟边瓦要按设计规定伸入天沟内______mm。

A. 15～30； B. 30～50； C. 50～70； D. 70～90。

**136.** 油毡瓦屋面基层应铺设一层沥青防水卷材垫毡。油毡瓦铺设，应不少于______。

A. 4层； B. 1层； C. 2层； D. 3层。

**137.** 油毡瓦屋面的脊瓦与两坡面油毡瓦搭接宽度每边不小于______mm。

A. 100； B. 150； C. 50 D. 75。

**138.** 油毡瓦屋面，脊瓦与脊瓦的压盖面不小于脊瓦面积的______。

A. 1/3； B. 1/2； C. 1/4； D. 1/5。

**139.** 油毡瓦屋面，屋面与突出屋面结构的交接处铺贴高度不小于______mm。

A. 150； B. 200； C. 250； D. 300。

**140.** 金属板材屋面排水坡度应为10%～35%；带助镀铝锌钢板屋面排水坡度不得少于______%。

A. 1； B. 2； C. 3； D. 4。

**141.** 金属板材防水屋面，采用镀锌钢板作天沟时，其镀锌钢板应伸入金属板的底面长度不应小于______mm。

A. 100； B. 75； C. 50； D. 20。

**142.** 金属板材防水屋面，每块泛水板的长度不宜大于2m，与金属板材的搭接宽度不应小于______mm .

A. 150； B. 200； C. 100； D. 300。

**143.** 金属板材屋面的泛水板与突出屋面的墙体搭接高度不应小于______mm。

A. 100； B. 200； C. 300； D. 400。

**144.** 金属板材防水屋面，相邻两块钢板应顺主导风向搭接，上下两排钢板的搭接长度不应小于______mm。

A. 50；　　B. 100；　　C. 150；　　D. 200。

**145.** 屋脊和突出层面结构连接处的泛水，均应用镀锌薄钢板制作，其与波形薄钢板的搭接宽度不小于______mm。

A. 150；　　B. 120；　　C. 110；　　D. 100。

**146.** 卷材铺贴时搭接长度______，收头处理不良而造成卷材防水层拉裂。

A. 较小；　　B. 较大；　　C. 较宽；　　D. 较窄。

**147.** 采用预制板的屋面结构，防水层施工时，设有在板端头接缝处______油毡条，屋面板产生位移，防水层没有伸缩余地而引起开裂。

A. 湿铺；　　B. 干铺；　　C. 满铺；　　D. 花铺。

**148.** 屋面找平层应平整、干燥、清洁、基层处理剂涂刷应均匀，这是防止卷材______的主要技术措施。

A. 起皮；　　B. 起鼓；　　C. 起砂；　　D. 开裂。

**149.** 当屋面基层干燥施工有困难，而又急需铺贴卷材时，可采取______屋面的做法，但在外露单层防水卷材施工中，不宜采用。

A. 保温；　　B. 上人；　　C. 排汽；　　D. 非上人。

**150.** 屋面防水______应留分格缝，间距不大于 6m，采用沥青砂浆时不大于 4m，缝宽一般为 20mm。

A. 防水层；　　B. 保温层；　　C. 找平层；　　D. 保护层。

**151.** 卷材防水层开裂______先将裂缝两边各 500mm 左右宽度内的保护层材料铲除扫净，再将裂缝中的残渣、灰尘吹净。待干燥后，在裂缝中嵌入防水密封材料，并高出表面约 0.5mm，缝上干铺一层 300mm 左右宽的卷材做缓冲层，上面再铺卷材，粘结牢固，封边紧密。

A. 施工时；　　B. 竣工时；　　C. 铺贴时；　　D. 维修时。

**152.** 图的右下角为______标明设计单位、工程名称、比例、主要设计人员和审校人员等内容。

A. 图表；　　B. 图标；　　C. 图例；　　D. 图名。

**153.** 施工图中______一般用作尺寸线，轴线、引出线等。

A. 粗线；　　B. 中线；　　C. 细线；　　D. 点划线。

**154.** ______系指对某一图面需要作具体说明，也有的用来标明详图的索引编号。

A. 点划线；　　B. 虚线；　　C. 实线；　　D. 引出线。

**155.** 施工图中的标高的标注一律以"m"为单位，一般注到小数点第三位，但在总平面图上注到小数点后第______位。

A. 一；　　B. 二；　　C. 三；　　D. 四。

**156.** 石油沥青牌号简易鉴别法，用铁锤敲，成为较小的碎块，表面黑色而有光的为______石油沥青。

A. 10 号；　　B. 30 号；　　C. 60 号；　　D. 140～100 号。

**157.** 油毡面应无空洞、硌伤、疙瘩的最大长度不得大于 2cm；毡面不得出现浆糊状粉浆或水渍，允许有 2cm 以下的边缘裂口或长 5cm、深 2cm 以下的缺边共______处。

A. 1；　　B. 2；　　C. 3；　　D. 4。

158. 屋面受其他热源影响或屋面坡度超过______%时，应考虑将胶结材料的标号适当提高。

A. 15； B. 20； C. 25； D. 30。

159. 水性石棉沥青防水涂料，冬季施工时，气温低于______℃时，涂料的成膜性不好，应采取必要的措施。

A. 0； B. 2； C. 5； D. 10。

160. 现浇水泥珍珠岩保温隔热层铺设时，压缩比按______进行虚铺，然后用铁滚子反复滚压至预定的铺设厚度。最后用木抹子抹平抹光。

A. 1.5∶1； B. 2∶1； C. 2.5∶1； D. 3∶1。

161. 防水卷材检查外观时，其中有______项指标达不到要求，应在受检产品中加倍取样复验，全部达到标准规定为合格。

A. 1； B. 2； C. 3； D. 4。

162. 松散保温材料，用炉渣作保温层，常与水泥拌合使用，水泥炉渣配合比为______（水泥∶炉渣采用体积比）。

A. 1∶2； B. 1∶4； C. 1∶6； D. 1∶8。

163. 地下防水施工时，地下水位应降至防水工程底部最低标高以下______ cm，施工现场必须无水、无泥浆。如有积水应于排除。

A. 10； B. 15； C. 20； D. 30。

164. 地下室外防外贴法施工时，永久保护墙的高度要比底板混凝土高出______ cm，内面抹好水泥砂浆找平层。

A. 10～30； B. 30～50； C. 50～80； D. 80～110。

165. 临时性保护墙的高度由油毡层数决定。每一层油毡留出15cm的搭接高度，另加______ cm。

A. 15； B. 20； C. 25； D. 30。

166. 若使用焦油沥青配制玛琋脂时，熬制温度不超过120℃，使用温度为______℃。

A. 40～60； B. 60～80； C. 60～120； D. 60～110。

167. 地下室墙面的卷材铺贴，上屋油毡卷材应盖过下层卷材______ cm。

A. 5.0； B. 8.0； C. 10； D. 15。

168. 屋面管根部铺贴防水卷材时，应做防水附加层，高出管根______ mm。

A. 100； B. 150； C. 200； D. 250。

169. 油毡铺至混凝土檐口端头应裁齐后压入凹槽。当采用压条或带垫片钉子固定时，最大钉距不应大于______ mm。凹槽内用密封材料嵌填封严。

A. 1000； B. 900； C. 1200； D. 15000。

170. 采用条粘、点粘、空铺第一层或第一层为打孔卷材时，在檐口、屋脊和屋面的转角处及突出屋面的连接处，卷材应满涂玛琋脂，其宽度不得小于______ mm。

A. 100； B. 150； C. 800； D. 600。

171. 高聚物改性沥青防水卷材屋面施工时，接缝口应用密封材料封严，宽度不应小于______ mm。

A. 2； B. 5； C. 8； D. 10。

**172.** 水落口周围直径 500mm 范围内坡度不应小于______%。

A. 1； B. 2； C. 3； D. 5。

**173.** 天沟、檐沟与屋面交接处的附加层宜空铺，空铺宽度为______mm。

A. 100； B. 200； C. 300； D. 400。

**174.** 屋面防水作法应在______图中表示。

A. 总平面； B. 建筑施工； C. 结构施工； D. 设备安装。

**175.** 建筑物轴线应用______线表示。

A. 实； B. 虚； C. 点划； D. 折断。

**176.** 建筑物中设置______其基础部位不断开，其余上部结构均断开。

A. 变形缝； B. 伸缩缝； C. 沉降缝； D. 抗震缝。

**177.** 屋面排水雨落口间距取决于排水量的大小，通常做法应______m 设置 1 个。

A. 3～5； B. 5～8； C. 8～10； D. 10～15。

**178.** 当测定石油沥青的针入度为 25 时，其沥青标号为______号。

A. 20； B. 25； C. 30； D. 40。

**179.** 每卷油毡允许______处接头，其中较短的一段长度不应少于 2500mm，接头处应剪切整齐，并加长 150mm 留作搭接宽度。

A. 1； B. 2； C. 3； D. 4。

**180.** ______找平层能增强防水层与基础的粘结，避免防水层膨胀，尤其适用于防水层冬季施工。

A. 水泥砂浆； B. 混凝土； C. 混合砂浆； D. 沥青砂浆。

**181.** 在不受水压的地下防水工程中，结构的变形缝要用______填塞。

A. 防腐木条； B. 橡胶止水带； C. 塑料止水带； D. 防腐油麻。

**182.** 大面铺贴 SBS 改性沥青防水卷材，要根据火焰温度掌握好烘烤距离，一般以______cm 为宜。

A. 10～20； B. 20～30； C. 30～40； D. 40～50。

**183.** 氯丁胶乳沥青防水涂料施工，厕所、卫生间防水一般采用______作法。

A. 只涂三道涂料； B. 一布四油； C. 二布四油； D. 二布六油。

**184.** 油膏嵌缝涂料屋面施工，其屋面板缝宽应为______mm。

A. <10； B. 10～20； C. 20～30； D. 20～40。

**185.** 防水工程质量评定等级分为______。

A. 优良、合格； B. 合格、不合格；

C. 优良、合格、不合格； D. 优良、不合格。

**186.** 厕所地面找平层应作好泛水，按规定找坡，地漏周围半径 50mm 内排水坡度为______%。

A. 5； B. 100； C. 10； D. 50。

**187.** 沥青混凝土质量检查，其表面平整用 2m 靠尺检查凹处空隙不大于______。

A. 5； B. 6； C. 7； D. 8。

**188.** 木龙骨防腐，应将沥青热至______，然后将木龙骨放入浸泡 2h，捞出后晾干，即可使用。

A. 200；　　B. 190；　　C. 180；　　D. 160。

**189.** 风玫瑰图一般画在______图上。

A. 建筑平面；　　B. 结构平面；　　C. 节点详；　　D. 总平面。

**190.** 双面胶粘带的剥离强度不应小于 6N/10mm，浸水 168h 后的保持率不应小于______%。

A. 70；　　B. 75；　　C. 80；　　D. 85。

**191.** 屋面变形缝处，不论采用刚性防水或柔性防水，其泛水高度必须大于______ mm。

A. 200；　　B. 250；　　C. 300；　　D. 400。

**192.** 墙的变形缝施工应逐段进行防水处理，每______ mm 高填缝一次。

A. 300～500；　　B. 500～600；　　C. 600～700；　　D. 700～800。

**193.** 厕所地面必须找坡，如设计无要求时，应按______%坡度向地漏处排水。

A. 1；　　B. 2；　　C. 3；　　D. 4。

**194.** 卷材贮存期不超过______出料应掌握先进先出的原则。

A. 3 个月；　　B. 6 个月；　　C. 9 个月；　　D. 1 年。

**195.** 用 30kg 石油沥青制快挥发性冷底子油应加______ kg。

A. 柴油 70；　　B. 汽油 70；　　C. 柴油 60；　　D. 汽油 60。

**196.** 涂膜防水层应以厚度表示，不得用涂刷的______表示。

A. 程度；　　B. 数量；　　C. 遍数；　　D. 次数。

**197.** 沥青胶结材料的标号是以______确定。

A. 柔韧性；　　B. 耐热度；　　C. 粘结性；　　D. 比重。

**198.** 在受水压的地下防水工程中，结构的变形缝应用______作防水处理。

A. 防腐油麻；　　B. 木条；　　C. 橡胶止水带；　　D. 钢板止水带。

**199.** 一道防水设防，具有单独防水能力的一个防水______。

A. 层次；　　B. 效果；　　C. 要求；　　D. 因素。

**200.** 防水层______年限，指屋面防水层能满足正常使用要求的期限。

A. 能用；　　B. 耐用；　　C. 可用；　　D. 使用。

**201.** 块体刚性防水层，以掺入防水剂的防水水泥砂浆为底层防水层，中间铺砌______砖等块材，再用防水水泥砂浆灌缝并抹防水面层。

A. 混凝土；　　B. 砂浆；　　C. 矿渣；　　D. 黏土。

**202.** 屋面工程如采用多种防水材料复合使用时，耐老化、耐穿刺的防水材料应放在______。

A. 最上面；　　B. 最下面；　　C. 中间；　　D. 边缘。

**203.** 屋面工程施工中，应按施工工序、层次进行检验，______后方可进行下道工序、层次的作业。

A. 验收；　　B. 合格；　　C. 检查；　　D. 分工。

**204.** 屋面工程所采用的防水、保温隔热材料应有材料质量证明文件，并经指定的______部门认证，确保其质量符合技术要求。

A. 上级领导；　　B. 业务；　　C. 质量检测；　　D. 单位。

**205.** 当下道工序或相邻工程施工时，对屋面防水工程已完成的部分应采取______措施，防止损坏。

A. 看护； B. 维护； C. 爱护； D. 保护。

**206.** 屋面结构层为装配式钢筋混凝土板时，应采用细石混凝土灌缝，其强度等级不应小于______。

A. C20； B. C25； C. C30； D. C15。

**207.** 当屋面板板缝宽度大于______mm 或上窄下宽时，板缝内应设置构造钢筋。

A. 40； B. 45； C. 46； D. 48。

**208.** 基层处理剂的选择应与卷材的______相容。

A. 特性； B. 材性； C. 品牌； D. 质量。

**209.** 改性沥青胶粘剂的粘结剥离强度不应小于______N/10mm。

A. 6； B. 8； C. 10； D. 4。

**210.** 合成高分子胶粘剂的粘结剥离强度不应小于______N/10mm。

A. 5； B. 10； C. 15； D. 20。

**211.** 进场材料抽样复验时，对同品种、牌号和规格的卷材，抽验数量为：大于 1000 卷抽取 5 卷；小于 100 卷抽取______卷。

A. 1； B. 2； C. 3； D. 4。

**212.** 进场材料抽样复验，复验时有______项指标不合格，则判定该产品外观质量为不合格。

A. 1； B. 2； C. 3； D. 4。

**213.** 沥青防水卷材______应检验：拉力耐热度、柔性和不透水性。

A. 生化性能； B. 材料性能； C. 防水性能； D. 物理性能。

**214.** 屋面防水等级为I级时，选用高聚物改性沥青防水卷材其厚度不宜小于______mm。

A. 2； B. 3； C. 4； D. 5。

**215.** 屋面防水等级为Ⅲ级时，选用高聚物改性沥青防水卷材其厚度不宜小于______mm。

A. 2； B. 3； C. 4； D. 5。

**216.** 屋面防水等级为Ⅲ级时，选用自粘聚酯胎改性沥青防水卷材厚度不宜小于______mm。

A. 2； B. 3； C. 4； D. 5。

**217.** 屋面工程防水______应遵循“合理设防、防排结合、因地制宜、综合治理”的原则。

A. 研究； B. 讨论； C. 设计； D. 方针。

**218.** 屋面防水层细部构造，如天沟、檐沟、阴阳角、水落口、变形缝等部位应设置______。

A. 附加层； B. 保护层； C. 隔汽层； D. 找平层。

**219.** 单坡跨度大于 9m 的屋面宜作结构找坡，坡度不应小于______%。

A. 1； B. 2； C. 3； D. 4。

**220.** 当材料找坡时，可用轻质材料或保温层找坡，坡度宜为______%。

A. 1； B. 2； C. 3； D. 4。

**221.** 合成高分子卷材或合成高分子涂膜的上部，______采用热熔型卷材或涂料。

A. 必须； B. 不应； C. 宜可； D. 不得。

**222.** 卷材与涂膜复合使用时，涂膜______放在下部。

A. 宜； B. 不宜； C. 应该； D. 不应。

**223.** 卷材、涂膜与刚性材料复合使用时，刚性材料______设置在柔性材料的上部。

A. 不应； B. 应； C. 不得； D. 不宜。

**224.** 涂膜防水层应以______表示，不得用涂刷的遍数表示。

A. 长度； B. 宽度； C. 厚度； D. 薄度。

**225.** 架空屋面、倒置式屋面的柔性防水层上______保护层。

A. 必须做； B. 严禁做； C. 可做； D. 可不做。

**226.** 卷材防水层上有重物覆盖或基层变形较大时，应优先采用空铺法、点粘法、条粘法或机械固定法。但距屋面周边 800mm 内以及叠层铺贴的各层卷材之间应______。

A. 满粘； B. 空铺； C. 条粘； D. 点粘。

**227.** 自粘橡胶沥青防水卷材和自粘聚酯胎改性沥青防水卷材（铝箔覆面者除外），______用于外露的防水层。

A. 得； B. 不得； C. 必须； D. 严禁。

**228.** 屋面需经常维护的设施周围和屋面出入口至设施之间的人行道______铺设刚性保护层。

A. 宜； B. 不宜； C. 应； D. 不应。

**229.** 水泥砂浆、块体材料或细石混凝土保护层与防水层之间______设置隔离层。

A. 宜； B. 不宜； C. 不应； D. 应。

**230.** 厚度小于______ mm 的高聚物改性沥青防水卷材，严禁采用热熔法施工。

A. 2； B. 3； C. 4； D. 5。

**231.** 屋面防水Ⅳ级，高聚物改性沥青防水涂料，一道设防涂刷厚度不应小于______ mm。

A. 2； B. 3； C. 4； D. 5。

**232.** 涂膜防水层、水泥砂浆保护层厚度不宜小于______ mm。

A. 10； B. 15； C. 20； D. 25。

**233.** 高聚物改性沥青防水涂膜施工，最上面的涂层厚度不应小于______ mm。

A. 0.5； B. 1； C. 0.8； D. 1.5。

**234.** 屋面卷材防水层开裂维修对无规则裂缝，宜沿裂缝铺贴宽度不应小于______ mm 卷材或铺设带有胎体增强材料的涂膜防水层。

A. 100； B. 150； C. 200； D. 250。

**235.** 涂膜防水层修缮施工，采用沥青基防水涂膜维修厚度不应小于______ mm。

A. 2； B. 4； C. 6； D. 8。

**236.** 刚性防水屋面防水层裂缝维修，宜选用高聚物改性沥青防水涂料，宜加铺胎体增强材料，贴缝防水层宽度不应小于______ mm。

A. 250； B. 300； C. 350； D. 400。

**237.** 刚性防水屋面防水层裂缝维修，宜选用高聚物改性沥青防水涂料或合成高分子防水涂料，加铺胎体增强材料，其厚度合成高分子防水涂料不应小于______ mm。

A. 2； B. 3； C. 4； D. 5。

**238.** 刚性防水屋面防水层裂缝维修，采用涂膜防水层贴缝维修，沿缝设置宽度不应小于______ mm 的隔离层。

A. 100； B. 150； C. 200； D. 250。

**239.** 刚性防水屋面防水层裂缝维修，采用防水卷材贴缝维修，铺贴卷材宽度不应小于______ mm。

A. 100； B. 150； C. 200； D. 300。

**240.** 刚性防水屋面防水层裂缝渗漏，采用密封材料嵌缝维修，密封材料覆盖宽度应超出板缝两边不得小于______ mm。

A. 10； B. 15； C. 20； D. 30。

**241.** 刚性防水屋面分格缝渗漏维修，采用密封材料嵌缝时，缝槽底部应设置背衬材料，密封材料覆盖宽度应超出分格缝每边______ mm 以上。

A. 30； B. 50； C. 60； D. 80。

**242.** 外墙渗漏修缮，抹面材料______选用聚合物水泥砂浆或掺防水剂的水泥砂浆。

A. 不宜； B. 宜； C. 不可以； D. 可以。

**243.** 阳台、雨篷倒泛水，应在结构允许条件下______凿除原有找平层，用细石混凝土或水泥砂浆重做找平层，调整排水坡度。

A. 宜； B. 不宜； C. 可； D. 不可。

**244.** 地下室渗漏，堵漏的______是先把大漏变小漏，缝漏变点漏，片漏变孔漏，逐步缩小渗漏范围，最后堵住漏水。

A. 方法； B. 方针； C. 原则； D. 特点。

**245.** 根据防水工程工作______可分为：能正确识读建筑施工图纸；熟悉防水构造；能够正确选用防水材料及工具，并做好安全检查工作等几个方面的准备工作。

A. 内容； B. 方法； C. 要求； D. 要点。

**246.** 总平面图主要介绍新建工程的总体布置情况。它______新建工程的平面形式、标高、层数（用小黑点表示，一点为一层），以及它与原有建筑物、道路等的相互关系。

A. 表明； B. 说明； C. 表示； D. 揭示。

**247.** 根据总平面图计算挖填土方量以及排水方向。新建工程的______一般用指北针来表示（N 表示北，S 表示南），主导风向用风玫瑰图来表示。

A. 方法； B. 位置； C. 方位； D. 方向。

**248.** 根据工程的需要，与总平面图______的还有供水、排水、供电等管线的总平面布置图、竖向设计图、道路的纵横剖面图，以及绿化布置图、远景规划图等。

A. 相联系； B. 相搭配； C. 相匹配； D. 相配合。

**249.** 看平面图应抓住______根据施工顺序抓住主要部位。如房屋的总长、总宽，有几道轴线，轴线间的尺寸、墙厚、门窗尺寸和型号等，还有楼梯的位置、尺寸、台阶的尺寸等。

A. 重点； B. 要点； C. 主要的； D. 关键。

**250.** 建筑剖面图主要______建筑物内部的结构和构造形状，沿高度方向分层情况，各层层高、门窗洞高和总高度尺寸。

A. 说明； B. 表示； C. 包括； D. 根据。

**251.** 剖面图与平面图、立面图是构成建筑施工图的______图样。

A. 三个； B. 重要； C. 基本； D. 主要。

**252.** 一般建筑施工图除了平、立、剖面图之外，为了表示某些部位的结构构造和详细尺寸，必须绘制详图来______。

A. 表示； B. 解释； C. 补充； D. 说明。

**253.** 墙身节点详图，实际上就是建筑剖面图的局部放大，它主要______建筑物从基础上部的防潮层到檐口各主要节点构造。

A. 表达了； B. 表示了； C. 包括了； D. 概括了。

**254.** 建筑配件标准图是指与建筑______有关的配件的建筑详图。配件是指门窗、屋面、楼地面、水池等，配件标准图的代号一般用"J"或"建"表示。

A. 施工； B. 设计； C. 构件； D. 设置。

**255.** 建筑构件标准图是指与结构______有关的构件的结构详图。构件就是指屋架、梁、板、基础等，构件标准图的代号一般用"G"或"结"表示。

A. 施工； B. 配置； C. 设计； D. 设置。

**256.** 地下工程设置在建（构）筑物室外地坪以下，包括建筑工程地下室、蓄水池、地铁、隧道及人防工程等，常年受到水的侵蚀。因此对地下工程的外墙板和底板必须采取有效的防潮和防水______。

A. 要求； B. 打算； C. 方法； D. 措施。

**257.** 地下工程的防潮处理，当地下工程的墙体采用砖砌筑时，砌体必须用水泥砂浆砌筑，外墙的外侧应抹______mm 厚 1∶2 水泥砂浆找平层，再刷涂料防潮层。

A. 20； B. 30； C. 40； D. 50。

**258.** 地下工程处于侵蚀性介质中的工程，______耐侵蚀的防水混凝土、防水砂浆、卷材或涂料等防水材料。

A. 不得采用； B. 应采用； C. 不宜； D. 宜采用。

**259.** 地下工程处于冻土层中的混凝土结构，其混凝土抗冻融循环不得少于______次。

A. 40； B. 80； C. 100； D. 150。

**260.** 地下工程结构刚度较差或受振动作用的工程，______卷材、涂料等柔性防水材料。

A. 不宜采用； B. 宜采用； C. 不应采用； D. 应采用。

**261.** 地下工程防水做法可采用刚性防水、柔性防水和多道防线、刚柔结合的______防水做法。

A. 复合； B. 结合； C. 多种； D. 联合。

**262.** 防水混凝土结构底板的混凝土垫层，在软弱土层中厚度不应小于______mm。

A. 200； B. 160； C. 120； D. 150。

**263.** 水泥砂浆防水层包括普通水泥砂浆、聚合物水泥砂浆、掺外加剂或掺和料水泥砂浆等，宜采用______抹压法施工。

A. 厚层；　　B. 多层；　　C. 薄层；　　D. 较厚层。

**264.** 水泥砂浆防水层可用于结构主体的迎水面或背水面，其基层混凝土强度不应小于______。

A. C8；　　B. C10；　　C. C15；　　D. C20。

**265.** 聚合物水泥砂浆防水层单层施工其厚度宜为 6～8mm，双层施工时宜为______mm。

A. 10～12；　　B. 12～14；　　C. 8～10；　　D. 14～16。

**266.** 卷材防水层______于受侵蚀介质作用或受振动作用的地下工程。

A. 不适用；　　B. 适用；　　C. 应用；　　D. 用。

**267.** 卷材防水层应铺设在混凝土结构主体的迎水面。如用于建筑物地下室，应铺设在结构主体底板垫层至墙体顶端的基面上，在外围形成______的防水层。

A. 包围；　　B. 坚强；　　C. 封闭；　　D. 封锁。

**268.** 地下防水工程施工，卷材防水层铺贴应采用外防外贴法铺贴，当施工条件受到______时，也可采用外防内贴法铺贴卷材。

A. 约束；　　B. 控制；　　C. 允许；　　D. 限制。

**269.** 地下工程防水，防水板应在初期支护基本稳定并经验收合格后进行铺设。铺设防水板的______宜平整、无尖锐物。

A. 基层；　　B. 基础；　　C. 基底；　　D. 底层。

**270.** 地下工程防水施工，金属防水层的拼接应采用焊接，拼接焊缝应严密。竖向金属板的垂直接缝，应______。

A. 相互垂直；　　B. 相互错开；　　C. 相互平行；　　D. 相互搭接。

**271.** 地下工程金属防水层，在结构施工前在其内侧______金属防水层时，金属防水层应与围护结构内的钢筋焊牢，或在金属防水层上焊接一定数量的锚固件。

A. 放置；　　B. 固定；　　C. 设置；　　D. 设计。

**272.** 地下工程金属防水层施工，在结构外侧______金属防水层时，金属板应焊在混凝土或砌体的预埋件上。金属防水层经焊缝检查后，应将其与结构间的空隙用水泥砂浆灌实。

A. 放置；　　B. 设计；　　C. 固定；　　D. 设置。

**273.** 墙体防潮层常用______有防水砂浆防潮层、油毡防潮层和细石混凝土防潮层。

A. 材料；　　B. 原料；　　C. 做法；　　D. 方法。

**274.** 窗台的坡面必须坡向______，在窗台下皮抹出滴水槽或鹰嘴，以防尿墙。窗台与窗框之间必须用麻刀和水泥砂浆将缝隙塞严。

A. 室内；　　B. 室外；　　C. 平缓；　　D. 正确。

**275.** 伸缩缝是为了______因气温变化而引起建筑物的热胀冷缩并可能造成的损坏而设置的。

A. 防御；　　B. 防范；　　C. 防止；　　D. 设防。

**276.** 伸缩缝在______部位不断开，其余上部结构均应断开。缝内要填塞油麻，当缝口较宽时，可用镀锌铁皮或铝板盖缝。

A. 结构 1/3 以下；B. 下半；　　C. 地下；　　D. 基础。

**277.** 当建筑物的相邻部位高低不平，荷载不同或结构型式不同，以及土质不同时，建筑物会产生不均匀沉降，为了防止因沉降不均而出现建筑物裂缝，就必须______沉降缝，以使建筑相邻各部分能自由沉降，互不影响。

A. 设置； B. 设计； C. 配置； D. 安排。

**278.** 设计烈度为7度以上的地区，当建筑物立面高差较大，各建筑部分结构刚度有较大的变化，或荷载相差悬殊时，要______抗震缝。

A. 安排； B. 设置； C. 设计； D. 配置。

**279.** 大板建筑外墙面构造防水就是在预制外墙板的接缝处______一些线型构造，如披水、挡水台、排水坡、滴水槽等形成空腔，防止雨水进入，并把进入墙内的雨水排出室外。

A. 配置； B. 安排； C. 设置； D. 设计。

**280.** 大板建筑外墙面十字缝位于立缝、平缝相交处。在十字缝正中______塑料排水管，使进入立缝和平缝的雨水通过排水管排出。

A. 设计； B. 配置； C. 安排； D. 设置。

**281.** 工业厂房预制外墙板之间的接缝，必须做好______处理。对于有保温要求的外墙板，在接缝时还必须作好保温处理。外墙板接缝多采用构造防水与材料防水相结合的方法。

A. 防水； B. 防寒； C. 装修； D. 密封。

**282.** 当屋面坡度小于______%时称为平屋面。

A. 8； B. 10； C. 12； D. 15。

**283.** 当屋面坡度大于______%时称为坡屋面。

A. 8； B. 15； C. 10； D. 12。

**284.** 平屋面构造简单，屋顶可以用作活动场所。但由于坡度小、排水慢，屋顶积水机会较多，容易出现渗漏。所以对平屋面的______，要精心设计，精心施工。

A. 装修处理； B. 密封处理； C. 坡度处理； D. 防水处理。

**285.** 从防水______上分，可分为柔性防水屋面和刚性防水屋面。

A. 方法； B. 材料； C. 性质； D. 强度。

**286.** 平屋面根据建筑物重要性及______，也可以采用刚柔结合的复合防水做法。

A. 设计要求； B. 设防要求； C. 配置要求； D. 安排要求。

**287.** 平瓦屋面的泛水，宜用1：1：4的水泥石灰混合砂浆掺加______%的麻刀，分次抹成。

A. 1.2； B. 1.4； C. 1.5； D. 1.6。

**288.** 厂房屋面当有高低跨屋面或天窗架屋面向下部屋面排水时，必须在水落管的出水口处______保护板，以防冲毁防水层。

A. 配置； B. 设计； C. 安排； D. 设置。

**289.** 建筑物厕浴间内卫生设备多，每件都要有上下水管，穿地穿墙管道多。污水顺着管道、板缝渗漏下来，洇湿了顶板、墙面，造成墙皮粉化、脱落。因此，厕浴间的防水施工极为______。

A. 重要； B. 需要； C. 突出； D. 迫切。

**290.** 沥青防水卷材根据涂盖______材料的不同分为氧化沥青防水卷材和高聚物改性沥青防水卷材两大类。

A. 高聚物；　　B. 沥青；　　C. 聚合物；　　D. 沥青基。

**291.** SBS改性沥青防水卷材，耐低温性能有______的提高。同时还提高了卷材的弹性和耐疲劳性，并可进行冷施工。

A. 较明显；　　B. 较大；　　C. 所；　　D. 明显。

**292.** APP改性沥青具有优良的高温特性，耐热度可达______℃；对紫外线老化及热老化有耐久性。

A. 120；　　B. 150；　　C. 160；　　D. 100。

**293.** 沥青玛琋脂的______主要有耐热度、柔韧性和粘结力三项指标。

A. 指标；　　B. 重量；　　C. 检验；　　D. 质量。

**294.** 卷材防水施工基层验收______一般是在进行防水施工前，由土建单位与专业防水施工队或工程项目部与防水施工班组之间办理交接验收手续。

A. 次序；　　B. 程序；　　C. 方法；　　D. 办法。

**295.** 卷材防水的屋面______必须有坚固而平整的表面，不得有凹凸不平和严重裂缝（>1mm），也不允许发生酥松、起砂、起皮等情况。

A. 基底；　　B. 基层；　　C. 基础；　　D. 底层。

**296.** 卷材防水的屋面基层平整度的检查应用2m长直尺，把直尺靠在基层表面，直尺与基层间的空隙不得超过______ mm。且空隙仅允许平缓变化，在每米长度内不得多于一处。

A. 3；　　B. 4；　　C. 5；　　D. 6。

**297.** 卷材防水的屋面基层干燥，一般要求基层的混凝土或水泥砂浆的含水率控制在______%以下。

A. 7～10；　　B. 10～15；　　C. 9～12；　　D. 6～9。

**298.** 用防水砂浆做防潮层，即在水泥砂浆中掺入______%的防水粉，待搅拌均匀后，用铁抹子抹在防潮部位，砂浆厚度不小于20mm，一般用于墙身防潮层或地下室外墙防潮层。

A. 3～5；　　B. 4～6；　　C. 5～7；　　D. 6～8。

**299.** 用防水油膏做防潮层，即用油膏在需做防潮层的部位刮涂1～2遍，厚度约为______ mm左右。一般此种做法可用于各种部位的防潮层。但要注意一般在刮涂油膏前要涂刷冷底子油。

A. 1.0～1.5；　　B. 1.5～2；　　C. 1.8～2.2；　　D. 2.0～2.5。

**300.** 墙身防潮层位于室内地面标高处的墙身上，需在______墙身上设置。

A. 下半部；　　B. 1/3；　　C. 全部；　　D. 全面。

**301.** 地下室外墙防潮层，在不设防水层的地下室外墙外部涂刷防潮层。一般的做法为：外墙外侧用防水砂浆做防潮层或用水泥砂浆抹面，从大放脚一直抹到散水处以上______ mm，然后做防潮层，防潮层外侧用2：8灰土夯实。

A. 150；　　B. 200；　　C. 250；　　D. 300。

**302.** 屋面保温层以下，找平层之上的防潮层，又称隔汽层，通常需______防潮层。

A. 满涂； B. 冷涂； C. 热涂； D. 条涂。

**303.** 地面防潮层，当地面防潮要求较高时，地面______也要做防潮层。其位置设置在地面垫层混凝土和找平层之上，墙身防潮层之下的部位。

A. 底层上； B. 基础上； C. 基底上； D. 基础上。

**304.** 油膏类和涂料类防潮层应保证涂抹厚度不小于______ mm，且厚度应均匀一致。

A. 1.0； B. 1.2； C. 1.5； D. 1.8。

**305.** 卷材防水屋面在找平层与突出屋面结构（女儿墙、立墙、变形缝等）的连接处，以及找平层的转角处（水落口、天沟、屋脊）均应做成圆弧。圆弧半径根据卷材种类选用，合成高分子防水卷材应为______ mm。

A. 100～150； B. 50； C. 70； D. 20。

**306.** 排汽屋面需设置排汽道及排汽孔。排汽通道______纵横交叉贯通，不能堵塞，并与屋面排汽孔相连通。

A. 必须； B. 宜； C. 不宜； D. 不可。

**307.** 沥青防水卷材采用满铺法施工，长边搭接宽度应为______ mm。

A. 50； B. 70； C. 100； D. 150。

**308.** 沥青防水卷材采用满铺法施工，短边搭接宽度应为______ mm。

A. 50； B. 70； C. 100； D. 150。

**309.** 沥青防水卷材采用空铺法、条粘法、点粘法施工，短边搭接宽度应为______ mm。

A. 50； B. 70； C. 100； D. 150。

**310.** 高聚物改性沥青防水卷材采用空铺法、点粘法、条粘法施工，短边搭接宽度应为______ mm。

A. 100； B. 150； C. 70； D. 80。

**311.** 高聚物改性沥青防水卷材采用满粘法施工，长边搭接宽度应为______ mm。

A. 70； B. 80； C. 100； D. 150。

**312.** 高聚物改性沥青防水卷材采用空铺法、点粘法、条粘法施工，长边搭接宽度应为______ mm。

A. 70； B. 80； C. 100； D. 150。

**313.** 合成高分子防水卷材采用满粘法施工，短边搭接宽度应为______ mm。

A. 100； B. 150； C. 70； D. 80。

**314.** 合成高分子防水卷材采用空铺法、条粘法、点粘法施工，长边搭接宽度应为______ mm。

A. 100； B. 150； C. 70； D. 80。

**315.** 合成高分子防水卷材采用焊接法施工，搭接边应为______ mm。

A. 70； B. 50； C. 100； D. 80。

**316.** 在同一面积屋面上，应先铺离上料点较远的部位，再铺较近的部位，便于______成品，避免已铺过部分因受到施工人员的踩踏而损坏。

A. 保证； B. 爱护； C. 保护； D. 保险。

**317.** 无组织排水檐口______ mm 范围内的卷材应采用满粘法，卷材收头应固定密封。

檐口下端应做滴水处理。

A. 400； B. 500； C. 600； D. 800。

**318.** 在涂刷了冷底子油的找平层上弹线，确定油毡铺贴的______及搭接位置，避免铺贴歪斜、扭曲、皱折。

A. 基准； B. 基本； C. 基础； D. 方向。

**319.** 油毡的搭接宽度必须符合规范要求，并应注意搭接的______，短边搭接应顺主导风向，长边搭接应顺流水方向。

A. 方法； B. 方向； C. 位置； D. 尺寸。

**320.** 采用______可节省玛琋脂，减少鼓包和避免因基层变形而引起拉裂油毡防水层。

A. 冷粘法铺贴卷材； B. 自粘法铺贴卷材；

C. 空铺法铺贴卷材； D. 满粘法铺贴卷材。

**321.** ______法施工是采用热空气焊枪进行防水卷材搭接粘合的施工方法。

A. 机械钉压； B. 自粘； C. 热熔； D. 热风焊接。

**322.** ______法施工，是采用胶粘剂进行卷材与基层，卷材与卷材的粘结，而不需要加热的施工方法。适用于合成高分子防水卷材、高聚物改性沥青防水卷材铺贴。

A. 冷粘； B. 自粘；

C. 满粘； D. 冷玛琋脂粘贴。

**323.** ______法施工，是采用带有自粘胶的防水卷材，不用热施工，也不需涂刷胶结材料，而直接进行粘结的施工方法。适用于带有自粘胶的合成高分子防水卷材及高聚物改性沥青防水卷材的铺贴。

A. 冷粘； B. 自粘； C. 热风焊接法； D. 压埋。

**324.** ______法施工，是卷材与基层大部分不粘结，上面采用卵石等压埋，但搭接缝及周边仍要全部粘结的施工方法。适用于空铺法、倒置式屋面。

A. 空铺； B. 条粘； C. 压埋； D. 机械钉压。

## 二、选择题答案

| | | | | | | | | |
|---|---|---|---|---|---|---|---|---|
| 1. A | 2. B | 3. C | 4. D | 5. A | 6. B | 7. C | 8. D | 9. A |
| 10. B | 11. C | 12. D | 13. A | 14. B | 15. C | 16. D | 17. A | 18. B |
| 19. C | 20. C | 21. D | 22. A | 23. B | 24. C | 25. D | 26. A | 27. B |
| 28. C | 29. D | 30. A | 31. B | 32. C | 33. B | 34. B | 35. C | 36. B |
| 37. B | 38. D | 39. A | 40. C | 41. A | 42. A | 43. C | 44. D | 45. B |
| 46. B | 47. D | 48. C | 49. B | 50. C | 51. A | 52. B | 53. B | 54. C |
| 55. D | 56. A | 57. B | 58. A | 59. C | 60. B | 61. A | 62. C | 63. D |
| 64. A | 65. B | 66. D | 67. A | 68. C | 69. A | 70. B | 71. B | 72. C |
| 73. D | 74. A | 75. B | 76. C | 77. D | 78. A | 79. B | 80. C | 81. D |
| 82. B | 83. A | 84. A | 85. C | 86. D | 87. D | 88. B | 89. A | 90. B |
| 91. A | 92. A | 93. D | 94. B | 95. B | 96. C | 97. C | 98. A | 99. A |
| 100. B | 101. B | 102. C | 103. D | 104. C | 105. A | 106. D | 107. B | 108. B |

| | | | | | | | | |
|---|---|---|---|---|---|---|---|---|
| 109. C | 110. A | 111. A | 112. D | 113. B | 114. A | 115. C | 116. B | 117. A |
| 118. D | 119. A | 120. B | 121. C | 122. D | 123. C | 124. A | 125. B | 126. D |
| 127. C | 128. A | 129. B | 130. C | 131. D | 132. A | 133. B | 134. C | 135. C |
| 136. D | 137. A | 138. B | 139. C | 140. D | 141. A | 142. B | 143. C | 144. D |
| 145. A | 146. A | 147. B | 148. B | 149. C | 150. C | 151. D | 152. B | 153. C |
| 154. D | 155. B | 156. A | 157. D | 158. C | 159. D | 160. B | 161. A | 162. D |
| 163. D | 164. B | 165. A | 166. C | 167. D | 168. D | 169. B | 170. C | 171. D |
| 172. D | 173. B | 174. B | 175. C | 176. B | 177. D | 178. C | 179. A | 180. D |
| 181. D | 182. C | 183. B | 184. D | 185. A | 186. A | 187. B | 188. A | 189. D |
| 190. A | 191. B | 192. A | 193. B | 194. D | 195. B | 196. C | 197. B | 198. C |
| 199. A | 200. B | 201. D | 202. A | 203. B | 204. C | 205. D | 206. A | 207. A |
| 208. B | 209. B | 210. C | 211. B | 212. A | 213. D | 214. B | 215. C | 216. B |
| 217. C | 218. A | 219. C | 220. B | 221. D | 222. A | 223. B | 224. C | 225. D |
| 226. A | 227. B | 228. C | 229. D | 230. B | 231. A | 232. C | 233. B | 234. D |
| 235. D | 236. C | 237. A | 238. A | 239. D | 240. D | 241. B | 242. B | 243. C |
| 244. C | 245. A | 246. B | 247. C | 248. D | 249. A | 250. B | 251. C | 252. D |
| 253. A | 254. B | 255. C | 256. D | 257. A | 258. B | 259. C | 260. D | 261. A |
| 262. D | 263. B | 264. C | 265. A | 266. B | 267. C | 268. D | 269. A | 270. B |
| 271. C | 272. D | 273. A | 274. B | 275. C | 276. D | 277. A | 278. B | 279. C |
| 280. D | 281. A | 282. B | 283. C | 284. D | 285. A | 286. B | 287. C | 288. D |
| 289. A | 290. B | 291. A | 292. C | 293. D | 294. B | 295. B | 296. C | 297. D |
| 298. A | 299. B | 300. C | 301. D | 302. A | 303. B | 304. C | 305. D | 306. A |
| 307. B | 308. C | 309. D | 310. A | 311. B | 312. C | 313. D | 314. A | 315. B |
| 316. C | 317. D | 318. A | 319. B | 320. C | 321. D | 322. A | 323. B | 324. C |

## 第三节　初级工问答题

### 一、问答题

**1.** 防水工为什么要做好施工准备工作?
**2.** 施工图中工程概况包括哪些内容?
**3.** 看平面图的顺序是什么?
**4.** 房屋建筑详图主要有哪些详图?
**5.** 建筑施工图的概念是什么?
**6.** 建筑施工图中定位轴线如何编注?
**7.** 什么是建筑立面图?
**8.** 什么是剖面图?
**9.** 什么是建筑平面图?

10. 屋面平面图主要表示哪些内容？
11. 什么叫建筑详图？
12. 房屋建筑平面图一般分为几种平面图？
13. 建筑立面图能表示哪些内容？
14. 地下工程防水的设计和施工应符合哪些要求？
15. 地下工程防水的设计和施工应遵循哪些原则？
16. 地下工程防水的设防要求应根据哪些因素来合理确定？
17. 地下工程的防水施工方法有哪两种？
18. 地下工程防水构造形式有哪些？
19. 窗台有什么防水措施？
20. 防潮层常用什么材料？
21. 什么叫伸缩缝？
22. 什么叫沉降缝？
23. 大板建筑外墙防水做法有哪三种？
24. 什么是大板建筑外墙构造防水？
25. 什么是大板建筑外墙材料防水？
26. 房屋建筑的屋面是由哪些构造层次组成的？
27. 瓦屋面的坡度大致有几种？
28. 厂房屋面有组织排水系统有哪些？
29. 按天沟所处的位置分为几种？
30. 天沟内的排水坡度是多少？
31. 沥青防水卷材根据涂盖用沥青材料不同可分几种？
32. 什么是沥青复合胎柔性防水卷材？
33. 什么是高密度聚乙烯防水卷材？
34. 什么是冷玛𤧛脂？
35. 沥青玛𤧛脂的质量主要指标是什么？
36. 慢挥发性冷底子油的干燥时间是多少？
37. 快挥发性冷底子油的干燥时间是多少？
38. 卷材防水施工前基层验收程序是什么？
39. 卷材防水施工基层平整度有什么简单检查方法？
40. 卷材防水施工基层含水率应控制在多少为宜？
41. 卷材防水施工应避开什么样天气？
42. 细石混凝土找平层的厚度和强度等级是多少？
43. 防潮层的施工通常有哪四种方法？
44. 防潮层一般在哪些部位设置？
45. 石油沥青纸胎油毡和沥青复合胎柔性防水卷材在哪些地方限制使用？
46. 防水找平层有缺陷，坡度不足或不平整而积水对防水层会带来哪些危害？
47. 找平层的种类有哪几种？
48. 找平层所用的材料要求是什么？

49. 屋面保温层有几种?
50. 施工隔汽层质量要求是什么?
51. 屋面卷材施工的沥青胶选用什么沥青最适宜?
52. 沥青胶的种类有哪几种?
53. 热粘贴法施工工艺顺序有哪些?
54. 什么叫冷底子油湿刷法?
55. 什么是冷底子油干刷法?
56. 卷材铺贴方法有哪两种?
57. 沥青防水卷材冷粘贴法施工工艺顺序有哪些?
58. 热粘法铺贴防水卷材为什么要定位弹线?
59. 什么是沥青防水卷材实铺法?
60. 沥青卷材实铺操作方法有哪些?
61. 何谓沥青卷材空铺法?
62. 防水卷材采用空铺法有什么好处?
63. 绿豆砂保护层中选用绿豆砂的质量要求是什么?
64. 如果有沥青外溢到地面着火如何处理?
65. 防水工着装有什么要求?
66. 卷材防水屋面中分项工程有哪些项目?
67. 屋面工程质量的验收主控项目含意是什么?
68. 屋面工程质量的检验批量中规定接缝密封防水内容是什么?
69. 屋面工程质量的检验批量对细部构造有什么规定?
70. 防水涂料具有哪些特点?
71. 防水涂料按形成涂膜的厚度不同可分几种?
72. 地下防水工程应选用什么质量的防水涂料?
73. 地下防水工程采用有机防水涂料时应选用什么类型的防水涂料?
74. 地下防水工程采用无机防水涂料时应选用什么类型的防水涂料?
75. 厚质涂料防水层施工程序是什么?
76. 厚质涂料防水层施工前对基层有什么要求?
77. 厚质涂料防水层采用湿铺法如何施工?
78. 厚质涂料防水层怎样做好收头处理?
79. 木砖防腐处理操作工艺顺序是什么?
80. 沥青麻丝防腐处理施工工艺顺序是什么?
81. 耐酸类工程沥青混合物应选用什么粉料?
82. 耐碱类工程沥青混合物应选用什么粉料合适?
83. 沥青砂浆或沥青混凝土选用什么样的细骨料最合适?
84. 拌制沥青混凝土应选什么样的粗骨料?
85. 沥青砂浆、沥青混凝土施工工艺顺序有哪些?
86. 沥青砂浆、沥青混凝土的质量标准是什么?
87. 怎样进行木地板施工的防腐处理?

88. 沥青浸渍砖如何采用湿法浸渍？
89. 防腐块材铺砌的施工工艺顺序有哪些？
90. 防腐块材铺砌如何处理错缝问题？
91. 瓦材防水屋面如何分类？
92. 平瓦屋面施工操作工艺顺序有哪些？
93. 油毡瓦屋面施工操作工艺顺序有哪些？
94. 金属板材防水屋面施工操作工艺顺序有哪些？
95. 渗漏修缮工程基层处理应达到什么要求？
96. 刚性防水屋面结构层的装配式钢筋混凝土板板端缝采用密封材料如何处理？
97. 卷材防水层开裂，采用防水涂料如何进行维修？
98. 卷材防水层出现无规则裂缝应如何维修？
99. 卷材防水层起鼓直径小于或等于 300mm 的鼓泡如何维修？
100. 卷材防水层出现大面积的折皱、卷材拉开脱空、搭接错动如何维修？
101. 混凝土墙体泛水处收头卷材张口、脱落如何维修？
102. 涂膜防水层无规则裂缝如何维修？
103. 涂膜防水层老化如何维修？
104. 屋面泛水部位涂膜防水层渗漏如何维修？
105. 刚性防水屋面防水层裂缝渗漏维修，采用防水卷材如何维修？
106. 门窗框与墙体连接处缝隙渗漏如何维修？
107. 阳台、雨篷与墙面交接处裂缝渗漏如何维修？
108. 乳化沥青涂料施工应准备哪些工具？
109. 膨润土乳化沥青涂料施工应准备哪些工具？
110. 油膏嵌缝涂料屋面防水施工应准备哪些工具？
111. 沥青砂浆、沥青混凝土施工应准备哪些工具？
112. 防腐块材铺砌应准备哪些工具？
113. 外防外贴法的优缺点有哪些？
114. 外防内贴法的优缺点有哪些？
115. 地下室防水层做内防水为什么效果不好？
116. 防水工程验收应提交哪些文件？
117. 识图的方法是什么？
118. 简述识图的步骤？
119. 识读房屋立面图的顺序是什么？
120. 识读房屋剖面图的顺序是什么？
121. 对塑料防水板防水层有什么技术要求？
122. 对金属防水层有什么技术要求？
123. SBS 改性沥青防水卷材有什么特点？
124. 什么是三元乙丙橡胶防水卷材？
125. 沥青防水卷材的铺贴方向是什么？
126. 沥青防水卷材的搭接宽度是多少？

127. 高聚物改性沥青防水卷材的搭接宽度是多少？
128. 沥青防水卷材的铺贴顺序是什么？
129. 在无保温层的装配式屋面，端缝采用卷材怎样做好防水处理？
130. 油毡铺贴注意事项有哪些？
131. 铺贴卷材机械固定工艺有哪些？
132. 沥青锅的设置有什么要求？
133. 屋面卷材防水层工程质量验收主控项目及方法是什么？
134. 屋面卷材防水层工程质量验收一般项目及方法是什么？
135. 防腐块材铺砌质量标准是什么？
136. 油毡瓦屋面安装质量要求是什么？
137. 什么是防水工程？
138. 建筑防水的功能是什么？
139. 建筑防水工程的任务是什么？
140. 防水工程有哪些分类？
141. 什么是材料防水？
142. 什么是构造防水？
143. 通过各类防水工程的实践，在防水技术方面积累了哪些有益的经验？
144. Ⅰ 级屋面防水等级和设防要求是什么？
145. Ⅱ 级屋面防水等级和设防要求是什么？
146. Ⅲ 级屋面防水等级和设防要求是什么？
147. Ⅳ 级屋面防水等级和设防要求是什么？
148. 地下工程Ⅰ 级防水等级标准是什么？
149. 地下工程Ⅱ 级防水等级标准是什么？
150. 地下工程Ⅲ 级防水等级标准是什么？
151. 地下工程Ⅳ 级防水等级标准是什么？
152. 什么是建筑总平面图？
153. 何谓结构施工图及其包括哪些图样？
154. 什么叫比例，举例说明。
155. 建筑施工图中线条包括哪几种？
156. 索引符号如何编写？
157. 建筑施工图中定位轴线如何编号？
158. 民用建筑的基本组成有哪些？
159. 我国生产的建筑防水材料，按材料特性和使用功能大致可分为哪五大类？
160. 沥青防水卷材常用品种有哪些？
161. 高聚物改性沥青防水卷材常用品种有哪些？
162. 合成高分子防水卷材（片材）常用品种有哪些？
163. 高聚物改性沥青防水涂料常用品种有哪些？
164. 合成高分子防水涂料常用品种有哪些？
165. 合成高分子密封材料常用品种有哪些？

**166.** 砂浆、混凝土防水剂常用品种有哪些？

**167.** 堵漏止水材料类防水剂常用品种有哪些？

**168.** 注浆止水材料常用品种有哪些？

**169.** 厕浴间地面构造包括哪些部分？

**170.** SBS、APP改性沥青防水卷材的品种和规格有哪些？

**171.** 弹性体（SBS）改性沥青防水卷材的外观质量要求是什么？

**172.** 塑性体（APP）改性沥青防水卷材最突出特点是什么？

**173.** 三元乙丙橡胶防水卷材的特点是什么？

**174.** 氯化聚乙烯防水卷材有什么特点？

**175.** 氯化聚乙烯—橡胶共混防水卷材的特点是什么？

**176.** 冷底子油干燥时间如何测定？

**177.** 屋面保温层和防水层施工环境气温多少度为宜？

**178.** 温度过低时为什么不宜对卷材进行施工？

**179.** 为什么不宜在35℃以上进行防水涂料施工？

**180.** 为什么要求屋面防水层的基层（找平层）必须做到“五要”、“四不”、“三做到”？

**181.** 沥青油毡卷材防水屋面的施工，对设置排汽屋面有什么要求？

**182.** 屋面找平层质量检验主控项目及其检验方法是什么？

**183.** 屋面找平层质量检验一般项目及其检验方法是什么？

**184.** 屋面卷材防水层质量检验主控项目及其检验方法是什么？

**185.** 屋面卷材防水层质量检验一般项目及其检验方法是什么？

**186.** 每道涂膜防水层厚度有什么要求？

**187.** 涂膜防水施工顺序是什么？

**188.** 在哪些情况下，所使用的材料应具相容性？

**189.** 在哪些情况下，不得作为屋面的一道防水设防？

**190.** 卷材的贮运、保管应符合哪些规定？

**191.** 卷材胶粘剂、胶粘带的质量有哪些要求？

**192.** 卷材胶粘剂和胶粘带的贮运、保管应符合哪些规定？

**193.** 进场的卷材抽样复验应符合哪些规定？

**194.** 进场的卷材物理性能应检验哪些项目？

**195.** 进场的卷材胶粘剂和胶粘带的物理性能应检验哪些项目？

**196.** 卷材防水屋面天沟、檐沟的防水构造有什么规定？请画出屋面檐沟示意图。

**197.** 屋面泛水防水构造应遵守哪些规定？

**198.** 屋面水落口防水构造应符合哪些规定？

## 二、问答题答案

**1.** 施工准备工作，是为了保证施工正常进行而必须事先做好的工作，是工程项目全过程的重要阶段，也是确保工程项目管理目标顺利完成的先决条件。

**2.** 施工图中工程概况包括建筑物的名称、平面形式、层数、建筑面积、绝对标高，以及其与相邻建筑物的距离。

**3.** 识读平面图的顺序是：（1）看图样的图标；（2）看房屋的朝向；（3）看房屋内部；（4）通过剖切线的位置，来识读剖面图；（5）识读与安装工程有关的部位、内容。

**4.** 详图一般有：墙身节点构造大样图、楼梯间详图、屋面构造详图、门窗详图及其他配件详图。

**5.** 建筑施工图一般泛指建筑物的平面图、立面图、剖面图、建筑详图以及材料作法或文字说明。

**6.** 图中定位轴线一般都要编号，水平方向采用阿拉伯数字，由左向右依次编注；垂直方向采用大写拉丁字母，由下而上编注。通过这些编号就可以知道有多少轴线，并顺轴线找出相应的详图或标注。

**7.** 建筑立面图是建筑物外貌的真实写照，它分为正立面图、背立面图和侧立面图。

**8.** 建筑剖面图是从建筑物的某一部位，一般是在楼梯间和外墙门窗口位置，竖向剖开，其剖切部位的立面构造图即为剖面图。

**9.** 建筑平面图也可称作建筑平剖面图，其表达的意思是沿建筑物的某一个水平面，一般是在门窗口的水平面上横向剖开后，其下面形成的平面。构造就是建筑平面图。

**10.** 屋面平面图主要表示的内容有屋面建筑物配件的位置、构造、屋面结构剖面，各层作法，屋面的坡度、排水方法、女儿墙伸缩缝、挑檐的构造作法等。

**11.** 建筑详图就是在建筑图的平、立、剖图上，虽然看到建筑物的平面构造、外线及内部构造，但是由于比例较小，不能清晰、详细的表示局部构造，因此不便于指导施工，为了准确清楚地表达这些局部构造作法，通常将它们的比例放大，绘成较为详细的图纸，这种图就称为建筑详图，也称大样图。

**12.** 建筑平面图一般分为基础和地下室平面图、一层平面图、标准层平面图、屋面平面图、非标准层的平面图。

**13.** 建筑立面图标明建筑物的总高度、楼层高度及层数，外立面的装饰作法，以及檐口、门窗套、腰线、雨篷、阳台、门廊、勒脚等位置及作法。

**14.** 地下工程防水的设计和施工要符合确保质量、技术先进、经济合理、安全适用的要求。

**15.** 地下工程防水的设计和施工应遵循“防、排、截、堵相结合，刚柔相济，因地制宜，综合治理”的原则。

**16.** 地下工程的设防要求，应根据使用功能、结构形式、环境条件、施工方法及材料性能等因素来合理确定。

**17.** 地下工程的防水施工方法有两种：明挖法和暗挖法。

**18.** 地下工程防水构造形式有刚性防水、柔性防水和多道防线、刚柔结合的复合防水做法。另外还有塑料防水板防水层和金属板防水层。

**19.** 窗台的坡面必须坡向室外，在窗台下皮抹出滴水槽或鹰嘴，以防尿墙。窗台与窗框之间必须用麻刀和水泥砂浆将缝隙塞严。

**20.** 防潮层常用材料有防水砂浆防潮层、油毡防潮层和细石混凝土防潮层。

**21.** 伸缩缝是为了防止因气温变化而引起建筑物的热胀冷缩并可能造成的损坏而设

置的。

**22.** 所谓沉降缝，当建筑物的相邻部位高低不同，荷载不同或结构形式不同，以及土质不同时，建筑物会产生不均匀沉降，为了防止因沉降不均而出现建筑物裂缝，就必须设置沉降缝，以便建筑相邻各部分能自由沉降，互不影响。

**23.** 装配式大板建筑外墙防水做法通常有三种，即墙体构造防水、材料密封防水及构造与材料复合防水等。

**24.** 构造防水就是在预制外墙板的接缝处设置一些线型构造，如披水、挡水台、排水坡、滴水槽等形成空腔，防止雨水进入，并把进入墙内的雨水排出室外。

**25.** 材料防水就是采用防水密封膏或防水砂浆嵌塞于接缝内，防止雨水进入。

**26.** 房屋建筑的屋面是由结构层、找平层、隔气层、保温层、防水层、保护层或面层等构造层次组成。

**27.** 瓦屋面的排水坡度一般为：平瓦 20%～50%；波形瓦 10%～50%；油毡瓦≥20%。

**28.** 厂房屋面有组织排水系统主要由天沟、水落斗、水落管组成。

**29.** 按天沟所处的位置分为边天沟和中间天沟两种。

**30.** 天沟内的纵向排水坡度不应小于 1%，沟底水落差不得超过 200mm。

**31.** 沥青防水卷材根据涂盖用沥青材料的不同分为氧化沥青防水卷材和高聚物改性沥青防水卷材两大类。

**32.** 沥青复合胎柔性防水卷材是指以橡胶、树脂等高聚物为改性剂制成改性沥青为基料，以两种材料复合胎为胎体，聚酯膜、聚乙烯膜等为覆面材料，以浸涂、滚压工艺而制成的防水卷材。

**33.** 高密度聚乙烯（HDPE）防水卷材，是由高密度聚乙烯为主要原料，并加入抗氧化剂、热稳定剂等化学助剂，经混合、压延而成的一种防水卷材。

**34.** 冷玛琋脂是以石油沥青为基料，用溶剂和复合填充料改性的溶剂型冷做胶结材料。

**35.** 沥青玛琋脂的质量主要有耐热度、柔韧性和粘结力三项指标。

**36.** 慢挥发性冷底子油的干燥时间一般为 12～24h。

**37.** 快挥发性冷底子油的干燥时间一般为 5～10h。

**38.** 验收程序一般是在进行防水施工前，由土建单位与专业防水施工队或工程项目部与防水施工班组之间办理交接验收手续。

**39.** 基层平整度的检查方法可应用 2m 长直尺，把直尺靠在基层表面，直尺与基层间的空隙不得超过 5mm。且空隙仅允许平缓变化，在每米长度内不得多于一处。

**40.** 一般要求基层的混凝土或水泥砂浆的含水率应控制 6%～9%以下。

**41.** 卷材防水施工应避开寒冷和酷暑季节，严禁在雨天、雪天施工，五级风及其以上也不得施工。

**42.** 细石混凝土找平层的厚度应为 30～40mm，混凝土强度等级不低于 C20，表面要一次找平、压光。

**43.** 防潮层施工通常有防水砂浆防潮层、一毡二油防潮层、防水油膏防潮层和乳化沥青防潮层。

**44.** 防潮层一般在以下部位设置：墙身防潮层、墙基防潮层、地下室外墙防潮层、屋面保温层以下，找平层之上设防潮层，又称隔汽层和地面防潮层。

**45.** 石油沥青纸胎油毡和沥青复合胎柔性防水卷材不允许用于Ⅰ、Ⅱ级民用建筑。

**46.** 防水找平层有缺陷，坡度不足或不平整而积水对防水层的危害：

长期积水，增加渗漏概率；使卷材、涂料、密封材料长期浸泡降低性能，在太阳或高温下水分蒸发，使防水层处于高热、高湿环境，并经常处于干湿交替环境，使防水层加速老化。

**47.** 找平层的种类有水泥砂浆找平层、细石混凝土找平层和沥青砂浆找平层。

**48.** 找平层所用原材料要求，水泥强度等级不得低于 32.5 级，砂子宜采用中砂，砂子的净度要达到相应的要求。如采用特细砂时，其砂浆强度等级应适当提高。

**49.** 屋面保温层有松散材料保温层、板状材料保温层和整体现浇保温层。

**50.** 隔汽层施工时要确保隔汽层的厚度，并做到整体、连续、密闭。

**51.** 屋面防水卷材施工对沥青胶选用应与被粘结材料的沥青种类相同，一般选用 10 号、30 号建筑石油沥青和 60 号道路石油沥青或混合使用。

**52.** 沥青胶的种类有热用沥青胶和冷用沥青胶两类。

**53.** 沥青防水卷材热粘贴法施工工艺顺序见图 1-3-1。

**54.** 冷底子油湿刷法，即在基层水泥凝结过程中涂刷，涂刷后在水泥砂浆表面形成一层憎水薄膜。一般在水泥砂浆抹完后2～6h 进行。

**55.** 涂刷冷底子油一般采用干刷法，即在干燥的基层上进行涂刷，在基层上形成薄的涂层，应均匀周到，不得露底。

**56.** 卷材铺贴方法有两种：有实铺法和空铺法。

**57.** 沥青防水卷材冷粘贴法施工工艺顺序见图 1-3-2。

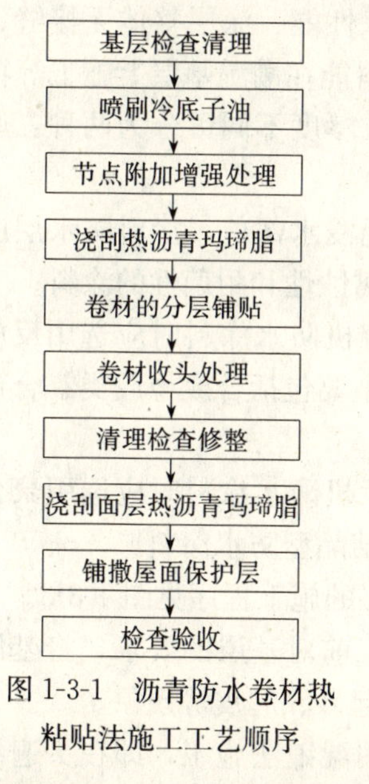


图 1-3-1 沥青防水卷材热粘贴法施工工艺顺序

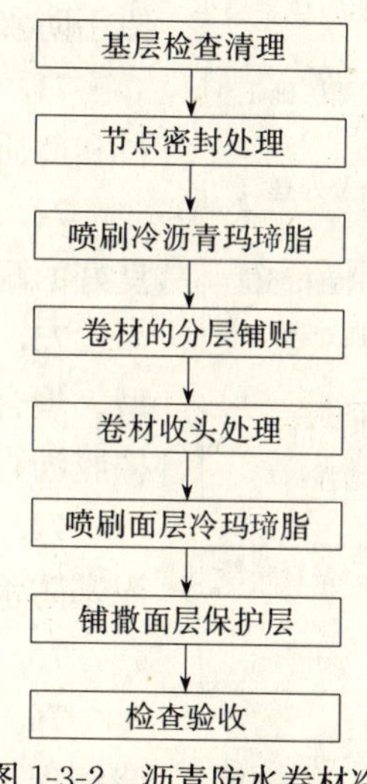


图 1-3-2 沥青防水卷材冷粘贴法施工工艺顺序

**58.** 在涂刷了冷底子油的找平层上弹线，确定油毡铺贴的基准及搭接位置，避免铺贴歪斜、扭曲、皱折。

**59.** 实铺法是指在找平层和以上各层满铺热沥青玛𤧛脂，使油毡全面粘牢、没有孔隙的做法。

**60.** 沥青防水卷材实铺操作方法有：浇油法、刷油法和刮油法。

**61.** 空铺法是在铺第一层油毡时，仅在油毡侧边 150～200mm 宽的范围内满铺，而中间部分采用条形、蛇形或点形花撒沥青玛琋脂进行铺贴，铺贴后形成贯通的空隙，使防水层下的潮气能通畅的由檐口部位的出气孔或沿屋脊设置的排气槽排出。

**62.** 沥青卷材采用空铺法可以节省玛琋脂，减少鼓色和避免因基层变形而引起拉裂油毡防水层。

**63.** 绿豆砂保护层选用绿豆砂的质量要求是，石子粒径为3～5mm，应色浅、清洁，经过筛选，颗粒均匀，并用水冲洗干净。

**64.** 如果有沥青外溢到地面着火时，可用干砂压住或用泡沫灭火器灭火。

**65.** 防水施工人员必须穿戴工作服和工作手套，脚上应加帆布护盖，戴眼镜和口罩等。

**66.** 卷材防水屋面分项工程有保温层、找平层、卷材防水层、保护层和细部构造等项目。

**67.** 屋面工程质量的验收主控项目是对建筑工程的质量起决定作用的检验项目，反映了屋面工程的重要技术性能，主控项目中所有子项必须全部符合验收规范规定的指标，才能判定该分项工程合格。

**68.** 屋面工程质量的检验批量规定，接缝密封防水，每 50m 应抽查一处，每处 5m，且不得少于 3 处。

**69.** 屋面工程质量的检验批量对细部构造要求根据分项工程的内容，应全部进行检查。

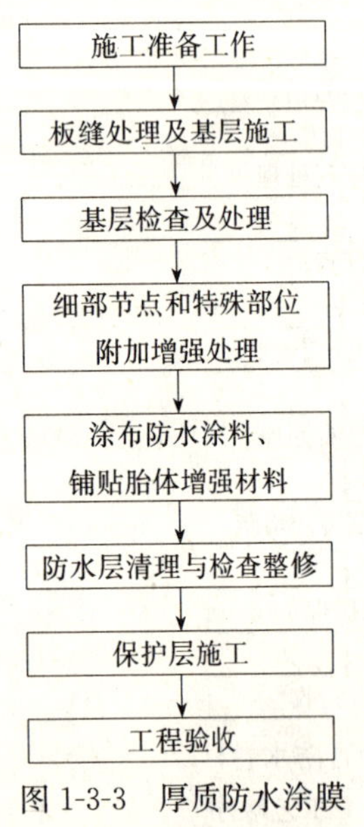

图 1-3-3　厚质防水涂膜防水层的施工程序

**70.** 防水涂料具有冷施工性能、涂层整体无接缝、构造节点便于防水处理、水性防水涂料能在潮湿基层上施工等特点。

**71.** 防水涂料按涂膜形成厚度不同可分为两种：厚质防水涂料和薄质防水涂料。

**72.** 地下防水工程属长期浸水部位，涂料防水层应选用具有良好的耐水性、耐久性、耐腐蚀性和耐菌性的涂料。

**73.** 地下防水工程采用有机防水涂料时应选用反应型、水乳型、聚合物水泥防水涂料、主要包括合成橡胶类、合成树脂类和橡胶沥青类。

**74.** 地下防水工程采用无机防水涂料时应选用聚合物改性水泥基防水涂料、水泥基渗透结晶型防水涂料。

**75.** 厚质防水涂膜防水层的施工程序见图 1-3-3。

**76.** 厚质涂料防水层施工前对基层的要求，将基层杂物、浮浆清理干净，不得有酥松、起砂、起皮等现象。

**77.** 厚质涂料防水层采用湿铺法施工，即在头遍涂层表面刮平后，立即铺贴胎体增强材料。铺贴时应做到平整、不起皱，也不能拉伸太紧，并使网孔中充满涂料。待干燥后继续进行第二遍涂料施工。

**78.** 厚质涂料防水层收头处理，涂膜防水层收头部位胎体增强材料应剪裁整齐，防水层应压入凹槽内，并用密封材料予以封严，再用水泥砂浆封压盖严，勿使露边。

**79.** 木砖防腐处理操作工艺顺序见图 1-3-4。

**80.** 沥青麻丝防腐处理施工工艺顺序见图 1-3-5。

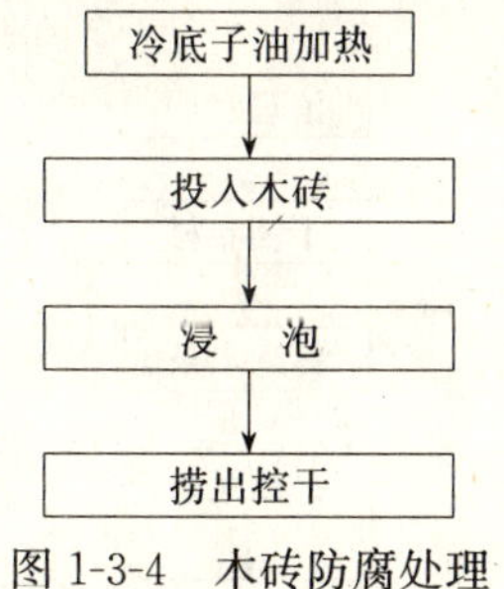


图 1-3-4　木砖防腐处理操作工艺顺序

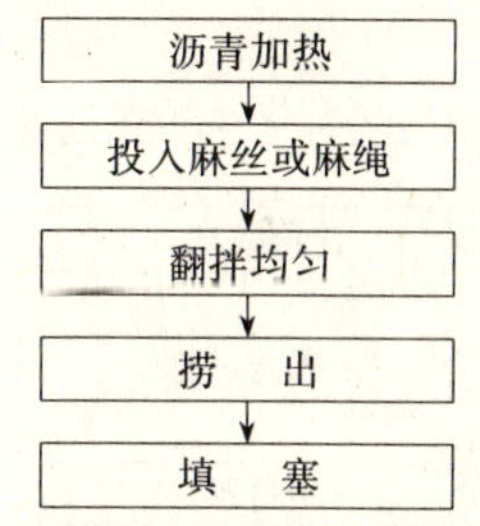


图 1-3-5　沥青麻丝防腐处理施工工艺顺序

**81.** 耐酸类工程沥青混合物应选用石英粉、辉绿岩粉。

**82.** 耐碱类工程沥青混合物应选用滑石粉、石灰粉最为合适。

**83.** 沥青砂浆或沥青混凝土选用细骨料，应选用粒径为 0.25～2.5mm 的中粗石英砂。

**84.** 拌制沥青混凝土应选用石英石、花岗石、玄武石等破碎而成的粒骨料碎石。

**85.** 沥青砂浆、沥青混凝土施工工艺顺序见图 1-3-6。

**86.** 沥青砂浆、沥青混凝土的质量标准要求：

1）沥青砂浆、沥青混凝土表面必须密实，无裂缝、空鼓等缺陷。

2）表面平整，用 2m 靠尺检查，凹处空隙不得大于 6mm。

3）坡度合适，允许偏差为坡长的 0.2%，最大偏差值不大于 30mm。浇水试验时，水应顺利排出，无明显存水之处。

4）原材料符合设计要求，各项配合比准确。

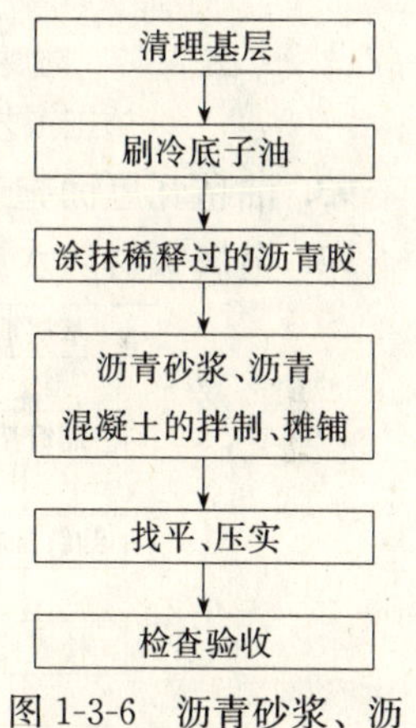


图 1-3-6　沥青砂浆、沥青混凝土施工工艺顺序

**87.** 木地板施工的防腐处理

1）木龙骨防腐

将沥青熬热至 200℃，然后将木龙骨放入，浸泡 2h，捞出后晾干，即可使用。也可以放在冷底子油中浸泡，作防腐处理。

2）木地板施工时的防腐处理

当木地板直接铺贴在地面时，应在地面上涂刷一道冷底子油。如用沥青玛琋脂做结合层，应随涂玛琋脂随铺贴木地板。为了保持玛琋脂的温度，可以在施工的房间内，生一火炉或电炉加热玛琋脂，使其温度保持在 200～240℃，将木地板背面边涂热沥青，边进行粘结，结合层的厚度不要大于 2mm，否则容易污染板面，并注意随时将木地板边部溢出的玛琋脂刮去。

**88.** 沥青浸渍砖采用湿法浸渍，就是先将黏土砖浸入水中，充分吸水无气泡时取出，晾至不滴水时再放入沥青锅内，熬煮 2h 左右，取出晾干待用。

**89.** 防腐块材铺砌的施工工艺顺序见图 1-3-7。

**90.** 平面铺砌块材时，不要出现十字缝。在阴角部位，立面块材要压住平面块材，阳角处平面块材要压住立面块材。当铺砌两层或两层以上时，阴阳角的立面和平面块材应互相错开，不宜出现重、叠缝。

**91.** 瓦类防水屋面分类有：平瓦屋面、油毡瓦屋面、波形瓦屋面、压型钢板等防水屋面。

**92.** 平瓦屋面的施工操作工艺顺序图1-3-8。

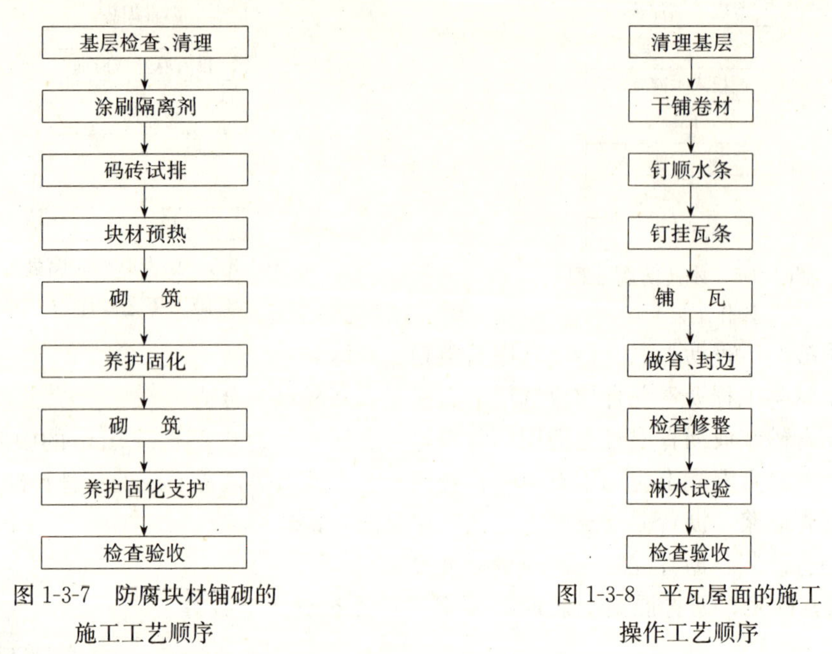


图1-3-7　防腐块材铺砌的施工工艺顺序

图1-3-8　平瓦屋面的施工操作工艺顺序

**93.** 油毡瓦屋面施工操作工艺顺序见图1-3-9。

**94.** 金属板材防水屋面施工操作工艺顺序见图1-3-10。

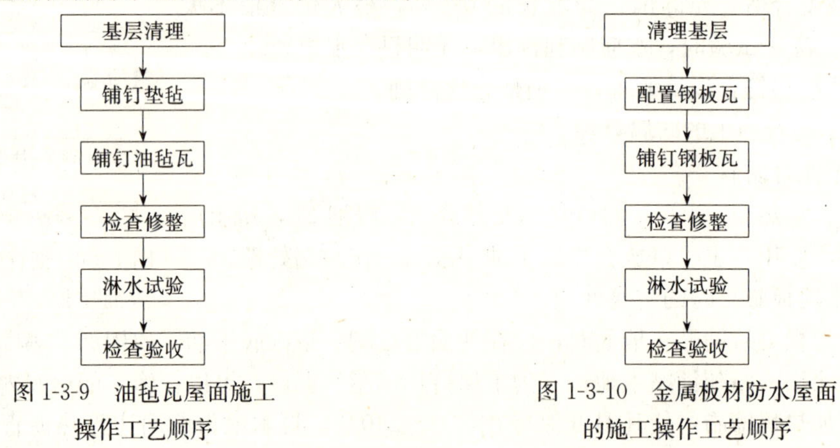


图1-3-9　油毡瓦屋面施工操作工艺顺序

图1-3-10　金属板材防水屋面的施工操作工艺顺序

**95.** 渗漏修缮工程基层处理应达到什么要求，应该清除基层酥松、起砂及突起物，表面平整、牢固、密实，基层干燥。

**96.** 刚性防水屋面结构层的装配式钢筋混凝土板板端缝应修整、清理，应用水泥砂浆或细石混凝土灌缝，缝内设置背衬材料并嵌填密封材料进行密封处理。

**97.** 采用防水涂料维修裂缝，应沿裂缝清理面层灰尘、杂物，铺设两层带有胎体增强材料的涂膜防水层，其宽度不应小于300mm，宜在裂缝与防水层之间设置宽度为100mm的隔离层，接缝处应用涂料多遍涂刷封严。

**98.** 卷材防水层出现无规则裂缝，应将裂缝处面层浮灰和杂物清除干净，宜沿裂缝铺贴宽度不应小于 250mm 卷材或铺设带有胎体增强材料的涂膜防水层。满粘满涂，贴实封严。

**99.** 卷材防水层鼓泡直径小于或等于 300mm 进行维修办法是，可采用割破鼓泡或钻眼的方法，排出泡内气体，使卷材复平。在鼓泡范围面层上部铺贴一层卷材或铺设带有胎体增强材料的涂膜防水层，其外露边缘应封严。

**100.** 防水层出现大面积的折皱、卷材拉开脱空、搭接错动，应将折皱、脱空卷材切除，修整找平层，用耐热性相适应的卷材维修。卷材铺贴宜垂直屋脊，避免卷材短边搭接。

**101.** 混凝土墙体泛水处收头卷材张口、脱落，应将卷材收头端部裁齐，用压条钉压固定，密封材料封严。

**102.** 涂膜防水层无规则裂缝维修，应铲除损坏的涂膜防水层，清除裂缝周围浮灰及杂物沿裂缝涂刷基层处理剂，待其干燥后，铺设涂膜防水层。防水涂膜应由两层以上涂层组成。新铺设的防水层与原防水层粘结牢固并封严。

**103.** 涂膜防水层老化维修，将剥落、露胎、腐烂、严重失油部分的涂膜防水层清除干净，修整或重做找平层。重做带胎体增强材料的涂膜防水层，新旧防水层搭接宽度不应小于 100mm，外露边缘应用涂料多遍涂刷封严。

**104.** 首先清理泛水部位的涂膜防水层，面层应干燥、洁净。然后泛水部位应增设有胎体增强材料的附加层，涂膜防水层泛水高度不应小于 250mm。

**105.** 采用防水卷材贴缝维修，应将高出板面的原有板缝嵌缝材料及板缝两侧板面的浮灰或杂物清理干净。铺贴卷材宽度不应小于 300mm，沿缝设置宽度不应小于 100mm 隔离层，面层贴缝卷材周边与防水层混凝土有效粘结宽度应大于 100mm，卷材搭接长度不应小于 100mm，卷材粘贴应严实密封。

**106.** 门窗框与墙体连接处缝隙渗漏维修，应沿缝隙凿缝并用密封材料嵌缝，在窗框周围的外墙面上喷涂二遍防水剂。

**107.** 阳台、雨篷与墙面交接处裂缝渗漏维修，应在板与墙连接处沿上、下板面及侧立面的墙上剔成 20mm×20mm 沟槽，清理干净，嵌填密封材料，压实刮平。

**108.** 乳化沥青涂料施工应准备的工具有，料桶、开刀、扫帚、抹子等。

**109.** 膨润土乳化沥青涂料施工的工具有料桶、棕刷、橡胶刮板、剪刀、盒尺等。

**110.** 油膏嵌缝涂料屋面防水施工应有以下工具，钢錾、手锤、钢丝刷、吹尘器、开刀、嵌缝枪、抹子、扫帚、鸭嘴壶、钢板锅、镏子、扁铲等。

**111.** 沥青砂浆、沥青混凝土施工必备工具有，铁滚要提前预热，并在铁滚内放入燃烧的焦炭。烙铁也要提前预热。其他工具有铁锹、铁耙、棕刷、扫帚、平板振捣器和运输小车等。

**112.** 防腐块材铺砌所用工具有，无齿锯用于切割石材、瓷砖类材料，事先要接通电源、装好安全防护罩。另外常用工具有瓦刀、铁锹、靠尺板、线坠、盒尺、小线、手推车等。

**113.** 外防外贴法优点是，防水效果好，卷材防水层粘贴在地下结构工程的迎水面上，可使防水层与结构共同工作以抵抗地下水的压力，防水层受地下水压力后，更紧地贴在结构表面。施工简单，容易修补，受结构沉降引起的变形小，便于检查结构和防水层的质量。

外防外贴法的缺点是，增加土方的开挖工程量。

**114.** 外防内贴法的优点是，可以连续进行防水层施工，减少开挖土方工程量，节约墙体混凝土的外侧模板。

外防内贴法缺点是，受结构沉降变形影响较大，对防水层的保护需倍加注意，对墙体结构施工的质量不易检查。

**115.** 地下室内防水效果不好的原因主要是，防水层做在结构工程的背水面上，防水层受水的压力后，容易和结构分离，还需在防水层外面再作一道刚性内衬，以压紧防水层，抵抗水的压力。故在建筑工程中较少使用。常用于地铁、隧道、人防工程、暗挖地下工程等。

**116.** 防水工程验收应提交以下文件：

1）防水材料合格证与试验报告；

2）防水施工中重大技术问题的处理记录和工程洽商变更记录；

3）现场质量检查及隐蔽工程验收记录；

4）蓄水、淋水试验检查记录。

**117.** 识图的方法一般是“先粗后细，从大到小，建筑、结构相互对照”。同时，看图还必须掌握扎实的基本功，即掌握正投影的原理，熟悉构造知识和施工方法，了解结构的基本概念。

**118.** 识图步骤如下：

1）清理图纸　一套图纸总共多少张，各类图样各多少张，有残缺或模糊不清的图纸，要查明原因并补齐。

2）粗看一遍　按目录先后次序阅读。

3）对照阅读　从建筑施工图、结构施工图到水、电、暖通等施工图样反复对照阅读。

4）图样会审。

**119.** 识读房屋立面图的顺序

1）看图标和比例等。

2）看标高、层数和尺寸。

3）看门窗的位置、高度尺寸、数量及立面形式等。

4）看外墙装修做法及材料等。

5）看局部小尺寸，如雨篷、檐口、窗台及勒脚、台阶做法及有无详图等。

**120.** 识读房屋剖面图的顺序如下：

1）看平面图上的剖切位置和剖切编号是否相同。

2）看楼层的标高及竖向尺寸、外墙及内墙门、窗和标高及竖向尺寸、最高处标高、屋顶的坡度等。

3）看地面、楼面、屋面的做法、室内的构筑物的布置等。在剖面图上用圆圈画出详图标号。

**121.** 塑料防水板防水层的技术要求是，塑料防水板可选用乙烯—醋酸乙烯共聚物（EVA)、乙烯—共聚物沥青（ECB)、聚氯乙烯（PVC)、高密度聚乙烯（HDPE)、低密度聚乙烯（LDPE）类或其他性能相近的材料。塑料防水板幅宽宜为 2～4m，厚度宜为

1～2mm；耐穿刺性好、耐久性、耐水性、耐腐蚀性、耐菌性好。

**122.** 金属防水层的技术要求如下

1）金属防水层所用的金属板和焊条的规格及材料性能，应符合设计要求。金属板的拼接应采用焊接，拼接焊缝应严密。竖向金属板的垂直接缝，应相互错开。

2）结构施工前在其内侧设置金属防水层时，金属防水层应与围护结构内的钢筋焊牢，或在金属防水层上焊接一定数量的锚固件。

3）在结构外设置金属防水层时，金属板应焊在混凝土或砌体的预埋件上。金属防水层经焊缝检查后，应将其与结构间的空隙用水泥砂浆灌实。

**123.** SBS改性沥青防水卷材具有以下特点：

1）SBS是嵌段共聚橡胶，它既有橡胶性质，亦在热条件下具有热塑性塑料的流动性，易于和沥青混合。

2）在温度和机械力的作用下SBS与沥青形成均匀的混合体，改性沥青除保持沥青原有的防水性外，亦具有弹性、延展性、耐寒性等橡胶的特性。

3）SBS改性沥青防水卷材，耐低温性能有较明显的提高。

4）还提高了卷材的弹性和耐疲劳性，并可进行冷施工。

**124.** 三元乙丙橡胶防水卷材是由三种单体共聚合成的三元乙丙橡胶为主体，掺入适量的丁基橡胶、硫化剂、促进剂、补强填充剂等经密炼、拉片后用挤出法或压延法成形、硫化等工序加工制成的一种高弹性防水卷材。

**125.** 沥青防水卷材的铺贴方向如下：

1）卷材的铺贴方向可根据屋面的坡度及是否受振动等按技术规范确定。

2）屋面坡度小于3%时，防水卷材宜平行屋脊铺设。

3）屋面坡度在3%～15%之间时，防水卷材可平行或垂直屋脊铺设。

4）屋面坡度大于15%或屋面受振动时，防水卷材应垂直屋脊铺设。卷材不易向下滑移，夏季高温时卷材不易流淌，操作也比较方便。

5）卷材防水屋面的坡度不宜超过25%，如不能满足要求时，应采取防止卷材下滑的措施。

**126.** 沥青防水卷材的搭接宽度：相邻两幅卷材的接头应错开300mm以上，上下两层长边应错开1/3卷材幅宽。避免卷材接头处多层重叠，铺贴不平，粘结不牢，造成局部积水渗漏。

沥青防水卷材的搭接宽度：短边搭接宽度，采用满铺法时为100mm；采用空铺法、点粘法、条粘法时为150mm。长边搭接宽度：采用满粘法时为70mm；采用空铺法、点粘法、条粘法时为100mm。

**127.** 高聚物改性沥青防水卷材的搭接宽度为：

短边搭接宽度：满粘法时为80mm；采用条粘法、空铺法、点粘法时为100mm。

长边搭接宽度：采用满铺法时为80mm；采用空铺法、点粘法、条粘法时为100mm。

**128.** 沥青防水卷材的铺贴顺序：

1）卷材大面铺贴前应先做好节点处理以及排水集中部位的处理，铺设附加层及增强层，以保证防水质量，加快施工进度。

2）对高低跨相邻的屋面，应先铺高跨后铺低跨。

3）在同一面积屋面上，应先铺离上料点远的部位，再铺较近的部位，便于保护成品。避免已铺过的部分因受到施工人员的踩踏而损坏。

**129.** 在无保温层的装配式屋面，端缝防水处理：

为避免结构变形将卷材拉裂，在屋面的端缝或分格缝处，卷材必须空铺，或加铺附加增强层空铺，附加增强层宽度200～300mm；如直接空铺，需涂刷隔离剂或贴隔离纸，宽度为200～300mm。

**130.** 油毡铺贴注意事项：

1）沥青防水卷材铺贴严禁在雨雪天进行；五级风及其以上时不得施工；大雾天气及气温低于0℃时不宜施工。

2）应注意按屋面坡度确定的铺贴方向进行铺贴。

3）油毡的搭接宽度必须符合规范要求，并应注意搭接的方向，短边搭接应顺主导风向，长边搭接应顺流水方向。

4）沥青玛琋脂的使用温度不应低于190℃，熬制好的沥青胶应尽快用完。

**131.** 卷材铺贴机械固定工艺：

1）机械钉压法

机械钉压法，是采用镀锌钢钉或钢钉等固定卷材防水层的施工方法。适用于木基层上铺设高聚物改性沥青防水卷材。

2）压埋法

压埋法施工，是卷材与基层大部分不粘结，卷材上面采用卵石等压埋，但搭接缝及周边仍要全部粘结的施工方法。适用于空铺法、倒置式屋面。

**132.** 对沥青锅的设置有如下要求：

1）沥青锅设置地点，应选择便于操作和运输的平坦场地，并应处于工地的下风向，以防发生火灾和减少沥青油烟对施工环境的污染。

2）沥青锅距建筑物和易燃物应在25m以外，距离电线在10m以外，周围严禁堆放易燃物品。若设置两个沥青锅，则其间距不得小于3m。

3）沥青锅不得搭设在煤气管道及电缆管道上方，防止因高温引起煤气管道爆炸和电缆管道受损。如必须搭设应距离5m以外。

4）沥青锅应制作坚固，防止四周漏缝，以免油火接触，发生火灾；并应设置烟囱，以便沥青的烟气能顺利地从烟囱内导出。

5）沥青锅烧火口处，必须砌筑1m高的防火墙，锅边应高出地面30cm以上。

**133.** 屋面卷材防水层工程验收主控项目及方法：

1）卷材防水层所用卷材及其配套材料，必须符合设计要求。

检验方法：检查出厂合格证、质量检验报告和现场抽样复验报告。

2）卷材防水层不得有渗漏或积水现象。

检验方法：雨后或淋水、蓄水检验。

3）卷材防水层在天沟、檐沟、檐口、水落口、泛水、变形缝和伸出屋面管道的防水构造，必须符合设计要求。

检验方法：观察检查和检查隐蔽工程验收记录。

**134.** 屋面卷材防水层工程验收一般项目内容主要以下四点：

1）卷材防水层的搭接缝应粘（焊）结牢固，密封严密，不得有皱折、翘边和鼓泡等缺陷；防水层的收头应与基层粘结并固定牢固，缝口封严，不得翘边。

检验方法：观察检查。

2）卷材防水层上的撒布材料和浅色涂料保护层应铺撒或涂刷均匀，粘结牢固；水泥砂浆、块材或细石混凝土保护层与卷材防水层间应设置隔离层；刚性保护层的分格缝留置应符合设计要求。

检验方法：观察检查。

3）排汽屋面的排汽道应纵横贯通，不得堵塞。排汽管应安装牢固，位置正确，封闭严密。

检验方法：观察检查。

4）卷材的铺贴方向应正确，卷材搭接宽度的允许偏差为－10mm。

检验方法：观察和尺量检查。

**135.** 防腐块材铺砌的质量标准。

1）各种块材的品种、规格、质量应符合设计要求。

2）块材缝隙的胶结料应严实饱满，粘结牢固，不得有起鼓、裂缝现象。

3）块材表面平整度用 2m 靠尺检查，不得大于 4～8mm，相邻块材和高低差<1.5～3mm。

4）地面及沟槽的坡度应符合设计要求，排水顺畅，砌筑外观整齐、平整。

**136.** 油毡瓦屋面安装质量要求如下：

1）油毡瓦所用固定钉必须钉平、钉牢，严禁钉帽外露油毡瓦表面。

2）分层铺设方法应正确，切槽指向无误，油毡瓦之间对缝上下层重合。接缝严密，表面平顺洁净无损伤。

3）油毡瓦应与基层紧贴，瓦面平整，檐口顺直。泛水做法应符合设计要求，顺直整剂，结合紧密，无渗漏。

4）脊瓦铺设顺主导风向，搭接正确，固定牢固，屋脊顺直，无起伏现象。搭接两坡面油毡瓦接缝和脊瓦的压盖面积符合施工规范规定。

**137.** 所谓防水工程，系指为防止雨水、地下水、滞水以及人为因素引起的水文地质改变而产生的水渗入建（构）筑物，或防水蓄水工程向外渗漏所采取的一系列结构、构造和建筑物（构筑物）内部相互止水三大部分。

**138.** 建筑防水功能就是使建（构）筑物，在设计耐久年限内，防止雨水及生产、生活用水的渗漏和地下水的侵蚀，确保建筑结构、室内装潢和产品不受污损，为人们提供一个舒适和安全的空间环境。

**139.** 建筑防水工程是一个系统工程，它涉及材料、设计、施工、管理等各个方面。建筑防水工程的任务就是综合上述诸方面的因素，进行全方位的评价，精心组织、精心施工，进一步提高各方面的质量和技术水平，以满足建（构）筑物的防水耐用年限和使用功能，并有良好的技术经济效益。因此，建筑防水技术在建（构）筑物工程中占有重要的地位。

**140.** 防水工程的分类：

1）就土木工程类别而言，分建筑物防水和构筑物防水。

2）就防水工程的部位而言，分地上防水工程和地下防水工程。

3）就渗漏流向而言，分防外水内渗和防内水外漏。

4）防水工程的分类按其采取的措施和手段不同，分为材料防水和构造防水两大类。

**141.** 材料防水是依靠防水材料经过施工形成整体防水层阻断水的通路，以达到防水的目的或增强抗渗漏水的能力。

**142.** 构造防水是采取正确与合适的构造形式阻断水的通路和防止水侵入室内的统称。如对墙板的接缝，各种部位、构件之间设置的温度缝、变形缝，以及节点细部构造的防水处理均属构造防水。其采取的措施，主要有空腔构造防水和使用各类接缝密封材料。

**143.** 通过各类防水工程的实践，在防水技术方面积累了许多有益的经验：

1）防水和排水相结合以防为主、以疏为辅的设计原则；

2）以材料防水和构造防水相结合、刚性防水和柔性防水相结合的手段；

3）采用多道防水、多种材料复合使用的设计方法。

都为提高防水工程的可靠性发挥了重要作用。

**144.** Ⅰ级屋面防水的含义：

1）建筑物的类别：特别重要或对防水有特殊要求的建筑。

2）防水层合理使用年限：25年。

3）设防要求：三道或三道以上防水设防。

4）防水层选用材料：宜选用合成高分子防水卷材、高聚物改性沥青防水卷材、金属板材、合成高分子防水涂料、细石防水混凝土等材料。

**145.** Ⅱ级屋面防水的含义：

1）建筑物类别：重要的建筑和高层建筑。

2）防水层合理使用年限：15年。

3）设防要求：二道防水设防。

4）防水层选用材料：宜选用高聚物改性沥青防水卷材、合成高分子防水卷材、金属板材、合成高分子防水涂料、高聚物改性沥青防水涂料、细石防水混凝土、平瓦、油毡瓦等材料。

**146.** Ⅲ级屋面防水的含义：

1）建筑物类别：一般建筑。

2）防水层合理使用年限：10年。

3）设防要求：一道防水设防。

4）防水层选用材料：宜选用高聚物改性沥青防水卷材、合成高分子防水卷材、三毡四油沥青防水卷材、金属板材、高聚物改性沥青防水涂料、合成高分子防水涂料、细石防水混凝土、平瓦、油毡瓦等材料。

**147.** Ⅳ级屋面防水的含义：

1）建筑物类别：非永久性建筑。

2）防水层合理使用年限：5年。

3）设防要求：一道防水设防。

4）防水层选用材料：可选用二毡三油沥青防水卷材、高聚物改性沥青防水涂料等材料。

**148.** 地下工程Ⅰ级防水等级标准：不允许渗水，结构表面无湿渍。

**149.** 地下工程Ⅱ级防水等级标准：

1）不允许漏水，结构表面可有少量湿渍。

2）工业与民用建筑：湿渍总面积不大于总防水面积的1‰，单个湿渍面积不大于0.1$m^2$，任意100$m^2$防水面积不超过1处。

3）其他地下工程：湿渍总面积不大于总防水面积的6‰，单个湿渍面积不大于0.2$m^2$，任意100$m^2$防水面积不超过4处。

**150.** 地下工程Ⅲ级防水等级标准：

1）有少量漏水点，不得有线流和漏泥砂。

2）单个湿渍面积不大于0.3$m^2$，单个漏水点的漏水量不大于2.5L/d，任意100$m^2$防水面积不超过7处。

**151.** 地下工程Ⅳ级防水等级标准：

1）有漏水点，不得有线流和漏泥砂。

2）整个工程平均漏水量不大于2L/d·$m^2$，任意100$m^2$防水面积的平均漏水量不大于4L/$m^2$·d。

**152.** 建筑总平面图是主要说明拟建建筑物所在地的地理位置和周围环境的平面布置图。一般在图上应标出拟建建筑物的平面形状、层次、绝对标高、建筑物周围的地貌，以及旧建筑平面形状，新旧建筑的相对位置（或新建筑物与道路等的相对位置），建成后的道路、水源、电源、下水道干线的位置及地形等高线等。

**153.** 结构施工图是说明房屋的结构构造类型、结构平面布置、构件尺寸、材料和施工要求等的图样。

结构施工图包括基础平面图和基础详图，各层结构平面布置图、结构构造详图、构件图等。

结构施工图样在图标内应标注“结施××号图”。

**154.** 比例反映了建筑制图与建筑物实际大小之间的比值关系，一般用阿拉伯数字表示。

如1∶100，即图上的1cm尺寸，代表实际建筑物的100cm。

**155.** 建筑施工图中线条种类：

1）线条按形状分，有实线、点划线、虚线、折断线及波浪线五种。

2）线条按粗细分有粗、中、细三种。粗、中线一般表示建筑物或节点大样的轮廓线，细线一般用作尺寸线、轴线、引出线等。

**156.** 索引符号按下列规定编写：

1）索引出的详图与被索引的图样在同一张图纸上，应在索引符号的上半圆中用阿拉伯数字注明该详图的编号，并在下半圆内画一段水平细实线。

2）索引出的详图与被索引的图样不在同一张图纸时，应在索引符号的下半圆中用阿拉伯数字注明该详图所在图纸的图纸号。

3）索引出的详图，如果用标准图，应在索引符号水平直径的延长线上加注该标准图册的符号。

4）详图的位置和编号，要用详图符号表示，详图符号以粗实线绘制，直径14mm。

**157.** 定位轴线一般都要编号，水平方向采用阿拉伯数字，由左向右依次编注；垂直方向采用大写拉丁字母，由下向上编注。通过这些编号就可以知道有多少轴线，并顺轴线找出相应的详图或标注。

有时一个详图标注在几个轴线上，应将有关轴线的编号同时注明，可以按各轴线编号去查找详图。

**158.** 各种民用建筑，由于用途不同，它们的形式和构造各不相同。但一般都由基础、墙或柱、楼地层、楼梯、屋顶和门窗六大部分组成。

**159.** 建筑防水材料按材料特性和使用功能大致可分为：防水卷材类、防水涂料类、密封材料类、刚性防水材料类和堵漏止水材料类等。

**160.** 沥青防水卷材常用品种有：石油沥青纸胎油毡、石油沥青油纸、石油沥青麻布油毡、石油沥青玻璃纤维胎油毡、带孔油毡、煤沥青纸胎油毡。

**161.** 高聚物改性沥青防水卷材常用品种有：弹性体改性沥青防水卷材、塑性体改性沥青防水卷材、自粘橡胶沥青防水卷材、聚氯乙烯改性煤焦油防水卷材。

**162.** 合成高分子防水卷材常用品种有：三元乙丙橡胶防水卷材、聚氯乙烯防水卷材、氯化聚乙烯防水卷材、氯化聚乙烯—橡胶共混防水卷材、丁基橡胶防水卷材、氯磺化聚乙烯防水卷材。

**163.** 高聚物改性沥青防水涂料常用品种有：溶剂型弹性沥青防水涂料（包括氯丁橡胶、丁基橡胶、丁苯橡胶改性沥青防水涂料）、水性改性煤焦油防水涂料、水乳型弹性沥青防水涂料、水乳型再生胶沥青防水涂料。

**164.** 合成高分子防水涂料常用品种主要有：聚氨酯防水涂料、硅橡胶防水涂料、水型三元乙丙橡胶复合防水涂料、CB型丙烯酸酯弹性防水涂料、氯磺化聚乙烯防水涂料。

**165.** 合成高分子密封材料常用品种有：硅酮密封膏、聚硫建筑密封膏、聚氨酯建筑密封膏、丙烯酸酯建筑密封膏、聚氯乙烯建筑防水接缝材料、氯磺化聚乙烯建筑密封膏。

**166.** 砂浆、混凝土防水剂常用品种主要有：无机铝盐防水剂、氯化物金属盐类防水剂、氯化铁防水剂、金属皂类防水剂、有机硅类防水剂、氯丁胶乳聚合物、丙烯酸共聚乳液防水砂浆。

**167.** 堵漏止水材料类防水剂常用品种主要有：硅酸钠防水剂、无机高效防水粉（堵漏灵、确保时、堵漏停、堵漏能、防水宝等）、M131 快速止水剂、M1500 水泥密封防水剂。

**168.** 堵漏止水注浆材料常用品种有：水泥浆体、水泥水玻璃氽材用凝注氽补强补漏材料、丙凝注浆补强补漏材料、氰凝注浆补漏材料、水溶性聚胺酯注氽材料、环氧糠醛氽材。

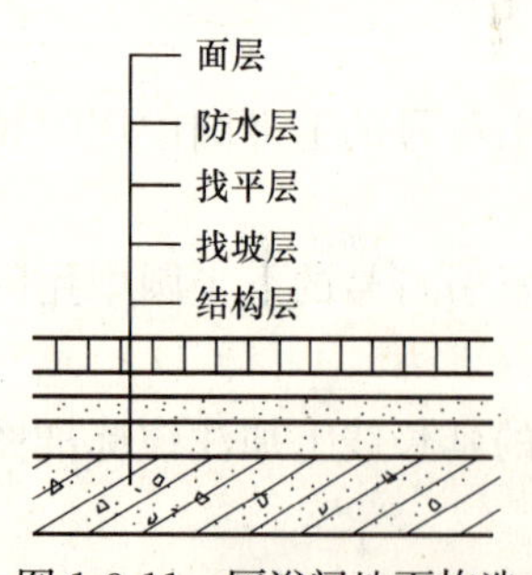

图 1-3-11　厕浴间地面构造

**169.** 厕浴间地面构造见图 1-3-11。

**170.** SBS、APP 改性沥青防水卷材的品种规格：

1）按胎体分为聚酯胎（PY）和玻纤胎（G）两类。

2）按表面隔离材料分为聚乙烯膜（PE）、细砂（S）、矿物粒料（M）三种。

3）按物理力学性能分为Ⅰ型和Ⅱ型。

4）SBS、APP 改性沥青防水卷材幅宽为 1000mm。厚度有聚酯胎卷材 3mm 和 4mm 两种；玻纤胎卷材有 2mm、3mm 和 4mm 三种。每卷面积分为 $15m^2$、$10m^2$、$7.5m^2$。

**171.** 弹性体（SBS）改性沥青防水卷材外观质量要求：

1）成卷卷材应卷紧卷齐，端面里进外出不得超过 10mm。

2）任一产品的成卷卷材在 4～50℃温度下展开，在距卷芯 1000mm 长度外不应有 10mm 以上的裂纹或粘结。

3）胎基应浸透，不应有未被浸渍的条纹。

4）卷材表面必须平整，不允许有孔洞、缺边和裂口，矿物粒（片）料粒度应均匀一致，并紧密地粘附于卷材表面。

5）每卷接头不应超过一个，较短的一段不应少于 1150mm，其中 150mm 为搭接宽度，搭接边应剪切整齐。

**172.** APP 改性沥青防水卷材具有优良的高温特性，耐热度可达 160℃；对紫外线老化及热老化有耐久性；适合我国南方高温地区使用。

**173.** 三元乙丙橡胶防水卷材的特点是：抗拉强度高、伸长率大，对基层的伸缩及开裂变形的适应性强。耐高低温性能好、耐热性能好、冷脆温度低，可在较低气温条件下进行作业，并能在严寒或酷热的气候环境中使用。可采用单层防水做法进行冷施工。

**174.** 氯化聚乙烯防水卷材的特点。

1）弹性高、伸长率大，能满足基层伸缩变化、开裂变形的需要。

2）适应温度变化范围大、耐严寒、耐暑热。

3）耐酸碱腐蚀，耐臭氧老化，使用寿命长。

4）可采用冷施工，操作简便，无环境污染。

**175.** 氯化聚乙烯—橡胶共混防水卷材的特点。

1）综合性能优异，兼有氯化聚乙烯的高强度、耐臭氧、耐老化性能和橡胶类材料的高弹性、高延伸性、低温柔性等特性。

2）良好的耐高低温性，在－40℃～＋80℃温度范围内能正常使用。

3）良好的阻燃性和粘结性，由于含氯量高，难以燃烧，粘结性良好。

4）施工简单方便，可冷作业施工，操作安全、工效高。

5）大气温稳定性好、耐油、耐酸碱，使用寿命长。

6）宜用于单层外露屋面防水。

**176.** 冷底子油干燥时间测定。

将冷底子油涂刷在玻璃板上，涂刷量为 $200g/m^2$，注意涂刷均匀，将玻璃平放在温度为 18±2℃且不受阳光直射的地方。用手指轻轻按在冷底子油层上，将涂刷时间和不留指痕时间记录下来，其间隔时间即为干燥时间。

**177.** 屋面保温层和防水层施工环境气温如下：

1）粘结保温层时，施工环境气温宜为热沥青不低于－10℃；水泥砂浆不低于 5℃。

2）沥青防水卷材施工时，环境气温宜为不低于 5℃。

3）高聚物改性沥青防水卷材施工环境气温宜为冷粘法不低于 5℃；热熔法不低于－10℃。

4）合成高分子防水卷材施工环境气温，冷粘法不低于 5℃；热风焊接法不低于－10℃。

5）高聚物改性沥青防水涂料施工环境气温，溶剂型不低于−5℃；水溶型不低于5℃。

6）合成高分子防水涂料施工环境气温，溶剂型不低于−5℃；水溶型不低于5℃。

7）刚性防水层施工环境气温，不低于5℃。

**178.** 温度过低为什么不宜对卷材进行施工，因为改性沥青类卷材的温度敏感性强，温度过低使卷材柔度降低，变硬、变脆，不易开卷；热熔法或热粘贴施工能量消耗大，卷材粘贴面温度降低快，施工困难，难以保证卷材的粘贴质量。

合成高分子卷材大都采用胶粘剂冷粘施工，温度过低时胶粘剂稠度会增大，不利于涂刮，其中溶剂很难挥发，影响卷材的粘结。故规范规定温度过低时卷材“不宜”进行施工。

**179.** 防水涂料不宜在气温35℃以上进行施工的原因如下：

1）环境气温过高时，水性防水涂料或溶剂型防水涂料施工时水分或溶剂挥发太快，涂料在施工过程中逐渐变稠，涂刷困难，影响施工质量；在成膜过程中，温度过高造成涂层表面水分或溶剂挥发过快，而底层涂料中水分或溶剂得不到充分挥发，成膜反而困难，容易被误认为涂膜已干燥可继续施工，水分埋在涂层下，发生起泡现象，同时涂膜易产生收缩而出现裂纹。

2）反应型涂料是两种组分发生化学反应而固化，温度高反应速度快，固化时间短，施工可操作时间缩短，提高了施工操作的难度，增加了出现施工质量问题的可能性。

3）工人在高温气候条件下操作，易产生疲劳、脱水、中暑等现象，影响工程质量。

4）综合材料特性和防水涂料的施工实践，防水涂料不宜在35℃以上的温度施工。

**180.** 要求屋面防水层的基层（找平层）必须做到“五要”、“四不”、“三做到”：

1）五要：一要坡度准确，排水流畅，二要表面平整，三要坚固，四要干净，五要干燥。

2）四不：一是表面不起砂，二是表面不起皮，三是表面不酥松，四是表面不开裂。

3）三做到：一要做到混凝土和砂浆配合比准确，二要做到表面二次压光，三要做到充分养护。

**181.** 屋面保温层干燥有困难时，宜采用排汽屋面，排汽屋面的设置应符合下列规定：

1）找平层设置的分格缝可兼作排汽道；铺贴卷材时宜采用空铺法、点粘法、条粘法。

2）排汽道应纵横贯通，并同与大气连通的排汽管相通；排汽管可设在檐口下或屋面排汽道交叉处。

3）排汽道宜纵横设置，间距宜为6m。屋面面积每36$m^2$宜设置一个排汽孔，排汽孔应做防水处理。

4）在保温层下也可铺设带支点的塑料板，通过空腔层排水、排汽。

**182.** 屋面找平层质量检验主控项目及其检验方法主要有以下两点：

1）找平层的材料质量及配合比，必须符合设计要求。

检验方法：检查出厂合格证、质量检验报告和计量措施。

2）屋面（含天沟、檐沟）找平层的排水坡度，必须符合设计要求。

检验方法：用水平仪（水平尺）、拉线和尺量检查。

**183.** 屋面找平层质量检验一般项目及其检验方法如下：

1）基层与突出屋面结构的交接处和基层的转角处，均应做成圆弧形，且整齐平顺。

检验方法：观察和尺量检查。

2）水泥砂浆、细石混凝土找平层应平整、压光，不得有酥松、起砂、起皮现象；沥青砂浆找平层不得有拌和不匀、蜂窝现象。

检验方法：观察检查。

3）找平层分格缝的位置和间距应符合设计要求。

检验方法：观察和尺量检查。

4）找平层表面平整度的允许偏差为5mm。

检验方法：用2m靠尺和楔形塞尺检查。

**184.** 屋面卷材防水层质量检验主控项目及其检验方法如下：

1）卷材防水层所用卷材及其配套材料，必须符合设计要求。

检验方法：检查出厂合格证、质量检验报告和现场抽样复验报告。

2）卷材防水层不得有渗漏或积水现象。

检验方法：雨后或淋水、蓄水检验。

3）卷材防水层在天沟、檐口、水落口、泛水、变形缝和伸出屋面管道的防水构造，必须符合设计要求。

检验方法：观察检查和检查隐蔽工程验收记录。

**185.** 屋面卷材防水层质量检验一般项目及其检验方法如下：

1）卷材防水层的搭接缝应粘（焊）结牢固，密封严密，不得有皱折、翘边和鼓泡等缺陷；防水层的收头应与基层粘结并固定牢固，缝口封严，不得翘边。

检验方法：观察检查。

2）卷材防水层上的撒布材料和浅色涂料保护层应铺撒或涂刷均匀，粘结牢固；水泥砂浆、块材或细石混凝土保护层与卷材防水层间应设置隔离层；刚性保护层的分格缝留置应符合设计要求。

检验方法：观察检查。

3）排汽屋面的排汽道应纵横贯通，不得堵塞。排汽管应安装牢固，位置正确，封闭严密。

检验方法：观察检查。

4）卷材的铺贴方向应正确，卷材搭接宽度的允许偏差为－10mm。

检验方法：观察和尺量检查。

**186.** 每道涂膜防水层厚度应执行以下规定：

1）高聚物改性沥青防水涂料用于Ⅱ、Ⅲ级屋面防水其厚度不应小于3mm；用于Ⅳ级屋面防水其厚度不应小于2mm。

2）合成高分子防水涂料和聚合物水泥防水涂料用于Ⅰ、Ⅱ级屋面防水其厚度不应小于1.5mm；用于Ⅲ级屋面防水其厚度不应小于2mm。

**187.** 涂膜防水施工顺序是：

1）涂膜防水屋面施工应“先高后低，先远后近”涂刷涂料，并先做水落口、天沟、檐沟等细部的附加层，后做屋面大面涂刷。

2）大面积涂刷宜以变形缝为界分段作业，涂刷方向应顺屋脊进行。屋面转角与立面涂层应该薄涂，遍数要多，并达到要求厚度。涂刷应均匀，不堆积、不流淌。

**188.** 在下列情况下，所使用的材料应具相容性：

1）防水材料（指卷材、涂料，下同）与基层处理剂；

2）防水材料与胶粘剂；

3）防水材料与密封材料；

4）防水材料与保护层的涂料；

5）两种防水材料复合使用；

6）基层处理剂与密封材料。

**189.** 在下列情况下，不得作为屋面的一道防水设防：

1）混凝土结构层；

2）现喷硬质聚氨酯等泡沫塑料保温层；

3）装饰瓦以及不搭接瓦的屋面；

4）隔汽层；

5）卷材或涂膜厚度不符合规范规定的防水层。

**190.** 卷材的贮运、保管应符合下列规定：

1）不同品种、型号和规格的卷材应分别堆放；

2）卷材应贮存在阴凉通风的室内，避免雨淋、日晒和受潮，严禁接近火源。沥青防水卷材贮存环境温度，不得高于45℃；

3）沥青防水卷材宜直立堆放，其高度不宜超过两层，并不得倾斜或横压，短途运输平放不宜超过四层；

4）卷材应避免与化学介质及有机溶剂等有害物质接触。

**191.** 卷材胶粘剂、胶粘带的质量应符合下列要求：

1）改性沥青胶粘剂的剥离强度不应小于8N/10mm；

2）合成高分子胶粘剂的剥离强度不应小于15N/10mm，浸水168h后的保持率不应小于70％；

3）双面胶粘带的剥离强度不应小于6N/10mm，浸水168h后的保持率不应小于70％；

**192.** 卷材胶粘剂和胶粘带的贮运、保管应符合下列规定：

1）不同品种、规格的卷材胶粘剂和胶粘带，应分别用密封桶或纸箱包装；

2）卷材胶粘剂和胶粘带应贮存在阴凉通风的室内，严禁接近火源和热源。

**193.** 进场的卷材抽样复验应符合下列规定：

1）同一品种、型号和规格的卷材，抽样数量：大于1000卷抽取5卷；500～1000卷抽取4卷；100～499卷抽取3卷；小于100卷抽取2卷。

2）将受检的卷材进行规格尺寸和外观质量检验，全部指标达到标准规定时，即为合格。其中若有一项指标达不到要求，允许在受检产品中另取相同数量卷材进行复验，全部达到标准规定为合格。复检时仍有一项指标不合格，则判定该产品外观质量为不合格。

3）在外观质量检验合格的卷材中，任取一卷做物理性能检修，若物理性能有一项指标不符合标准规定，应在受检产品中加倍取样进行该项复验，复验结果如仍不合格，则判定该产品为不合格。

**194.** 进场的卷材物理性能应检验下列项目：

1）沥青防水卷材：纵向拉力，耐热度，柔度，不透水性。

2）高聚物改性沥青防水卷材：可溶物含量，拉力，最大拉力时延伸率，耐热度，低温柔度，不透水性。

3）合成高分子防水卷材：断裂拉伸强度，扯断伸长率，低温弯折，不透水性。

**195.** 进场的卷材胶粘剂和胶粘带物理性能应检验下列项目：

1）改性沥青胶粘剂：剥离强度。

2）合成高分子胶粘剂：剥离强度和浸水 168h 后的保持率。

3）双面胶粘带：剥离强度和浸水 168h 后的保持率。

**196.** 天沟、檐沟的防水构造应符合下列规定：

1）天沟、檐沟应增铺附加层。当采用沥青防水卷材时，应增铺一层卷材；当采用高聚物改性沥青防水卷材或合成高分子防水卷材时，宜设置防水涂膜附加层。

2）天沟、檐沟与屋面交接处的附加层宜空铺，空铺宽度不应小于 200mm。

3）天沟、檐沟卷材收头应固定密封。

4）高低跨内排水天沟与立墙交接处，应采取能适应变形的密封处理见图 1-3-12。

**197.** 屋面泛水防水构造应遵守以下规定：

1）铺贴泛水处的卷材应采用满粘法。泛水收头应根据泛水高度和泛水墙体材料确定其密封形式。

①墙体为砖墙时，卷材收头可直接铺至女儿墙压顶下，用压条钉压固定并用密封材料封闭严密，压顶应做防水处理；卷材收头也可压入砖墙凹槽内固定密封，凹槽距屋面找平层高度不应小于 250mm，凹槽上部的墙体应做防水处理，见图 1-3-13、见图 1-3-14。

②墙体为混凝土时，卷材收头可采用金属压条钉压，并用密封材料封固。见图1-3-15。

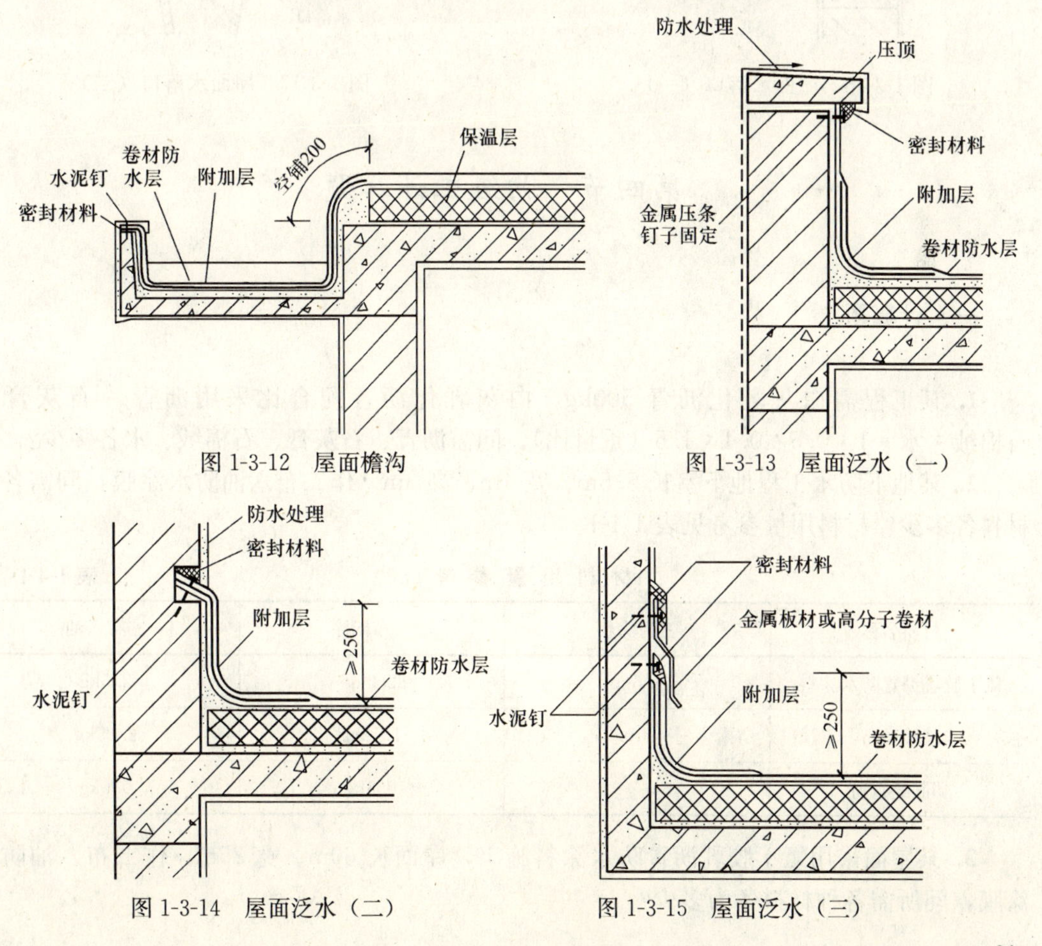


图 1-3-12　屋面檐沟

图 1-3-13　屋面泛水（一）

图 1-3-14　屋面泛水（二）

图 1-3-15　屋面泛水（三）

2）泛水宜采取隔热防晒措施，可在泛水卷材面砌砖后抹水泥砂浆或浇筑细石混凝土保护。也可采用涂刷浅色涂料或粘贴铝箔保护。

**198.** 屋面水落口防水构造应符合下列规定：

1）水落口宜采用金属或塑料制品；

2）水落口埋设标高，应考虑水落口设防时增设的附加层和柔性密封层的厚度及排水坡度加大的尺寸，见图 1-3-16。

3）水落口周围直径 500mm 范围内坡度不应小于 5%，并应用防水涂料涂封，其厚度不应小于 2mm。水落口与基层接触处，应留宽 20mm、深 20mm 凹槽，嵌填密封材料。见图 1-3-17。

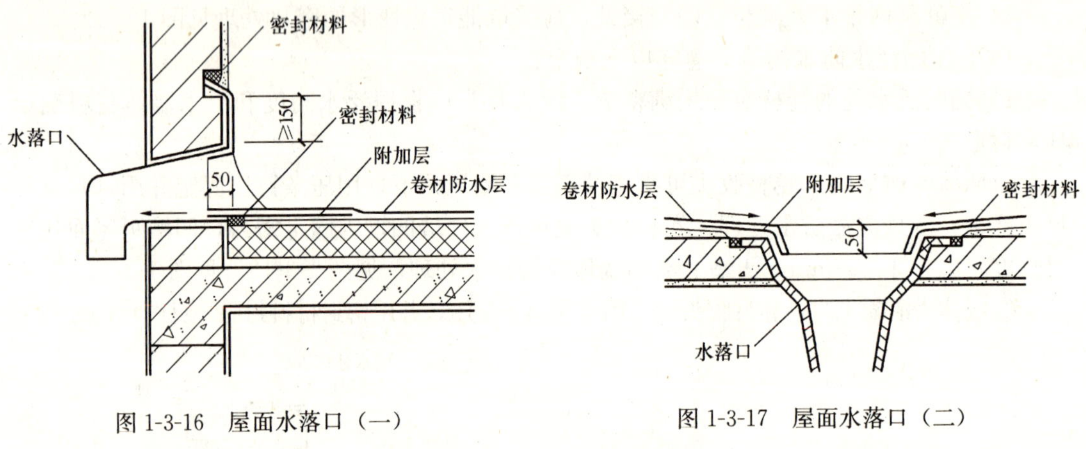


图 1-3-16 屋面水落口（一）

图 1-3-17 屋面水落口（二）

## 第四节 初级工计算题

### 一、计算题

**1.** 某工程需白灰乳化沥青 500kg，白灰乳化沥青配合比采用沥青：石灰膏：石棉绒：水＝1：0.5：0.1：1.5（重量比）。问需沥青、石灰膏、石棉绒、水各多少？

**2.** 某地下防水工程地下室长 5.5m、宽 4m、高 3m。作二布六油防水涂膜，问需各种材料各多少？材料用量参考见表 1-4-1。

材料用量参考（$m^2$） 表 1-4-1

| 材料名称 | 三道涂料 | 一布四涂 | 二布六油 |
|---|---|---|---|
| 氯丁胶乳沥青防水涂料 | 1.5kg | 2.0kg | 2.5kg |
| 玻璃丝布 | | 1.13kg | 2.25kg |
| 膨胀蛭石粉 | | 0.6kg | 0.6kg |

**3.** 某屋面采用氯丁胶乳沥青防水涂料施工，屋面长 60m、宽 25m，作二布六油防水涂膜，问所需各种材料各为多少？

**材料用量参考（$m^2$）**

| 材料名称 | 三道涂料 | 一布四油 | 二布六油 |
|---|---|---|---|
| 氯丁胶乳沥青防水涂料 | 1.5kg | 2.0kg | 2.5kg |
| 玻璃丝布 | | 1.13kg | 2.25kg |
| 膨胀蛭石粉 | | 0.6kg | 0.6kg |

**4.** 某屋面工程屋面尺寸长150m，宽20m，问屋面找平层和防水层应分别检查几处？

**5.** 某地下防水工程面积为200$m^2$ 作卷材防水二毡三油，问所需材料用量各为多少？见表1-4-2。

**材料用量参考** **表1-4-2**

| 施工方法 | 100$m^2$ 材料用量 | | | | |
|---|---|---|---|---|---|
| | 沥青（kg） | 溶剂（kg） | 油毡（$m^2$） | 沥青玛𤧛脂（kg） | 豆石（$m^2$） |
| 冷底子油 | 13～15 | 30 | | | |
| 二毡三油 | 570 | | 240 | 0.6 | 1.0 |
| 每增一毡一油 | 160 | | 120 | 0.17 | |

**6.** 某宿舍楼采用氯丁沥青防水涂膜，其防水部位为厕所及屋面，厕所长宽尺寸为4m× 3m共8间；屋面尺寸为60m×4m，问需各种防水材料各多少？（厕所作一布四油，屋面作二布六油）材料用量参考见表1-4-3。

**材料用量参考（$m^2$）** **表1-4-3**

| 材料名称 | 三道涂料 | 一布四油 | 二布六油 |
|---|---|---|---|
| 氯丁胶乳沥青涂料 | 1.5kg | 2.0kg | 2.5kg |
| 玻璃丝布 | | 1.13$m^2$ | 2.25$m^2$ |
| 膨胀蛭石粉 | | 0.6kg | 0.6kg |

**7.** 某建筑物屋面防水采用SBS改性柔性油毡，屋面尺寸长100m，宽20m，四周为女儿墙，采用Ⅰ型＋Ⅱ型的铺贴方式，问需各种油毡多少？见表1-4-4。

**SBS柔性油毡规格** **表1-4-4**

| 柔性油毡型号 | 厚 度 | 宽 度 | 重量（kg/卷） | 长度（m/卷） |
|---|---|---|---|---|
| Ⅰ | 1 | 1 | 20 | 20 |
| Ⅱ | 2 | 1 | 25 | 10 |
| Ⅲ | 3 | 1 | 35 | 10 |

**8.** 某防水工程需配制玛𤧛脂S-70，300kg，采用10号、60号沥青，烃石粉、石棉绒配制以硫酸铜为催化剂，其配合比为10号沥青：60号沥青：滑石粉：石棉绒＝60：10：20：10，硫酸铜为沥青重量的1.5%，问需各种材料各多少？

## 二、计算题答案

**1.** 解：沥青$=500\times\frac{1}{1+0.5+0.1+1.5}=161$kg

$$石灰膏=500\times\frac{0.5}{1+0.5+0.1+1.5}=80.5kg$$

$$石棉绒=500\times\frac{0.1}{1+0.5+0.1+1.5}=16.1kg$$

$$水=\frac{1.5}{1+0.5+0.1+1.5}=241.5kg$$

**2.** 解：①地下室需做防水总面积为：

$$5.5\times4+(4+5.5)\times3\times2=69.5m^2$$

②氯丁胶乳沥青防水涂料

$$69.5\times2.5=174kg$$

③玻璃丝布

$$69.5\times2.25=156m^2$$

④膨胀蛭石粉

$$69.5\times0.6=41.7kg$$

**3.** 解：①屋面总面积 $60\times25=1500m^2$

②氯丁胶乳沥青防水涂料

$$1500\times2.5=3750kg$$

③玻璃丝布　$1500\times2.25=3375m^2$

④膨胀蛭石粉　$1500\times0.6=900kg$

**4.** 解：①屋面总面积为 $150\times20=3000m^2$

②每 $100m^2$ 检查一处但不少于 3 处

③找平层和防水层各检查：

$$300\div100=30 处$$

**5.** 解：①沥青需要 $\frac{200}{100}\times15+2\times\frac{570}{100}=144kg$

②溶剂 $2\times\frac{30}{100}=6.6kg$

③油毡 $2\times\frac{240}{100}=4.80m^2$

④溶剂 $2\times\frac{0.6}{100}=0.12kg$

⑤油毡 $2\times1=2m^2$

⑥沥青玛琋脂 $2\times0.6=1.2kg$

⑦豆石 $2\times\frac{1}{100}=0.02m^2$

**6.** 解：①厕所工程量为 $3\times4\times8=96m^2$

②屋面防水面积 $60\times4=240m^2$

③厕所作一布四油需：

氯丁胶乳沥青涂料 $96\times2=192kg$

玻璃丝布 $96\times1.13=108.48m^2$

膨胀蛭石粉 $96\times0.6=57.6kg$

④屋面作二布六油需：

氯丁胶乳沥青涂料 240×2.5＝600kg

玻璃丝布 240×2.25＝540$m^2$

膨胀蛭石粉 240×0.6＝144kg

⑤共需：氯丁胶乳沥青涂料 192＋600＝792kg

玻璃丝布 108.48＋540＝648.48$m^2$

膨胀蛭石粉 57.6＋144＝201.6kg

**7.** 解：①需铺设总的面积为 100×20＋（100＋20）×0.2×2＝2048$m^2$（女儿墙至少20cm）

②需Ⅰ型油毡$\frac{2048}{20}$＝103 卷

③需Ⅱ型油毡 2048÷10＝205 卷

**8.** 解：①10 号沥青为 $300\times\frac{60}{60+10+20+10}=180$kg

②60 号沥青为 $300\times\frac{10}{60+10+20+10}=30$kg

③滑石粉为 $300\times\frac{20}{60+10+20+10}=60$kg

④石棉绒为 $300\times\frac{10}{60+10+20+10}=30$kg

⑤硫酸铜为 210×0.015＝3.15kg

## 第五节　实际操作部分

**1.** 三毡四油防水层平屋面施工操作见表 1-5-1。

**考核项目及评分标准**　　**表 1-5-1**

| 序号 | 测定项目 | 评分标准 | 满分 | 检测点 | | | | | 得分 |
|---|---|---|---|---|---|---|---|---|---|
| | | | | 1 | 2 | 3 | 4 | 5 | |
| 1 | 基层处理 | 清洁、基层平整度符合要求，冷底子油喷涂均匀 | 20 | | | | | | |
| 2 | 卷材铺贴 | 各层粘贴牢固，不空鼓、翘边，搭接合理，顺序、方向正确 | 30 | | | | | | |
| 3 | 保护层 | 豆砂均匀牢固 | 10 | | | | | | |
| 4 | 文明施工 | 不浪费材料，工完场清 | 15 | | | | | | |
| 5 | 安全生产 | 重大事故不合格，小事故扣分 | 10 | | | | | | |
| 6 | 工　效 | 根据项目，按照劳动定额进行，低于定额90%本项无分，在 90%～100%之间酌情扣分，超过定额酌情加 1～3 分 | 15 | | | | | | |

注：做蓄水试验，24h 不渗漏为合格，有渗漏者不合格，本操作无分。

**2.** SBS改性沥青柔性油毡屋面施工操作见表1-5-2。

考核项目及评分标准　　表1-5-2

| 序号 | 测定项目 | 评分标准 | 满分 | 检测点 | | | | | 得分 |
|---|---|---|---|---|---|---|---|---|---|
| | | | | 1 | 2 | 3 | 4 | 5 | |
| 1 | 基层处理 | 清洁、坚实、平整、无空鼓，冷底子油涂刷均匀，处理剂、加强层符合要求 | 20 | | | | | | |
| 2 | 卷材铺贴 | 顺序、方法、方向、搭接正确，粘贴密实无翘空 | 30 | | | | | | |
| 3 | 边　缝 | 严密不翘折 | 10 | | | | | | |
| 4 | 坡　度 | 流畅平整合理 | 10 | | | | | | |
| 5 | 文明施工 | 不浪费材料，工完场清 | 10 | | | | | | |
| 6 | 安　全 | 重大事故不合格，小事故扣分 | 10 | | | | | | |
| 7 | 工　效 | 根据项目，按照劳动定额进行，低于定额90%本项无分，在90%～100%之间酌情扣分，超过定额酌情加1～3分 | 10 | | | | | | |

注：做蓄水试验，24h不渗漏为合格，有渗漏者不合格，本操作无分。

**3.** 玻璃纤维胎油毡冷玛琋脂屋面施工操作见表1-5-3。

考核项目及评分标准　　表1-5-3

| 序号 | 测定项目 | 评分标准 | 满分 | 检测点 | | | | | 得分 |
|---|---|---|---|---|---|---|---|---|---|
| | | | | 1 | 2 | 3 | 4 | 5 | |
| 1 | 基层处理 | 基层坚实平整，无起砂、空鼓，转角符合要求，加强层合理 | 20 | | | | | | |
| 2 | 防水工艺 | 铺贴顺序、方向、搭接合理，各层密实无鼓泡平展 | 20 | | | | | | |
| 3 | 坡　度 | 顺畅、无积水、下水口通畅 | 10 | | | | | | |
| 4 | 保护层 | 玛琋脂及布撒物均匀布物嵌牢 | 10 | | | | | | |
| 5 | 文明施工 | 不浪费、不污染，工完场清 | 10 | | | | | | |
| 6 | 安　全 | 重大事故不合格，小事故扣分 | 10 | | | | | | |
| 7 | 工　效 | 根据项目，按照劳动定额进行，低于定额90%本项无分，在90%～100%之间酌情扣分，超过定额酌情加1～3分 | 10 | | | | | | |

注：做蓄水试验，24h不渗漏为合格。有渗漏者不合格，本操作无分。

# 第二章 中级工试题

## 第一节 中级工判断题

### 一、判断题

**1.** 无组织排水檐口 800mm 范围内的卷材应采用满粘法。 ( )

**2.** 无组织排水檐口 600mm 范围内的卷材应采用满粘法。 ( )

**3.** 檐沟卷材应翻上外檐沟沟帮顶部并用水泥钉及压条钉压固定。 ( )

**4.** 檐沟卷材应翻上外檐沟沟帮顶部并用水泥砂浆压住封严。 ( )

**5.** 水落口杯埋置标高应考虑水落口设防时增加的附加层和密封材料的厚度，以及排水坡度加大的尺寸。 ( )

**6.** 水落口杯与基层接触处，应留宽度 20mm，深 20mm 的凹槽，并嵌填密封材料。 ( )

**7.** 水落口杯与基层接触处，应用水泥砂浆填实塞严。 ( )

**8.** 泛水处的卷材应采用满粘法。 ( )

**9.** 泛水处的卷材应采用空铺法，以适应结构变形不被拉裂。 ( )

**10.** 砖砌女儿墙墙体较低时，一般不超过 500mm，卷材可直接铺到女儿墙压顶下，并伸入墙顶宽度的 1/3。 ( )

**11.** 砖砌女儿墙墙体较低时，一般不超过 500mm，卷材宜铺至 250mm 高。 ( )

**12.** 砖砌女儿墙墙体较高时，卷材收头高度不应小于 250mm 处，用水泥钉和金属压条钉压，并用密封材料封边，再在上面用合成高分子材料或金属片覆盖保护。 ( )

**13.** 女儿墙为混凝土墙时，卷材收头高度不小于 250mm 处，用水泥钉和金属压条钉压，并用密封材料封边，再在上面用合成高分子材料或金属片覆盖保护。 ( )

**14.** 山墙或女儿墙可采用现浇混凝土压顶或预制混凝土板做压顶，为避免混凝土开裂渗水，应在压顶上再用彩色合成高分子卷材，或高延伸性防水涂料进行防水处理。( )

**15.** 山墙或女儿墙可采用现浇混凝土压顶或预制混凝土板做压顶，为避免混凝土开裂渗水，应在压顶上再用沥青胶或其他防水涂料涂二道进行防水处理。 ( )

**16.** 变形缝有等高和高低跨变形缝，不管屋面采用什么材料，变形缝处均必须作密封防水处理。 ( )

**17.** 变形缝有等高和高低跨变形缝，不管屋面采用何种材料，变形缝处均必须用防水卷材进行覆盖严密。 ( )

**18.** 屋面垂直出入口防水层卷材收头，应压在混凝土压顶圈下。 ( )

**19.** 屋面垂直出入口防水层卷材收头，应压在木框压顶圈下。（ ）

**20.** 屋面水平出入口处防水层收头，应压在混凝土踏步下，防水层的泛水并应设护墙挤压保护。（ ）

**21.** 反梁过水孔的孔底标高，一般找坡后的孔底标高应高于挑檐沟底标高。（ ）

**22.** 反梁过水孔的孔底标高，一般找坡后的孔底标高应低于挑檐沟底标高。（ ）

**23.** 反梁过水孔进水孔口处的屋面标高应高于出水孔口处的屋面标高。（ ）

**24.** 反梁过水孔进水孔口处的屋面标高应低于出水孔口处的屋面标高。（ ）

**25.** 反梁过水孔孔底标高最好应按排水坡度找坡后再留设。（ ）

**26.** 反梁过水孔孔底标高最好应在按排水坡度找坡前留设。（ ）

**27.** 反梁过水孔孔槽内一般采用防水涂料、密封涂料进行防水处理，孔槽内的涂膜防水层应与屋面防水层连成一体，不得有断点。（ ）

**28.** 厂房屋面防水的方式常见的有卷材防水和构件自防水。（ ）

**29.** 厂房屋面防水的方式常见的有卷材防水和刚性防水。（ ）

**30.** 厂房屋面防水的方式常见的有卷材防水和涂料防水。（ ）

**31.** 厂房构件自防水是利用钢筋混凝土板自身的密实性，对板缝进行局部防水处理而形成防水的屋面。（ ）

**32.** 厂房屋面构件自防水是利用防水卷材自身的密实性，对板缝进行局部防水处理而形成的防水屋面。（ ）

**33.** 地下防水工程结构施工前，应先在穿墙管道位置埋设套管。（ ）

**34.** 地下防水结构完成后，应立即在穿墙管位安装套管。（ ）

**35.** 变形缝一般做成平缝，在缝的两侧，墙厚的中央埋置止水带，并在缝内堵塞嵌缝材料。（ ）

**36.** 变形缝一般做成企口缝，在缝的两侧，墙厚的中央埋置止水带，并在缝内堵塞嵌缝材料。（ ）

**37.** 溶剂型再生橡胶沥青防水涂料以石油沥青与废橡胶粉为原料，加温熬制，然后掺入一定量的汽油加工而成。（ ）

**38.** 水乳型再生橡胶沥青防水涂料以石油沥青与废橡胶粉为原料，加温熬制，然后掺入一定量的汽油加工而成。（ ）

**39.** 石油沥青在氯丁橡胶沥青防水涂料中起着溶剂的作用。（ ）

**40.** 石油沥青在氯丁橡胶沥青防水涂料中起着乳化作用。（ ）

**41.** 溶剂型氯丁橡胶沥青防水涂料是以氯丁橡胶和沥青为基料，加填料、有机溶剂等，经过充分搅拌而制成的冷施工防水涂料。（ ）

**42.** 水乳型氯丁橡胶沥青防水涂料是以氯丁橡胶和沥青为基料，加填料、有机溶剂等，经过充分搅拌而制成的冷施工防水涂料。（ ）

**43.** SBS改性沥青防水涂料具有良好的低温柔性、抗基层开裂性、粘结性。可作冷施工，操作方便，可用于各类建筑防水及防腐蚀工程。（ ）

**44.** 硅橡胶防水涂料是以硅橡胶乳液及其他乳液的复合物为主要原料，加入各种无机填料和助剂等配制而成的乳液型防水涂料。（ ）

**45.** 硅橡胶防水涂料是以硅橡胶乳液及其他乳液的复合物为主要原料，加入各种有机

填料和助剂等配制而成的溶剂型防水涂料。（ ）

**46.** 焦油聚氨酯防水涂料为黑色，有较大臭味，耐久性差，性能也不如无焦油聚氨酯防水涂料。（ ）

**47.** 焦油聚氨酯防水涂料大多为彩色，有较大臭味，耐久性差，性能也不如无焦油聚氨酯防水涂料。（ ）

**48.** 聚合物水泥防水涂料，Ⅰ型涂料适用于非长期浸水的环境。（ ）

**49.** 聚合物水泥防水涂料，Ⅰ型涂料适用于长期浸水的环境。（ ）

**50.** 改性沥青密封材料专用于屋面与地下工程接缝的密封。（ ）

**51.** 改性沥青密封材料专用于屋面与地下工程接缝的密封，还可用于门窗等的密封。（ ）

**52.** 改性沥青密封材料是在沥青基料中加入合适的合成高分子改性材料，以及必要的化学助剂和填充料配制而成的膏状密封材料。（ ）

**53.** 改性石油沥青密封材料按耐热度和低温柔性分为Ⅰ类和Ⅱ类。（ ）

**54.** 改性石油沥青密封材料按耐热度和低温柔性分为优等品和合格品。（ ）

**55.** 建筑防水沥青嵌缝油膏有一定的气候适应性，70℃不流淌，－10℃不脆裂。（ ）

**56.** 建筑防水沥青嵌缝油膏有很好的气候适应性，100℃不流淌，－20℃不脆裂。（ ）

**57.** 水乳型丙稀酸建筑密封膏的特点是以水为稀释剂、无溶剂污染、无毒、不燃，安全可靠。粘结性能、延伸性能良好，耐低温性、耐高温性较好。可在潮湿基层上施工，施工方便，施工机具便于清洗。（ ）

**58.** 聚氨酯建筑密封膏，根据组分不同，有单组分和双组分两种；按流变性不同分为非下垂型和自流平型。（ ）

**59.** 聚氨酯建筑密封膏，根据组分不同，分为非下垂型和自流平型；按流变性不同可分单组分和双组分。（ ）

**60.** 高聚物改性沥青卷材冷粘法施工，基层上必须涂刷基层处理剂。应选择与卷材要求相符合的基层处理剂，做到涂刷均匀、不堆积、不露底。（ ）

**61.** 高聚物改性沥青卷材冷粘法施工顺序是先高后低，先远后近。天沟里的铺贴，应从沟底开始纵向延伸铺贴。（ ）

**62.** 高聚物改性沥青卷材冷粘法施工，天沟里的铺贴，应从沟帮开始纵向延伸铺贴。（ ）

**63.** 高聚物改性沥青卷材冷粘法施工，卷材表面复合有铝箔层，也可不另做保护层。（ ）

**64.** 高聚物改性沥青卷材冷粘法施工，要注意卷材与基层间的胶粘剂和卷材搭接用胶粘剂，在现场使用时不要搞混搞错。（ ）

**65.** 卷材在铺贴时，不要拉得过紧，使其平服地紧贴在基层上即可。（ ）

**66.** 卷材在铺贴时，要将卷材拉紧、拉直、拉顺溜，使其平服地紧贴在基层上即可。（ ）

**67.** 立面卷材铺贴时，不可将卷材从上往下垂挂铺贴。（ ）

68. 立面卷材铺贴时，不可把卷材从下往上铺贴。 （ ）

69. 自粘型卷材粘贴一般采用满粘法，如屋面防水层有排气要求也可用条粘法。

（ ）

70. 自粘型卷材粘贴一般采用条粘法，如屋面防水层有排气要求也可用满粘法。

（ ）

71. 高聚物改性沥青卷材自粘法施工时，当铺贴面积比较大，隔离纸易于撕剥时可采用滚铺法。 （ ）

72. 高聚物改性沥青卷材自粘法施工时，当铺贴面积较大，隔离纸易于撕剥时可采用抬铺法。 （ ）

73. 高聚物改性沥青自粘型防水卷材，施工温度应在5℃以上。 （ ）

74. 高聚物改性沥青自粘型防水卷材，施工温度应在0℃以上。 （ ）

75. 高聚物改性沥青自粘型防水卷材应存放在通风干燥、温度不高于35℃的室内。

（ ）

76. 高聚物改性沥青自粘型防水卷材应存放在仓库里，不应放在露天场地，应有适宜的温度。 （ ）

77. 高聚物改性沥青自粘型防水卷材，贮存中注意防潮、防热、防压、防火、卷材应平放，叠放层数不宜超过五层。 （ ）

78. 高聚物改性沥青自粘型防水卷材，贮存中注意防潮、防热、防压、防火，卷材应立放，叠放层数不超过5层。 （ ）

79. 高聚物改性沥青自粘型防水卷材，在立面或坡度较大的屋面上铺贴，或在较低温度下施工，可用喷灯适当加热卷材底面胶粘剂，再粘贴滚压，以增加与基层的粘结力，方便粘贴并防止卷材下滑。 （ ）

80. 高聚物改性沥青自粘型防水卷材，在卷材大面积排气并压实后，即应进行搭接缝的粘贴操作。 （ ）

81. 高聚物改性沥青自粘型防水卷材，在卷材大面积排气并压实后，即应进行保护层的施工。 （ ）

82. 热熔法铺贴高聚物改性沥青卷材工艺，是指热熔卷材的铺贴方法。 （ ）

83. 热熔法铺贴高聚物改性沥青卷材工艺，是指热铺沥青粘贴卷材的铺贴方法。

（ ）

84. 热熔卷材是一种在卷材底面涂有一层软化点较高的改性沥青热熔胶的防水卷材。

（ ）

85. 热熔卷材是一种在卷材底面涂有一层软化点较低的改性沥青热熔胶的防水卷材。

（ ）

86. 高聚物改性沥青卷材热熔法铺贴施工时，将热熔胶用火焰喷枪加热作为胶粘剂，把卷材铺贴于基层上做防水层。 （ ）

87. 热熔法铺贴卷材、其卷材底面的热熔胶加热程度是关键。加热不足，热熔胶与基层粘贴不牢。 （ ）

88. 热熔法铺贴卷材，其卷材底面的热熔胶加热程度是关键。加热过分了，热熔胶与基层粘贴不牢。 （ ）

**89.** 热熔法铺贴卷材，其卷材底面的热熔胶加热程度是关键。过分加热，会使卷材烧穿、胎体老化、热熔胶焦化变脆，不但粘贴不牢，而且会直接影响防水层质量。（ ）

**90.** 卷材底面热熔胶加热后，随即趁热进行压辊滚压工序，排净卷材下面的空气，使之粘贴牢固，不得皱折。（ ）

**91.** 热熔卷材铺贴后，接缝口溢出热熔胶，说明加热适中、均匀，辊压粘牢。（ ）

**92.** 热熔卷材铺贴后，接缝口未溢出热熔胶，说明加热适中、均匀，辊压粘牢。（ ）

**93.** 热熔卷材面层常有塑料薄膜层、铝箔层、石屑层，故在搭接弹线宽度内，须加热除去表面薄膜或石屑。（ ）

**94.** 在清理基层、涂刷基层处理剂干燥后，按设计要求在构造节点部位铺贴增强（附加）层卷材，然后热熔铺贴大面积防水卷材。（ ）

**95.** 热熔铺贴卷材，展铺法主要适用于条贴法铺贴的卷材。（ ）

**96.** 热熔铺贴卷材，展铺法主要适用于空铺法铺贴的卷材。（ ）

**97.** APP 改性沥青防水卷材是塑性体沥青防水卷材。（ ）

**98.** SBS 改性沥青防水卷材是塑性体沥青防水卷材。（ ）

**99.** APP 改性沥青防水卷材每个标号分别有优等品、一等品、合格品三个质量等级。（ ）

**100.** SBS 改性沥青防水卷材每个标号分别有优等品、合格品二个质量等级。（ ）

**101.** 热熔卷材防水施工在材质允许条件下，可以在－10℃的温度下施工，不受季节限制。（ ）

**102.** 热熔卷材防水施工在材质允许条件下，可以在－30℃的温度下施工，不受季节限制。（ ）

**103.** 热熔施工容易着火，必须注意安全，施工现场不得有其他明火作业。（ ）

**104.** 火焰喷枪或汽油喷灯应设专人保管和操作。（ ）

**105.** 三元乙丙橡胶防水卷材施工时可以用自粘法。（ ）

**106.** 三元乙丙橡胶防水卷材施工时，可以用热风焊接法。（ ）

**107.** 冷粘贴合成高分子卷材的基层应涂刷与粘贴剂材性相容的基层处理剂。（ ）

**108.** 天沟部位宜铺两层附加层卷材。（ ）

**109.** 天沟部位应空铺一层附加层卷材。（ ）

**110.** 为了防止合成高分子卷材末端收头处剥落或渗漏卷材的收头及边缘应用密封膏嵌严。（ ）

**111.** 为了防止合成高分子卷材末端收头处剥落或渗漏，卷材的收头及边缘应用掺有水泥用量 20% 108 胶的水泥砂浆进行压缝处理。（ ）

**112.** 合成高分子防水卷材铺贴粘贴牢固，滚压时，应从中间向两侧移动，做到排气干净。（ ）

**113.** 合成高分子防水卷材铺贴粘贴牢固，滚压时，应从后向前移动，做到排气干净。（ ）

**114.** 一般有女儿墙的平屋面做蓄水试验，坡屋面做淋水试验。（ ）

**115.** 一般有女儿墙的平屋面做淋水试验，坡屋面做蓄水试验。（ ）

**116.** 蓄水试验蓄水高度根据工程而定，在屋面重量不超过荷载的前提下，尽可能使水淹没屋面，蓄水时间 24h 以上屋面无渗漏为合格。（ ）

**117.** 蓄水试验蓄水高度，一般要超过屋面 200mm，蓄水时间 14h 以上屋面无渗漏为合格。（ ）

**118.** 三元乙丙橡胶防水卷材基层处理剂用聚氨酯底胶，分甲料和乙料，甲料为黄褐色胶体，乙料为黑色胶体，每平方米用量约为 0.2kg。（ ）

**119.** 三元乙丙橡胶防水卷材基层处理剂用聚氨酯底胶，分甲料和乙料，甲料为黑色胶体，乙料为黄褐色胶体，每平方米用料约为 0.2kg。（ ）

**120.** 三元乙丙橡胶防水卷材，基层与卷材胶粘剂，用氯丁系胶粘剂为 CX—404 胶，为黄色混浊胶体，每平方米用量为 0.4kg。（ ）

**121.** 三元乙丙橡胶防水卷材，基层与卷材胶粘剂，用氯丁系胶粘剂 CX—409，每平方米用量约为 0.4kg。（ ）

**122.** 氯化聚乙烯——橡胶共混防水卷材，卷材接缝胶粘剂用 CX—401 胶，每平方米用量约 0.1kg。（ ）

**123.** 氯化聚乙烯——橡胶共混防水卷材，卷材接缝胶粘剂用 CX—401 胶，每平方米用量约为 0.01kg。（ ）

**124.** 氯化聚乙烯——橡胶共混防水卷材，卷材接缝、嵌缝用聚氨酯密封膏，每平方米用量约 0.1kg。（ ）

**125.** 氯化聚乙烯——橡胶共混防水卷材，卷材接缝、嵌缝用聚氨酯密封膏，每平方米用量约 0.4kg。（ ）

**126.** 卷材表面着色用表面着色剂，分水乳型和溶剂型两种，为银色涂料，每平方米用量约为 0.2kg。（ ）

**127.** 卷材表面着色用表面着色剂，分水乳型和溶剂型两种，为灰色涂料，每平方米用量约为 0.2kg。（ ）

**128.** 热风焊接法是用热风塑料焊枪加热卷材的搭接缝，并经热压焊接机热压粘合的一种操作方法。（ ）

**129.** 热风焊接法是目前仅用于宽幅聚氯乙烯（PVC）合成高分子防水卷材的施工方法。（ ）

**130.** 铺贴聚氯乙烯防水卷材时采用空铺法。除热风焊接卷材搭接缝外，并配合以胶粘剂点粘或条粘及细部构造的粘结固定，也可用机械固定法固定卷材。（ ）

**131.** 铺贴聚氯乙烯防水卷材时采用满粘铺贴法，除热风焊接卷材搭接缝外，并配合以胶粘剂满粘及细部构造的粘结固定，也可以用机械固定法固定卷材。（ ）

**132.** 聚氯乙烯宽幅卷材热风焊接法施工，卷材铺贴应垂直于屋脊方向，由上至下铺贴，要保证顺直、平整、没有皱折，搭接位置留量尺寸准确，并应使卷材下面的空气排出。（ ）

**133.** 聚氯乙烯宽幅卷材热风焊接法施工，卷材铺贴应平行于屋脊方向，由下至上铺贴，要保证顺直、平整、没有皱折，搭接位置留量尺寸准确，并应使卷材下面的空气排出。（ ）

**134.** 合成高分子卷材铺贴前，应对基层进行清理验收，合格后方可施工。（ ）

**135.** 聚氯乙烯宽幅卷材热风焊接法施工，焊接前应先将复合无纺布撕除，必要时还需用溶剂擦洗。（ ）

**136.** 热风焊接机主要用来焊接聚氯乙烯防水卷材平面的直线搭接缝。（ ）

**137.** 热风焊接机主要用来焊接聚氯乙烯防水卷材立面的直线搭接缝。（ ）

**138.** 聚氯乙烯宽幅防水卷材热风焊接法施工，为了保证焊接后卷材表面的平整，操作时先焊短边搭接缝，再焊长边搭接缝。（ ）

**139.** 聚氯乙烯宽幅防水卷材热风焊接法施工时，为了保证焊接后卷材表面的平整，操作时先焊长边搭接缝，再焊短边搭接缝。（ ）

**140.** 聚氯乙烯宽幅防水卷材热风焊接法施工，如果是立面、弧线的搭接缝，仍需要用手动焊枪加热熔化，再以小压辊压接粘合。（ ）

**141.** 聚氯乙烯宽幅防水卷材热风焊接法施工，搭接缝口必须用密封膏密封。（ ）

**142.** 聚氯乙烯宽幅防水卷材的厚度S型有1.8、2.0、2.5mm；P型有1.2、1.5、2.0mm。（ ）

**143.** 聚氯乙烯宽幅防水卷材的厚度S型有1.2、1.5、2.0mm；P型有1.8、2.0、2.5mm。（ ）

**144.** 聚氯乙烯宽幅防水卷材的质量等级P型分为优等品、一等品、合格品三个等级；S型分为一等品、合格品两个等级。（ ）

**145.** 聚氯乙烯宽幅防水卷材的质量等级S型分为优等品、一等品、合格品三个等级；P型分为一等品、合格品两个等级。（ ）

**146.** 热压焊接机和手动热风焊枪必须由专人保管及操作。（ ）

**147.** 高聚物改性沥青防水涂料，有水乳型和溶剂型，是一种液态或半液态的防水材料。（ ）

**148.** 高聚物改性沥青防水涂料，有水乳型和溶剂型，是一种流态或半流态的防水材料。（ ）

**149.** 高聚物改性沥青防水涂料施工，基层必须干燥，对于水乳型涂料，可在基层表干后涂布施工。而溶剂型的涂料对基层的含水率要求比水乳型涂料严格，必须在干燥的基层上涂布施工，否则会产生涂膜防水层鼓泡的质量问题。（ ）

**150.** 高聚物改性沥青防水涂料施工，基层必须干燥，对于溶剂型涂料，可在基层表干后涂布施工，而水乳型的涂料对基层的含水率要求比溶剂型涂料严格，必须在干燥的基层上涂布施工，否则会产生涂膜防水层鼓泡的质量问题。（ ）

**151.** 屋面防水基层的坡度必须保证排水通畅，不得有积水现象。（ ）

**152.** 溶剂型的高聚物改性沥青防水涂料所用基层处理剂，可直接用较稀的防水涂料薄涂一层作基层处理。（ ）

**153.** 溶剂型的高聚物改性沥青防水涂料所用基层处理剂，可用掺0.2%～0.5%乳化剂的水溶液或软水将涂料稀释。基层处理剂应充分搅拌均匀，涂盖完全。（ ）

**154.** 在屋面的一些节点构造和特殊部位，均应铺设有弹性增强材料的附加层。（ ）

**155.** 高聚物改性沥青防水涂料施工时，在水落口四周与檐沟交接处，应先用密封材料密封处理后，再做有两层胎体增强材料的附加层。（ ）

**156.** 高聚物改性沥青防水涂料施工时，在水落口四周与檐沟交接处，应先用密封材料密封处理后，再刷涂一层不设胎体的防水涂料增强材料的附加层。（　）

**157.** 涂膜应通过多道涂布达到所要求的厚度，保证均匀、密实、没有气泡裹入。（　）

**158.** 涂膜应通过两道涂布达到所要求的厚度，保证均匀、密实、没有气泡裹入。（　）

**159.** 防水涂料施工，胎体增强材料的选用应与涂料性质相匹配。选用时，如酸碱值（pH 值）小于 7 的酸性涂料，则应选用低碱的玻璃纤维产品。（　）

**160.** 防水涂料施工，胎体增强材料的选用应与涂料性质相匹配。选用时，如酸碱值（pH 值）大于 7 的酸性涂料，则应选用低碱的玻璃纤维产品。（　）

**161.** 防水涂料施工，胎体增强材料的选用应与涂料性质相匹配。选用时，如酸碱值（pH 值）大于 7 的碱性涂料，则应选用无碱的玻璃纤维产品。（　）

**162.** 防水涂料施工，胎体增强材料的选用应与涂料性质相匹配。选用时，如酸碱值（pH 值）小于 7 的碱性涂料，则应选用无碱的玻璃纤维产品。（　）

**163.** 涂料的涂布应先涂立面后涂平面。（　）

**164.** 涂料的涂布应先涂平面后涂立面。（　）

**165.** 涂层均匀致密是保证质量的关键，在涂刷时注意不能将空气裹进涂层，如发现有气泡应立即消除。（　）

**166.** 涂料涂布时应分条或按顺序进行。（　）

**167.** 天沟、檐沟与层面交接处的附加层宜空铺，空铺宽度不应小于 200mm。（　）

**168.** 天沟、檐沟与屋面交接处的附加层应满粘铺贴。（　）

**169.** 天沟、檐沟应增铺附加层。当采用沥青防水卷材时，应增铺一层卷材。（　）

**170.** 天沟、檐沟应增铺附加层。当采用沥青防水卷材时，宜设置涂刷一遍防水涂料附加层。（　）

**171.** 天沟、檐沟应增铺附加层。当采用高聚物改性沥青防水卷材或合成高分子防水卷材，宜设置防水涂膜附加层。（　）

**172.** 卷材防水层在天沟、檐沟的收头，应固定密封。（　）

**173.** 涂膜防水层在天沟、檐沟的收头，应用防水涂料多遍涂刷或用密封材料封边收头。（　）

**174.** 天沟、檐沟与屋面交接处保温层的铺设宽度应伸到墙厚的 1/2 以上。（　）

**175.** 天沟、檐沟与屋面交接处保温层的铺设宽度应伸到墙厚的 1/3 以上。（　）

**176.** 水落口的附加防水层与伸出屋面管道的附加防水层一样，宜用涂膜作附加防水层。（　）

**177.** 水落口的附加防水层与伸出屋面管道的附加防水层一样，应用卷材作附加防水层。（　）

**178.** 屋面水平出入口的附加防水层宜空铺或点粘，平面部分宜铺至踏步下，与防水层之间应满粘。（　）

**179.** 屋面水平出入口的附加防水层不宜空铺或点粘，平面部分宜铺至踏步下，与防水层之间应满粘。（　）

180. 屋面垂直出入口的附加防水层在阴角部位宜空铺，与防水层之间应满粘。（ ）

181. 屋面垂直出入口的附加防水层在阴角部位应满铺，与防水层之间应满粘。（ ）

182. 反梁过水孔预埋管道两端周围与混凝土接触处应留凹槽，并用密封材料封严。（ ）

183. 聚胺酯涂料防水层冷作业施工操作简便适用于形状复杂的基层和细部构造，且具有端部收头严密、无卷材收头翘边的弊病等特点。（ ）

184. 水乳型防水涂料中的高分子材料是以极其微小的颗粒稳定地悬浮在水中，呈乳液状涂料。由于水乳型涂料以水为分散介质，无毒、不污染环境。故市场份额已逐渐增多，也越来越被人们接受。（ ）

185. 溶剂型防水涂料中的高分子材料在施工固化前是以预聚物体形式存在的，不含溶剂和水。双（或多）组分涂料通过固化剂、单组分涂料通过湿气和水起化学反应而形成弹性防水涂膜。（ ）

186. 反应型防水涂料中的高分子材料在施工固化前是以预聚体形式存在的，不含溶剂和水。双（或多）组分涂料通过固化剂、单组分涂料通过湿气和水起化学反应而形成弹性防水涂膜。（ ）

187. 焦油型聚氨酯防水涂料和采用摩卡（MDCA）作固化剂的聚氨酯防水涂料因产生刺鼻异味和有致癌危险，故禁止用于建筑工程。（ ）

188. Ⅰ型硅橡胶防水涂料适用于地下防水工程，Ⅱ型硅橡胶防水涂料适用于屋面、厕浴间防水工程。它们特别适宜在轻型、异型屋面上进行防水施工。（ ）

189. Ⅰ型硅橡胶防水涂料适用于屋面、厕浴间防水工程，Ⅱ型硅橡胶防水涂料适用于地下防水工程。它们特别适宜在轻型、异型屋面上进行防水施工。（ ）

190. 水乳型丙烯酸酯防水涂料，具有以水为分散介质，无毒、不燃、无环境污染。（ ）

191. 高性能水乳型三元乙丙橡胶防水涂料，具有橡胶状的高弹性、无机材料的耐老化性，使用寿命长，高低温性能好，成本低，冷施工，无毒。（ ）

192. 水泥基渗透结晶型防水材料（CCCW）与水作用后，活性物质通过载体（水、胶体）向混凝土内部渗透，在混凝土中形成不溶于水的枝蔓状结晶体，堵塞毛细孔缝，从而使混凝土致密、防水。（ ）

193. 冷自粘橡胶改性沥青类防水卷材的自粘结施工，卷材的铺贴应在基层处理剂（冷底子油）涂层表干后实干前及时铺贴，以防在彻底干燥的情况下铺贴影响粘结效果。（ ）

194. 冷自粘橡胶改性沥青类防水卷材的自粘结施工，卷材的铺贴应在基层处理剂（冷底子油）涂层实干后及时铺贴。（ ）

195. 立面或大坡面铺贴高聚物改性沥青防水卷材时，应采用满粘法，并宜减少短边搭接。（ ）

196. 立面或大坡面铺贴高聚物改性沥青防水卷材时，宜采用条粘法，并宜减少短边搭接。（ ）

197. 高聚物改性沥青防水卷材施工，采用冷粘法铺贴卷材时，胶粘剂涂刷应均匀，

不露底，不堆积。卷材空铺、点粘、条粘时，应按规定的位置及面积涂刷胶粘剂。（　）

**198.** 高聚物改性沥青防水卷材施工时，铺贴卷材时应排除卷材下面的空气，并辊压粘贴牢固。（　）

**199.** 高聚物改性沥青防水卷材冷粘法施工时，搭接缝口应用材性相容的密封材料封严。（　）

**200.** 高聚物改性沥青防水卷材冷粘法施工时，搭接缝口宜用密封材料封严。（　）

**201.** 高聚物改性沥青防水卷材施工，采用热熔法铺贴卷材时，应随刮涂热熔改性沥青胶随滚铺卷材，并展平压实。（　）

**202.** 高聚物改性沥青防水卷材施工，采用热熔法铺贴卷材时，应随刮涂粘结胶随滚铺卷材，并展平压实。

**203.** 高聚物改性沥青防水卷材施工，采用自粘法铺贴卷材时，应将自粘胶底面的隔离纸完全撕净。（　）

**204.** 高聚物改性沥青防水卷材施工，采用冷粘法铺贴卷材时，应将自粘胶底面的隔离纸完全撕净，方可粘贴。（　）

**205.** 高聚物改性沥青防水卷材施工，可采用浅色涂料做保护层时，应待卷材铺贴完成，并经检验合格、清扫干净后涂刷。涂层应与卷材粘结牢固，厚薄均匀，不得漏涂。（　）

**206.** 卷材防水屋面根据建筑物的性质、功能要求和耐用年限分为四个等级，防水屋面所使用的卷材须按建筑物等级进行选择。（　）

**207.** 防水屋面所使用的卷材须按建筑物的性质来进行选择。（　）

**208.** Ⅰ级防水屋面应选用合成高分子防水卷材、高聚物改性沥青防水卷材，三道或三道以上防水设防。（　）

**209.** Ⅰ级防水屋面应选用高聚物改性沥青防水卷材，二道防水设防。（　）

**210.** Ⅲ级防水屋面，应选用石油沥青防水卷材（三毡四油做法）、高聚物改性沥青防水卷材。（　）

**211.** 找平层一般为结构层或保温层与防水层之间的过渡层，它直接影响着屋面的防水效果。（　）

**212.** 隔离层一般为结构层或保温层与防水层之间的过渡层，它直接影响着屋面的防水效果。（　）

**213.** 找平层要求做到具有一定的强度，表面平整光滑，不起皮、不起砂、无开裂、无空鼓，并按设计要求找准排水坡度。（　）

**214.** 屋面工程中不得使用焦油沥青胶。（　）

**215.** 热用沥青胶由石油沥青基料和填充料等配合加热熬制而成。（　）

**216.** 热用沥青胶由石油沥青基料、优质溶剂和复合填充料配制而成。（　）

**217.** 冷用沥青胶由石油沥青基料、优质溶剂和复合填充料配制而成。（　）

**218.** 冷用沥青胶由石油沥青基料和填充料等配合加热熬制而成。（　）

**219.** 冷玛瑺脂使用时应搅匀，稠度太大时可加少量溶剂稀释搅匀。（　）

**220.** 熬制好的玛瑺脂宜在本工班内用完。当不能用完时应与新熬的材料分批混合使用，必要时还应做性能检验。（　）

**221.** 慢挥发性冷底子油主要用于尚未凝固的水泥砂浆或混凝土基层上，干燥时间在12～48h之间。（　）

**222.** 慢挥发性冷底子油主要用于已经凝固的水泥砂浆和混凝土基层上，干燥时间在5～10h之间。（　）

**223.** 快挥发性冷底子油主要用于已经凝固的水泥砂浆和混凝土基层上，干燥时间在5～10h之间。（　）

**224.** 快挥发性的冷底子油主要用于尚未凝固的水泥砂浆和混凝土基层上，丁燥时间在12～48h之间。（　）

**225.** 冷玛琋脂含有溶剂，浸润性强，铺贴卷材前可不必涂刷冷底子油，减少了施工程序，加快了施工进度。（　）

**226.** 卷材的铺贴方向可根据屋面的坡度及是否受振动等按技术规范确定。（　）

**227.** 沥青防水卷材防水层施工完毕，经清理检查后应及时做好面层的保护层。当采用热粘法保护层时，一般是在面层铺撒绿豆砂做保护层。（　）

**228.** 沥青防水卷材防水层施工完毕，经清理检查后应及时做好面层保护层。当采用冷粘贴法保护层时，保护层可选用云母、蛭石等片状材料。（　）

**229.** 沥青防水卷材防水层施工完毕，经清理检查后应及时做好面层保护层。当采用冷粘贴法保护层时，一般是在面层铺撒绿豆砂做保护层。（　）

**230.** 沥青防水卷材防水层施工完毕，经清理检查后应及时做好面层保护层。当采用热粘贴法保护层时，保护层可选用云母、蛭石等片状材料。（　）

**231.** 刚性保护层与防水层之间应设置隔离层，隔离层应平整，起到完全隔离的作用。与女儿墙之间应预留空隙并嵌填密封材料。（　）

**232.** 板状保温材料粘贴施工环境气温冷粘法不低于5℃，热粘法不低于－10℃。（　）

**233.** 合成高分子防水涂料施工环境气温，溶剂型－5～35℃；水溶型5～35℃；热熔型不低于－10℃。（　）

**234.** 硬质聚氨酯泡沫塑料喷涂，施工环境气温，5～35℃。（　）

**235.** 沥青基防水涂料也可用冷底子油作基层处理剂。涂刷应用力薄涂，均匀周到，(覆盖）完全。（　）

**236.** 沥青基防水涂料施工，各遍涂层的涂刮方向应互相垂直，上下涂层之间应相互覆盖严密。（　）

**237.** 沥青基防水涂料施工，立面部位涂层应先于平面进行，避免流坠现象，造成上薄下厚，影响防水效果。（　）

**238.** 对于干燥有困难的潮湿屋面应做成排汽屋面；对于干燥有困难的保温屋面应设置隔汽层和做成排汽屋面。（　）

**239.** 屋面设施基座、支撑与结构层相连时，应设置卷材附加层，并应与防水层一起包裹设施基座至上部，收头处应密封严密。（　）

**240.** 架空隔热屋面的卷材防水层表面要做保护层，架空板基座下不设卷材附加层。（　）

**241.** 由于屋面易变形开裂，故不宜选用无机盐类防水涂料作防水层；也不宜选用对

环境有严重污染、明火施工的聚氯乙烯改性煤焦油防水涂料作防水层。（　）

**242.** 防水涂料与防水卷材复合设防时，两者材性应相容；防水涂料与细石混凝土防水层复合设防时，细石混凝土宜在下，防水涂膜宜在上，两者之间应设置隔离层，隔离层材料可选择低档卷材、聚氯乙烯薄膜、无纺布等。（　）

**243.** 地下防水工程施工，水平施工缝浇灌混凝土前，应将其表面浮浆和杂物清除，先铺净浆，再铺30～50mm厚的1∶1水泥砂浆或涂刷混凝土界面处理剂，并及时浇灌混凝土。（　）

**244.** 地下防水工程施工，防水混凝土拌合物在运输后如出现离析，必须进行二次搅拌。当坍落度损失后不能满足施工要求时，应加入软水泥浆或二次掺加减水剂进行搅拌。（　）

**245.** 底板垫层混凝土平面部位的卷材宜采用空铺法或点粘法，其他与混凝土结构相接触的部位应采用满粘法。（　）

**246.** 底板垫层混凝土平面部位的卷材应采用满粘法铺贴。（　）

**247.** 地下防水工程采用外防外贴法铺贴卷材防水层时，从底面折向立面的卷材与永久性保护墙的接触部位，应采用空铺法施工。（　）

**248.** 地下防水工程，当施工条件受到限制时，可采用外防内贴法铺贴卷材防水层时，卷材宜先铺平面，后铺立面。铺贴立面时，应先铺转角，后铺大面。（　）

**249.** 地下防水工程采用有机防水涂料时，应在阴阳角及底板增加一层胎体增强材料，并增涂2～4遍防水涂料。（　）

**250.** 地下防水工程采用塑料防水板防水层施工时，铺设防水板前应铺缓冲层。缓冲层应用暗钉圈固定在基层上。（　）

**251.** 地下防水工程采用金属防水层施工时，金属板的拼接应采用焊接，拼接焊缝应严密。竖向金属板的垂直接缝，应相互对齐。（　）

**252.** 地下防水工程变形缝采用中埋式止水带施工时，止水带的接缝宜为二处，应设在边墙较高位置上，不得设在结构转角处，接头宜采用热压焊。（　）

**253.** 地下防水工程施工，后浇带应在其两侧混凝土龄期达到42d后再施工，但高层建筑的后浇带应在结构顶板浇筑混凝土14d后进行。（　）

**254.** 地下防水工程穿墙管防水施工时，金属止水环应与主管满焊密实。采用套管式穿墙管防水构造时，翼环与套管应满焊密实，并在施工前将套管内表面清理干净。（　）

**255.** 明挖法地下工程施工时，地下水位应降至工程底部最低高程50mm以下。降水作业应持续至回填完毕。（　）

**256.** 地下工程渗漏水治理应遵循“堵排结合、因地制宜、刚柔相济、综合治理”的原则。（　）

**257.** 地下工程渗漏水治理施工时应按先底板后墙而后顶（拱）的顺序进行，应尽量少破坏原有完好的防水层。（　）

**258.** 地下工程渗漏水治理，嵌缝材料宜选用聚硫橡胶类、聚氨酯类等柔性密封材料或遇水膨胀止水条。（　）

**259.** 地下工程渗漏水治理，穿墙管和预埋件处渗漏水时，可先用快速堵漏材料止水后，再采用嵌填密封材料、涂抹防水涂料、水泥砂浆等措施处理。（　）

**260.** 密封膏施工的基层必须平整坚实、无粉尘、无油污，保持干燥，含水率不超过 9%。 （ ）

**261.** 外墙板接缝材料防水施工时，当板缝底部较宽或底部为圆形截面时，宜采用两次嵌填，即先嵌填部分深度，待固化后再嵌填一次。 （ ）

**262.** 外墙板接缝材料防水施工，当板缝底部较宽或底部为圆形截面时，宜采用两次嵌填，即先嵌填部分深度，待 1h 后再嵌填一次。 （ ）

**263.** 卷材防水屋面常见的质量问题有开裂、鼓包、流淌、破损和构造不合理等造成屋面渗漏，经检查发现后，必须及时组织维修。 （ ）

**264.** 屋面基层变动、温度作用下热胀冷缩、建筑物不均匀下沉等将引起屋面竖向直裂。 （ ）

**265.** 屋面保温层铺设不平、水泥砂浆厚薄不均匀、屋面基层变动、找平层开裂等将引起防水层不规则裂纹。 （ ）

**266.** 屋面工程渗漏部位在应力集中、基层变形较大的部位，先满铺一层卷材条作为加强层，使卷材能适应基层伸缩的变化。 （ ）

**267.** 如果女儿墙压顶出现裂缝渗漏较严重时应全部拆除，清理干净后，在女儿墙顶抹水泥砂浆找平层，然后铺贴一层防水卷材，再做新压顶。 （ ）

**268.** 天沟漏水原因是纵向坡度太小，甚至有倒坡现象；天沟堵塞，排水不畅。

（ ）

**269.** 厕浴间找坡层应向地漏找 2%的坡度。 （ ）

**270.** 厕浴间找坡层厚度较小（<3mm），可用水泥砂浆或混合砂浆（水泥：石灰：砂=1：1.5：8），厚度大于 30mm，可用 1：2 水泥炉渣做垫层。 （ ）

**271.** 厕浴间防水层应采用涂膜防水层（聚氨酯防水涂膜、氯丁胶乳沥青防水涂膜、SBS 橡胶改性沥青防水涂膜等），防水涂膜比传统的一毡二油防水效果好。 （ ）

**272.** 厕浴间找平层用水泥砂浆（水泥：砂=1：1），厚度为 10～20mm，将坡层表面找平，要求抹平、压光。 （ ）

**273.** 一般厕浴间防水层做成一布四涂，也可按工程需要做成二布六涂。 （ ）

**274.** 厕浴间防水涂膜施工，平面和立面玻璃纤维布的接缝应在平面上，距立面不小于 800mm。 （ ）

**275.** 厕浴间防水涂膜施工，铺贴玻璃纤维布时，注意上下两层的接缝应错开幅宽的 1/4，接缝采取搭接，搭接宽度为 50mm。 （ ）

**276.** 厕浴间防水涂膜施工，地漏上口四周 10mm×15mm 范围用建筑密封膏封严，上面做涂膜防水层。 （ ）

**277.** 厕浴间涂膜防水层施工，小便槽涂膜防水层应与地面防水层交圈。墙体防水做到超过花管高度，并两端各展开 50mm 宽度。 （ ）

**278.** 厕浴间墙面渗水，主要原因是防水层在墙面施工高度不够，致使墙面根部洇水，渗入楼板下面；采用石膏板隔墙时，由于隔墙受潮、墙面粉化而渗水。 （ ）

**279.** 厕浴间管根部渗漏，维修时应将套管按要求重新埋设，套管应高出地面 10mm，立管与套管之间的缝隙应用建筑密封膏封严，或套管内缠绕油盘根绳塞严，再用油灰封堵抹平。 （ ）

**280.** 冷库工程的墙体、顶棚、地面对防潮隔热有特殊的要求，一般用石油沥青油毡做二毡三油防潮，用软木做隔热保温层，根据设计还可采用其他材料。（ ）

**281.** 冷库工程一般是用软木做隔热保温层的，需要铺贴两层软木砖，其厚度为100mm。（ ）

**282.** 制订防水工程施工方案可做为防水作业的重要依据，也是防水工程的质量保证。（ ）

**283.** 防水施工方案是防水施工的安全生产的重要措施。（ ）

**284.** 班组质量检查的方法是自检、互检、交接检。（ ）

**285.** 班组质量检查的形式是因防水施工的部位、材质、方法而异。（ ）

**286.** 直接用于工程施工生产的各种费用开支的项目有：人工费、材料费、机械使用费、其他支出。（ ）

**287.** 班组经济核算可以使每个人明确自己的经济责任及施工中所创造的经济成果。（ ）

**288.** 建筑安装工程的质量划分为分部工程、分项工程和单位工程进行检验评定。（ ）

**289.** 每个分项工程的检验标准一般都按三个项目作出决定，即保证项目、基本项目和允许偏差项目。（ ）

**290.** 屋面找平层工程质量检验与评定，卷材屋面的整体和预制找平层工程按找平层面积每 1000$m^2$ 抽查 1 处，每处 100$m^2$，但不少于 3 处。（ ）

**291.** 地下室卷材防水成品保护，底板防水层完工后，应及时做好混凝土保护层，并防止在保护层施工中损坏防水层。（ ）

**292.** 图纸幅面尺寸相当于$\sqrt{2}$系列，即 $l=\sqrt{2}b$，A0 图纸的面积为 1$m^2$，A1 幅面是 A0 幅面的对开，其他幅面依次类推。（ ）

**293.** 图线中的粗虚线主要用途可见轮廓线。（ ）

**294.** 线形绘制时，虚线、点划线或双点划线的线段的长度和间隔宜各自相等。（ ）

**295.** 图线不得与文字、数字或符号重叠、混淆。如不可避免时，应首先保证数字等的清晰。（ ）

**296.** 图样的比例是实物在图样上与实物的实际长度之比，也就是图形与实物相对应的线性尺寸之比。（ ）

**297.** 比例应以拉丁字数字表示，如 1∶1、1∶2、1∶100 等。（ ）

**298.** 建筑工程图中的尺寸是施工的依据和准绳，图样中标注的尺寸应力求准确、完整和清晰。（ ）

**299.** 平面图能反映物体的水平面形状、物体的长度和宽度及其前后、左右的位置关系。（ ）

**300.** “长平齐、高对正、宽相等”的“三等”关系是绘制和阅读正投影图必须遵循的投影规律。（ ）

**301.** 绘图时一般先从平面图开始，然后再画剖面图、立面图，绘图时应从大到小，从整体到局部，逐步深入。（ ）

**302.** 识读屋顶图的顺序，先看屋面外围有无女儿墙或天沟，再看流水方向、坡度，水落管口的位置，看出入口位置管。 ( )

**303.** 一般建筑施工图除了平、立、剖面图之外，为了表示某些部位的结构构造和详细尺寸，必须绘制侧面图来说明。 ( )

**304.** 建筑标准配件图分建筑配件标准图、建筑构件标准图。 ( )

**305.** 建筑配件标准图是指与结构设计有关的构件的结构详图。 ( )

**306.** 建筑构件标准图是指与结构设计有关的构件结构详图。 ( )

**307.** 配件标准图的代号一般用“G”或“结”表示。 ( )

**308.** 建筑构件标准图的代号一般用“J”或“建”表示。 ( )

**309.** 屋面工程应根据建筑物的性质、重要程度、使用功能要求以及防水层合理使用年限，按不同等级进行设防。 ( )

**310.** 屋面工程构造设计，当结构层为装配式钢筋混凝土板时，应用强度等级不小于C15的细石混凝土将板缝灌填密实；当板缝宽度大于40mm或上窄下宽时，应在缝中放置构造钢筋；板端缝应用水泥砂浆抹平压实。 ( )

**311.** 天沟、檐沟纵向坡度不应小于0.5%，沟底水落差不得超过20mm；天沟、檐沟排水不得流经变形缝和防火墙。 ( )

**312.** 卷材防水屋面基层与突出屋面结构（女儿墙、立墙、天窗壁、变形缝、烟囱等）的交接处，以及基层的转角处（水落口、檐口、天沟、檐沟、屋脊等），均应做成圆弧。内部排水的水落口周围应做成略低的凹坑。 ( )

**313.** 平瓦屋面适用于防水等级为Ⅰ级、Ⅱ级、Ⅲ级的屋面防水，油毡瓦屋面适用于防水等级为Ⅱ级、Ⅲ级的屋面防水，金属板材屋面适用于Ⅱ级、Ⅲ级、Ⅳ级的屋面防水。 ( )

**314.** 瓦屋面设计要点，天沟、檐沟的防水层，可采用防水卷材或防水涂膜，也可采用金属板材。 ( )

**315.** 平瓦屋面的泛水，宜采用聚合物水泥砂浆或掺有纤维的混合砂浆分次抹成。 ( )

**316.** 平瓦应铺成整齐的行列，彼此紧密搭接，并应瓦榫落槽，瓦脚挂牢，瓦头排齐，檐口应成一直线。 ( )

**317.** 屋面与突出屋面结构的交接处，油毡瓦应铺贴在立面上，其高度不应小于200mm。 ( )

**318.** 金属板材防水层屋面施工，当天沟用金属板材制作时，应伸入屋面金属板材下不小于50mm。 ( )

**319.** 屋面防水节点构造都是形状复杂、拐弯抹角的地方，施工操作比较容易。 ( )

**320.** 屋面防水节点构造也是结构变形、温差变形及基层或防水层收缩变形集中表现的部位，极易因变形裂缝或封闭不严而导致渗漏。 ( )

**321.** 节点构造是屋面防水的薄弱环节，对于保证屋面的防水质量至关重要，必须按规范规定和设计的要求严格进行操作。 ( )

**322.** 无组织排水檐口的卷材防水层的收头应压入凹槽或用水泥钉钉于屋面挑檐固定，

并用密封材料封口，否则会出现翘边、张口、雨水沿缝口流入防水层的下部，造成渗漏。（ ）

**323.** 屋面如果是装配式结构，外墙上部变形比较复杂，檐口受雨水冲刷较严重，在此部位应作增强处理。（ ）

**324.** 天沟、檐沟应增铺附加层，附加层与屋面交接处空铺，空铺宽度为100mm，以适应有时被雨水浸泡，干湿交替变化，被雨水冲刷严重的需要。（ ）

**325.** 水落口杯在安装时应保证周围坡度及标高，在水落口周围250mm范围内，排水坡度不应小于3%。（ ）

**326.** 山墙或女儿墙压顶混凝土应每隔4m留设分格缝，缝中嵌填密封材料。（ ）

**327.** 在屋面变形缝中应填充泡沫或沥青麻丝，并做卷材粘贴封盖。封盖时先用卷材弯成U形放在缝中，并放泡沫塑料棒衬垫，再覆盖Ω形卷材封盖，最上面再扣上金属或混凝土盖板保护。（ ）

**328.** 穿过防水层的管道，由于与混凝土和防水层接触处，会因温度变化影响导致渗漏，同时管道本身的纵向胀缩，也会使管道周围产生裂缝。（ ）

**329.** 穿过防水层的管道，规范规定了在做找平层时，管道周围应抹成圆锥台，以保证管道根部不积水，并在管道周围找平层上预留20mm×20mm的凹槽，凹槽内嵌填密封材料。（ ）

**330.** 穿过防水层的管道，在做防水层时，防水卷材应包裹管道至少150mm，并用金属箍箍紧上口，再用密封材料封口。（ ）

**331.** 屋面阴阳角和三面交角应力比较集中，施工也不方便，为保证此时的防水效果，应先做一层增强层，增强层采用与屋面防水层相同的材料，或用密封材料涂封，三面交角处宜用压制成的配件粘贴。（ ）

**332.** 单层工业厂房屋面面积大，集水量多，加上机械振动的影响，容易造成接缝破裂而渗漏。因此屋面防水的设计与施工愈显得重要。（ ）

**333.** 构件自防水构造减轻了屋面重量，施工方便，维修容易，但必须控制构件的密实度和嵌缝的质量。（ ）

**334.** 地下防水工程穿墙管道如预埋套管带有法兰盘，在铺贴防水卷材时，应将卷材粘贴在法兰盘上，粘贴宽度不小于50mm，用夹板将卷材压紧，法兰盘和夹板应除锈、清理干净，涂刷粘结剂。夹板下面应垫有软金属片等弹性衬垫，以便于压紧。（ ）

**335.** 变形缝为伸缩缝、沉降缝和抗震缝的总称。它将建筑物分成几个相对独立的部分，使各部分能自由变形，而不使建筑物受到不利应力影响而被破坏。（ ）

**336.** 地下工程的变形缝应满足密封防水、适应变形、施工方便、检修容易等要求。变形缝处混凝土结构厚度不应小于150mm。（ ）

**337.** 变形缝的防水措施可根据工程开挖方法、防水等级按规范选用。（ ）

**338.** 在地下结构卷材铺贴时，如遇设备地脚螺栓，应在其周围做找平层时留一圈凹槽。在铺贴防水卷材前，先将此凹槽内灌满沥青胶或其他密封材料后，铺贴一层附加层卷材，再铺贴大面防水卷材。（ ）

**339.** 在地下室采光的窗井处，应将结构底板的防水层，一直铺贴到窗井墙的外侧，并与窗井墙外侧的卷材防水层交圈密封，形成整体。（ ）

## 二、判断题答案

1. ✓ 2. × 3. ✓ 4. × 5. ✓ 6. ✓ 7. × 8. ✓ 9. ×
10. ✓ 11. × 12. × 13. ✓ 14. ✓ 15. × 16. ✓ 17. × 18. ✓
19. × 20. ✓ 21. ✓ 22. × 23. ✓ 24. × 25. ✓ 26. × 27. ✓
28. ✓ 29. × 30. × 31. ✓ 32. × 33. ✓ 34. × 35. ✓ 36. ×
37. ✓ 38. × 39. ✓ 40. × 41. ✓ 42. × 43. ✓ 44. ✓ 45. ×
46. ✓ 47. × 48. ✓ 49. × 50. ✓ 51. × 52. ✓ 53. ✓ 54. ×
55. ✓ 56. × 57. ✓ 58. ✓ 59. × 60. ✓ 61. ✓ 62. × 63. ✓
64. ✓ 65. ✓ 66. × 67. ✓ 68. × 69. ✓ 70. × 71. ✓ 72. ×
73. ✓ 74. × 75. ✓ 76. × 77. × 78. ✓ 79. ✓ 80. ✓ 81. ×
82. ✓ 83. × 84. ✓ 85. × 86. ✓ 87. ✓ 88. × 89. ✓ 90. ✓
91. ✓ 92. × 93. ✓ 94. ✓ 95. ✓ 96. × 97. ✓ 98. × 99. ✓
100. × 101. ✓ 102. × 103. ✓ 104. ✓ 105. ✓ 106. × 107. ✓ 108. ✓
109. × 110. ✓ 111. × 112. ✓ 113. × 114. ✓ 115. × 116. ✓ 117. ×
118. ✓ 119. × 120. ✓ 121. × 122. ✓ 123. × 124. ✓ 125. × 126. ✓
127. × 128. ✓ 129. ✓ 130. ✓ 131. × 132. ✓ 133. × 134. ✓ 135. ✓
136. ✓ 137. × 138. × 139. ✓ 140. ✓ 141. ✓ 142. ✓ 143. × 144. ✓
145. × 146. ✓ 147. × 148. ✓ 149. ✓ 150. × 151. ✓ 152. ✓ 153. ×
154. ✓ 155. ✓ 156. × 157. ✓ 158. × 159. ✓ 160. × 161. ✓ 162. ×
163. ✓ 164. × 165. ✓ 166. ✓ 167. ✓ 168. × 169. ✓ 170. × 171. ✓
172. ✓ 173. ✓ 174. ✓ 175. × 176. ✓ 177. × 178. ✓ 179. × 180. ✓
181. × 182. ✓ 183. ✓ 184. ✓ 185. × 186. ✓ 187. ✓ 188. ✓ 189. ×
190. ✓ 191. ✓ 192. ✓ 193. ✓ 194. × 195. ✓ 196. × 197. ✓ 198. ✓
199. ✓ 200. × 201. ✓ 202. × 203. ✓ 204. × 205. ✓ 206. ✓ 207. ×
208. ✓ 209. × 210. ✓ 211. ✓ 212. × 213. ✓ 214. ✓ 215. ✓ 216. ×
217. ✓ 218. × 219. ✓ 220. ✓ 221. ✓ 222. × 223. ✓ 224. × 225. ✓
226. ✓ 227. ✓ 228. ✓ 229. × 230. × 231. ✓ 232. × 233. × 234. ×
235. ✓ 236. ✓ 237. ✓ 238. ✓ 239. ✓ 240. × 241. ✓ 242. × 243. ✓
244. × 245. ✓ 246. × 247. ✓ 248. × 249. ✓ 250. ✓ 251. × 252. ×
253. ✓ 254. ✓ 255. × 256. ✓ 257. × 258. ✓ 259. ✓ 260. ✓ 261. ✓
262. × 263. ✓ 264. × 265. ✓ 266. × 267. ✓ 268. ✓ 269. ✓ 270. ×
271. ✓ 272. × 273. ✓ 274. × 275. × 276. ✓ 277. × 278. ✓ 279. ×
280. ✓ 281. × 282. ✓ 283. ✓ 284. × 285. × 286. ✓ 287. ✓ 288. ✓
289. ✓ 290. × 291. ✓ 292. ✓ 293. × 294. ✓ 295. × 296. ✓ 297. ×
298. ✓ 299. ✓ 300. × 301. ✓ 302. ✓ 303. × 304. ✓ 305. × 306. ✓
307. × 308. × 309. ✓ 310. × 311. × 312. ✓ 313. × 314. ✓ 315. ✓
316. ✓ 317. × 318. × 319. × 320. ✓ 321. ✓ 322. ✓ 323. ✓ 324. ×

325.× 326.× 327.√ 328.√ 329.√ 330.× 331.√ 332.√ 333.√
334.× 335.√ 336.× 337.√ 338.√ 339.√

## 第二节　中级工选择题

### 一、选择题

**1.** 建筑工程图是表达建筑物的建筑、结构和设备等方面的设计内容和要求的建筑工程图样，是建筑工程施工的主要______。

A. 依据；　B. 条件；　C. 内容；　D. 目标。

**2.** 图标的长度应为______ mm，短边的长度，宜采用40mm、30mm、50mm。

A. 120；　B. 140；　C. 160；　D. 180。

**3.** 会签栏是为了各工种负责人签字用的表格，放在图框线外的______或右上角，一个会签栏不够用时，可并列另加一个；不需会签的图样，可不设会签栏。

A. 左下角；　B. 左上角；　C. 右下角；　D. 中央上面。

**4.** 某一实物长度为1m即100cm，如果在图样上画成10cm，那就在图样上缩小了10倍，即比例为______。又一实物长度为2cm，如果在图样上画成10cm，那就是放大了5倍，即比例为5∶1。

A. 10∶1；　B. 1∶100；　C. 1∶10；　D. 100∶1。

**5.** 比例宜注写在图名的______，字的底线应取平；比例的字高，应比图名的字高小一号或二号。

A. 右侧；　B. 左侧；　C. 右下侧；　D. 左下侧。

**6.** 建筑工程图中的尺寸是______的依据和准绳，图样中标注的尺寸应力求准确、完整和清晰。

A. 生产；　B. 施工；　C. 生活；　D. 工作。

**7.** 施工图中的引出线必须通过被引的各层，文字说明的次序应与构造层次一致，由上而下或从左到右，文字说明一般注写在线的______。

A. 上侧；　B. 下侧；　C. 一侧；　D. 右侧。

**8.** 绘制建筑施工图除遵循制图的一般要求外，还要考虑建筑平、立、剖面图的完整性和______。

A. 一致性；　B. 普遍性；　C. 同一性；　D. 统一性。

**9.** 立面图和剖面图相应的______关系必须一致，立面图和平面图相应的宽度关系必须一致。

A. 高度；　B. 厚度；　C. 宽度；　D. 长度。

**10.** 在建筑施工图中，______做法主要采用剖面图或节点详图表示。因此，掌握绘制方法是非常必要的。

A. 防水；　B. 施工；　C. 作业；　D. 装饰。

**11.** 建筑施工图简称______，主要表明建筑物的外部形状、内部布置和装饰构造等情况。

A. 建结图；　　B. 建施图；　　C. 建筑图；　　D. 施工图。

**12.** 建筑施工图的画法主要是根据______原理和建筑制图标准以及建筑、结构、水、电、设备等设计规范中有关规定而绘制成的。

A. 平行投影；　　B. 斜投影；　　C. 正投影；　　D. 上下投影。

**13.** 图样与图样之间相互又有紧密联系，以便对照阅读，这就需要用一种简单而又一目了然的符号来表示，这种符号称为详图______标志。

A. 重要；　　B. 引导；　　C. 指引；　　D. 索引。

**14.** ______主要说明屋顶上建筑构造的平面位置，表明屋面排水情况，如排水分区、屋面排水坡度、天沟位置和水落管位置等，还表明屋顶出入孔的位置，卫生间通风通气孔位置及住宅的烟囱位置等。

A. 屋顶平面图；　　B. 屋顶结构图；　　C. 屋顶剖面图；　　D. 屋顶详图。

**15.** 看______抓住的重点是房屋的外形，主要记住各种标高，门窗位置，要看清外墙装修的做法、水落管的位置等。

A. 平面图；　　B. 立面图；　　C. 剖面图；　　D. 详图。

**16.** 建筑______主要表示建筑物内部的结构和构造形状，沿高度方向分层情况，各层层高、门窗洞高和总高度等尺寸。

A. 平面图；　　B. 结构图；　　C. 剖面图；　　D. 详图。

**17.** ______主要是表示建筑物的外貌、它反映了建筑立面的选型、门窗形式和位置，各部分的标高、外墙面的装修材料和作法。

A. 建筑结构图；　　B. 建筑详图；　　C. 建筑剖面图；　　D. 建筑立面图。

**18.** 剖面图的标高和尺寸标注与立面图的标高和尺寸标注方法______，一般应标在剖面图的两侧，但也可将层高或细部标高直接标在图内，以便于寻找。

A. 一样；　　B. 不一样；　　C. 差不多；　　D. 接近。

**19.** 一般建筑施工图除了平、立、剖面图之外，为了表示某些部位的结构构造和详细尺寸，必须绘制______来说明。

A. 剖切图；　　B. 详图；　　C. 总平面图；　　D. 结构图。

**20.** ______节点详图与平面图相配合，作为定位放线、砌墙、装修、门窗立樘及施工材料配料的重要依据。

A. 门窗；　　B. 墙柱；　　C. 墙身；　　D. 楼梯间。

**21.** 墙身节点详图采用较大的比例，一般为______。

A. 1∶5；　　B. 1∶10；　　C. 1∶15；　　D. 1∶20。

**22.** 建筑配件标准图是指与建筑设计有关的配件的建筑详图。配件是指门窗、屋面、楼地面、水池等，配件标准图的代号一般用______或“建”表示。

A. “J”；　　B. “B”；　　C. “G”；　　D. “P”。

**23.** 建筑构件标准图是指与结构设计有关构件的结构详图。构件就是指屋架、梁、板、基础等，构件标准图的代号一般用______或“结”表示。

A. “J”；　　B. “G”；　　C. “P”；　　D. “B”。

**24.** 建筑防水材料按______的不同可分为柔性防水材料和刚性防水材料。

A. 材质；　　B. 种类；　　C. 性质；　　D. 品种。

**25.** 建筑防水材料按______的不同可分为有机防水材料和无机防水材料。

A. 性质；　　B. 种类；　　C. 品种；　　D. 材质。

**26.** 建筑防水材料按______的不同可分为卷材、涂料、密封材料、刚性材料、堵漏材料、金属材料六大系列及瓦片、夹层塑料板等排水材料。

A. 种类；　　B. 性质；　　C. 品种；　　D. 材质。

**27.** ______在建筑防水材料的应用中处于主导地位，在建筑防水的措施中起着重要作用。

A. 防水涂料；　　B. 防水卷材；　　C. 密封材料；　　D. 刚性材料。

**28.** 沥青防水卷材______胎类卷材有玻璃布沥青油毡、玻纤胎沥青油毡、黄麻胎沥青油毡、化纤胎沥青油毡、石棉纸胎沥青油毡等。

A. 纸；　　B. 特殊；　　C. 纤维；　　D. 弹性体。

**29.** 高聚物改性沥青防水卷材______类卷材有SBS防水卷材，再生胶防水卷材、APP防水卷材、热熔自粘型防水卷材等。

A. 橡塑共混体；　　B. 合成橡胶类；　　C. 塑性体；　　D. 弹性体。

**30.** 合成高分子防水卷材______型类品种有三元乙丙橡胶防水卷材、氯磺化聚乙烯防水卷材、氯化聚乙烯防水卷材、氯丁橡胶防水卷材等。

A. 合成橡胶；　　B. 合成树脂；　　C. 橡塑共混；　　D. 弹性体。

**31.** 高聚物改性沥青防水涂料______型产品有氯丁橡胶改性沥青防水涂料、SBS改性沥青防水涂料、再生橡胶改性沥青防水涂料等。

A. 水乳；　　B. 溶剂；　　C. 反应；　　D. 混合。

**32.** 合成高分子防水涂料______型产品有硅橡胶防水涂料、丙烯酸酯防水涂料、聚氯乙烯防水涂料等。

A. 反应；　　B. 混合；　　C. 水乳；　　D. 溶剂。

**33.** 合成高分子密封材料______产品有有机硅、硅酮、聚氨酯密封膏等。

A. 橡塑混合体；　　B. 弹塑性体；　　C. 塑性体；　　D. 弹性体。

**34.** ______是生产沥青基防水材料、高聚物改性沥青防水材料的重要材料。

A. 沥青；　　B. SBS；　　C. 煤沥青；　　D. 木沥青。

**35.** 沥青______性较强，特别是薄膜状时，能与砂、石、砖、木、金属紧密粘结在一起，熔化后能渗入其他材料孔隙内。

A. 稠度；　　B. 粘结；　　C. 弹性；　　D. 塑性。

**36.** 成卷的油毡、油纸应卷紧、卷齐，两端卷筒里进外出不得超过______mm，油毡卷筒两端厚度差不得超过5mm。

A. 5；　　B. 15；　　C. 10；　　D. 20。

**37.** ______防水卷材，是以玻璃纤维或聚酯无纺布为胎体，用改性沥青做涂盖材料及用砂粒、合成膜或金属箔做覆面材料制成的防水卷材。

A. SBS；　　B. 沥青；　　C. 合成高分子；　　D. 高聚物改性沥青。

**38.** SBS改性沥青防水卷材的外观要求：断裂、切断、皱折、孔洞、剥离，其判断标准是______。

A. 允许有；　B. 不允许有；　C. 差点有；　D. 差不多有。

**39.** 氯化聚乙烯防水卷材是以含氯量为______的氯化聚乙烯为主要原料，掺入稳定剂、颜料等少量化学助剂和一定量的填充料，经混合、塑炼、压延等工序加工制成的防水卷材。

A. 20%～30%；　B. 30%～40%；　C. 40%～50%；　D. 50%～60%。

**40.** 氯化聚乙烯防水卷材外观质量要求：卷材表面应无气泡、疤痕、裂纹、粘结和孔洞。卷材的平直度不应大于 50mm，平整度不应大于______mm。卷材允许有一处接头，接头处应剪切整齐，并应加长 150mm 备作搭接。

A. 10；　B. 20；　C. 30；　D. 40。

**41.** 高密度聚乙烯防水卷材 B 型为 0.5mm 厚，长为 381m，1mm 厚的长度为______m。

A. 50；　B. 100；　C. 198；　D. 298。

**42.** 氯化聚乙烯—橡胶共混防水卷材具有良好的耐高低温，可在______温度范围内能正常使用。

A. −5～80℃；　B. −10～80℃；

C. −20～80℃；　D. −40～80℃。

**43.** ______是以氯丁橡胶乳液及阳离子型沥青乳液按一定比例混合而成。

A. 水乳型氯丁橡胶沥青防水涂料；　B. 溶剂型氯丁橡胶沥青防水涂料；

C. SBS 弹性沥青防水涂料；　D. JG 型防水涂料。

**44.** 聚氨酯防水涂料涂膜表干时间≤______h，不粘手；涂膜实干时间≤12h 无粘着。

A. 2；　B. 4；　C. 6；　D. 8。

**45.** ______是指用于填充、密封建筑物的板缝、分格缝、檐口与屋面的交接处、水落口周围、管道接头或其他裂缝所用的材料。

A. 防水砂浆；　B. 堵漏材料；　C. 密封材料；　D. 防水涂料。

**46.** 氯磺化聚乙烯建筑密封膏具有耐高、低温性能良好，可在______温度范围内长期使用，保持柔韧特性。

A. −10～85℃；　B. −20～85℃；　C. −30～85℃；　D. −40～85℃。

**47.** 特别重要或对防水有特殊要求的建筑物，其屋面防水等级划分为______级。

A. Ⅰ；　B. Ⅱ；　C. Ⅲ；　D. Ⅳ。

**48.** 重要的建筑和高层建筑，其屋面防水等级划分为______级。

A. Ⅰ；　B. Ⅱ；　C. Ⅲ；　D. Ⅳ。

**49.** 将一般建筑，如房屋、校舍、厂房、候车棚，一般库房等划分为______级。

A. Ⅰ；　B. Ⅱ；　C. Ⅲ；　D. Ⅳ。

**50.** 将临时性建筑、防水要求很低的建筑，如工棚、随工艺要求而不断改变布局的车间、临时性库房、车棚等划分为______级。

A. Ⅰ；　B. Ⅱ；　C. Ⅲ；　D. Ⅳ。

**51.** 屋面工程应遵循“薄弱环节重点设防、防排结合”的设防______。

A. 原则；　B. 方法；　C. 方针；　D. 做法。

**52.** 屋面防水等级Ⅱ级设防要求______道防水设防。

A. 一；　　B. 二；　　C. 三；　　D. 三道以上。

**53.** 屋面防水等级______级防水层选用材料，宜选用合成高分子防水卷材、高聚物改性沥青防水卷材、金属板材、合成高分子防水涂料、细石防水混凝土等材料。

A. Ⅰ；　　B. Ⅱ；　　C. Ⅲ；　　D. Ⅳ。

**54.** 屋面防水等级______级防水层选用材料，宜选用高聚物改性沥青防水卷材、合成高分子防水卷材、金属板材、合成高分子防水涂料、高聚物改性沥青防水涂料、细石防水混凝土、平瓦、油毡瓦等材料。

A. Ⅰ；　　B. Ⅱ；　　C. Ⅲ；　　D. Ⅳ。

**55.** 屋面防水等级______级防水层选用材料，宜选用高聚物改性沥青防水卷材、合成高分子防水卷材、三毡四毡沥青防水卷材、金属板材、高聚物改性沥青防水涂料、合成高分子防水涂料、细石防水混凝土、平瓦、油毡瓦等材料。

A. Ⅰ；　　B. Ⅱ；　　C. Ⅲ；　　D. Ⅳ。

**56.** 屋面防水等级______级防水层选用材料，可选用二毡三油沥青防水卷材、高聚物改性沥青防水涂料等材料。

A. Ⅰ；　　B. Ⅱ；　　C. Ⅲ；　　D. Ⅳ。

**57.** 屋面工程结构层的施工，按要求结构找坡，坡度一般为______%或符合设计坡度要求。

A. 1；　　B. 2；　　C. 3；　　D. 4。

**58.** 装配式钢筋混凝土屋面板相邻板高差不大于______ mm，靠非承重墙的一块应离开 20mm。

A. 10；　　B. 20；　　C. 30；　　D. 40。

**59.** 装配式钢筋混凝土屋面板，板缝要均匀一致，上口宽不应小于______ mm，并用不小于 C20、掺微膨胀剂的细石混凝土灌缝，振捣密实，加强养护，以保证屋面的整体刚度。

A. 10；　　B. 20；　　C. 30；　　D. 40。

**60.** 装配式钢筋混凝土屋面板，当缝宽大于______ mm 时，应在缝下吊模板，铺放构造钢筋，再灌细石混凝土，灌缝前应使用压力水冲洗干净板缝。

A. 10；　　B. 20；　　C. 30；　　D. 40。

**61.** 屋面防水工程找平层面积大时应留设分格缝，缝宽______ mm。分格缝兼做排气屋面，排气通道时可适当加宽，并与保温层连通，其最大间距为 6m。

A. 10；　　B. 20；　　C. 30；　　D. 40。

**62.** 屋面防水工程，水泥砂浆找平层的厚度应按基层不同分别确定，基层为整体混凝土，厚度控制在______ mm。

A. 10～15；　　B. 15～20；　　C. 20～30；　　D. 25～35。

**63.** 屋面防水工程，水泥砂浆找平层的厚度，如基层为整体或板状材料保温层，厚度控制在______ mm。

A. 15～20；　　B. 20～25；　　C. 25～30；　　D. 30～40。

**64.** 屋面防水工程，当需要设置隔汽层时，在屋面与女儿墙的连接处、伸出屋面的管道处或其他突出屋面的连接处，隔汽层应沿立面向上连续铺设，高出防水层上表面不得小于______ mm。

A. 150；　　B. 200；　　C. 250；　　D. 300。

**65.** 屋面防水工程，如保温层及保温层表面覆盖的找平层干燥有困难，为使潮气排向大气，可设置排汽屋面。方法是将找平层留设的分格缝兼作排汽道，排汽道宽度约为______ mm。

A. 20；　　B. 30；　　C. 40；　　D. 45。

**66.** 天沟、檐沟纵向找坡不应小于______%。

A. 1；　　B. 1.5；　　C. 2；　　D. 2.5。

**67.** 为保证在下暴雨时能及时将雨水排走，天沟、檐沟沟底的水落差不得超过______ mm，亦即水落口离沟底分水线的距离不得超过 20m。

A. 20；　　B. 80；　　C. 100；　　D. 200。

**68.** 屋面防水工程，找平层的平整度：允许偏差为______ mm。

A. 5；　　B. 6；　　C. 7；　　D. 8。

**69.** 蓄水屋面的坡度切忌过大，以避免结构因荷载不均匀而出现开裂、不均匀沉降等严重的质量事故现象。所以，其坡度不宜大于______%。

A. 0.2；　　B. 0.3；　　C. 0.4；　　D. 0.5。

**70.** 屋面防水等级Ⅰ级，设防道数在三道或三道以上设防，当采用合成高分子防水卷材时，其厚度为≥______ mm。

A. 0.5；　　B. 0.8；　　C. 1.0；　　D. 1.5。

**71.** 屋面防水工程等级Ⅲ级，设防道数为一道设防，当采用高聚物改性沥青防水卷材时，其厚度为≥______ mm。

A. 2；　　B. 3；　　C. 4；　　D. 5。

**72.** 屋面防水工程等级Ⅲ级，设防道数为一道设防，当采用自粘橡胶沥青防水卷材时，其厚度应选用≥______ mm。

A. 0.8；　　B. 1.0；　　C. 1.5；　　D. 2。

**73.** 卷材屋面的坡度不宜超过______%，当坡度超过 25%时应采取防止卷材下滑的措施。

A. 20；　　B. 25；　　C. 30；　　D. 35。

**74.** 卷材防水层上有重物覆盖或基层变形较大时，应优先采用空铺法、点粘法或条粘法。但距屋面周边______ mm 范围内应满粘，卷材与卷材之间的搭接边亦应用卷材胶粘剂满粘。

A. 800；　　B. 1000；　　C. 1200；　　D. 1500。

**75.** 无保温层的屋面，板端缝部位的卷材应空铺或增设空铺附加层，空铺宽度宜为______ mm。

A. 100～150；　　B. 150～200；　　C. 200～300；　　D. 300～400。

**76.** 屋面防水层上放置设施时，设施下部的防水层应增设附加增强层，还应在附加层上浇筑厚度大于______ mm 的细石混凝土保护层，附加层应比细石混凝土四周宽出 100mm。

A. 20；　　B. 50；　　C. 40；　　D. 100。

**77.** 屋面防水工程，当材料找坡时，可用轻质材料或保温层找坡，坡度宜为______%。

A. 1；　B. 2；　C. 3；　D. 4。

**78.** 卷材防水屋面基层与突出屋面结构的交接处，以及基层的转角处，均应做成圆弧。当采用合成高分子防水卷材时，圆弧半径应为______ mm。

A. 20；　B. 30；　C. 40；　D. 50。

**79.** 屋面坡度小于______%时，卷材宜平行屋脊铺贴。

A. 2；　B. 3；　C. 4；　D. 5。

**80.** 屋面坡度在______时，卷材可平行或垂直屋脊铺贴。

A. 10%～15%；　B. 15%～25%；　C. 2%～10%；　D. 3%～15%。

**81.** 屋面坡度大于______%或屋面受振动时，沥青防水卷材应垂直屋脊铺贴。

A. 15；　B. 20；　C. 25；　D. 30。

**82.** 屋面坡度大于______%或屋面受振动时，高聚物改性沥青防水卷材和合成高分子防水卷材可平行或垂直屋脊铺贴。

A. 15；　B. 20；　C. 25；　D. 30。

**83.** 防水卷材屋面，上下层卷材______相互垂直铺贴。

A. 宜；　B. 不宜；　C. 应；　D. 不得。

**84.** 卷材防水屋面，防水层采取满粘法施工时，找平层的分格缝处宜空铺，空铺的宽度宜为______ mm。

A. 100；　B. 200；　C. 150；　D. 250。

**85.** 卷材防水屋面铺贴卷材应采用搭接法。平行于屋脊的搭接缝，应顺______方向搭接；垂直于屋脊的搭接缝，应顺年最大频率风向搭接。

A. 顺坡；　B. 逆坡；　C. 流水；　D. 逆水。

**86.** 卷材防水屋面叠层铺贴的各层卷材，在天沟与屋面的交接处，应采用叉接法搭接，搭接缝应错开，搭接缝不宜留在______。

A. 天沟侧面；　B. 沟底；　C. 屋面；　D. 屋面与天沟交接处。

**87.** 屋面防水工程，沥青防水卷材采用满粘法施工，短边搭接宽度应为______ mm。

A. 80；　B. 70；　C. 150；　D. 100。

**88.** 屋面防水工程，沥青防水卷材采用空铺（点粘、条粘法）法施工，短边搭接宽度应为______ mm。

A. 150；　B. 70；　C. 100；　D. 80。

**89.** 屋面防水工程，沥青防水卷材采用满粘法施工，长边搭接宽度应为______ mm。

A. 150；　B. 70；　C. 100；　D. 80。

**90.** 屋面防水工程，沥青防水卷材采用空铺条粘法施工，长边搭接宽度应为______ mm。

A. 150；　B. 70；　C. 100；　D. 80。

**91.** 屋面防水工程，高聚物改性沥青防水卷材采用满粘法施工，短边搭接宽度应为______ mm。

A. 150；　B. 70；　C. 100；　D. 80。

**92.** 屋面防水工程，高聚物改性沥青防水卷材采用空铺（点粘、条粘法）法施工，短边搭接宽度应为______mm。

A. 150； B. 70； C. 100； D. 80。

**93.** 卷材防水屋面施工，高聚物改性沥青防水卷材采用满粘法时，长边搭接宽度应为______mm

A. 150； B. 70； C. 100； D. 80。

**94.** 卷材防水屋面施工，高聚物改性沥青防水卷材采用空铺法（点粘、条粘法）时，长边搭接宽度应为______mm。

A. 150； B. 70； C. 100； D. 80。

**95.** 卷材防水屋面施工，自粘聚合物改性沥青防水卷材采用满粘法时，短边搭接宽度应为______mm。

A. 60； B. 70； C. 80； D. 100。

**96.** 卷材防水屋面施工，自粘聚合物改性沥青防水卷材采用满粘法时，长边搭接宽度应为______mm。

A. 60； B. 70； C. 80； D. 100。

**97.** 卷材防水屋面施工，合成高分子防水卷材采用胶粘剂满粘铺贴法时，短边搭接宽度应为______mm。

A. 60； B. 70； C. 80； D. 100。

**98.** 卷材防水屋面施工，合成高分子防水卷材采用胶粘剂空铺法（点粘、条粘法）时，短边搭接宽度应为______mm。

A. 60； B. 70； C. 80； D. 100。

**99.** 卷材防水屋面施工，合成高分子防水卷材采用胶粘剂满粘铺贴时，长边搭接宽度应为______mm。

A. 60； B. 70； C. 80； D. 100。

**100.** 卷材防水屋面施工，合成高分子防水卷材采用胶粘剂空铺法（点粘、条粘法）铺贴时，长边搭接宽度应为______mm。

A. 150； B. 100； C. 80； D. 70。

**101.** 卷材防水屋面施工，合成高分子防水卷材采用满粘法用胶粘带封闭搭接边，短边搭接宽度应为______mm。

A. 50； B. 60； C. 70； D. 80。

**102.** 卷材防水屋面施工，合成高分子防水卷材采用满粘法铺贴，使用胶粘带封闭搭接边，长边搭接宽度应为______mm。

A. 70； B. 80； C. 50； D. 60。

**103.** 卷材防水屋面施工，合成高分子防水卷材采用空铺法（点粘、条粘法）铺贴，使用胶粘带封闭搭接边，其短边搭接宽度应为______mm。

A. 60； B. 70； C. 80； D. 100。

**104.** 卷材防水屋面施工，合成高分子防水卷材采用空铺法（点粘、条粘法）铺贴，使用胶粘带封闭搭接边，其长边搭接宽度应为______mm。

A. 50； B. 60； C. 70； D. 80。

**105.** 卷材防水屋面施工，合成高分子防水卷材采用单缝焊接法时，长短边搭接宽度应为60mm，但有效焊接宽度不小于______ mm。

A. 45；　　B. 40；　　C. 35；　　D. 25。

**106.** 卷材防水屋面施工，合成高分子防水卷材采用双缝焊接法时，长短边搭接宽度应为______ mm，但有效焊接宽度为10×2+空腔宽。

A. 60；　　B. 70；　　C. 80；　　D. 100。

**107.** 在铺贴卷材时，______污染檐口的外侧和墙面。

A. 不得；　　B. 不宜；　　C. 不便；　　D. 不可。

**108.** 沥青防水卷材的外观质量要求：孔洞硌伤、露胎、涂盖不均匀，质量要求______。

A. 允许；　　B. 不允许；　　C. 轻点可以；　　D. 严重不允许。

**109.** 沥青防水卷材外观有折纹和皱折现象，质量要求：距卷芯1000mm以外，长度不大于______ mm。

A. 60；　　B. 70；　　C. 80；　　D. 100。

**110.** 沥青防水卷材外观有裂纹，质量要求：距卷芯1000mm以外，长度不大于______ mm。

A. 10；　　B. 20；　　C. 30；　　D. 40。

**111.** 沥青防水卷材外观有裂口、缺边现象，质量要求：边缘裂口小于20mm；缺边长度小于50mm；深度小于______ mm。

A. 10；　　B. 20；　　C. 30；　　D. 40。

**112.** 沥青防水卷材外观质量要求每卷卷材的接头不超过1处，较短的一段不应小于2500mm，接头处应加长______ mm。

A. 80；　　B. 100；　　C. 150；　　D. 200。

**113.** 高聚物改性沥青防水卷材外观出现有孔洞、缺边、裂口、胎体露白未浸透，质量要求______。

A. 宜可；　　B. 不宜可；　　C. 允许；　　D. 不允许。

**114.** 高聚物改性沥青防水卷材外观边缘不整齐，质量要求不超过______ mm。

A. 10；　　B. 20；　　C. 30；　　D. 40。

**115.** 高聚物改性沥青防水卷材外观质量要求每卷卷材的接头，不超过1处，较短的一段不应小于______ mm，接头处应加长150mm。

A. 1150；　　B. 1500；　　C. 2000；　　D. 2500。

**116.** 合成高分子防水卷材外观出现折痕，质量要求每卷不超过2处，总长度不超过______ mm。

A. 10；　　B. 20；　　C. 30；　　D. 40。

**117.** 合成高分子防水卷材外观出现杂质，质量要求大于0.5mm颗粒不允许，每$1m^2$不超过______ $mm^2$。

A. 3；　　B. 6；　　C. 9；　　D. 12。

**118.** 合成高分子防水卷材外观出现胶块，质量要求：每卷不超过6处，每处面积不大于______ $mm^2$。

A. 2；　　B. 4；　　C. 6；　　D. 8。

**119.** 合成高分子防水卷材外观出现凹痕，质量要求：每卷不超过6处，深度不超过本身厚度的30%；树脂类深度不超过______%。

A. 2；　　B. 3；　　C. 4；　　D. 5。

**120.** 合成高分子防水卷材质量要求：每卷卷材的接头橡胶类每20m不超过1处，较短的一段不应小于______mm，接头处应加长150mm；树脂类20m长度内不允许有接头。

A. 3000；　　B. 2500；　　C. 2000；　　D. 1500。

**121.** 卷材应贮存在阴凉通风的室内，避免雨淋、日晒和受潮，严禁接近火源。沥青防水卷材贮存环境温度，不得高于______℃。

A. 36；　　B. 38；　　C. 39；　　D. 45。

**122.** 沥青防水卷材宜直立堆放，其高度不宜超过两层，并不得倾斜或横压，短途运输平放不宜超过______层。

A. 3；　　B. 4；　　C. 5；　　D. 6。

**123.** 改性沥青胶粘剂的剥离强度不应小于______N/10mm。

A. 6；　　B. 7；　　C. 8；　　D. 10。

**124.** 合成高分子胶粘剂的剥离强度不应小于15N/10mm，浸水168h后的保持率不应小于______%。

A. 70；　　B. 80；　　C. 90；　　D. 95。

**125.** 双面胶粘带的剥离强度不应小于6N/10mm，浸水168h后的保持率不应小于______%。

A. 60；　　B. 70；　　C. 80；　　D. 85。

**126.** 同一品种、型号和规格的卷材，抽样数量：大于1000卷抽取5卷；500～1000卷抽取4卷；100～499卷抽取3卷；小于100卷抽取______卷。

A. 1；　　B. 2；　　C. 3；　　D. 4。

**127.** 将受检的卷材进行规格尺寸和外观质量检验，全部指标达到标准规定时，即为合格。其中若有______项指标达不到要求，允许在受检产品中另取相同数量卷材进行复验，全部达到标准规定为合格。复验时仍有一项指标不合格，则判定该产品外观质量为不合格。

A. 一；　　B. 二；　　C. 三；　　D. 四。

**128.** 在外观质量检验合格的卷材中，任取______卷做物理性能检验，若物理性能有一项指标不符合标准规定，应在受检产品中加倍取样进行该项复验，复验结果如仍不合格，则判定该产品为不合格。

A. 一；　　B. 二；　　C. 三；　　D. 四。

**129.** 进场的沥青防水卷材物理性能检验以下项目：纵向拉力，耐热度，______，不透水性。

A. 低温弯折；　　B. 耐寒性；　　C. 柔度；　　D. 硬度。

**130.** 进场的高聚物改性沥青防水卷材物理性能检验如下项目：可溶物含量，拉力，______，耐热度，低温柔度，不透水性。

A. 变形拉力延伸率；　　B. 断裂拉力延伸率；

C. 最小拉力时延伸率；　　　　　　D. 最大拉力时延伸率。

**131.** 进场的______防水卷材，物理性能应检验如下项目：断裂拉伸强度、扯断伸长率，低温弯折，不透水性。

A. 高聚物改性沥青；　　　　　　B. 合成高分子；

C. 沥青；　　　　　　　　　　　D. 聚氯乙烯。

**132.** 进场的合成高分子胶粘剂物理性能应检验剥离强度和浸水______h后的保持率。

A. 168；　　B. 178；　　C. 188；　　D. 198。

**133.** 进场的双面胶粘带物理性能应检验剥离强度和浸水______h后的保持率。

A. 158；　　B. 168；　　C. 178；　　D. 188。

**134.** 根据当地历年______气温、最低气温、屋面坡度和使用条件等因素，应选择耐热度、柔性相适应的卷材。

A. 中等；　　B. 少有；　　C. 最高；　　D. 适度。

**135.** 根据地基变形程度、结构形式、当地年温差、日温差和振动等因素，应选择______相适应的卷材。

A. 最大拉力时延伸率；　　　　　B. 低温弯折；

C. 断裂拉伸强度；　　　　　　　D. 拉伸性能。

**136.** 根据屋面防水卷材的暴露程度，应选择______、耐穿刺、热老化保持率或耐霉烂性能相适应的卷材。

A. 耐紫外线；　　B. 耐日晒；　　C. 耐雨淋；　　D. 耐寒冷。

**137.** 自粘橡胶沥青防水卷材和自粘聚酯胎改性沥青防水卷材（铝箔覆面者除外），______用于外露的防水层。

A. 应；　　B. 不得；　　C. 宜；　　D. 不宜。

**138.** 屋面防水等级Ⅱ级，设防道数为二道设防，当采用合成高分子防水卷材时厚度不应小于______mm。

A. 1.5；　　B. 1.0；　　C. 1.2；　　D. 0.8。

**139.** 屋面防水等级Ⅲ级，设防道数为一道设防，当采用合成高分子防水卷材时，其厚度不应小于______mm。

A. 0.5；　　B. 0.8；　　C. 1.0；　　D. 1.2。

**140.** 屋面防水等级Ⅰ级，设防道数为三道或三道以上设防，当采用高聚物改性沥青防水卷材时，其厚度不应小于______mm。

A. 2；　　B. 3；　　C. 4；　　D. 5。

**141.** 屋面防水等级Ⅱ级，设防道数二道设防，当采用高聚物改性沥青防水卷材时，其厚度不应小于______mm。

A. 2；　　B. 3；　　C. 4；　　D. 5。

**142.** 屋面防水等级Ⅰ级，设防道数为三道或三道以上，当选用自粘聚酯胎改性沥青防水卷材时，其厚度不应小于______mm。

A. 2；　　B. 3；　　C. 4；　　D. 5。

**143.** 屋面防水等级Ⅰ级，设防道数为三道或三道以上设防，当选用自粘橡胶沥青防水卷材时，其厚度不应小于______mm。

A. 1.0；　B. 1.2；　C. 1.5；　D. 2.0。

**144.** 屋面防水等级Ⅱ级，设防道数为二道设防，当选用自粘聚酯胎改性沥青防水卷材时，其厚度不应小于______mm。

A. 1.5；　B. 2；　C. 1.0；　D. 0.8。

**145.** 屋面防水等级Ⅱ级，设防道数为二道设防，当选用自粘橡胶沥青防水卷材时，其厚度不应小于______mm。

A. 0.8；　B. 1.0；　C. 1.2；　D. 1.5。

**146.** 屋面防水等级Ⅲ级，设防道数为一道设防，当选用自粘聚酯胎改性沥青防水卷材时，其厚度不应小于______mm。

A. 1；　B. 2；　C. 3；　D. 4。

**147.** 屋面防水等级Ⅲ级，设防道数为一道设防，当采用沥青防水卷材和沥青复合胎柔性防水卷材时，其厚度应是______。

A. 一毡二油；　B. 二毡三油；　C. 三毡四油；　D. 四毡五油。

**148.** 屋面防水等级Ⅳ级，设防道数为一道设防，当选用沥青防水卷材和沥青复合胎柔性防水卷材时，其厚度应为______。

A. 一毡两油；　B. 二毡三油；　C. 三毡四油；　D. 四毡五油。

**149.** 屋面设施基座与结构层相连时，防水层应包裹设施基座的______部，并在地脚螺栓周围做密封处理。

A. 上；　B. 下；　C. 左侧；　D. 右侧。

**150.** 在屋面防水层上放置设施时，设施下部的防水层应做卷材增强层，必要时应在其上浇筑细石混凝土，其厚度不应小于______mm。

A. 20；　B. 30；　C. 40；　D. 50。

**151.** 需经常维护的设施周围和屋面出入口至设施之间的人行道应铺设______保护层。

A. 绿豆砂；　B. 刚性；　C. 云母或蛭石；　D. 柔性。

**152.** 屋面防水找平层设置的分格缝可兼作排汽道；铺贴卷材时______采用空铺法、点粘法、条粘法。

A. 应；　B. 不得；　C. 宜；　D. 不宜。

**153.** 屋面排汽道______纵横贯通，并同与大气连通的排汽管相通；排汽管可设在檐口下或屋面排汽道交叉处。

A. 应；　B. 不应；　C. 宜；　D. 不宜。

**154.** 排汽道宜纵横设置，间距宜为6m。屋面面积每______$m^2$宜设置一个排汽孔，排汽孔应做防水处理。

A. 24；　B. 36；　C. 48；　D. 64。

**155.** 在屋面保温层______也可铺设带支点的塑料板，通过空腔层排水、排汽。

A. 边上；　B. 边下；　C. 上；　D. 下。

**156.** 天沟、檐沟应增铺附加层。当采用沥青防水卷材时，______增铺一层卷材。

A. 宜；　B. 不宜；　C. 应；　D. 不应。

**157.** 天沟、檐沟应增铺附加层。当采用高聚物改性沥青防水卷材或合成高分子防水卷材时，______设置防水涂膜附加层。

A. 宜；　　B. 不宜；　　C. 必须；　　D. 严禁。

**158.** 天沟、檐沟与屋面交接处的附加层宜空铺，空铺宽度不应小于______ mm

A. 150；　　B. 200；　　C. 250；　　D. 300。

**159.** 天沟、檐沟卷材收头______固定密封。

A. 宜；　　B. 不宜；　　C. 应；　　D. 不应。

**160.** 高低跨内排水天沟与立墙交接处，______采取能适应变形的密封处理。

A. 不宜；　　B. 宜；　　C. 不应；　　D. 应。

**161.** 无组织排水檐口______ mm 范围内的卷材应采用满粘法，卷材收头应固定密封。檐口下端应做滴水处理。

A. 800；　　B. 600；　　C. 400；　　D. 200。

**162.** 铺贴泛水处的卷材______采用满粘法。泛水收头应根据泛水高度和泛水墙体材料确定其密封形式。

A. 不应；　　B. 应；　　C. 不宜；　　D. 宜。

**163.** 墙体为砖墙时，卷材收头可直接铺至女儿墙压顶下，用压条钉压固定并用______材料封闭严密，压顶应做防水处理。

A. 防水涂料；　　B. 水泥砂浆；　　C. 密封材料；　　D. 混合砂浆。

**164.** 屋面卷材收头可压入砖墙凹槽内固定密封，凹槽距屋面找平层高度不应小于______ mm，凹槽上部的墙体应做防水处理。

A. 100；　　B. 150；　　C. 200；　　D. 250。

**165.** 屋面墙体为混凝土时，卷材收头可采用金属压条钉压并用______封固。

A. 密封材料；　　B. 防水涂料；　　C. 水泥砂浆；　　D. 混合砂浆。

**166.** 泛水______采取隔热防晒措施，可在泛水卷材面砌砖后抹水泥砂浆或浇筑细石混凝土保护，也可采用涂刷浅色涂料或粘贴铝箔保护。

A. 不宜；　　B. 宜；　　C. 不可；　　D. 不需要。

**167.** 屋面变形缝内宜填充泡沫塑料，上部填放衬垫材料，并用卷材封盖，顶部______加扣混凝土盖板或金属盖板。

A. 不宜；　　B. 宜；　　C. 应；　　D. 不应。

**168.** 水落口埋设标高，应考虑水落口设防时增加的附加层和柔性密封层的厚度及排水坡度加大的______。

A. 高度；　　B. 厚度；　　C. 尺寸；　　D. 尺度。

**169.** 水落口周围直径 500mm 范围内坡度不应小于 5%，并应用防水涂料涂封，其厚度不应小于______ mm。

A. 1；　　B. 2；　　C. 3；　　D. 1.5。

**170.** 水落口与基层接触处应留宽______ mm、深 20mm 凹槽，嵌填密封材料。

A. 25；　　B. 15；　　C. 10；　　D. 20。

**171.** 女儿墙、山墙可采用现浇混凝土或预制混凝土压顶，也可采用金属制品或______卷材封顶。

A. 合成高分子；　　B. 高聚物改性沥青；

C. 沥青防水；　　D. SBS 防水。

**172.** 屋面留置的过水孔高度不应小于 150mm，宽度不应小于 250mm，采用预埋管道时其管径不得小于______ mm。

A. 55；　B. 75；　C. 45；　D. 65。

**173.** 屋面过水孔可采用防水涂料、密封材料防水。预埋管道两端周围与混凝土接触处应留凹槽，并用______材料封严。

A. 水泥砂浆；　B. 混合砂浆；　C. 密封；　D. 防水涂料。

**174.** 伸出屋面管道周围的找平层应做成圆锥台，管道与找平层间应留凹槽，并嵌填密封材料；防水层收头处应用金属箍箍紧，并用______材料填严。

A. 水泥浆；　B. 水泥砂浆；　C. 防水涂料；　D. 密封。

**175.** 现场配制玛琋脂的配合比及其软化点和耐热度的关系数据，应由试验部门根据所用原料试配后确定。在施工中按确定的配合比______配料，每个工作班均应检查与玛琋脂耐热度相应的软化点和柔韧性。

A. 严格；　B. 认真；　C. 好好；　D. 按数下料。

**176.** 热玛琋脂的加热温度不应高于 240℃，使用温度不宜低于______℃，并应经常检查。熬制好的玛琋脂宜在本工班内用完。当不能用完时应与新熬的材料分批混合使用，必要时还应做性能试验。

A. 180；　B. 190；　C. 170；　D. 160。

**177.** 冷玛琋脂使用时应搅匀，稠度______时可加少量溶剂稀释搅匀。

A. 不好用；　B. 适中；　C. 太大；　D. 太小。

**178.** 屋面采用叠层铺贴沥青防水卷材的粘贴层厚度：热玛琋脂宜为______ mm。

A. 1～1.2；　B. 1～1.3；　C. 1～1.4；　D. 1～1.5。

**179.** 屋面采用叠层铺贴沥青防水卷材的粘贴层厚度，冷玛琋脂宜为______ mm。

A. 0.5～1；　B. 0.4～1；　C. 0.3～1；　D. 0.2～1。

**180.** 屋面采用叠层铺贴沥青防水卷材的粘贴层厚度，其面层厚度热玛琋脂宜为______ mm。

A. 1～2；　B. 2～3；　C. 1.5～2.5；　D. 2.5～3.5。

**181.** 屋面采用叠层铺贴沥青防水卷材，面层厚度冷玛琋脂宜为______ mm。玛琋脂应涂刷均匀，不得过厚或堆积。

A. 1.5～2.5；　B. 2～3；　C. 1～1.5；　D. 1.5～2。

**182.** 屋面铺贴立面或大坡面沥青防水卷材时，玛琋脂应______，并尽量减少卷材短边搭接。

A. 条粘；　B. 点粘；　C. 空粘；　D. 满涂。

**183.** 水落口应牢固地固定在承重结构上。当采用金属制品时，所有零件均______做防锈处理。

A. 应；　B. 不应；　C. 宜；　D. 不宜。

**184.** 天沟、檐沟铺贴沥青防水卷材应从沟底开始。当沟底过宽、卷材需纵向搭接时，搭接缝应用______材料封口。

A. 防水涂料；　B. 密封材料；　C. 水泥砂浆；　D. 混合砂浆。

**185.** 铺至混凝土檐口或立面的沥青防水卷材收头应裁齐后压入凹槽，并用压条或带垫片钉子固定，最大钉距不应大于______ mm，凹槽内用密封材料嵌填封严。

A. 700； B. 800； C. 900； D. 1000。

**186.** 沥青防水卷材在铺贴前应保持______，其表面的撒布料应预先清扫干净，并避免损伤卷材。

A. 不损伤； B. 干净； C. 不潮湿； D. 干燥。

**187.** 在无保温层的装配式屋面上，应沿屋面板的端缝先单边点粘一层卷材，每边的宽度不应小于______ mm，或采取其他能增大防水层适应变形的措施，然后再铺贴屋面卷材。

A. 100； B. 150； C. 200； D. 250。

**188.** 选择不同胎体和性能的卷材复合使用时，高性能的卷材应放在______。

A. 上层； B. 面层； C. 下层； D. 底层。

**189.** 铺贴沥青防水卷材时应随刮涂玛琋脂随______铺卷材，并展平压实。

A. 空； B. 条； C. 滚； D. 展。

**190.** 卷材防水屋面，采用空铺、点粘、条粘第一层卷材或第一层为打孔卷材时，在檐口、屋脊和屋面的转角处及突出屋面的交接处，沥青防水卷材应满涂玛琋脂，其宽度不得小于______ mm。当采用热玛琋脂时，应涂刷冷底子油。

A. 500； B. 600； C. 700； D. 800。

**191.** 卷材防水屋面，沥青防水卷材铺贴经检查合格后，应将防水层表面清扫干净。用绿豆砂做保护层时，应将清洁的绿豆砂预热至______℃左右，随刮涂热玛琋脂，随铺撒热绿豆砂。绿豆砂应铺撒均匀，并滚压使其与玛琋脂粘结牢固。未粘结的绿豆砂应清除。

A. 100； B. 120； C. 190； D. 240。

**192.** 用云母或蛭石做______时，应先筛去粉料，再随刮涂冷玛琋脂随撒铺云母或蛭石。撒铺应均匀，不得露底，待溶剂基本挥发后，再将多余的云母或蛭石清除。

A. 隔离层； B. 保护层； C. 隔汽层； D. 防水层。

**193.** 沥青防水卷材屋面用水泥砂浆做保护层时，表面应抹平压光，并应设表面分格缝，分格面积宜为______ $m^2$。

A. 1； B. 2； C. 3； D. 4。

**194.** 沥青防水卷材屋面用块体材料做保护层时，宜留设分格缝，其纵横间距不宜大于______ m，分格缝宽度不宜小于 20mm。

A. 6； B. 10； C. 12； D. 24。

**195.** 沥青防水卷材屋面，用细石混凝土做保护层时，混凝土应振捣密实，表面抹平压光，并应留设分格缝，其纵横缝间距不宜大于______ m。

A. 4； B. 12； C. 6； D. 8。

**196.** 沥青防水卷材屋面，水泥砂浆、块体材料或细石混凝土保护层与防水层之间应设置______。

A. 接触层； B. 隔汽层； C. 结合层； D. 隔离层。

**197.** 沥青防水卷材屋面，水泥砂浆、块体材料或细石混凝土保护层与女儿墙之间应预留宽度为______ mm 的缝隙，并用密封材料嵌填严密。

A. 30； B. 20； C. 15； D. 10。

**198.** 沥青防水卷材严禁在雨天、雪天施工，五级风及其以上时不得施工，环境气温低于______℃时不宜施工。

A. −5；　B. 5；　C. 0；　D. 1。

**199.** 卷材防水屋面，立面或大坡面铺贴高聚物改性沥青防水卷材时，应采用______法，并宜减少短边搭接。

A. 空粘；　B. 条粘；　C. 满粘；　D. 点粘。

**200.** 高聚物改性沥青防水卷材施工，采用冷粘法铺贴，胶粘剂涂刷______均匀，不露底，不堆积。卷材空铺、点粘、条粘时，应按规定的位置及面积涂刷胶粘剂。

A. 不宜；　B. 宜；　C. 不应；　D. 应。

**201.** 高聚物改性沥青防水卷材施工，采用冷粘法铺贴，根据胶粘剂的性能，______控制胶粘剂涂刷与卷材铺贴的间隔时间。

A. 应；　B. 不应；　C. 宜；　D. 不宜。

**202.** 高聚物改性沥青防水卷材施工，采用冷粘法铺贴，铺贴卷材时______排除卷材下面的空气，并辊压粘结牢固。

A. 不应；　B. 应；　C. 不宜；　D. 宜。

**203.** 高聚物改性沥青防水卷材屋面施工，采用冷粘法铺贴卷材时应平整顺直，搭接尺寸准确，不得扭曲、皱折。搭接部位的接缝应______胶粘剂，辊压粘贴牢固。

A. 部分涂；　B. 条涂；　C. 满涂；　D. 点涂。

**204.** 高聚物改性沥青防水卷材屋面施工，采用冷粘法铺贴卷材，搭接缝口应用材性______的密封材料封严。

A. 接近；　B. 相同；　C. 相似；　D. 相容。

**205.** 高聚物改性沥青防水卷材施工，采用热粘法铺贴卷材，熔化热熔型改性沥青胶时，宜采用专用的导热油炉加热，加热温度不应高于 200℃，使用温度不应低于______℃。

A. 180；　B. 190；　C. 200；　D. 140。

**206.** 高聚物改性沥青防水卷材施工，采用热粘法铺贴卷材，粘贴卷材的热熔改性沥青胶厚度宜为______mm。

A. 0.5～1；　B. 1～1.5；　C. 1.5～2；　D. 2～2.5。

**207.** 高聚物改性沥青防水卷材施工，采用热粘法铺贴卷材，铺贴卷材时，应随刮涂热熔改性沥青胶随______卷材，并展开压实。

A. 展铺；　B. 吊铺；　C. 滚铺；　D. 抬铺。

**208.** 高聚物改性沥青防水卷材屋面施工，采用热熔法铺贴卷材，火焰加热器的喷嘴距卷材面的距离应适中，幅宽内加热应均匀，以卷材表面熔融至光亮黑色为度，不得过分加热卷材。厚度小于______mm 的高聚物改性沥青防水卷材，严禁采用热熔法施工。

A. 1.5；　B. 2；　C. 2.5；　D. 3。

**209.** 高聚物改性沥青防水卷材屋面施工，采用热熔法铺贴卷材，卷材表面热熔后______立即滚铺卷材，滚铺时应排除卷材下面的空气，使之平展并粘贴牢固。

A. 应；　B. 不应；　C. 宜；　D. 不宜。

**210.** 高聚物改性沥青防水卷材屋面施工，采用热熔法铺贴卷材，搭接缝部位宜以溢出热熔的改性沥青为度，溢出的改性沥青宽度以______ mm左右并均匀顺直为宜。当接缝处的卷材有铝箔或矿物粒（片）料时，应清除干净后再进行热熔和接缝处理。

A. 1；　　B. 2；　　C. 3；　　D. 4。

**211.** 高聚物改性沥青防水卷材屋面施工，采用热熔法铺贴卷材时，应平整顺直，搭接______准确，不得扭曲。

A. 长边；　　B. 短边；　　C. 尺寸；　　D. 尺度。

**212.** 高聚物改性沥青防水卷材屋面施工，热熔法铺贴卷材，当采用条粘法时，每幅卷材与基层粘结面不应少于两条，每条宽度不应小于______ mm。

A. 70；　　B. 80；　　C. 100；　　D. 150。

**213.** 高聚物改性沥青防水卷材屋面施工，采用自粘法铺贴卷材前，基层表面______均匀涂刷基层处理剂，干燥后及时铺贴卷材。

A. 应；　　B. 宜；　　C. 可；　　D. 不可。

**214.** 高聚物改性沥青防水卷材屋面施工，采用自粘法铺贴卷材时______将自粘胶底面的隔离纸完全撕净。

A. 宜；　　B. 应；　　C. 可；　　D. 随。

**215.** 高聚物改性沥青防水卷材屋面施工，采用自粘法铺贴卷材时______排除卷材下面的空气，并辊压粘结牢固。

A. 随时；　　B. 可；　　C. 应；　　D. 宜。

**216.** 高聚物改性沥青防水卷材屋面施工，采用自粘法铺贴的卷材______平整顺直，搭接尺寸准确，不得扭曲、皱折。低温施工时，立面、大坡面及搭接部位宜采用热风机加热，加热后随即粘结牢固。

A. 也；　　B. 宜；　　C. 可；　　D. 应。

**217.** 高聚物改性沥青防水卷材屋面施工，采用自粘法铺贴卷材，搭接缝口应采用材性______的密封材料封严。

A. 相容；　　B. 相同；　　C. 相似；　　D. 差不多。

**218.** 高聚物改性沥青防水卷材屋面保护层施工，采用浅色涂料做保护层时，应待卷材铺贴完成，并经检验合格、清扫干净后涂刷。涂层______与卷材粘结牢固，厚薄均匀，不得漏涂。

A. 可；　　B. 应；　　C. 该；　　D. 宜。

**219.** 高聚物改性沥青防水卷材屋面保护层施工，采用热熔法施工时环境气温不宜低于______℃。

A. 14；　　B. －12；　　C. －10；　　D. －15。

**220.** 合成高分子防水卷材屋面施工，采用冷粘法铺贴卷材，基层胶粘剂可涂刷在基层或涂刷在基层和卷材底面，涂刷______均匀，不露底，不堆积。卷材空铺、点粘、条粘时，应按规定的位置及面积涂刷胶粘剂。

A. 不可；　　B. 宜；　　C. 可；　　D. 应。

**221.** 合成高分子防水卷材屋面施工，采用冷粘法铺贴卷材，根据胶粘剂的性能，______控制胶粘剂涂刷与卷材铺贴的间隔时间。

A. 应；　　B. 宜；　　C. 可；　　D. 不可。

**222.** 合成高分子防水卷材屋面施工，采用冷粘法铺贴卷材不得皱折，也不得用力拉伸卷材，并______排除卷材下面的空气，辊压粘贴牢固。

A. 可；　　B. 应；　　C. 不可；　　D. 宜。

**223.** 合成高分子防水卷材屋面施工，当采用冷粘法铺贴的卷材______平整顺直，搭接尺寸准确，不得扭曲。

A. 不可；　　B. 可；　　C. 应；　　D. 宜。

**224.** 合成高分子防水卷材屋面施工，采用冷粘法铺贴，卷材铺好压粘后，应将搭接部位的粘合面清理干净，并采用与卷材配套的接缝专用胶粘剂，在搭接缝粘合面上涂刷均匀，不露底，不堆积。根据专用胶粘剂性能，______控制胶粘剂涂刷与粘合间隔时间，并排除缝间的空气，辊压粘贴牢固。

A. 掌握；　　B. 宜；　　C. 可；　　D. 应。

**225.** 合成高分子防水卷材屋面施工，采用冷粘法铺贴卷材，搭接缝口应采用材性______的密封材料封严。

A. 相容；　　B. 相似；　　C. 相同；　　D. 一致。

**226.** 合成高分子防水卷材屋面施工，采用冷粘法铺贴卷材，卷材搭接部位采用胶粘带粘结时，粘合面应清理干净，必要时可涂刷与卷材及胶粘带材性______的基层胶粘剂。撕去胶粘带隔离纸后应及时粘合上层卷材，并辊压粘牢。低温施工时，宜采用热风机加热，使其粘贴牢固，封闭严密。

A. 相同；　　B. 相容；　　C. 相似；　　D. 一致。

**227.** 合成高分子防水卷材防水屋面施工，采用焊接法铺设卷材，对热塑性卷材的______缝宜采用单缝焊或双缝焊，焊接应严密。

A. 伸缩；　　B. 变形；　　C. 搭接；　　D. 结触。

**228.** 合成高分子防水卷材屋面施工，采用焊接法铺设卷材，焊接前，卷材应铺放平整、顺直，搭接______准确，焊接缝的结合面应清扫干净。

A. 长边；　　B. 尺度；　　C. 短边；　　D. 尺寸。

**229.** 合成高分子防水卷材屋面施工，采用焊接法铺设卷材，焊接时______先焊长边搭接缝，后焊短边搭接缝。

A. 应；　　B. 宜；　　C. 可；　　D. 不可。

**230.** 合成高分子防水卷材屋面施工，采用机械固定法铺设卷材时，固定件应与结构层固定牢固，固定件间距应根据当地的使用环境与条件确定，并不宜大于______mm。距周边800mm范围内的卷材应满粘。

A. 500；　　B. 600；　　C. 700；　　D. 800。

**231.** 合成高分子防水卷材屋面施工，采用焊接法，施工环境气温不宜低于______℃。

A. 13；　　B. －14；　　C. －10；　　D. －15。

**232.** 涂膜防水屋面主要适用于防水等级为Ⅲ级、Ⅳ级的屋面防水，也可用作Ⅰ级、Ⅱ级屋面______防水设防中的一道防水层。

A. 二道；　　B. 三道；　　C. 四道；　　D. 多道。

**233.** 防水涂膜屋面施工应______涂布，待先涂布的涂料干燥成膜后，方可涂布后一遍涂料，且前后两遍涂料的涂布方向应相互垂直。

A. 分遍；　　B. 分开；　　C. 分散；　　D. 多遍。

**234.** 涂膜防水屋面施工，需铺设胎体增强材料时，当屋面坡度小于______%，可平行屋脊铺设。

A. 12；　　B. 15；　　C. 16；　　D. 17。

**235.** 涂膜防水屋面施工，需铺设胎体增强材料时，当屋面坡度大于______%，应垂直于屋脊铺设，并由屋面最低处向上进行。

A. 13；　　B. 14；　　C. 15；　　D. 16。

**236.** 涂膜防水屋面施工，需铺设胎体增强材料时，胎体增强材料长边搭接宽度不得小于 50mm，短边搭接宽度不得小于______ mm。

A. 40；　　B. 50；　　C. 60；　　D. 70。

**237.** 涂膜防水屋面施工，需铺设胎体增强材料时，采用二层胎体增强材料，上下层不得垂直铺设，搭接缝应错开，其间距不应小于幅宽的______。

A. 1/3；　　B. 1/4；　　C. 1/5；　　D. 1/6。

**238.** 涂膜防水屋面施工，涂膜防水层的收头，应用防水涂料多遍涂刷或用______材料封严。

A. 水泥砂浆；　　B. 密封；　　C. 混合砂浆；　　D. 水泥浆。

**239.** 涂膜防水屋面施工，涂膜防水层在未做保护层前，______在防水层上进行其他施工作业或直接堆放物品。

A. 宜；　　B. 不宜；　　C. 不得；　　D. 不可。

**240.** 高聚物改性沥青防水涂料的固体含量质量要求：水乳型为≥43%；溶剂型为≥______%。

A. 43；　　B. 46；　　C. 47；　　D. 48。

**241.** 合成高分子防水涂料（反应固化型）断裂伸长率，质量要求：Ⅰ类单组分为≥550%，多组分为≥450%；Ⅱ类单、多组分为≥______%。

A. 450；　　B. 550；　　C. 350；　　D. 400。

**242.** 合成高分子防水涂料（挥发固化型）低温柔性，质量要求：______℃，绕 $\phi$10mm 圆棒 2h 无裂纹。

A. −26；　　B. −20；　　C. −30；　　D. −25。

**243.** 聚合物水泥防水涂料不透水性，质量要求：压力≥______ MPa，保持时间≥30min。

A. 0.1；　　B. 0.2；　　C. 0.3；　　D. 0.4。

**244.** 胎体增强材料延伸率，质量要求：纵向聚酯无纺布为≥10%，化纤无纺布为≥20%；横向聚酯无纺布为≥20%，化纤无纺布为≥______%。

A. 20；　　B. 23；　　C. 24；　　D. 25。

**245.** 进场的同一规格、品种的防水涂料，每______ t 为一批，不足______ t 者按一批进行抽样。

A. 10；10；　　B. 20；20；　　C. 30；30；　　D. 40；40。

**246.** 进场的胎体增强材料，每______ $m^2$ 为一批，不足______ $m^2$ 者按一批进行抽样。

A. 2000；　　B. 3000；　　C. 4000；　　D. 5000。

247. 进场的防水涂料和胎体增强材料的______性能检验，全部指标达到标准规定时，即为合格。其中若有一项指标达不到要求，允许在受检产品中加倍取样进行该项复检，复检结果如仍不合格，则判定该产品为不合格。

A. 材料； B. 技术； C. 物理； D. 化学。

248. 进场的高聚物改性沥青防水涂料______性能应检验以下项目：固体含量，耐热性，低温柔性，不透水性，延伸性或抗裂性。

A. 材料； B. 技术； C. 化学； D. 物理。

249. 合成高分子防水涂料______性能应检验以下项目：拉伸强度，断裂伸长率，低温柔性，不透水性，固体含量。

A. 物理； B. 化学； C. 技术； D. 材料。

250. 进场的胎体增强材料______性能应检验以下项目：拉力和延伸率。

A. 技术； B. 物理； C. 材料； D. 化学。

251. 防水涂料包装容器必须密封，容器表面应标明涂料名称、生产厂名、执行标准号、生产日期和产品有效期，并______存放。

A. 不分开； B. 分开； C. 分类； D. 分别。

252. 反应型和水乳型涂料贮运和保管环境温度不宜低于______℃。

A. 2； B. 3； C. 4； D. 5。

253. 溶剂型涂料贮运和保管环境温度不宜低于______℃。并不得日晒、碰撞和渗漏；保管环境应干燥、通风，并远离火源。仓库内应有消防设施。

A. 0； B. −1； C. −2； D. −3。

254. 胎体增强材料贮运、保管______应干燥、通风，并远离火源。

A. 环卫； B. 环境； C. 条件； D. 仓库。

255. 防水涂料品种的选择应根据当地历年最高气温、最低气温、屋面坡度和使用条件等因素，应选择耐热性和低温柔性______的涂料。

A. 相配合； B. 相符合； C. 相适应； D. 相匹配。

256. 防水涂料品种的选择应根据地基变形程度、结构形式、当地年温差、日温差和振动等因素，应选择______性能相适应的涂料。

A. 耐久； B. 延伸； C. 抗裂； D. 拉伸。

257. 防水涂料品种的选择应根据屋面防水涂膜的暴露程度，应选择耐紫外线、热老化保持率______的涂料

A. 相配合； B. 相符合； C. 相匹配； D. 相适应。

258. 防水涂料品种选择时，当屋面排水坡度大于______%时，不宜采用干燥成膜时间过长的涂料。

A. 25； B. 26； C. 27； D. 28。

259. 屋面防水等级Ⅰ级，当选用合成高分子防水涂料和聚合物水泥防水涂料时，其厚度不应小于______mm。

A. 1.4； B. 1.5； C. 1.6； D. 1.7。

260. 屋面防水等级Ⅱ级，当选用高聚物改性沥青防水涂料时，其厚度不应小于______mm。

A. 1；　　B. 2；　　C. 3；　　D. 4。

**261.** 屋面防水等级Ⅱ级，当选用合成高分子防水涂料和聚合物水泥防水涂料时，其厚度不应小于______mm。

A. 1.2；　　B. 1.3；　　C. 1.4；　　D. 1.5。

**262.** 屋面防水等级Ⅲ级，当选用高聚物改性沥青防水涂料时，其厚度不应小于______mm。

A. 3；　　B. 4；　　C. 5；　　D. 6。

**263.** 屋面防水等级Ⅲ级，当选用合成高分子防水涂料和聚合物水泥防水涂料时，其厚度不应小于______mm。

A. 1；　　B. 2；　　C. 3；　　D. 4。

**264.** 屋面防水等级Ⅳ级，当选用高聚物改性沥青防水涂料时，其厚度不应小于______mm。

A. 1；　　B. 2；　　C. 3；　　D. 4。

**265.** 按屋面防水等级和设防要求选择防水涂料。对易开裂、渗水的部位，______留凹槽嵌填密封材料，并增设一层或多层带有胎体增强材料的附加层。

A. 宜；　　B. 可；　　C. 应；　　D. 酌。

**266.** 涂膜防水层应沿找平层分格缝增设带有胎体增强材料的空铺附加层，其空铺宽度宜为______mm。

A. 50；　　B. 60；　　C. 80；　　D. 100。

**267.** 涂膜防水层面应设置保护层。采用水泥砂浆、块体材料或细石混凝土时，应在涂膜与保护层之间设置隔离层。水泥砂浆保护层厚度不宜小于______mm。

A. 20；　　B. 30；　　C. 40；　　D. 50。

**268.** 涂膜防水屋面，天沟、檐沟与屋面交接处的附加层宜空铺，空铺宽度不应小于______mm。

A. 100；　　B. 200；　　C. 150；　　D. 250。

**269.** 无组织排水檐口的涂膜防水层收头，______用防水涂料多遍涂刷或用密封材料封严。檐口下端应做滴水处理。

A. 可；　　B. 酌；　　C. 应；　　D. 宜。

**270.** 泛水处的涂膜防水层，______直接涂刷至女儿墙的压顶下，收头处理应用防水涂料多遍涂刷封严；压顶应做防水处理。

A. 酌；　　B. 可；　　C. 应；　　D. 宜。

**271.** 屋面基层的干燥程度，应视所选用的涂料特性而定。当采用溶剂型、热熔型改性沥青防水涂料时，屋面基层______干燥、干净。

A. 应；　　B. 宜；　　C. 可；　　D. 酌。

**272.** 涂膜防水屋面施工，对屋面板缝应清理干净，细石混凝土应浇捣密实，板端缝中嵌填的______材料应粘结牢固、封闭严密。

A. 水泥砂浆；　　B. 密封；　　C. 混合砂浆；　　D. 水泥浆。

**273.** 无保温层屋面的板端缝和侧缝______预留凹槽，并嵌填密封材料。

A. 酌；　　B. 可；　　C. 应；　　D. 宜。

**274.** 涂膜防水屋面，抹找平层时，分格缝______与板端缝对齐、顺直，并嵌填密封材料。

A. 可；　　B. 酌；　　C. 应；　　D. 宜。

**275.** 涂膜防水屋面施工时，板端缝部位空铺附加层的宽度宜为______mm。

A. 250；　　B. 200；　　C. 150；　　D. 100。

**276.** 涂膜防水屋面施工，基层处理剂应配比准确，充分搅拌，涂刷均匀，覆盖完全，______后方可进行涂膜施工。

A. 干燥；　　B. 干净；　　C. 收拾；　　D. 打扫。

**277.** 涂膜防水屋面施工，涂层间夹铺胎体增强材料时，宜边涂布边铺胎体；胎体应铺贴平整，排除______，并与涂料粘结牢固。

A. 气体；　　B. 气泡；　　C. 空气；　　D. 气温。

**278.** 涂膜防水屋面施工，在胎体上涂布涂料时，应使涂料浸透胎体，覆盖完全，不得有胎体外露现象。最上面的涂层厚度不应小于______mm。

A. 1；　　B. 2；　　C. 3；　　D. 4。

**279.** 涂膜防水屋面施工，应先做好______处理，铺设带有胎体增强材料的附加层，然后再进行大面积涂布。

A. 防水；　　B. 局部；　　C. 节点；　　D. 结构。

**280.** 涂膜防水屋面施工，屋面转角及______的涂膜应薄涂多遍，不得有流淌和堆积现象。

A. 上面；　　B. 侧面；　　C. 平面；　　D. 立面。

**281.** 涂膜防水屋面施工，当采用细砂、云母或蛭石等撒布材料做______层时，应筛去粉料。在涂布最后一遍涂料时，应边涂布边撒布均匀，不得露底，然后进行辊压粘牢，待干燥后将多余的撒布材料清除。

A. 保护；　　B. 隔汽层；　　C. 隔离；　　D. 防水层。

**282.** 涂膜防水屋面施工，高聚物改性沥青防水涂膜，严禁在雨天、雪天施工；五级风及其以上时不得施工。溶剂型涂料施工环境气温宜为______℃。

A. －10～35；　　B. －5～35；　　C. －20～35；　　D. －15～35。

**283.** 高聚物改性沥青防水涂膜屋面施工，严禁在雨天、雪天施工；五级风及其以上时不得施工。水乳型涂料施工环境气温宜为______℃。

A. －10～35；　　B. －5～35；　　C. 5～35；　　D. 0～35。

**284.** 高聚物改性沥青防水涂膜屋面施工，严禁在雨天、雪天施工；五级风及其以上时不得施工。热熔型涂料施工环境气温不宜低于______。

A. －25；　　B. －15；　　C. －20；　　D. －10。

**285.** 合成高分子防水涂膜施工，屋面______应干燥、干净，无孔隙、起砂和裂缝。

A. 基层；　　B. 基面；　　C. 基础；　　D. 底层。

**286.** 合成高分子防水涂膜施工，可采用涂刮或喷涂施工。当采用涂刮施工时，每遍涂刮的推进______宜与前一遍相互垂直。

A. 方法；　　B. 方向；　　C. 方针；　　D. 原则。

**287.** 合成高分子防水涂膜施工，多组分涂料应按配合比准确计量，搅拌均匀，已配成的多组分涂料应______使用。

A. 按时；　B. 随时；　C. 及时；　D. 立即。

**288.** 合成高分子防水涂膜施工，多组分涂料配料时，可加入______的缓凝剂或促凝剂来调节固化时间，但不得混入已固化的涂料。

A. 适当；　B. 适合；　C. 适宜；　D. 适量。

**289.** 合成高分子防水涂膜施工，在涂层间夹铺胎体增强材料时，位于胎体下面的涂层厚度不宜小于1mm，最上层的涂层不应少于两遍，其厚度不应小于______mm。

A. 0.5；　B. 1；　C. 1.5；　D. 2。

**290.** 合成高分子防水涂膜施工，当采用浅色涂料做保护层时，应在涂膜______后进行。

A. 固体；　B. 固化；　C. 能上人；　D. 半固体。

**291.** 合成高分子防水涂膜，严禁在雨天、雪天施工；五级风及其以上时不得施工。溶剂型涂料施工环境气温宜为______℃。

A. −15～35；　B. −10～35；　C. −5～35；　D. 0～35。

**292.** 合成高分子防水涂膜，严禁在雨天、雪天施工；五级风及其以上时不得施工。乳胶型涂料施工环境气温宜为______℃。

A. −15～35；　B. −10～35；　C. 0～35；　D. 5～35。

**293.** 合成高分子防水涂膜，严禁在雨天、雪天施工；五级风及其以上时不得施工。反应型涂料施工环境气温宜为______℃。

A. 5～35；　B. 0～35；　C. −10～35；　D. −15～35。

**294.** 聚合物水泥防水涂膜施工，屋面基层应平整、______，无孔隙、起砂和裂缝。

A. 光洁；　B. 干净；　C. 粗糙；　D. 干燥。

**295.** 聚合物水泥防水涂膜施工时，应有______配料、计量，搅拌均匀，不得混入已固化或结块的涂料。

A. 专门；　B. 专业；　C. 专人；　D. 专职。

**296.** 聚合物水泥防水涂膜施工环境气温宜为______℃。

A. −15～35；　B. −10～35；　C. 0～35；　D. 5～35。

**297.** ______屋面主要适用于防水等级为Ⅲ级的屋面防水，也可用作Ⅰ、Ⅱ级屋面多道防水设防中的一道防水层。

A. 刚性防水；　B. 涂膜防水；　C. 密封防水；　D. 聚合物水泥防水。

**298.** ______防水层不适用于受较大振动或冲击的建筑屋面。

A. 涂膜；　B. 刚性；　C. 密封；　D. 聚合物水泥。

**299.** 刚性防水层与山墙、女儿墙以及突出屋面结构的______处应留缝隙，并应做柔性密封处理。

A. 连接；　B. 接触；　C. 交接；　D. 相邻。

**300.** 细石混凝土防水屋面防水层与基层间宜设置______层。

A. 保护；　B. 滑动；　C. 隔汽；　D. 隔离。

**301.** 刚性防水屋面防水层的细石混凝土宜掺______剂（膨胀剂、减水剂、防水剂）以及掺合料、钢纤维等材料，并应用机械搅拌和机械振捣。

A. 外加；　　B. 胶粘；　　C. 堵漏；　　D. 防渗。

**302.** 刚性防水屋面防水层______设置分格缝，分格缝内应嵌填密封材料。

A. 宜；　　B. 应；　　C. 可；　　D. 酌。

**303.** 刚性防水屋面，天沟、檐沟应用水泥砂浆找坡，找坡厚度大于______mm时宜采用细石混凝土。

A. 30；　　B. 40；　　C. 20；　　D. 25。

**304.** 刚性防水屋面，刚性防水层______严禁埋设管线。

A. 中部；　　B. 下部；　　C. 底部；　　D. 内。

**305.** 刚性防水屋面防水层施工环境气温宜为______℃，并避免在负温度或烈日暴晒下施工。

A. 5～35；　　B. 0～35；　　C. −5～35；　　D. −10～35。

**306.** 刚性防水屋面，防水层的细石混凝土宜用普通硅酸盐水泥或硅酸盐水泥，______使用火山灰质硅酸盐水泥；当采用矿渣硅酸盐水泥时，应采取减少泌水性的措施。

A. 应；　　B. 不得；　　C. 宜；　　D. 不宜。

**307.** 刚性防水屋面，防水层内配置的钢筋______采用冷拔低碳钢丝。

A. 应；　　B. 不应；　　C. 宜；　　D. 不宜。

**308.** 刚性防水屋面，防水层的细石混凝土中，粗骨料的最大粒径不宜大于15mm，含泥量不应大于1%；细骨料应采用中砂或粗砂，含泥量不应大于______%。

A. 1；　　B. 2；　　C. 3；　　D. 4。

**309.** 刚性防水屋面，防水层细石混凝土使用的外加剂，应根据不同品种的适用范围、技术要求______。

A. 利用；　　B. 采用；　　C. 选用；　　D. 选择。

**310.** 刚性防水屋面，所使用的水泥贮存时应防止受潮，存放期不得超过______个月。当超过存放期时，应重新检验确定水泥强度等级。受潮结块的水泥不得使用。

A. 三；　　B. 四；　　C. 五；　　D. 六。

**311.** 刚性防水屋面，所使用的外加剂应分类保管，不得混杂，并应存放于阴凉、通风、干燥处。______时应避免雨淋、日晒和受潮。

A. 存放；　　B. 运输；　　C. 保管；　　D. 使用时。

**312.** 刚性防水屋面选择刚性防水设计方案时，应根据屋面防水设防要求，地区条件和建筑结构特点等因素，经______经济比较确定。

A. 专利；　　B. 建筑；　　C. 技术；　　D. 科技。

**313.** 刚性防水屋面应采用结构找坡，坡度宜为______。

A. 0.5%～1.5%；　　B. 1%～2%；

C. 1.5%～2.5%；　　D. 2%～3%。

**314.** 刚性防水屋面，细石混凝土防水层的厚度不应小于40mm，并应配置直径为4～6mm、间距为______mm的双向钢筋网片。

A. 100～200；　　B. 150～250；　　C. 200～300；　　D. 250～350。

**315.** 刚性防水屋面，采用细石混凝土防水层，并配置的钢筋网片在分格缝处应断开，其保护层厚度不应小于______mm。

A. 10；　　B. 15；　　C. 20；　　D. 25。

## 二、选择题答案

1. A　2. D　3. B　4. C　5. A　6. B　7. C　8. D　9. A
10. A　11. B　12. C　13. D　14. A　15. B　16. C　17. D　18. A
19. B　20. C　21. D　22. A　23. B　24. C　25. D　26. A　27. B
28. C　29. D　30. A　31. B　32. C　33. D　34. A　35. B　36. C
37. D　38. A　39. B　40. A　41. C　42. D　43. A　44. B　45. C
46. D　47. A　48. B　49. C　50. D　51. A　52. B　53. A　54. B
55. C　56. D　57. C　58. A　59. B　60. D　61. B　62. B　63. B
64. A　65. C　66. A　67. D　68. A　69. D　70. D　71. C　72. D
73. B　74. A　75. C　76. B　77. B　78. A　79. B　80. D　81. A
82. A　83. D　84. A　85. C　86. B　87. D　88. A　89. B　90. C
91. D　92. C　93. D　94. C　95. A　96. A　97. C　98. D　99. C
100. B　101. A　102. C　103. A　104. B　105. D　106. C　107. A　108. B
109. D　110. A　111. B　112. C　113. D　114. A　115. A　116. B　117. C
118. B　119. D　120. A　121. D　122. B　123. C　124. A　125. B　126. B
127. A　128. A　129. C　130. D　131. B　132. A　133. B　134. C　135. D
136. A　137. B　138. C　139. D　140. B　141. B　142. A　143. C　144. B
145. D　146. C　147. C　148. B　149. A　150. D　151. B　152. C　153. A
154. B　155. D　156. C　157. A　158. B　159. C　160. D　161. A　162. B
163. C　164. D　165. A　166. B　167. C　168. B　169. D　170. A　171. B
172. C　173. D　174. A　175. B　176. C　177. D　178. A　179. B　180. C
181. D　182. A　183. B　184. C　185. D　186. A　187. B　188. C　189. D
190. A　191. B　192. A　193. B　194. C　195. D　196. A　197. B　198. C
199. D　200. A　201. B　202. C　203. D　204. A　205. B　206. C　207. D
208. A　209. B　210. C　211. D　212. A　213. B　214. C　215. D　216. A
217. B　218. C　219. D　220. A　221. B　222. C　223. D　224. A　225. B
226. C　227. D　228. A　229. B　230. C　231. D　232. A　233. B　234. C
235. D　236. A　237. B　238. C　239. D　240. A　241. B　242. C　243. D
244. A　245. B　246. C　247. D　248. A　249. B　250. C　251. D　252. A
253. B　254. C　255. D　256. A　257. B　258. C　259. D　260. A　261. B
262. B　263. C　264. D　265. A　266. B　267. C　268. D　269. A　270. B
271. C　272. C　273. D　274. A　275. B　276. A　277. C　278. D　279. A
280. B　281. C　282. D　283. A　284. B　285. C　286. D　287. A　288. B
289. C　290. D　291. A　292. B　293. C　294. D　295. A　296. B　297. C
298. D　299. A　300. B　301. C　302. D　303. A　304. B　305. C　306. B
307. D　308. A　309. B　310. C　311. D　312. A　313. A　314. B　315. C

## 第三节　中级工问答题

### 一、问答题

1. 建筑技术工人为什么要学会绘制简单的建筑施工图?
2. 建筑工程图中的尺寸组成和尺寸注法包括哪些?
3. 常用的制图工具有哪些?
4. 识读平面图的顺序是什么?
5. 识读建筑立面图的顺序是什么?
6. 识读剖面的顺序是什么?
7. 高聚物改性沥青防水卷材的外观质量要求是什么?
8. 合成高分子防水卷材外观质量要求是什么?
9. 高聚物改性沥青防水卷材有哪几种类型?各有什么品种?
10. 合成高分子防水卷材有哪些类型及其品种?
11. 沥青防水卷材有哪些类型及其品种?
12. 沥青基防水涂料主要有哪些品种?
13. 高聚物改性沥青防水涂料类型品种有哪些?
14. 合成高分子防水涂料的类型品种有哪些?
15. 密封材料的类型品种有哪些?
16. 刚性防水材料的品种有哪些?
17. 简述沥青的技术性能?
18. 什么是沥青?
19. 什么是改性沥青?
20. 什么是高聚物改性沥青?
21. 什么是沥青防水卷材?
22. 沥青防水卷材的标号、等级和规格有哪些?
23. 沥青防水卷材外观有什么质量要求?
24. 什么是石油沥青玻璃布胎油毡?
25. 什么是铝箔胎沥青油毡?
26. 什么是 SBS 改性沥青防水卷材?
27. SBS 改性沥青防水卷材具有哪些特点?
28. SBS 改性沥青防水卷材的外观质量有什么要求?
29. 什么是 APP 改性沥青防水卷材?
30. APP 改性沥青防水卷材具有哪些特点?
31. APP 改性沥青防水卷材的外观质量有什么要求?
32. 什么是再生橡胶改性沥青防水卷材?
33. 再生橡胶改性沥青防水卷材具有什么特点?

**34.** 什么是聚氯乙烯防水卷材?
**35.** 聚氯乙烯防水卷材有什么特点?
**36.** 聚氯乙烯防水卷材外观有什么质量要求?
**37.** 什么是氯化聚乙烯防水卷材?
**38.** 氯化聚乙烯防水卷材有哪些特点?
**39.** 什么是聚乙烯防水卷材?
**40.** 聚乙烯防水卷材具有什么特点?
**41.** 聚乙烯防水卷材的外观质量有什么要求?
**42.** 什么是三元乙丙橡胶防水卷材?
**43.** 三元乙丙橡胶防水卷材外观质量有什么要求?
**44.** 什么是氯磺化聚乙烯防水卷材?
**45.** 氯磺化聚乙烯防水卷材的外观质量有什么要求?
**46.** 氯磺化聚乙烯防水卷材具有哪些特点?
**47.** 氯化聚乙烯—橡胶共混防水卷材概念是什么?
**48.** 氯化聚乙烯—橡胶共混防水卷材具有哪些特点?
**49.** 什么是自粘橡胶沥青防水卷材?
**50.** 自粘橡胶沥青防水卷材具有哪些特点?
**51.** 自粘橡胶沥青防水卷材的外观质量要求有哪些?
**52.** 什么是热塑聚烯烃(TPO)防水卷材?
**53.** 什么是聚乙烯丙纶双面复合卷材?
**54.** 什么是避拉层?
**55.** 防水层下部设置避拉层的作用原理是什么?
**56.** 什么是蠕变性自粘防水卷材?
**57.** 什么是膨润土防水毡?
**58.** 什么是金属防水卷材?
**59.** 防水卷材如何包装?
**60.** 防水卷材的贮运和保管应有哪些要求?
**61.** 什么是水乳型SBS改性沥青防水涂料?
**62.** 什么是热熔改性沥青防水涂料?
**63.** 热熔改性沥青防水涂料具有哪些特点?
**64.** 聚氨酯(PU)防水涂料有哪些种类?
**65.** 什么是丙烯酸酯防水涂料?
**66.** 什么是改性沥青防水涂料?
**67.** 什么是聚合物水泥防水涂料?
**68.** 聚合物水泥防水涂料具有哪些特点?
**69.** 什么是聚合物乳液建筑防水涂料?
**70.** 聚合物乳液防水涂料的特点是什么?
**71.** 什么是水乳型三元乙丙橡胶防水涂料?
**72.** 水乳型三元乙丙橡胶防水涂料应具有哪些特点?

**73.** 涂膜防水层厚度是根据什么来确定的?

**74.** 涂膜防水层加设胎体增强材料有什么好处?

**75.** 涂膜胎体增强材料的品种有哪些?

**76.** 进场的防水卷材怎样进行合格检验?

**77.** 进场的防水涂料怎样进行合格检验?

**78.** 什么是密封材料，适用性如何?

**79.** 什么是建筑防水沥青嵌缝油膏?

**80.** 建筑防水沥青嵌缝油膏应具备什么特点?

**81.** 什么是氯磺化聚乙烯建筑密封膏?

**82.** 氯磺化聚乙烯建筑密封膏应具备什么特点?

**83.** 聚氨酯建筑密封膏应具备什么特点?

**84.** 水乳型丙烯酸建筑密封膏应具备什么特点?

**85.** 聚硫密封膏应具备哪些特点?

**86.** 有机硅橡胶密封膏有哪些特点?

**87.** 遇水膨胀橡胶条的防水机理是什么?

**88.** 什么是背衬材料?

**89.** 用于接缝的背衬材料应符合哪些要求?

**90.** 防水屋面所使用的卷材如何按建筑物等级进行选择?

**91.** 装配式钢筋混凝土屋面板施工要求是什么?

**92.** 卷材防水屋面水泥砂浆找平层技术要求有哪些?

**93.** 卷材防水屋面排汽层的施工要求是什么?

**94.** 沥青防水卷材施工前如何做好卷材的准备?

**95.** 沥青防水卷材施工前如何做好沥青胶的准备?

**96.** 沥青防水卷材热粘贴法施工程序是什么?

**97.** 卷材铺贴方向对屋面防水工程质量有何影响?

**98.** 沥青防水卷材怎样进行实铺法施工?

**99.** 高聚物改性沥青防水卷材屋面冷粘法施工程序有哪些?

**100.** 高聚物改性沥青防水卷材屋面热熔法施工程序有哪些?

**101.** 高聚物改性沥青防水卷材屋面自粘法施工程序有哪些?

**102.** 如何检查塑料防水板（土工膜）的双缝热楔焊接焊缝密封性能?

**103.** 塑料防水板（聚氯乙烯防水卷材）的单缝热风焊接施工对搭接缝封口如何处理?

**104.** 三元乙丙（EPDM）橡胶防水卷材屋面冷粘法施工，用搭接胶粘剂粘结卷材接缝的施工方法是什么?

**105.** 用胶粘带（双面胶）粘结三元乙丙橡胶防水卷材接缝的施工方法是什么?

**106.** 三元乙丙橡胶防水卷材冷粘法施工，卷材搭接边边缘内、外密封处理方法是什么?

**107.** 三元乙丙橡胶防水卷材的冷粘结施工，满粘法和空铺法的工艺流程有哪些?

**108.** 三元乙丙橡胶防水卷材冷粘法施工，机械固定法的工艺流程有哪些?

**109.** 合成高分子防水卷材施工，采用热风焊接法如何进行?

**110.** 屋面防水基层易开裂、温差大、年降雨量大地区建筑防水材料应如何选择?

**111.** 对潮湿基层(无明水)应如何选择防水材料?

**112.** 屋面防水层外露的施工程序是什么?

**113.** 用刚性材料作保护层的防水层施工程序是什么?

**114.** 屋面防水工程采用卷材满粘法的应用范围指哪些?

**115.** 高聚物改性沥青防水卷材和合成高分子防水卷材的搭接缝为什么要应用材性相容的密封材料密封严密?

**116.** 卷材防水屋面附加增强层应采用什么材料?

**117.** 平屋面为何要强调结构找坡,其优点是什么?

**118.** 高低跨屋面设计有什么要求?

**119.** 屋面卷材防水层为什么应有保护层?

**120.** 卷材防水层的保护层有哪些种类?

**121.** 柔性防水层与刚性保护层间为何要加隔离层?

**122.** 板端处为什么应设空铺层?

**123.** 为什么平行于屋脊方向铺贴卷材时要从檐口铺向屋脊,垂直于屋脊方向铺贴卷材要从屋脊铺向檐口?

**124.** 怎样做好女儿墙防水?请画图示意。

**125.** 卷材防水层的收头应如何处理?

**126.** 天沟、檐沟的防水构造怎样才能防止渗漏?请画图示意。

**127.** 檐口的防水构造怎样才合理?请画图示意。

**128.** 水落口的防水构造应符合什么要求?请画图示意。

**129.** 变形缝的防水构造应采用什么做法?请画图示意。

**130.** 伸出屋面管道的防水构造应符合什么要求?请画图示意。

**131.** 种植屋面对防水层有哪些技术性要求?

**132.** 蓄水屋面对防水层有何要求?

**133.** 金属板材屋面防水的技术关键是什么?

**134.** 平瓦和油毡瓦屋面的排水坡度多少为宜?

**135.** 平瓦屋面的节点构造防水应采取什么方法防水?

**136.** 防水涂料有哪些分类?

**137.** 防水涂料的特点是什么?

**138.** 防水涂料施工气候条件是什么?

**139.** 防水涂料施工水泥砂浆找平层技术要求是什么?

**140.** 涂膜防水的施工程序有哪些?

**141.** 涂膜厚度如何控制?

**142.** 屋面工程对涂膜防水层的厚度有什么规定?

**143.** 涂膜防水层中胎体增强材料铺贴方向和搭接宽度怎么确定?

**144.** 怎样掌握涂膜固化时间?

**145.** 水乳型涂料在潮湿基层上能否施工?

**146.** 涂膜防水屋面施工,如何对找平层分格缝进行增强处理?

147. 涂膜防水屋面施工，如何对水落口进行增强处理？

148. 天沟、檐沟应如何进行防水增强处理？

149. 檐口防水涂膜收头处理作法是什么？

150. 泛水增强做法是什么？

151. 屋面变形缝增强做法有哪些？

152. 伸出屋面管道的增强防水处理作法是什么？

153. 涂膜防水层屋面施工，怎样做好隔气层？

154. 什么叫预注浆？

155. 地下工程防水设计内容应包括哪些？

156. 地下工程防水等级标准是什么？

157. 地下工程施工缝的施工应符合哪些规定？

158. 防水混凝土结构，应符合哪些规定？

159. 聚合物水泥砂浆防水层其厚度有何规定？

160. 水泥砂浆防水层应如何进行养护？

161. 地下工程卷材防水层厚度有何规定？

162. 地下工程卷材防水层所使用的胶粘剂的质量应符合哪些要求？

163. 地下工程卷材防水层采用热熔法或冷粘法铺贴卷材，应符合哪些规定？

164. 地下工程采用外防外贴法铺贴卷材防水层时，应符合哪些规定？

165. 地下工程卷材防水层经检查合格后，应及时做保护层，保护层应符合哪些规定？

166. 地下工程防水涂料品种的选择应符合哪些规定？

167. 地下工程防水涂料防水层厚度有何规定？

168. 地下工程涂料防水层采用有机防水涂料施工完后应及时做好保护层，保护层应符合哪些规定？

169. 地下工程变形缝嵌缝材料嵌填施工时，应符合哪些要求？

170. 地下工程后浇带的施工有哪些技术要求？

171. 地下工程穿墙管防水施工时应符合什么规定？

172. 地下工程桩头防水施工应符合哪些要求？

173. 地下工程渗漏水治理前应调查哪些内容？

174. 地下工程大面积严重渗漏水，应采用哪些有利措施进行处理？

175. 地下工程细部构造部位渗漏水处理可采取何种措施？

176. 对地下防水工程所使用的防水材料进行质量验收时有哪些规定？

177. 防水混凝土质量检验主控项目有哪些？

178. 地下防水工程卷材防水层质量检验主控项目有哪些？

179. 地下防水工程卷材防水层质量验收一般项目有哪些？

180. 地下防水工程塑料板防水层质量检验主控项目内容有哪些？

181. 金属板防水层的施工质量检验数量和焊缝是怎样规定的？

182. 地下防水工程细部构造质量检验的主控项目内容是什么？

183. 地下防水隐蔽工程验收记录应包括哪些内容？

184. 屋面工程各分项工程的施工质量检验批量应符合哪些规定？

**185.** 屋面工程隐蔽验收记录应包括哪些内容？

**186.** 卷材防水屋面工程找平层质量检验主控项目是哪些？

**187.** 卷材防水层屋面质量检验主控项目有哪些？

**188.** 屋面防水工程密封材料嵌缝质量检验主控项目有哪些？

**189.** 外墙板接缝材料防水施工工艺程序有哪些？

**190.** 外墙板接缝材料防水施工完毕应如何进行淋水试验？

**191.** 冷库工程防潮层、隔热层施工操作工艺顺序是什么？

**192.** 厕浴间地面有哪些构造及其要求？

## 二、问答题答案

**1.** 建筑工程图是表达建筑物的建筑、结构和设备等方面的设计内容和技术要求的建筑工程图样，是建筑工程施工的主要依据。因此，每一位从事建筑工程施工的技术工人都要学会绘制简单的建筑施工图，并能看懂较为复杂的图样，这就需要熟悉和掌握有关的建筑制图的基本知识和技能。

**2.** 建筑工程中的尺寸应包括：尺寸界线、尺寸线、尺寸起止符号和尺寸数字。

尺寸注法是，建筑制图标准中规定，尺寸线与尺寸界线相交处应适当延长，最外边的尺寸界线应接近所指的部分，中间的尺寸界线可用短线表示。

多层构造引出线注法，引出线必须通过被引的各层，文字说明的次序应与构造层次一致，由上而下或从左到右，文字说明一般注写在线的一侧。

**3.** 常用的制图工具有：铅笔、图板、丁字尺、三角板、比例尺、曲线板、圆规、直线笔、绘图墨水笔等。

**4.** 识读平面图的顺序：

1）看图样的图标，了解图名、设计人员、图号、设计日期和比例等。

2）看房屋的朝向，了解外围尺寸、轴线间距离尺寸、外门、窗的尺寸及型号、窗间墙宽度、外墙厚度、散水宽度、台大小和水落管位置等。

3）看房屋内部，了解房间的用途、地坪标高、内墙位置、厚度、内门、窗的位置、尺寸和型号、有关详图的编号和内容等。

4）通过剖切线的位置，来识读剖面图。

5）识读与安装工程有关的部位、内容，如暖气沟的位置、消火栓的位置等。

**5.** 识读建筑立面图的顺序：

1）看图标和比例。

2）看标高、层数和尺寸。

3）看门窗的位置、高度尺寸、数量及立面形式等。

4）看外墙装修做法及材料等。

5）看局部小尺寸，如雨篷、檐口、窗台及勒脚、台阶做法及有无详图等。

**6.** 识读剖面图的顺序：

1）看平面图上的剖切面位置和剖面编号是否相同。

2）看楼层的标高及竖向尺寸、外墙及内墙门、窗和标高及竖向尺寸、最高处标高、屋顶的坡度等。

3）看地面、楼面、屋面的做法、室内的构筑物的布置等。在剖面图上用圆圈画出详图标号。

**7.** 高聚物改性沥青防水卷材的外观质量要求是：孔洞、缺边、裂口不允许；边缘不整齐，不超过10mm；胎体露白、未浸透不允许；撒布材料粒度、颜色均匀；每卷卷材的接头不超过1处，较短的一般不应小于1000mm，接头处应加长150mm。

**8.** 合成高分子防水卷材外观质量要求是：折痕每卷不超过2处，总长度不超过20mm；杂质大于0.5mm颗粒不允许，每$1m^2$不超过$9mm^2$；胶块每卷不超过6处，每处面积不大于$4mm^2$；凹痕每卷不超过6处，深度不超过本身厚度的30%，树脂类深度不超过5%；每卷卷材的接头橡胶类每20m不超过1处，较短的一段不应小于3000mm，接头处应加长150mm。树脂类20m长度内不允许有接头。

**9.** 高聚物改性沥青防水卷材类型及其品种有：

1）弹性体的品种有SBS防水卷材、再生橡胶防水卷材、APP防水卷材、热熔自粘型防水卷材等。

2）塑性体的品种有APP改性沥青防水卷材、焦油沥青耐低温防水卷材等。

3）橡塑共混体的品种有铝箔橡塑改性沥青防水卷材、橡塑改性沥青乙烯胎防水卷材等。

**10.** 合成高分子防水卷材主要类型及其品种有：

1）合成橡胶型：主要品种有三元乙丙橡胶防水卷材、氯磺化聚乙烯防水卷材、氯化聚乙烯防水卷材、氯丁橡胶防水卷材等。

2）合成树脂型：主要品种有氯化聚乙烯防水卷材、聚氯乙烯防水卷材等。

**11.** 沥青防水卷材的类型及其品种主要有：

1）纸胎：主要品种有石油沥青油纸、石油沥青油毡。

2）纤维胎：主要品种有玻璃布沥青油毡、玻纤胎沥青油毡、黄麻胎沥青油毡、化纤胎沥青油毡、石棉纸胎沥青油毡。

3）特殊胎：主要品种有铝箔胎沥青油毡、聚乙烯膜胎沥青油毡。

**12.** 沥青基防水涂料主要品种有：石棉乳化沥青涂料、膨润土乳化沥青涂料、石灰乳化沥青涂料等。

**13.** 高聚物改性沥青防水涂料的类型品种主要有以下两类：

1）水乳型：主要产品有氯丁橡胶改性沥青防水涂料、SBS改性沥青防水涂料、再生橡胶改性沥青防水涂料。

2）溶剂型：主要有氯丁橡胶改性沥青防水涂料、SBS改性沥青防水涂料、再生橡胶改性沥青防水涂料。

**14.** 合成高分子防水涂料类型品种主要有：

1）反应型：聚氨酯防水涂料等。

2）溶剂型：丙烯酸酯防水涂料等。

3）水乳型：硅橡胶防水涂料、丙烯酸酯防水涂料、聚氯乙烯防水涂料等。

**15.** 密封材料的类型品种主要有：

1）高聚物改性沥青密封材料：石油沥青类有SBS弹性体密封膏；焦油沥青类有PVC

胶泥。

2）合成高分子密封材料：弹性体类有，有机硅、硅酮、聚氨酯密封膏；弹塑性体有丙烯酸密封膏。

**16.** 刚性材料主要品种有：

1）水泥砂浆：普通防水砂浆、掺外加剂防水砂浆。

2）防水混凝土：普通防水混凝土、补偿收缩混凝土、UEA 防水混凝土。

**17.** 沥青的技术性能主要有以下几点：

1）粘结性：沥青粘结性较强，能与砂、石、砖、木、金属紧密粘结在一起。

2）稠度：是指沥青稀稠软硬的程度，是划分沥青牌号的主要性能依据。以针入度指标表示。

3）塑性：沥青的塑性与温度及沥青涂膜的厚度有关，温度越高，塑性越大；涂膜厚度越大，塑性越大。塑性通常用延度指标表示。

4）温度稳定性：沥青抵抗温度变化而保持原有性能的性质。常用软化点表示。

5）闪点：指开始出现闪火现象时的温度。

6）不透水性与耐化学腐蚀性：沥青涂膜能阻止水的渗透；对酸、碱、盐的侵蚀有很强的抵抗能力。

**18.** 沥青是有机化合物的复杂混合物。分地沥青和焦油沥青两大类，地沥青又分为天然沥青和石油沥青。在常温下呈固体、半固体或液体；颜色为褐色深至黑色，具有良好的粘结性、塑性、不透水性及耐化学侵蚀性，是防水卷材、涂料、油膏、沥青胶及防腐涂料的主体原材料之一。一般用于建筑防水工程的沥青有石油沥青和煤沥青两种。

石油沥青是石油原油经蒸馏等提炼出汽油、煤油、柴油及润滑油后的残留物，再经加工而成。半固体沥青中的建筑石油沥青是防水材料的主要原材料。

**19.** 改性沥青是指通过吹氧氧化、加催化剂氧化、加非金属硫化剂硫化等手段对沥青进行改性后的产品。因此，通过上述手段改性后使小分子碳氢化合物聚合，减小沥青中的活性基团，改善了沥青的物理性能，起到降低沥青的温度敏感性、提高耐热和耐低温性能的作用；同时，还提高了沥青分子抗降解裂变能力，延长了材料的使用寿命。

**20.** 高聚物改性沥青是以高聚物为改性剂对沥青进行改性后的产品。通过改性，可以大大提高沥青类防水材料的物理和力学性能，这是沥青在建筑防水工程中应用方向之一。使用最多的是 SBS 橡胶和 APP 树脂两种，此外还有氯丁橡胶、丁基橡胶和三元乙丙橡胶等。这些高聚物分子量大，分子极性基团和活性基团少，相对稳定，具有脆点温度低、熔点温度高，对高低温适应能力强、耐老化性能好的优点，因此，可以改善沥青的耐高低温性能及耐老化性能。

**21.** 石油沥青纸胎油毡是用低软化点石油沥青浸渍原纸，然后用高软化点石油沥青涂盖油纸两面，再撒石粉或云母片隔离材料所制成的一种纸胎防水卷材。可分为粉毡和片毡两种。

**22.** 沥青防水卷材的标号、等级和规格表述如下：

1）标号：石油沥青油毡分为 200 号、350 号、500 号三种标号。石油沥青油纸分为 200 号、350 号两种标号。

2）等级：油毡按浸涂材料的总量和物理性能分为合格品、一等品、优等品三个质量等级。

3）规格：油毡油纸幅宽分为915mm和1000mm两种规格。

**23.** 沥青防水卷材外观质量要求：

1）成卷的油毡、油纸应卷紧、卷齐，两端卷筒里进外出不得超过10mm，油毡卷筒两端厚度差不得超过5mm。

2）成卷的油毡在环境温度10～45℃时，应易于展开，因粘结而破坏毡面的长度不得大于10mm，距卷芯1m以外的裂纹长度不得大于10mm。

3）油毡油纸的纸胎必须浸透，不应有未被浸渍的斑点和浅色夹层，油纸表面应无成片未压干的浸油。

4）油毡覆盖材料宜均匀致密地涂盖在油纸的两面，不应出现油纸外露和涂盖不均匀等现象。

5）油毡毡面、油纸表面不应有孔洞、硌伤、折纹、折皱；最大疙瘩、浆糊粉状或水渍长度不得大于20mm，油毡距卷芯1000mm以外的折纹、折纹长度不应大于100mm，油毡、油纸20mm以内的边缘裂口或长50mm、深20mm以内的缺边不应超过4处。

6）每卷油毡、油纸的接头不应超过1处，其中较短的一段长度不应少于2500mm，接头处应剪切整齐，并应加长150mm留作搭接宽度。优等品油毡中有接头的油毡卷数不得超过批量的3%。

**24.** 石油沥青玻璃布胎油毡系用石油沥青涂盖材料，浸涂玻璃纤维织布的两面，再撒布隔离材料而制成的一种以无机纤维布为胎体的沥青防水卷材。

**25.** 铝箔胎沥青油毡是采用厚度为0.1～0.2mm的冲压铝箔，经涂盖沥青后，两面再撒布细砂而制成的沥青防水卷材。

**26.** SBS改性沥青防水卷材是以聚酯纤维无纺布为胎体，以SBS橡胶改性石油沥青为浸渍涂盖层，以塑料薄膜为防粘隔离层，经配料、共溶、浸渍、复合成型等工序而制成的一种防水卷材。

**27.** SBS改性沥青防水卷材具有以下特点：

1）厚度较厚，具有较好的耐穿刺、耐撕裂、耐疲劳性能；

2）优良的弹性延伸和较高的承受基层裂缝的能力，并有一定的弥合裂缝的自愈力；

3）在低温下仍保持优良的性能，即使在寒冷气候时，也可以施工，尤其适用于北方；

4）可热熔搭接，接缝密封保持可靠。但厚度小于3mm的卷材不得采用热熔法施工；

5）温度敏感性大，大坡度斜屋面不宜采用。

**28.** SBS改性沥青防水卷材的外观质量应符合以下要求：

1）成卷卷材应卷紧、卷齐，端面里进外出不得超过10mm。

2）卷材在4～50℃温度区间内应易于展开，在距卷芯1m长度外不应有长度在10mm以上的裂纹或粘结。

3）胎基应浸透，不应有未被浸渍的条纹。

4）卷材表面必须平整，不允许有孔洞、缺边、裂口、矿物粒（片）料粒度应均匀一致并紧密地粘附于卷材表面。

5）每卷接头处不应超过1个，较短的一段不应少于1000mm，接头应剪切整齐，并加长150mm。

**29.** APP改性沥青防水卷材是以聚酯毡或玻纤毡为胎基、无规聚丙烯（APP）或聚烯烃类聚合物（APAO、APO）改性剂，两面覆以隔离材料所制成的建筑防水卷材，简称APP卷材。

**30.** APP改性沥青防水卷材具有以下特点：

1）厚度较厚，具有较好的耐穿刺、耐撕裂、耐疲劳性能；

2）具有－15～130℃的温度适应范围；

3）耐高温性能好，在130℃高温时无滑动、流淌、滴落；更适合于南方炎热地区；

4）可热熔搭接，接缝密封保持可靠。但厚度2mm的卷材不得采用热熔法施工；

5）温度敏感性大，大坡度斜屋面不宜采用。

**31.** APP改性沥青防水卷材的外观质量要求：

1）成卷卷材应卷紧、卷齐，端面里进外出不得超过10mm。

2）卷材在4～60℃温度区间内应易于展开，在距卷芯1m长度外不应有长度在10mm以上的裂纹或粘结。

3）胎基应浸透，不应有未被浸渍的条纹。

4）卷材表面必须平整，不允许有孔洞、缺边、裂口、矿物粒（片）料粒度应均匀一致并紧密地粘附于卷材表面。

5）每卷接头不应超过1个，较短的一段不应少于1000mm。接头应剪切整齐，并加长150mm。

**32.** 再生橡胶改性沥青防水卷材是以废橡胶经水洗、切块、粉碎后加入沥青中混炼而成的再生橡胶改性沥青为基料，浸渍化纤无纺布增强胎体，以塑料薄膜为隔离层，经复合、滚压、冷却、收卷等工序加工而成的防水卷材。

**33.** 再生橡胶改性沥青防水卷材具有以下特点：

1）成本低，比传统沥青防水制品性能优良。

2）卷材的延伸率为传统纸胎石油沥青油毡的20倍以上。

3）工序简单，其重量比传统的二毡三油一砂防水层总重量轻15%。

4）回收的废橡胶中橡胶含量不确定，故生产时配方很难调整，造成卷材的性能差异很大。

**34.** 聚氯乙烯防水卷材是以聚氯乙烯树脂为主要原料，掺加增塑剂、填充剂、抗氧剂、紫外线吸收剂等助剂，经混炼、塑合、挤出压延、冷却、收卷等工艺流程加工而成。PVC防水卷材分为N类无复合层、L类纤维单面复合及W类织物内增强卷材三类。

**35.** 聚氯乙烯防水卷材具有以下特点：

1）拉伸强度高，伸长率好，对基层伸缩或开裂变形的适应性强。

2）可焊接性好，焊缝牢固可靠，并与卷材使用寿命相同。

3）耐植物根系穿透、耐化学腐蚀、耐老化性能好。

4）低温柔性和耐热性好，在－20℃低温下能保持一定的柔韧性。

5）卷材幅面宽，冷施工，机械化程度高，操作方便。

6）焊接技术要求高，易出现焊接不良，如虚焊、脱焊等现象。

该卷材通常采用空铺施工，与基层不粘结，一旦出现渗水点，会造成窜水渗漏，难以查找渗漏点。

**36.** 聚氯乙烯防水卷材外观质量要求是：

1）卷材表面应平整、边缘整齐，无裂纹、孔洞、粘结、气泡和疤痕。

2）卷材的接头不多于一处，其中较短的一段长度不少于1.5m，接头应剪切整齐，并加长150mm。

3）卷材的厚度允许正偏差为0.2mm，负偏差为0.1mm；卷材的面积允许偏差为±3％。

4）卷材的平直度应不大于50mm；卷材的平整度不应大于10mm。

**37.** 氯化聚乙烯防水卷材是以聚乙烯经过氯化改性制成的新型树脂—氯化聚乙烯树脂，掺入适量的化学助剂和填充料，采用塑料或橡胶的加工工艺，经过捏合、塑炼、压延、卷曲、分卷、包装等工序加工制成的弹塑性防水材料。氯化聚乙烯防水卷材分为N类无复合层、L类纤维单面复合及W类织物内增强卷材三类。

**38.** 氯化聚乙烯具有以下特点：

1）该卷材由于氯化聚乙烯分子结构的饱和性及氯原子的存在，使其具有耐气候、耐臭氧和耐油、耐化学药品以及阻燃性能。

2）原材料来源丰富，生产工艺较简单，卷材价格较低。

3）冷粘结作业，施工方便，无大气污染，是一种便于粘接成为整体防水层的卷材。

4）卷材在工厂生产过程中有内应力存在，在使用过程中会逐渐释放，使卷材产生后期收缩，使防水层产生接缝脱开、翘边现象，或使防水层处于高应力状态而加速老化。

**39.** 聚乙烯防水卷材分为高密度聚乙烯卷材和低密度聚乙烯卷材。高密度聚乙烯防水卷材系以高密度聚乙烯为基料，加抗氧剂和热稳定剂，经挤塑、压延等工艺制成。以低密度聚乙烯为基料加工而成的称为低密度聚乙烯卷材。

**40.** 聚乙烯防水卷材具有以下特点：

1）具有高强度、高延伸率和优良的韧性，耐撕裂、抗刺穿性好；

2）耐化学侵蚀、抗老化，不易腐蚀；

3）卷材接缝采用焊接技术，接缝强度高，接缝耐久性与母材相同，提高了接缝防渗漏的可靠性，接缝与卷材同寿命；

4）高密度聚乙烯卷材强度高，耐穿刺能力强，卷材幅度宽，适用于水利、水库、湖池和垃圾填埋场等的防水；

5）聚乙烯卷材耐紫外线能力差，不能作为暴露式防水层，使用时应有压埋覆盖层；

6）温度敏感性强，热胀冷缩变形大；

7）粘结性差，与基层一般采取空铺。

**41.** 聚乙烯防水卷材具有以下外观质量要求：

1）片材表面应平整、边缘整齐，不能有裂纹、机械损伤、折痕、穿孔及异常粘着部分等影响使用的缺陷。

2）片材在不影响使用条件下，表面缺陷应符合下列规定：

①凹痕：深度不得超过片材厚度的5％。

②杂质：每$1m^2$不得超过$9mm^2$。

**42.** 三元乙丙橡胶防水卷材是三元乙丙橡胶掺入适量丁基橡胶为基本原料，再加入软化剂、填充剂、补强剂和硫化剂、促进剂、稳定剂等，经塑炼、挤出、拉片、压延、硫化成型等工序制成的高强度、高弹性防水材料。

**43.** 三元乙丙橡胶防水卷材外观质量应符合下列要求：

1）片材表面应平整，边缘整齐，不能有裂纹、机械损伤、折痕、穿孔及异常粘着部分等影响使用的缺陷。

2）片材在不影响使用的条件下，表面缺陷应符合下列规定：

①凹痕：深度不得超过片材厚度的30%；

②杂质：每1m$^2$ 不得超过9mm$^2$；

③气泡：深度不得超过片材厚度的30%，每1m$^2$ 不得超过7mm$^2$。

**44.** 氯磺化聚乙烯防水卷材是以氯磺化聚乙烯橡胶为主要原料，掺入适量的软化剂、稳定剂、硫化剂、促进剂、着色剂和填充剂等，经过配料、混炼、挤出或压延成型、硫化、冷却、收卷等工序加工而成。

**45.** 氯磺化聚乙烯防水卷材的外观质量应符合以下规定：

1）片材表面应平整、边缘整齐，不能有裂纹、机械损伤、折痕、穿孔及异常粘着部分等影响使用的缺陷。

2）片材在不影响使用的条件下，表面缺陷应符合下列规定：

①缺胶每卷不超过6处，每处面积不大于7mm$^2$，深度不得超过片材厚度的30%；

②胶块每卷不超过6处，每处面积不大于4mm$^2$；杂质不允许有大于0.5mm的颗粒；

③卷材接头不超过1处，短段长度不少于3m，接头处应剪切整齐，并加长150mm；

④折痕每卷不超过2处，总长不大于20mm。

**46.** 氯磺化聚乙烯防水卷材具有以下特点：

1）伸长率较大、弹性较好，能适应基层伸缩变化或开裂变形的需要。

2）耐高低温性能好，可在−25～90℃温度范围内长期使用。

3）耐腐蚀性能好，能耐受酸、碱、盐类的腐蚀，性能稳定。

4）具有难燃自熄性能，因含氯量高，难燃性良好。燃气过程中，火源离去即会自行熄灭。

5）颜色多样，可根据要求选用，色彩装饰效果强。

6）施工简便，可用冷粘法施工。

**47.** 氯化聚乙烯—橡胶共混防水卷材是指以氯化聚乙烯树脂和丁苯橡胶混合体为基本原料加入适量的软化剂、防老剂、稳定剂、填充剂和硫化剂，经捏合、混炼、过滤，挤出或压延成型、硫化等工序加工制成的防水卷材。

**48.** 氯化聚乙烯—橡胶共混防水卷材具有以下特点：

1）共混卷材是氯化聚乙烯树脂和合成橡胶共混获得的一种高分子“合金”，使之具有氯化聚乙烯树脂耐老化性能和高强度以及合成橡胶的高弹性和优异的耐低温性能。

2）粘结效果较好，有效地保证了卷材冷粘施工的整体效果。

3）具有高强度、高延伸率，耐低温性能好，良好的耐臭氧性能和耐热老化性能，对基层变形有一定的适应能力。

4）后期收缩大，易使卷材防水层的接缝脱开或使卷材长期处于高应力状态下加速老化。

**49.** 自粘橡胶沥青防水卷材是粘结面具有自粘胶、上表面覆以聚乙烯膜、下表面用防粘纸隔离的防水卷材，简称自粘卷材。施工中只需剥掉防粘隔离纸就可以直接铺贴，使其与基层粘结或卷材与卷材的粘结。自粘卷材有两类，一类是在改性沥青防水卷材底面涂覆一层橡胶改性沥青自粘胶的卷材，另一类是单独采用自粘橡胶改性沥青的卷材，又分为有胎体和无胎体两种。

**50.** 自粘橡胶沥青防水卷材具有以下特点：

1）有一定的强度，断裂延伸率高，适应变形能力强，粘结力强，尤其是卷材与卷材搭接边粘结后完全成一体，密封性能好；

2）自粘卷材施工时对环境无污染，适用于严禁用明火和用溶剂的危险环境，施工安全；

3）具有良好的耐刺穿性和良好的自愈性能。

**51.** 自粘橡胶沥青防水卷材的外观质量要求应符合以下几点：

1）成卷卷材应卷紧、卷齐，端面里进外出不得超过20mm；

2）卷材表面应平整，不允许有可见的缺陷，如孔洞、结块、裂纹、气泡、缺边与裂口等；

3）成卷卷材在环境温度为柔度规定的温度以上时应易于展开；

4）每卷卷材的接头不应超过1个。接头处应剪切整齐，并加长150mm。一批产品中有接头的卷材数量不应超过总数量的3%。

**52.** 热塑性聚烯烃（TPO）防水卷材是三元乙丙橡胶和聚乙烯或聚丙烯树脂为基料，按一定比例配合，采用先进的聚合工艺，经机械共混压延成片状的防水材料，是一种热塑性弹性防水材料，简称TPO卷材。国外的TPO防水卷材为了防止接缝焊接时产生折皱变形，多数在中间加入一层聚酯纤维增强层。已进入中国市场的美国卡莱尔公司就可提供这种产品。

**53.** 聚乙烯丙纶双面复合卷材是用聚乙烯树脂加入抗老化剂、稳定剂、助粘剂等为主的防水层，卷材的两个表面用强度很高的丙纶长丝无纺布加强热复合挤塑压延而制成。

**54.** 避拉层中的“避拉”是避免防水层受拉力的意思，避拉层是采用蠕变型材料制作的、设置在防水层下部的构造层次。设置避拉层的目的是为了消除或减少各种不利因素对防水层产生的拉应力，避免防水层受拉破坏，同时也对防水层的基层起封闭作用。

**55.** 防水层下部设置避拉层的作用原理是：

1）首先解决了防水层由于基层开裂被拉断而破坏失效引起渗漏的问题。当防水层的基层受到混凝土的干缩徐变、地基不均匀沉降、混凝土热胀冷缩等因素作用产生开裂拉伸防水层时，具有蠕变性能的避拉层吸收了来自基层的应力，使应力不会传递给防水层，避免防水层受到来自于基层的应力的作用。

2）由于防水层在使用过程中处于无应力状态，避免了防水层高应力状态下的快速老化，延长了防水层的使用寿命。

3）由于避拉层的蠕变性消除了基层变形传递给防水层的应力，在基层热胀冷缩的动态变化过程中，防水层几乎没有拉压的应力变化，不会产生挠曲破坏现象。

4）避拉层所采用的蠕变型防水材料具有压敏性，在防水层的整个耐用年限内都具有粘性和自愈能力，当防水层受到外力作用被戳破时，破坏点不会扩大，防水层底部不会出现窜水现象，避拉层由于蠕变作用能逐渐将破坏点修复，大大提高了防水层的可靠性。

**56.** 蠕变性自粘防水卷材是在现有的高分子防水卷材和改性沥青防水卷材底层涂敷一层蠕变型底胶，用隔离纸隔离成卷，制作而成的具有蠕变性能的自粘卷材。

**57.** 膨润土防水毡。膨润土是一种含有少量金属的铝硅酸盐矿物，有优良的吸水膨胀性，在水中体积可膨胀10～30倍，渗透系数可达$2\times10^{-9}$cm/s，利用这一特性，将一定级配的钠基膨润土与添加剂混合充填在聚丙烯纤维毡或纤维布中制成膨润土防水毡，或将钠基膨润土制作成球状粘附在聚乙烯板上制作成膨润土防水板。使用时将该毡或板紧贴在地下结构混凝土的迎水面，用回填土压实，膨润土与添加剂等遇水后，吸水膨胀达到饱和状态，形成凝胶隔水膜产生对水的排斥作用而达到防水目的。

**58.** 金属防水卷材是从我国宫廷建筑经典防水工程中得到启示开发成功的防水材料，是以铅、锡、锑等为基料经浇注、辊压加工而成的防水卷材，因为它是惰性金属，具有不腐烂、不生锈、抗老化能力强、延展性好、可焊性好、施工方便、防水可靠、使用寿命长等优点，综合经济效益显著。

**59.** 防水卷材产品应采用塑料袋、编织袋或纸板箱全覆盖包装，包装上应有以下标志：生产厂名，商标，产品名称、标号、品种，制造日期及生产班次，标准编号，质量等级标志，保管与运输注意事项，生产许可证号等。

**60.** 防水卷材的贮运和保管应符合以下要求：

1）由于卷材品种繁多，性能差异很大，但其外观相同，难以辨认，因此要求卷材必须按不同品种标号、规格、等级分别堆放，不得混杂在一起，以避免在使用中误用而造成质量事故。

2）卷材有一定的吸水性，但施工时表面则要求干燥，否则施工后可能出现起鼓和粘结不良现象，故应避免雨淋和受潮。

3）各类卷材均怕火，故不能接近火源，以免变质和引起火灾，尤其是沥青防水卷材不得在高于45℃的环境中贮存，否则易发生粘卷现象，影响质量。另外，由于卷材中空，横向受挤压，可能压扁，开卷后不易展平铺贴于屋面，从而造成粘贴不实，影响工程质量。鉴于上述原因，卷材应贮存在阴凉通风的室内，避免雨淋、日晒和受潮。严禁接近火源。卷材宜直立堆放，其高度不宜超过两层，并不得倾斜或横压，短途运输平放不宜超过四层。长途敞运，应加盖苫布。

4）高聚物改性沥青防水卷材、合成高分子防水卷材均为高分子化学材料，都较容易被某些化学介质及溶剂溶解或腐蚀，故这些卷材在贮存和保管中应避免与化学介质及有机溶剂等有害物质接触。

**61.** 水乳型SBS改性沥青防水涂料是以石油沥青为基料，添加SBS热塑性弹性体高分子材料及乳化剂、分散剂等制成的水乳型改性沥青防水涂料。其特点如下：

1）具有优良的低温柔性和抗裂性能，是目前改性沥青涂料中性能较好的一个品种。

2）对水泥、混凝土、木板、塑料、油毡、铁板、玻璃等各种材质的基层均有良好的粘结力。

3）冷施工、无臭、无毒、不燃，施工安全简单。

4）耐候性好，夏天不流淌、冬天不龟裂，不变脆。

**62.** 热熔改性沥青涂料是将沥青、改性剂、各类助剂和填料，在工厂事先进行合成，制成聚合物改性沥青涂料块体，运至现场后，投入采用导热油加温的热熔炉进行熔化，将熔化的热涂料直刮涂于找平层上，则带齿的挂板一次成膜设计需要厚度的防水涂料。

**63.** 热熔改性沥青防水涂料应具有以下特点：

1）它不带溶剂，固体含量100%，3mm防水涂层，只需3.5kg/$m^2$用料。

2）沥青经SBS改性，性能大大提高，耐老化好，延伸率大，抗裂性优，耐穿刺能力强。

3）可一次性施工达到要求的厚度，工效高。

4）施工环境要求低，涂膜冷却后即固化成膜，具有设计要求的防水能力，不需要养护、干燥时间，低温条件下、下雨前均可施工，利于在南方多雨地区施工。

5）需现场加热。

**64.** 聚氨酯（PU）防水涂料有以下种类：

聚氨酯防水涂料分双组分和单组分两大类，都为反应型防水涂料。这里指的是纯聚氨酯，有别于焦油聚氨酯、非焦油聚氨酯和石油沥青聚氨酯。

双组分聚氨酯防水涂料是由基料和固化剂两种材料按一定比例混合经固化反应成膜的防水涂料。基料（常称组分一或甲组分）是含异氰酸酯基（—NCO）的聚氨酯预聚体，固化剂（常称组分二或乙组分）是含有多羟基（—OH）或氨基（—$NH_2$）的固化剂及其他助剂的混合物。

单组分聚氨酯是在含异氰酸酯基（—NCO）的聚氨酯中加入其他助剂的预聚体，当其涂刷在基面上遇到空气中的水分子时，与水分子中的羟基（—OH）发生化学反应，固化成膜。

**65.** 丙烯酸酯防水涂料是以丙烯酸酯乳液为主料，加入适量的表面活性剂、改性剂、增塑剂、成膜剂、颜料及填料而成的橡胶弹性防水涂料。其特点如下：

该涂料以水为稀释剂，无毒、无味、无污染、且不燃，使用安全，施工方便。

该涂料具有良好弹塑性、粘结性、防水性及耐候性。

**66.** 改性沥青防水涂料是指用合成橡胶、再生橡胶对沥青进行改性而制成的水乳型、溶剂型或热熔型涂膜防水材料。用再生橡胶可以改善沥青的低温脆性、抗裂性，增加涂料的弹性；用合成橡胶（如氯丁橡胶、丁基橡胶）进行改性，可以改善沥青的水密性、耐化学腐蚀性；用SBS进行改性，可以改善沥青的弹塑性、耐老化、耐高低温性能等。

**67.** 聚合物水泥防水涂料（简称JS防水涂料）是由合成高分子聚合物乳液（如聚丙烯酸酯、聚醋酸乙烯酯、丁苯橡胶乳液等）及各种添加剂优化组合而成的液料和配套的粉料（由特种水泥、石英粉及各种添加剂组成）复合而成的双组分防水涂料，是一种既具有合成高分子聚合物材料弹性高，又有无机材料耐久性好的防水材料。

**68.** 聚合物水泥防水涂料具有以下特点：

1）无毒、无害、无污染，是环保型防水涂料；

2）涂层具有较好的强度、伸长率和耐候性，耐久性好；

3）与水泥类材料的粘结力强，除了与基层具有良好的粘结力外，在防水层表面可直接采用水泥砂浆粘贴饰面材料；

4）JS防水涂料为水性防水涂料，故可在潮湿的基面上施工，但要求施工部位有良好的通风环境，保证涂层能在数小时内干燥固化；

5）该涂料与其他防水材料不会发生化学反应，可以放心地与其他防水材料复合使用；

6）施工简单，液料与粉料的配比允许误差范围大，配比变化不会使防水涂膜的性能发生突变。如液料多，涂膜的延伸率提高，强度下降，少则反之。实际上该涂料Ⅰ型和Ⅱ型的差异主要就在聚合物含量的多少。

**69.** 聚合物乳液建筑防水涂料是以各类聚合物如硅橡胶乳液、丙烯酸酯乳液、EAV乳液等为主要原料，加入防老化剂、稳定剂、填料、色料等各种助剂，经混合研磨而成的单组分水乳型防水涂料。

**70.** 聚合物乳液防水涂料应具有以下特点：

1）以水为分散介质，无毒、无味、不燃，不污染环境，安全可靠，施工方便；

2）涂膜光顺柔软，具有良好的弹性及延伸性；

3）与各种材质的基面粘结力好；

4）可加入色料制成彩色涂料，作为外露具有装饰功能的防水层；

5）与多数防水材料相容性好，故可与其他防水材料复合使用；

6）EAV乳液和部分牌号丙烯酸乳液制成的防水涂料，固化后的涂膜吸水率较大，涂膜未干透就覆盖，有可能产生返乳现象，在长期浸水的环境中使用时应作长期浸水试验。

**71.** 三元乙丙橡胶防水涂料是采用耐老化极好的三元乙丙橡胶为基料，填加补强剂、填充剂、抗老化剂、抗紫外线剂、促进剂等制成混炼胶，采用“水分散”的特殊工艺制成的水乳型防水涂料。

**72.** 水乳型三元乙丙橡胶防水涂料应具有以下特点：

1）具有强度高、弹性好、延伸率大的橡胶特性；

2）耐高低温性能好；

3）耐老化性能优异，使用寿命长；

4）冷施工作业，施工方便，操作简单；

5）可添加色料制作成彩色涂料，形成具有装饰效果的防水层。

**73.** 涂膜防水层是将防水涂料按相应的施工工艺一遍遍地涂刷在防水基层上，累积成有一定厚度的达到防水效果的涂层，如涂膜太薄就起不到所要求的防水作用和耐用年限的要求，所以国标《屋面工程质量验收规范》GB 50207—2002和《地下防水工程质量验收规范》GB 50208—2002中对涂膜防水层的厚度做出了明确的规定。

沥青基防水涂料涂层易脆化开裂，涂层较厚，一般铺抹厚度在5～8mm，目前已很少用于屋面防水工程。

高聚物改性沥青类的溶剂型、水乳型防水涂料，涂布固化后很难形成较厚的涂膜，故称薄质涂料，涂膜过薄很难达到防水耐用年限。因此，必须通过薄涂多次或多布多涂来达到其厚度的要求。

合成高分子防水涂料是以优质合成橡胶或合成树脂为原料配制而成，如双组分聚氨酯防水涂料、丙烯酸酯类防水涂料等，其性能优于以上两类涂料，规定厚度应大于1.5mm，可分遍涂刷来达到其厚度。

高聚物改性沥青防水涂料和合成高分子防水涂料与其他防水涂料复合使用、共同组成一道防水层时，可综合两种材料的优点，得到更好的防水效果。涂膜厚度也可适当减薄，但高聚物改性沥青涂膜的设计厚度不应小于1.5mm，合成高分子涂膜厚度不应小于1mm。

**74.** 涂膜防水层施工时，经常在防水涂层中加设玻璃纤维布或聚脂纤维布等作为胎体增强材料，其主要目的是：

1）细部节点用胎体增强材料适应基层变形能力。

天沟、檐沟、檐口、泛水等节点部位，因为屋面结构温度变形不同步，易产生变形和裂纹，造成渗漏，故在屋面防水的薄弱部位，须在大面积涂膜防水层之前，在这些易渗漏点或线向外扩宽 200mm 内至少增加二涂一布的附加层，增强防水涂膜的抗变形能力。

2）大面积使用胎体可增强防水涂层的抗拉强度。

一些沥青和改性沥青类防水涂料，其成膜后自身抗拉强度低。因此，必须要加无纺布或玻纤布来增强防水涂膜的抗拉强度。

3）大面积使用胎体可提高防水涂膜厚度的均匀性。

大面积涂布防水涂料时，胎体增强材料可吸收涂料起到带料的作用。在施工中边上料边贴布时，因有织物必需按要求上足料，且上料要摊涂均匀，否则会产生胎体浸渍不透的问题，这时需随时加料补料，同时在下一道涂料涂时进行调整上料量和均匀度，确保整体防水层的质量。

4）起固胶、带胶的作用。

因为胎体增强材料要吸收涂料，保留了一部分胶不向低处流，也增加了胶料向下流时的阻力，起到载体的作用。因此，对于坡度较大的屋面及立面在涂膜中加铺无纺布或玻纤布，可起到固胶、带胶的作用，尤其是有些固化时间长、粘度低的涂料加铺一层布，能保证涂膜的施工质量。

**75.** 涂膜胎体增强材料的品种主要有聚酯无纺布、化纤无纺布、玻璃网格布等。

1）聚酯无纺布，俗称涤纶纤维，是纤维分布无规则的毡，它的拉伸强度最高，属于高抗拉强度、高延伸率的胎体材料。要求布面平整、纤维均匀，无皱折、分层、空洞、团状、条状等缺陷。

2）化纤无纺布是以尼龙纤维为主的胎体增强材料，特点是延伸率大，但拉伸强度低。其外观质量要求与聚酯无纺布相同。

3）玻纤网格布的拉伸强度高，延伸率低，与涂料浸润性好，但施工铺布时不容易铺平贴，容易产生胎体外露现象，外露的胎体耐老化差，所以现在多用聚酯无纺布来代替玻纤无纺布。

**76.** 进场的防水卷材应按品种、规格分别堆放。同一品种、同一规格的卷材作为一个检验批进行抽样。如卷材分阶段进场时，每批进场的卷材均应按一个检验批进行抽样检验。

进场的防水卷材先按规定的抽样数量随机抽取若干卷卷材，将卷材展开，进行规格尺寸的测量和外观质量的检验。在外观质量合格的卷材中，任取一卷裁去 1m 端头卷材后，截取 $1m^2$ 卷材送检。抽样检验的过程应符合见证取样、见证送样的要求。

抽检卷材的物理性能指标如有一项指标不合格，应在受检项目中加倍取样复检，全部达到标准规定为合格。否则，即为不合格产品。不合格的防水卷材严禁在工程中使用。

**77.** 防水涂料进场后应按品种规格分别堆放。同一品种、同一规格的涂料作为一个检验批进行抽样。如涂料分阶段进场时，每批进场的涂料均应按一个检验批进行抽样检验。

进场的防水涂料先进行外观质量的检验。在外观质量合格的涂料中，任取 1kg 涂料送检。抽样检验的过程应符合见证取样、见证送样的要求。

抽检防水涂料的物理性能指标如有一项指标不合格，应在受检项目中加倍取样复验，全部达到标准规定为合格。否则，即为不合格产品。不合格产品严禁在工程中使用。

**78.** 密封材料是用于填充缝隙、密封接头或能将配件、零件包起来，具备防水这一特定功能（防止外界液体、气体、固体的侵入，起到水密、气密作用）的材料。

防水密封材料应用范围十分广泛，在众多的应用领域中，最典型的应用范围是：

1）刚性细石混凝土分格缝嵌填密封，水落口、下水管口、泛水、穿过防水层管道及钉孔的嵌缝密封，防水卷材搭接和接头的收头密封、室内预埋件和螺钉孔密封；

2）地下工程变形缝的嵌缝密封和其他各种裂缝的防水密封；

3）建筑工程中的幕墙安装，建筑物的窗户玻璃安装及门窗密封以及嵌缝，混凝土和砖墙墙体伸缩缝及桥梁、道路、机场跑道伸缩缝嵌缝，污水及其他给排水管道的对接密封；

4）电器设备制造安装中的绝缘和密封，仪器仪表电子元件的封装，线圈电路的绝缘防潮。

**79.** 建筑防水沥青嵌缝油膏是以石油沥青为基料，加入废橡胶、桐油渣等材料进行改性，并配以稀释剂、分散剂等化学助剂及石棉绒、滑石粉等填充料混合制成的膏状冷用密封材料。

**80.** 建筑防水沥青嵌缝油膏应具备以下特点：

1）有优良的粘结性、防水性。

2）有一定的气候适应性，70℃不流淌，−10℃不脆裂。

3）耐久性好，价格便宜。

4）可冷施工，操作简便、安全。

**81.** 氯磺化聚乙烯建筑密封膏是以氯磺化聚乙烯为主体，加入增塑剂、稳定剂等化学助剂以及填充料、着色剂等，经过混炼、研磨等工序而制成的膏状合成高分子密封材料。

**82.** 氯磺化聚乙烯建筑密封膏应具备以下特点：

1）具有优良的弹性和粘结性能，能适应基层伸缩或开裂变形的需要，能广泛地与基层材料（陶瓷、玻璃、水泥制品、金属、木材、塑料）粘结，且粘结牢固、粘结强度高。

2）化学稳定性好，耐臭氧、耐紫外线、耐气候、耐老化。

3）耐高、低温性能好，可在−40～80℃温度范围内长期使用，保持柔韧特性。

4）可配制需要的色彩，具有装饰性，耐晒，色彩不易褪色。

5）具有难燃、自熄性，不易燃烧，离开火源能自行熄灭。

**83.** 聚氨酯建筑密封膏应具备以下特点：

1）弹性好、伸长率大、耐疲劳。

2）耐水、耐油、耐酸碱、耐低温、耐老化，使用年限长。

3）粘结性能好，与水泥制品、玻璃、木材、金属、塑料等建筑材料有很强的粘结力。

4）固化速度快，施工简便，安全可靠。

**84.** 水乳型丙烯酸建筑密封膏应具备以下特点：

1）以水为稀释剂、无溶剂污染、无毒、不燃，安全可靠。

2）可调制着色，色彩多样，可与使用部位装饰色彩相协调。

3）粘结性能、延伸性能良好，耐高、低温性较好。

4）可在潮湿基层上施工，施工方便，施工机具便于清洗。

**85.** 聚硫密封膏应具备以下特点：

1）具有优良的耐气候性，耐湿热、耐低温，使用温度范围为－40～90℃。

2）与基层（金属非金属）有良好的粘结力，抗撕裂性强，适应接缝活动量大的要求。

3）可在常温或加温条件下固化，气密性、水密性能优异。

4）施工不使用溶剂，无毒。施工性能良好，使用安全可靠。

**86.** 有机硅橡胶密封膏应具备以下特点：

1）具有特别优异的耐高、低温性能，可在25～50℃正常使用。

2）伸长率大，能长期保持弹性；柔韧性良好，耐疲劳、耐腐蚀，耐老化。

3）能与各种材料（玻璃、陶瓷、金属、塑料、混凝土）基层良好地粘结，粘结强度高。

4）具有良好的膨胀、收缩、拉伸、压缩的循环性能。

**87.** 遇水膨胀橡胶条的防水机理是：

遇水膨胀橡胶条是以橡胶与亲水型的聚氨酯混炼而成的结构型遇水膨胀材料。由于在橡胶中有大量的亲水基团（$-CH_2-CH_2-D-$）存在，这种基因与水分子以氢键相结合，致使橡胶体积增大，这些被吸附的水分子即使在压缩、吸引等机械力的作用下也不易被挤出，在一定温度加热作用下也不易被蒸发。同时由于亲水基团中链节的极性大，容易旋转，因此这种橡胶仍有较好的回弹性，浸水膨胀后仍有一定的刚性。遇水膨胀橡胶具有一般橡胶制品的特性，即具有弹性接缝止水材料的密封防水作用；又有遇水自行膨胀以水止水的功能。当接缝宽度大于弹性密封材料的弹性复原率以外时，该材料遇水膨胀，膨胀体仍具有橡胶性质，以达到止水的目的。

**88.** 背衬材料是用于限制密封材料嵌填深度和确定密封材料背面形状的材料。同时作为隔离材料，使密封材料不与接缝底部粘结，增加密封材料适应接缝变形的能力。

**89.** 用于接缝的背衬材料应符合以下要求：

1）背衬材料能支承密封材料，以防止凹陷；

2）背衬材料与密封材料不会粘结或粘结力低；

3）具有一定的可压缩性，当合缝时密封胶就不会被挤出，当开缝时又能复原；

4）与密封材料具有相容性，不会与密封材料发生反应影响密封材料的性能。

**90.** 防水屋面所使用的卷材须按建筑物等级进行选择。

1）Ⅰ级：特别重要的民用建筑和对防水有特殊要求的工业建筑，防水层耐用年限为25年。应选用合成高分子防水卷材、高聚物改性沥青防水卷材，三道或三道以上防水设防。

2）Ⅱ级：重要的工业与民用建筑、高层建筑，防水层耐用年限为15年，应选用高聚物改性沥青防水卷材，二道防水设防。

3）Ⅲ级：一般的工业与民用建筑，防水层耐用年限为10年，应选用石油沥青防水卷材（三毡四油）、高聚物改性沥青防水卷材。

4）Ⅳ级：非永久性建筑，防水层耐用年限为5年，可选用石油沥青防水卷材（二毡三油）。

**91.** 装配式钢筋混凝土屋面板施工要求如下：

1）安装应坐浆，保证平整稳妥。

2）相邻板高差不大于10mm，靠非承重墙的一块应离开20mm。

3）板缝要均匀一致，上口宽不应小于20mm，并用不小于C20、掺微膨胀剂的细石混凝土灌缝，振捣密实，加强养护，以保证屋面的整体刚度。当缝宽大于40mm时，应在缝下吊模板，铺放构造钢筋，再灌细石混凝土，灌缝前应使用压力水冲洗干净板缝。

**92.** 卷材防水屋面对水泥砂浆找平层的技术要求作如下规定：

1）配合比：1∶2.5～1∶3（水泥∶砂）体积比，水泥强度等级不低于32.5级。

2）厚度：基层为整体混凝土时，其厚度为15～20mm；基层为整体现浇或板状保温材料时，其厚度应为20～25mm；基层为装配式混凝土板时，其厚度应为20～30mm。

3）坡度：结构找坡不应小于3%；材料找坡宜为2%；天沟纵坡不应小于1%，沟底水落差不得超过200mm。

4）分格缝：位置应留设在板端缝处；纵向间距不宜大于6m；横向间距不宜大于6m；缝宽应为20mm。

5）泛水处圆弧半径：当为沥青防水卷材时应为100～150mm；当为高聚物改性沥青卷材时应为50mm；当为合成高分子防水卷材时应为20mm。

6）表面平整度：用2m直尺检查，不应大于5mm。

7）含水率：将1m$^2$卷材平坦地干铺在找平层上，静置3～4h，掀开检查，覆盖部位与卷材上未见水印，即可。

8）表面质量：应平整、压光，不得有酥松、起砂、起皮现象及过大裂缝。

**93.** 卷材防水屋面排汽层的施工要求如下：

1）当屋面保温层干燥有困难时（含水率大于10%），或地处纬度40°以北地区，室内空气湿度大于75%，其他地区室内空气湿度常年大于80%时，保温屋面应做成排汽屋面，并需要设置排汽层。

2）排汽层的排汽通道，必须纵横交叉贯通，不能堵塞，并与屋面排汽孔相连通。

3）应先检查和疏通保温层、找平层排汽道，把排汽道中残留的砂浆、杂物等清除干净，再在排汽道上粘贴一层约200mm宽的隔离纸或塑料薄膜，保证排汽道的畅通，并与在排汽道交叉处埋设的排汽孔相连通。

4）排汽孔必须固定牢固，免得防水层施工时胶结料或涂料流入排汽道中，造成堵塞。

**94.** 沥青防水卷材施工前应做好卷材的准备工作：

1）卷材的品种、型号必须符合设计要求。

2）卷材的外观质量、规格及技术性能应符合技术标准的要求。

3）卷材的数量应根据工程需要一次准备充足。可根据施工面积、卷材的宽度、搭接宽度，以及附加增强层的需要等因素确定，一般按施工面积的1.15～1.25倍数量准备。

**95.** 沥青防水卷材施工前应做好沥青胶的准备：

1）沥青胶即玛𤧛脂，用于沥青防水卷材的粘贴，沥青胶的标号及技术性能应满足使用要求。

2）沥青胶的标号可根据使用条件、屋面坡度和施工当地历年最高气温选择。

3）沥青胶所选用沥青的种类，必须与被粘结材料的沥青种类相同，一般采用10号、30号建筑石油沥青和60号道路石油沥青或混合使用。

4）屋面工程中不得使用焦油沥青胶。

5）沥青胶有热用沥青胶和冷用沥青胶两类。热用沥青胶由石油沥青基料和填充料等配合加热熬制而成；冷用沥青胶由石油沥青基料优质溶剂和复合填充料配制而成。

**96.** 沥青防水卷材热粘贴法施工程序见图2-3-1。

**97.** 卷材铺贴方向对屋面防水工程质量的影响是很大的。

1）当屋面坡度在15%以内时，应尽可能地采用平行于屋脊方向铺贴卷材，这样做一幅卷材可以一铺到底，减少卷材接头，并且施工工作面大，有利于卷材的铺贴质量，能最大限度地利用卷材的纵向抗拉强度，在一定程度上提高了卷材屋面的抗裂能力，而且卷材的搭接缝与屋面的流水方向相垂直，使卷材顺流水方向搭接不易造成渗漏。

2）当坡度大于15%时，由于坡度较陡，按平行屋脊方向铺贴操作困难，同时由于屋面的耐热度要求，坡度较大时，在夏季高温下沥青卷材产生流淌现象，因此采用垂直于屋脊方向铺贴更为有利，但合成高分子防水卷材和高聚物改性沥青防水卷材的温度敏感性低，可以不受此限。

3）上下层卷材不允许相互垂直铺贴，是因为这样铺贴后卷材间的重叠缝较多，铺贴不可能平整，交叉处会出现四层重叠现象，很不平服，容易造成屋面渗漏水。

4）平行于屋脊铺贴卷材时，应先贴檐口，再往上铺贴到屋脊或天窗边墙。如有天沟，则应先贴水落口，再向两边贴到分水岭或往上贴到屋脊或天窗边墙。总之，卷材应由低标高处向高标高处铺贴，使卷材搭接缝顺着水流方向，不易被水冲开而渗漏。

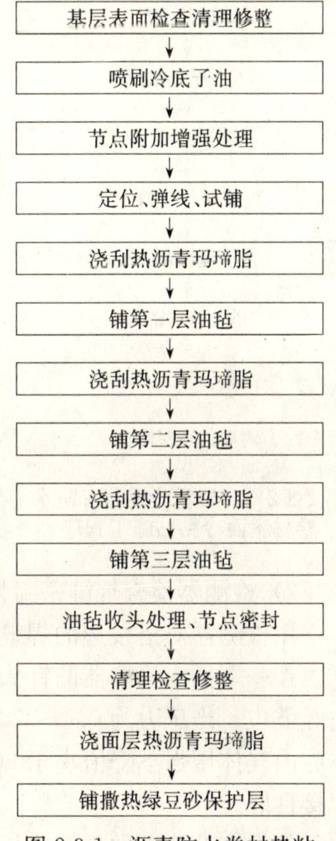


图2-3-1　沥青防水卷材热粘贴法施工程序

**98.** 沥青防水卷材实铺法（满铺法）是在涂刷了冷底子油并经12h以上的干燥基础上，满涂热沥青玛琋脂（使用温度不低于190℃）厚度1～1.5mm，过薄不利于粘结，过厚会造成流淌和沥青玛琋脂的浪费，故要求涂刷均匀、不堆积、不露底。然后滚铺卷材，边滚铺、边对位、边展平、边压实，要求铺贴平直、粘结牢固，特别注意接缝处的粘结。端部收头时用压条或垫片钉压固定，再用密封材料将凹槽嵌填封严。

**99.** 高聚物改性沥青防水卷材屋面冷粘贴法施工程序见图2-3-2。

**100.** 高聚物改性沥青防水卷材屋面热熔法施工程序见图2-3-3。

**101.** 高聚物改性沥青防水卷材屋面自粘法施工程序见图2-3-4。

**102.** 检查塑料防水板（土工膜）的双缝热楔焊接焊缝密封性能。具体方法是：

1）目测检查

搭接边表面应光滑，无波形皱褶、无断面、无断续损痕等缺陷；焊缝应无断裂、变色、无气泡、斑点；与圆垫圈的焊接部位应无烤焦、烧糊、灼穿等现象。

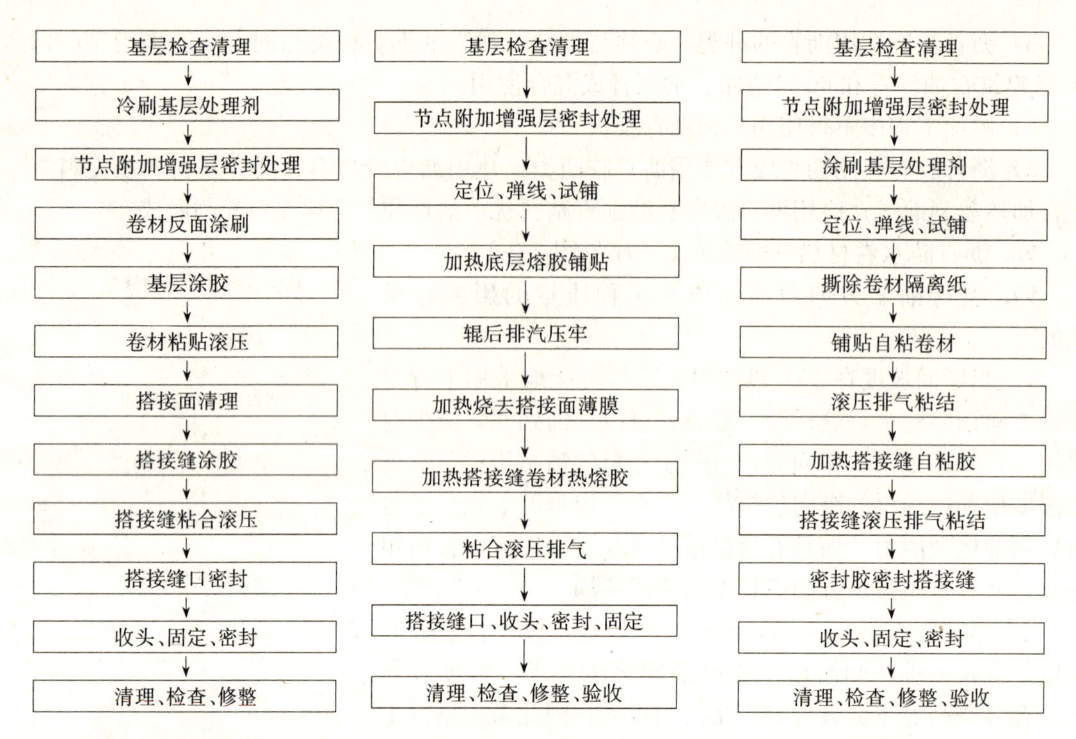


图 2-3-2　高聚物改性沥青防水卷材屋面冷粘贴施工程序

图 2-3-3　高聚物改性沥青防水卷材屋面热熔法铺贴施工程序

图 2-3-4　高聚物改性沥青防水卷材屋面自粘法施工程序

2）检测器检查焊缝密封性能

用检测器对搭接边的焊缝进行充气检查。方法是：将空腔两端用压焊器或热风焊枪焊严，在一端插入检测器的针头，针头进入空腔内后密封针头四周。用打气筒打入空气，使空腔鼓包，当压力为 0.1～0.2MPa（一般可取 0.15MPa）时，停止充气，静观 2min，如空腔内气体压强下降值小于 20%（压力为 0.08～0.16MPa）且稳定不变时，即认为焊缝焊接良好。

每次充分检查的焊接边长度可为 50～100mm。

3）检查焊缝焊接强度

仅检查焊缝是否漏气，还不能完全反映出焊缝的焊接强度，不能检查出弱焊接的部位。所以还应用仪器检查焊缝的剪切强度和剥离强度，使焊缝的焊接强度达到使用要求。检查时，不能破坏焊缝。应在监理工程师或有经验人员的指导下进行检查。以确保防水层不被人为破坏。

**103.** 塑料防水板（聚氯乙烯防水卷材）的单缝热风焊接施工时，对搭接缝封口处理方法如下：

为了进一步保护 PVC 防水层的防水性能，在卷材搭接缝缝口以挤出的熔体凝固后兼作嵌缝线的基础上，可用卷材封口条对搭接缝进行封口处理。施工时，用自动行进式电热风焊机将宽为 50mm 的卷材封口压条（焊机边行走边裁下 50mm 宽的卷材条）焊接在接缝线上，并使封口压条的中心线对准接缝线，封住搭接缝。这样就能取得良好的密封防水效果。立面部位的卷材搭接缝，裁下 50mm 宽的卷材封口条，用手持式电热风焊枪进行焊接。

**104.** 三元乙丙（EPDM）橡胶防水卷材屋面冷粘法施工，用搭接胶粘剂粘结卷材接缝的施工方法是：

1）相邻卷材搭接定位，用专用清洗剂清洁搭接区。

2）采用单一组分搭接胶粘剂时，只需打开胶粘剂包装，搅拌至均匀（推荐至少搅拌5min）即可涂刷，采用双组分搭接胶粘剂时，需现场进行配制并搅拌均匀。

3）用油漆刷将胶粘剂均匀涂刷在翻开的卷材搭接缝的两个粘结面上，涂胶量约在0.4kg/m$^2$左右。

4）待胶膜十燥20min左右，至用手指向前压推不动时，沿底部卷材内边缘13mm以内，挤涂直径为4mm宽的内密封膏条，在所有的接缝上，特别是接缝相交处要确保密封膏条不间断。

5）粘结搭接边。用手一边压合一边排除空气使搭接部位粘合，随后用手持压辊顺序从正向压力向接缝外边缘辊压粘牢，滚压方向应与接缝方向垂直。

**105.** 用胶粘带（双面胶）粘结三元乙丙橡胶防水卷材接缝的施工方法如下：

1）在卷材搭接区涂刷配套底涂料。

2）打开胶粘带（约1m），沿弹好的基准线（粘贴后，以胶粘带能露出上层3mm为基准），把胶粘带粘贴在下层卷材上（聚乙烯防粘隔离膜朝上），用手压实，然后，把上层卷材铺放在胶粘带的聚乙烯防粘隔离膜上。

3）揭去上层卷材下面胶粘带的聚乙烯隔离膜，并把上边卷材直接铺贴在暴露出胶粘带上面，再沿着垂直于搭接边的方向用手压实上层卷材，然后用50mm宽的钢压辊用力压实搭接缝。需要注意的是，要沿着垂直于搭接边的方向滚压，不要顺搭接缝方向滚压，以使搭接边有效粘结。

应在所有搭接缝及胶粘带末端都铺贴自硫化泛水或压敏泛水材料。并根据细部节点挤涂外密封膏。

**106.** 三元乙丙橡胶防水卷材冷粘法施工，卷材搭接边边缘内、外密封处理方法是：

卷材搭接边的内边缘（下层）和外边缘（上层），都应用搭接胶粘剂进行密封处理（俗称封口）。下层卷材边缘的密封可阻止基层湿气，上层搭接卷材边缘的密封起保护接缝胶粘剂免受大气和紫外线危害的作用。高粘结力的密封材料可提高接缝的粘结强度。密封处理方法如下：

1）挤涂内密封膏

搭接边内边缘的密封是使用专用的缝中密封膏（亦称内密封膏）。进行内边缘密封的方法是：沿下层卷材边缘内侧13mm处，挤涂直径为3～4mm的内密封膏条，内密封膏条应连续不断。挤涂完成后方可进行上下层搭接边卷材的粘合。

2）挤涂外密封膏

在卷材搭接边粘合并滚压粘牢2h后，即可进行搭接边上层卷材边缘（即外边缘）的密封处理。作业方法是：首先用沾有配套清洗剂的布、棉纱清理接缝，以接缝为中心线挤涂密封膏，然后用带有凹槽的专用刮板沿接缝中心线以45°角刮涂压实外密封膏，使之定型。挤涂定型工作应于当日定成。

也可采用密封胶粘带对外边缘进行密封，首先用专用清洗剂清洁接缝，以接缝为中心粘结厚度约1～1.2mm、宽约80mm的双粘丁基橡胶粘结密封带。粘结时应滚压粘牢。

**107.** 三元乙丙橡胶防水卷材的冷粘结施工，满粘法和空铺法的工艺流程图见图 2-3-5。

**108.** 三元乙丙橡胶防水卷材冷粘法施工，机械固定法的工艺流程图见图 2-3-6。

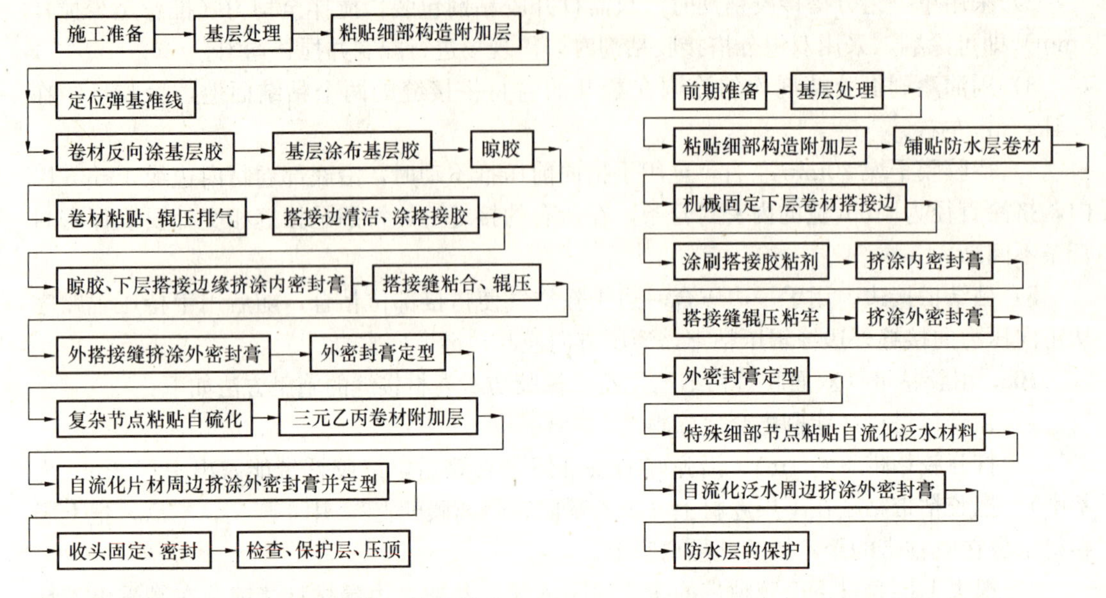


图 2-3-5　满粘法和空铺法的工艺流程图　　图 2-3-6　机械固定法施工工艺流程图

**109.** 合成高分子防水卷材施工，采用热风焊接法施工要求如下：

热风焊接法，是用于热塑性高分子卷材的搭接接缝施工。

热风焊接有单道焊缝和双道焊缝。施工时要求卷材铺贴平服，没有皱折，搭接部位的尺寸要准确。焊接前先将焊接缝的结合面扫净，必要时应用溶剂擦洗，焊接时应先焊长边搭接缝，后焊短边搭接缝，以保证卷材焊接后表面平整。边焊边滚压排气，使其粘贴牢固。

卷材与基层的粘结仍采用胶粘剂粘贴。

**110.** 屋面防水基层易开裂、温差大、年降雨量大地区建筑物防水材料的选择，应选择延伸率大、弹性大的高档柔性防水材料作防水层，如：三元乙丙橡胶防水卷材、氯化聚乙烯橡胶共混防水卷材、聚酯胎改性沥青防水卷材、硅橡胶防水涂料、丙烯酸酯防水涂料等。以适应基层开裂变形、温差变形的需要。

**111.** 对潮湿基层（无明水）防水材料的选择：

有的工程基层干燥有困难。如工期临近，屋面基层尚潮湿时，为抢工期而设置防水层；地下工程临河（湖、海），地下水源丰富，要在基层无法干燥的水文地质条件下设置防水层等。

潮湿基层一般不能用溶剂型、反应型防水涂料作防水层，尚能用水乳型、水性防水涂料、无机防水涂料、刚性材料作防水层。在经过调整工艺方案、技术处理后亦可采用卷材作防水层。如屋面基层潮湿时，卷材应空铺，并应设置排汽道、排汽管（孔）。地下工程潮湿时，白天因潮气受热膨胀使垫层表面的卷材防水层鼓泡，此时，不能浇筑底板混凝土，可在傍晚，气温下降，鼓泡消失时再浇筑底板混凝土。

**112.** 屋面防水层外露的施工程序如下：

1）先高跨后低跨

对于大开间高低跨屋面相连接的建筑物，应先在高跨屋面上进行防水施工，待高跨屋面上的防水层施工完毕后，再在低跨屋面上进行防水施工。秩序不应颠倒。

2）先远后近

对于同跨度屋面或地下室，应先在距离施工入口较远的部位施工，再逐渐移向入口处；或安排合理的施工作业段。否则施工人员在已完工的防水层表面往返走动和施工机具来回搬动，很容易将已完工的防水层损坏，最终导致渗漏，特别是对于涂膜防水层来说更是如此。

3）先细部后大面

在具体施工时，应先对细部构造节点（如阴阳角、板缝、分格缝、水落口、管道根等）用附加卷材（或涂膜）进行附加增强处理后再进行大面防水层的施工。最后，再对末端进行密封收头固定处理。

4）先屋檐后屋脊

对于卷材防水屋面，卷材的搭接部位应遵循顺水接槎的原则。在进行大面铺贴时，应先从最低标高处的女儿墙根部、屋檐开始铺贴，逐渐铺至最高屋脊处。

**113.** 用刚性材料作保护层的防水层施工程序

1）在高低跨屋面进行防水层施工，可先在高跨屋面上做完防水层，经检查合格后，接着就可铺设刚性保护层。待高跨屋面上的防水层和刚性保护层全部施工完毕后，再进行低跨屋面的防水层和刚性保护层的施工。

2）如果高低跨屋面上的防水层已全部施工完毕，并全部验收合格，则尽可能先作低跨屋面上的刚性保护层，待低跨屋面上的刚性保护层能上人后，再作高跨屋面上的刚性保护层。

3）在作同一平面内的刚性保护层时，宜从施工入口处开始施工，作业人员站在已施工完的刚性保护层上进行操作，逐渐向远处延伸，尽量避免站在防水层上进行施工。

4）地下室底板下如用防水涂膜作防水层时，则应在漆膜防水层上干铺一层纸胎油毡柔性保护层，再浇筑细石混凝土保护层。

**114.** 屋面防水工程采用卷材满粘法应用范围是指以下几方面：

1）满粘法通常用在常年处于干燥无潮气、屋面结构层为整体现浇混凝土等基层不易变形条件下的找平层上。

2）在干燥有困难的潮湿基层上采用满粘法施工时，必须根据基层的潮湿程度和屋面构造情况设置排汽道和排汽孔。

3）满粘法还可用在防水层无重物压盖、呈外露状态的常年受大风影响的地区。

4）在容易产生结构变形的装配式预制钢筋混凝土板屋面上采用满粘法时，除了应在分格缝上点粘一条250～300mm宽的附加卷材进行增强外，还应在突出屋面的阴阳角根部粘一条400～600mm宽的空铺附加卷材层。

**115.** 高聚物改性沥青防水卷材和合成高分子卷材的搭接缝，应用材性相容的密封材料密封严密。之所以这样规定，是为了使卷材防水层具有良好的防止渗漏水能力，同时使相邻卷材之间有足够的粘结力和整体性，当遇到大风暴雨时，不致因搭接宽度不够而使卷材接缝处掀起、渗漏。另一方面，若卷材搭接宽度不够，在温差影响下，容易因卷材搭接收缩而引起接头开裂，这在沥青防水卷材中尤为重要。

实践证明，用密封材料将搭接缝口密封，将大大提高接缝防水可靠性。

**116.** 卷材防水屋面附加增强层用材料，可采用与防水层相同材料多作一层或几层，也可采用其他防水材料，予以增强。一般需要增设附加增强层的部位，基层形状较复杂，宜从防水涂料或密封材料涂刷或刮涂为主。

雨天冲刷频繁、行走磨损严重、局部变形较大等容易老化损坏的部位，如天沟、檐沟、檐口、水管口周围、设备下部及周围、出入口至设施间的通道，地下建筑和储水池底板与主墙交接部位，变形缝等处，可作一定厚度的涂料增强层或加贴1～2层卷材增强。加做的厚度要视可能产生损害的严重程度和大面积采用防水材料档次来决定。

结构变形发生集中的部位，如板端缝、檐沟与屋面交接处、变形缝、平面与立面交接处的泛水、穿过防水层管道等部位，除要求采取密封材料嵌缝外，还应做增强空铺层，空铺的宽度视材料的延伸率和抗拉强度来决定，一般在100～300mm之间选择。

**117.** 平屋面至于强调结构找坡，是因为平屋面是以防为主，以排为辅的防水设防方式，因此必须在屋面上形成一个滴水不漏的整体防水层，防止雨水从屋面进入室内，同时排水也是必不可少的手段，如排水坡度不够，低洼处会形成局部积水，给霉菌繁殖创造了有利条件，防水层易被霉菌腐蚀。雨天积水，晴天逐渐干燥，这种局部的干湿交替，会使积水部位表面产生龟裂现象，加速防水层老化。为此，平屋面必须设计一定的排水坡度。

平屋面找坡分为材料找坡和结构找坡。材料找坡是在水平的结构层表面采用轻质材料做出排水坡度。与结构找坡相比，材料找坡增加了结构的荷载，尤其当建筑进深较大时，找坡厚度很大，荷载增加更多，因此规范将材料找坡的排水坡度定的较低为不小于2%。结构找坡即将屋面结构层表面制作成一定的斜坡，找平后就形成排水所需要的坡度，结构找坡具有屋面荷载轻，施工简便，坡度易于控制、省工省料、造价低等优点，因此，平屋面强调采取结构找坡，坡度不小于3%。

**118.** 高低跨屋面设计有以下要求：

有高低跨屋面的建筑，高低跨间经常设置变形缝来满足结构设计的要求。而且高低跨屋面设计时，往往将高跨屋面的雨水通过低跨屋面排走，因此高低跨屋面设计应符合下列规定：

1）高低跨变形缝的防水处理，应采用有足够变形能力的材料和构造措施，必要时应严密封闭；

2）高跨屋面为无组织排水时，其低跨屋面受水冲刷的部位，应加铺一层整幅卷材，上铺通长预制300～500mm宽的C20混凝土板材加强保护；

3）高跨屋面为有组织排水时，水落管下应加设水簸箕。

**119.** 屋面卷材防水层应有保护层，因为能够保护防水层免受大气臭氧、紫外线及其他腐蚀介质侵蚀，免受外力刺伤损害，降低防水层表面温度。实践证明，合理选择屋面卷材防水层保护形式，与无保护层防水层的使用寿命相比，一般可延长一倍至数倍。因此，在屋面卷材防水层上做保护层是合理的、经济的、必要的。

**120.** 屋面卷材防水层的保护层种类很多主要有绿色、彩色涂料保护层，可起到阻止紫外线、臭氧的作用；反射膜保护层，主要起到反射阳光和隔热作用，降低防水层表面温度、阻止紫外线和臭氧老化的作用；粒料保护层，有利延长防水层寿命；蛭石、云母粉保护层，有阻止阳光紫外线直接照射，反射隔热作用；卵石保护层，保护卷材免受阳光直射、阻止雨水冲刷作用；纤维纺织毡保护层，可上人散步，置身于草坪；块体保护层，保护防水层不受损害作用；水泥砂浆保护层；细石混凝土保护层；倒置式屋面兼为保护层。

**121.** 柔性防水层与刚性保护层间要设置隔离层。避免防水层受刚性保护层变形影响的一层隔离材料。

卷材或涂料防水层上设置刚性保护层或刚性细石混凝土防水层时，两者之间应设隔离层，其目的是在刚性保护层或防水层受温差或自身干缩变形时不致对埋压在它底下的防水层产生拉伸作用而影响或损害防水层。尤其在高温季节，刚性保护层和防水层直接在阳光的曝晒下，温度很高，当暴雨来临、温度骤降，刚性层立即收缩，但下部防水层和基层来不及降温变形，如果两者牢固粘结，防水层则会被拉伸，挠曲变形甚至会拉断。所以隔离是必要的，隔离材料有多种，如加铺一层玻纤布、无纺布、油毡层，或加抹一道低强度等级的灰泥等。

**122.** 板端处应设置空铺层是因为结构屋面板支承端处受各种作用力的影响，防水层最易在此处开裂，尤其是装配预制板的板端缝。如 6m 长的大型屋面板，在各种力作用下，最大变形量可达 8～10mm 宽，因此防水层在板端处如采取全粘，很容易在板端变形时被拉裂。因此规范规定，在板端处防水层应作空铺处理，即在板端 200～300mm 范围内，防水层不与基层粘牢，当板端缝产生宽度变化、防水层受拉伸时，有足够宽度的防水层参加延伸变形，避免防水层被拉裂。同时为保证板端缝处防水的可靠性，常常在板端处加铺一层防水层作增强处理。

**123.** 卷材屋面中卷材的铺贴方向对卷材屋面的防水质量至关重要。卷材防水层一般大面积不会出现问题，卷材搭接缝质量是卷材屋面防水质量的重要控制项目。因此，卷材屋面防水必须强调在各种情况下卷材的铺贴要求。

平行屋脊方向铺贴卷材，每层卷材必须自坡度下方开始向上铺贴，即由檐口或天沟开始铺向屋脊。这种铺贴方法，使两幅卷材之间的长边能顺屋面坡度方向搭接。当下雨时，水能顺坡度方向迅速排走，而不致长期留在卷材的搭接缝上，有利于提高卷材屋面整体性和水密性，延长防水层使用年限。相反，若卷材由屋脊开始向檐口或天沟方向铺贴，则两幅卷材之间的长边就会逆流水方向搭接，容易造成渗漏。

垂直屋脊方向铺贴卷材时，每层卷材必须自屋脊开始向檐口或天沟方向铺贴，切不可由屋面坡度下方向铺贴。否则容易造成卷材铺贴不平和出现皱折，铺好的卷材也易被工人踩坏。

天沟的排水，是将分水岭作为起始点，按设计坡度方向向两侧流水、并通过雨水口将水集中排出，为此在铺贴卷材时，应先铺贴雨水口周围的卷材附加层，然后分层从雨水口处向分水岭方向铺贴设计规定的天沟卷材层。这样所有的搭接缝都能顺流水方向而不致渗漏。

**124.** 做好女儿墙防水是屋面防水关键部位。屋面女儿墙防水包括泛水、泛水收头及压顶。见图 2-3-7、图 2-3-8、图 2-3-9。

1）泛水收头的提前破损和渗漏，是防水工程中出现较多的现象之一，出现破损和渗漏的常见原因是：收头粘结不牢；固定方法陈旧，不牢固；端头开裂翘边、脱落、无保护

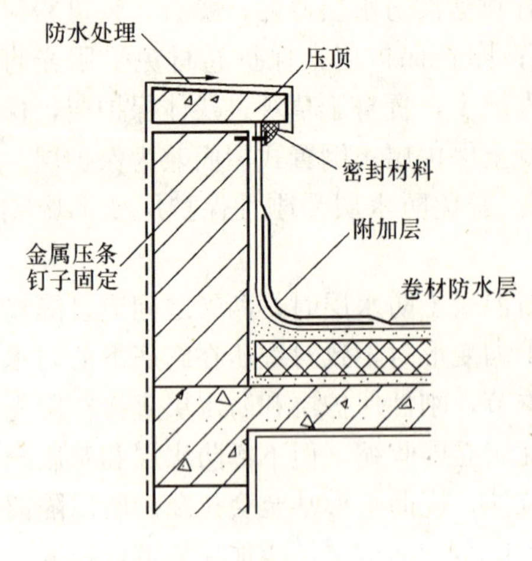


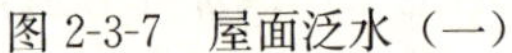
图 2-3-7　屋面泛水（一）

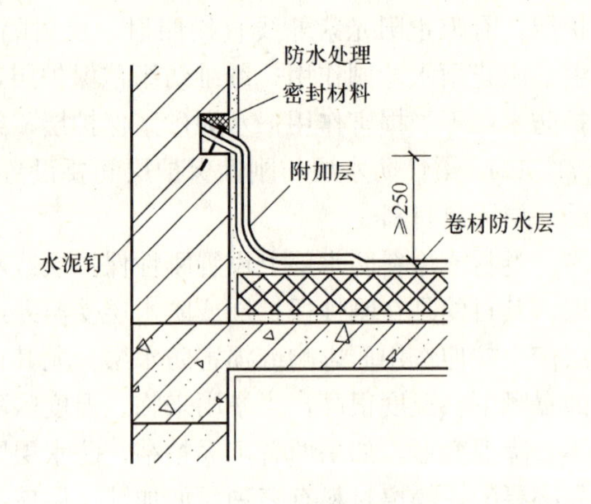


图 2-3-8　屋面泛水（二）

措施，一旦破损开裂、脱开后就立即发生渗漏。针对泛水墙身的材料可以有不同的构造形式：

①女儿墙泛水较低时，防水层做过墙顶，用压顶盖住压实。

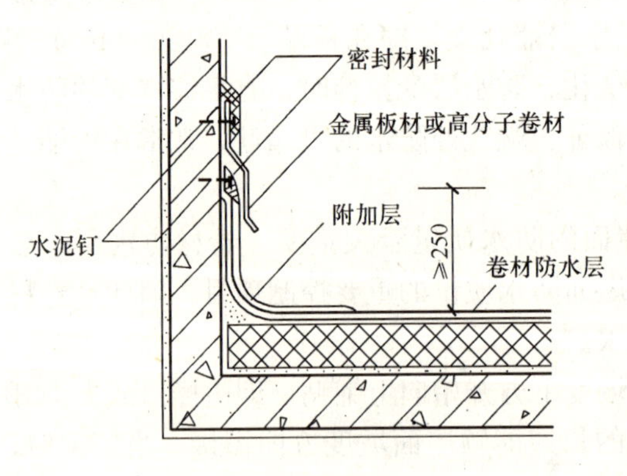


图 2-3-9　屋面泛水（三）

②墙身为混凝土时，不留槽和挑檐，墙身为砖墙时，只留凹槽。不留槽的将泛水收头直接粘牢（泛水立墙要求满粘）用金属压条钉压，钉距最大为 800mm，收头用密封材料封严。在钉压的收头上部再用金属盖板或合成高分子卷材条钉压保护，端头用密封材料封严。目的是一旦金属或合成高分子卷材保护条损坏，不会立即发生渗漏。

③采用砖墙女儿墙时，可在泛水收头部位留设凹槽，将防水层端头压入凹槽，金属压条钉压，密封材料将端头封固，待上部墙体抹灰时压过端头，水泥砂浆抹压，也可再用金属盖板或合成高分子卷材钉压保护。

2）压顶

目前做金属的或柔性（合成高分子卷材）的压顶增多，大大提高该节点的设防可靠性，是值得推行的。

**125.** 卷材防水层的收头处理。

1）天沟、檐沟卷材收头，应固定密封。

2）高低层建筑屋面与立墙交接处，应采取能适应变形的密封处理。

3）无组织排水檐口 800mm 范围内卷材应采取满粘法，卷材收头应固定密封。

4）伸出屋面管道卷材收头。

伸出屋面管道周围的找平层应做成圆锥台，管道与找平层间应留凹槽，并嵌填密封材料，防水层收头处应用金属箍箍紧，并用密封材料封严。

**126.** 天沟、檐沟的防水构造防止渗漏应采取以下技术措施：

天沟、檐沟是雨水最后流经的部位，被水流频繁冲刷，容易积水，而且天沟、檐沟的结构较薄、变形较大，阴阳角多，基面不平整，因此应遵照多道设防、附加增强、节点密封的原则。见图 2-3-10。

1）首先在雨水口、阴阳角、整个沟底、侧部作不同厚度要求的附加增强层。

2）天沟、檐沟的基面转角多，宜采用涂膜增强，在屋面与沟交接处宜采取空铺方法，空铺宽度不小于 200mm，且涂膜收头应用涂料多遍涂刷或密封材料密封。

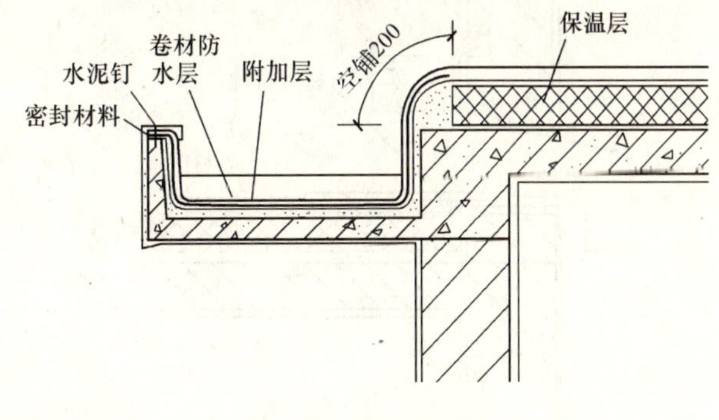


图 2-3-10　屋面檐沟

3）天沟、檐沟采用卷材时，宜顺沟铺设，减少搭接缝，提高施工可靠率；并从沟底上翻至沟外檐顶部，卷材收头应用水泥钉固定，并用密封材料封严。

4）如果屋面层为刚性细石混凝土防水层时，在檐沟、天沟交接处应留凹槽，嵌填密封材料。见图 2-3-10。

**127.** 檐口的防水构造应合理设置处理。

1）檐口是水流集中的部位，也是容易被大风掀刮的部位，由于端部需增强和密封，容易使檐口加厚，因此檐口处的排水坡要准确，不能有倒坡现象。见图 2-3-11。

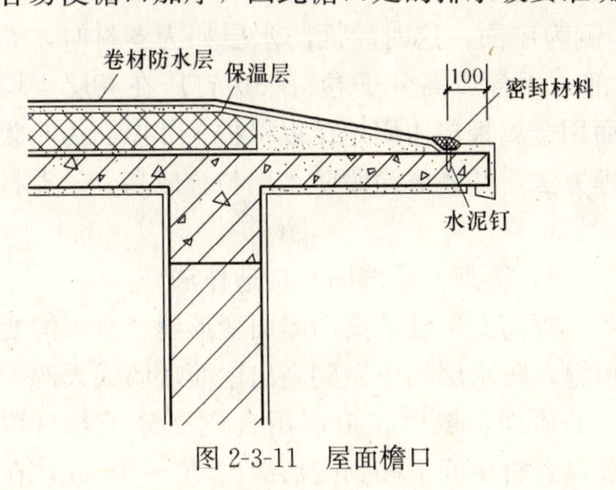


图 2-3-11　屋面檐口

2）檐口应采取涂膜增强，檐口端部在找平层上应预留凹槽，将涂膜、卷材压入凹槽，用金属压条牢固钉压，密封材料封严。

3）为避免檐口受大风的损害，在檐口 800mm 范围内，不管采取何种施工工艺在此处的涂膜、卷材均应全面牢固粘结。

4）为了避免檐口倒爬水，挑出的檐口下部应做成有效的滴水形式。见图 2-3-11。

**128.** 水落口的防水构造应符合下列规定：

1）水落口是屋面雨水集中通过的部位，水落口的受力变形等产生开裂，导致水落口周围渗漏；同时水落口安装标高应为沟底最低处，否则会造成积水。因此水落口周围 500mm 范围找平层应抹成 5％坡度，并在水落口与结构混凝土间预留 20mm×20mm 凹槽，嵌填密封材料；再用配套涂料涂刷 2mm 厚的附加增强层，来增强该部位的防水能力。

2）旧式铸铁水落口，天沟防水层卷材收头只能压到水落口沿上，如将卷材伸入水落口内，会造成水落口直径缩小，水流量减少，造成积水，排水不畅。改用涂料防水时，涂料可薄涂到水落口内，因为涂膜能紧贴水落口杯壁，不会影响排水的顺畅。新型水落口为橡塑或塑料制品，水落口有槽，防水层的卷材或涂膜可延伸至槽内，再用密封材料封口。见图 2-3-12、图 2-3-13。

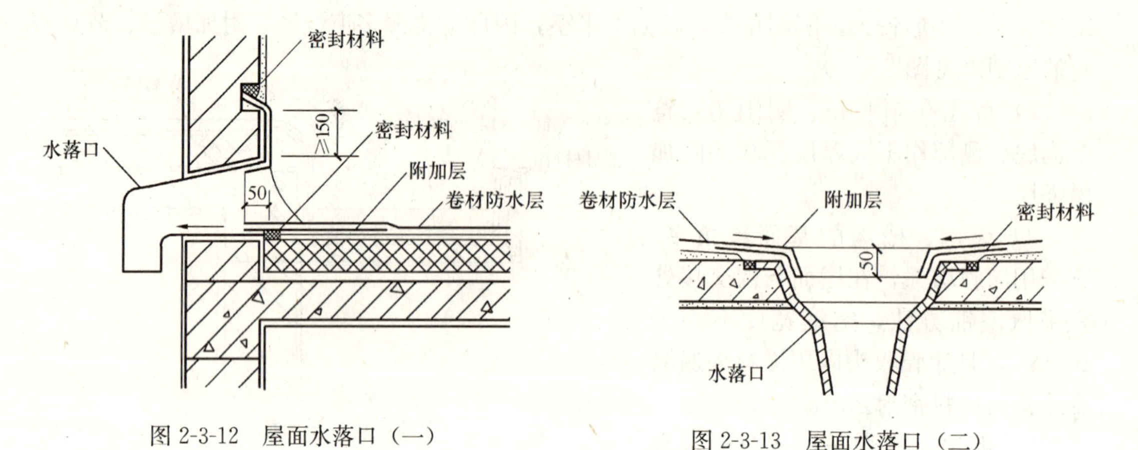


图 2-3-12 屋面水落口（一）

图 2-3-13 屋面水落口（二）

**129.** 变形缝的防水构造应采用以下做法：

变形缝是屋面变形集中的部位，温差变形、建筑物合理沉降变形都会使变形缝的宽度不断变化，所以不管屋面采用哪种防水材料，变形缝的构造和设防是一致的，即需要多道设防，并在缝的宽度变化时，不会造成防水层的破坏。

变形缝有高低变形缝和等高变形缝，等高变形缝又分为高出屋面等高变形缝、与屋面平齐变形缝和双天沟变形缝等。

1）高低变形缝防水构造作法

高低变形缝的一边为立墙（高层），另一侧为屋面。这时屋面防水层如为卷材时，卷材应钉压在高层立墙上，并向缝中下凹，上部采用合成高分子卷材一边钉压在高层立墙上，一边直接粘到屋面防水层上，同时在表面用金属板单边固定予以保护。如屋面为涂膜防水层时，也应采用与卷材防水层相同的处理方法，并做好涂膜防水层与合成高分子卷材的搭接。见图 2-3-14。

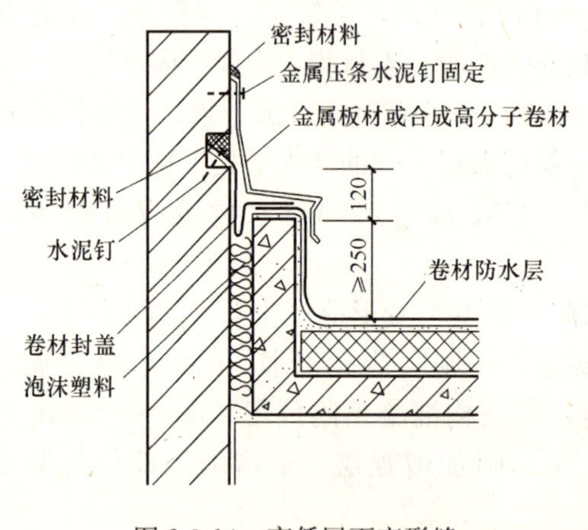


图 2-3-14 高低屋面变形缝

2）等高变形缝防水构造作法

等高变形缝的高出屋面变形缝或双天沟变形缝，防水层均应做到高出屋面矮墙或天沟侧壁的顶面，然后在上部用合成高分子卷材覆盖，卷材中间下凹到变形缝内 20～30mm，在凹槽内垫聚乙烯泡沫条，两边与屋面上翻的防水层搭接，宽度不少于 100mm，然后再在顶部铺一层合成高分子卷材，两边应覆盖住前一层合成高分子卷材的搭接缝，上部再用细石混凝土或不锈钢盖板盖压。见图 2-3-15。

**130.** 伸出屋面管道的防水构造应符合以下要求：

伸出屋面管道由于管道与结构层混凝土及找平层砂浆的材性不同，温差变形不同、混凝土或砂浆干缩，易使管道周围开裂；同时管道纵向温差变形伸缩也会造成管道四周出现缝隙，所以伸出屋面管道周围应作密封防水处理。

1）在施工找平层时，应将管道周围堆高，从管道向四周形成较大的排水坡度；

2）在管道周围根部留置 20mm×20mm 凹槽，先填嵌密封材料，然后在找平层上涂刷增强涂膜防水层，必要时铺胎体增强材料，涂料应上涂到管道上不小于 100mm；

3）施工屋面防水层时，卷材防水层延伸至管道上，高度不小于 250mm，上部用金属箍或铁丝扎紧绑牢，然后再用密封材料封口；

4）如屋面是涂膜防水层时，将涂料涂到 250mm 高后，端头用密封材料封口。见图 2-3-16。

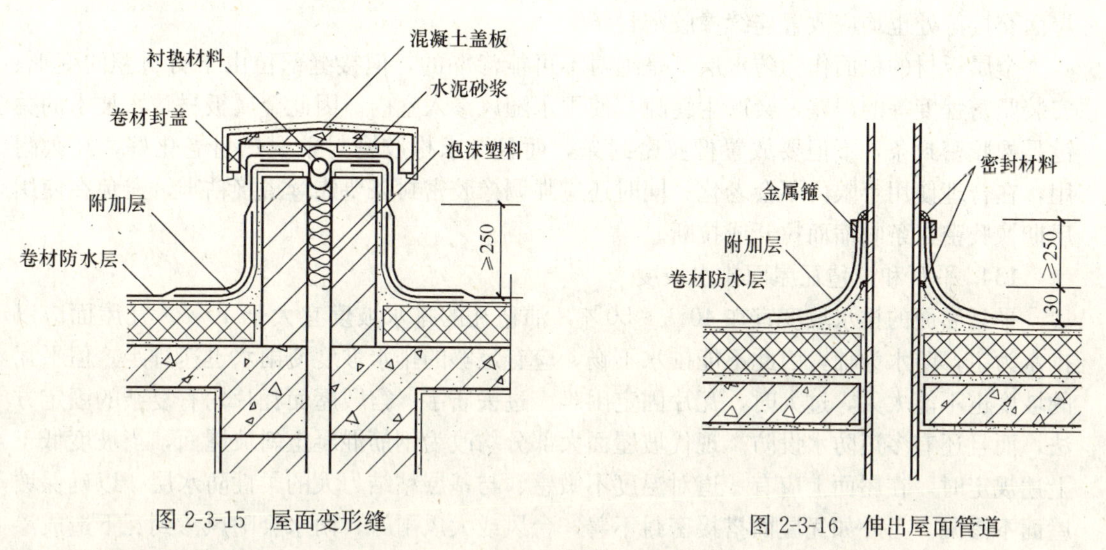


图 2-3-15　屋面变形缝

图 2-3-16　伸出屋面管道

这样的构造和施工才能确保该节点在合理使用年限内不会发生渗漏。

**131.** 种植屋面对防水层有以下技术性要求：

1）种植屋面的防水层不但要满足一般屋面防水层的要求，还应具有耐腐蚀、耐霉烂、耐穿刺的要求，因为种植屋面常处于潮湿环境，当温度适当时，微生物、细菌生长会使防水层霉烂，植物生长时，根系会穿刺防水层，所以防水层应是耐穿刺能力强，并有足够厚度的材料，如 PVC 卷材、PE 卷材等，并采取焊接搭接使接缝完善可靠。如采用合成高分子橡胶类卷材，应有保证接缝可靠性的措施。

2）为了保证防水层的耐久性，柔性防水层上还应设置一道细石混凝土的保护层。

3）种植屋面应具有足够的排水坡度，在四周挡墙下设置泄水孔，当雨水过多时，将水迅速排除，以免植物烂根。在泄水孔内部还应做好滤水装置，避免种植介质被水冲走。

**132.** 蓄水屋面对防水层应有以下要求：

蓄水屋面是在屋顶上采用砖砌体或混凝土将屋面制作成若干个连通的蓄水池，池内常年蓄深度为 200～500mm 的水，通过水的蒸发和隔热作用，起到阻止夏季日晒高温从屋面向室内传递的目的。并可在水池中种植浮萍等水生植物，达到更好的隔热效果。为方便管理，可在水池中部及四周铺设走道板。

1）蓄水屋面的防水层宜采用刚柔结合的方案，柔性防水层应采用具有一定强度和延伸率，较强的耐腐蚀、耐霉烂、耐穿刺性能力和一定的厚度的卷材或涂料；并应全面设防，覆盖整个屋面。表面应有细石混凝土保护层，也可以将细石混凝土做成细石混凝土防水层，其分格缝间距可适当放大至6m左右，不大于10m，并将分格墙也设于此；细石混凝土可按刚性细石混凝土防水层的要求进行配筋、厚度控制和施工。

2）蓄水屋面还应按设计要求设置溢水口和滤水管，在大雨时使多余水能排入天沟水落管，各分离墙底部还应有连通管，屋面最低处应设排水管，便于长期积水后清洗蓄水池。

**133.** 金属板材每块面积大，两块在波峰上搭接、铆钉连接，与基层钢结构用螺钉固定，施工方便快捷。为了提高防水可靠性，在两板顺向搭接处应设置一根连续的橡胶密封条，上下两块搭接缝则应设置二根连续的橡胶密封条。在屋脊扣板下及山墙扣板、檐沟与屋面交接等处也均应放置连续橡胶密封条。

金属板材的板面作为防水层，是绝对不可能渗漏的，但接缝部位由于材料翘曲变形、安装紧密程度等的误差，会产生缝隙，使雨水随风渗入室内。因此金属板材防水技术的关键是橡胶密封条，不但要放置橡胶密封条，而且要求橡胶密封条耐热耐老化好，经久耐用，在合理使用年限内不会老化；同时还应强调橡胶密封条要连续搭接粘牢，避免在使用后期橡胶密封条收缩而拉开或拉断。

**134.** 平瓦和油毡瓦屋面排水坡度

平瓦屋面的排水坡度宜在40%～50%，油毡瓦的排水坡度宜大于40%。瓦屋面应以排水为主，防水为辅，因此不能排水不畅，应有足够的排水坡度使雨水迅速排走。但平瓦的坡度也不能太大，过大时，瓦片固定困难。过去庙宇、宫殿屋面瓦片均有复杂的固定方法，而且还有多道防水设防。现代坡屋面大部分均改为钢筋混凝土斜坡屋面，当坡度低于上述规定时，在屋面上应有一道对温度不敏感、与基层粘结力大的柔性防水层，以确保坡屋面不渗漏。另外如瓦屋面搭接密封不善，台风或大风雨时，雨水会随风渗到瓦下造成渗漏，因此瓦屋面最好与柔性防水层复合使用，以提高防水设防的可靠性。坡度过大，或在有大风地区、地震地区，瓦片应有固定措施。

**135.** 平瓦屋面的节点构造防水

1）檐口：檐口瓦头挑出封檐板的长度宜为50～70mm，过短会产生尿檐或雨水随风飘入檐口内的现象，过大瓦片固定困难。

2）檐沟、天沟：檐沟和天沟的深度和宽度应根据当地雨量计算确定，沟底排水坡度正确，与水落口之间用密封材料密封，檐沟和天沟的防水层应伸入瓦内，宽度不小于150mm；瓦伸入檐沟、天沟的长度为50～70mm。

3）山墙泛水：瓦片与山墙泛水间过去均规定用1∶2.5水泥砂浆做出坡水线，将瓦封固，泛水用1∶1∶4并加1.5%麻刀抹面。由于材料的发展，现在宜采用掺抗裂纤维的聚合物防水砂浆（或防水干粉砂浆），从泛水抹至沿山墙一行瓦，并将瓦嵌入砂浆中。为防止砂浆变形开裂，在抹灰面上涂刷防水涂料到瓦面。

4）屋脊：屋脊的脊瓦下端距坡面瓦的高度不宜大于80mm，脊瓦在两坡面瓦上的搭盖宽度，每边不应小于40mm。并用掺抗裂纤维的聚合物水泥砂浆，将脊瓦与坡面瓦之间的缝隙和脊瓦间的缝隙填实抹平，勾好缝。

**136.** 防水涂料分类如下：

1）防水涂料按成膜物质分为沥青基防水涂料、高聚物改性沥青防水涂料和合成高分子防水涂料三类。合成高分子防水涂料又可分为：合成橡胶类和合成树脂类。

2）防水涂料按材料形态不同可分为水乳型、溶剂型和反应型。

3）防水涂料如按成膜的厚度不同可分为厚质防水涂料和薄质防水涂料。

**137.** 防水涂料的特点

1）防水性能好，能满足各种复杂屋面的防水要求，特别适用于各种不规则屋面及节点部位的施工。

2）温度适应性强，具有较好的温度适应性、耐高低温性，能基本满足高温厂房及特殊工程的需要，能适应一般建筑屋面工程的需要。

3）施工性能好，操作简便，施工进步快，并易于修补；大多采用冷施工，不必加热熬制，减少了污染，改善了劳动条件。

4）价格较低，有些原料来源方便，有的原料可废物利用，降低成本。

**138.** 防水涂料施工气候条件应满足以下要求：

施工的气候条件直接影响防水涂料的施工操作和涂膜形成，从而影响到防水层的质量和涂膜防水效果。

1）在整个施工过程中和施工后的成膜时间内，都应避免雨雪及冰雹天气施工，否则会造成涂膜麻面、孔眼，甚至被溶解、被冲掉。大风天气（五级及其以上）也不得进行施工。

2）涂料施工及涂膜的固化形成对气温也很敏感。

①沥青基防水涂料在气温高于35℃或低于5℃时不宜施工。

②高聚物改性沥青防水涂膜和合成高分子防水涂膜的施工，如是溶剂型涂料，环境气温宜为－5～35℃；水乳型涂料环境气温宜为5～35℃。

③施工温度低，溶剂挥发和水分蒸发慢，成膜时间长，水乳型涂料在0℃以下，还可能出现冻害。

④施工环境温度超过35℃则水分蒸发、溶剂挥发快，涂料粘度增加，造成操作不便，涂膜质量得不到保证。

**139.** 防水涂料施工水泥砂浆找平层的技术要求如下

1）配合比：1∶2.5～1∶3（水泥∶砂）体积比，水泥强度等级不低于32.5级。

2）厚度：基层为整体混凝土15～20mm；基层为整体现浇或板状保温材料20～25mm；基层为装配式混凝土板20～30mm。

3）坡度：结构找坡不应小于3%；材料找坡宜为2%；天沟纵坡不应小于1%，沟底水落差不得超过200mm。

4）分格缝：位置应设在板端缝处，纵向间距不宜大于6m；横向间距不宜大于6m；缝宽应为20mm。

5）泛水处圆弧半径：当为沥青防水卷材时为100～150mm；当为高聚物改性沥青防水卷材时应为50mm；当为合成高分子防水卷材时应为20mm。

6）表面平整度：用2m直尺检查，不应大于5mm。

7）含水率：将1m$^2$卷材平坦地干铺在找平层上，静置3～4h，掀开检查，覆盖部位与卷材上未见水印，即可。

8）表面质量：应平整、压光，不得有酥松、起砂、起皮现象及过大裂缝。

**140.** 涂膜防水的施工程序见图2-3-17。

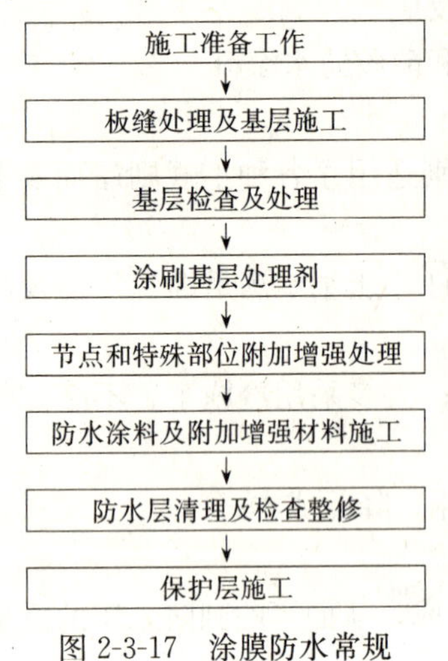

图 2-3-17　涂膜防水常规施工程序

**141.** 涂膜厚度的控制

涂层厚度是影响涂膜防水质量的一个关键问题，但手工操作要准确控制涂层厚度是比较困难的。因为涂刷时每个涂层要涂刷几道才能完成，而每道涂层不能过厚，如果涂层过厚，就会出现涂膜表面已干燥成膜，而内部涂料的水分或溶剂却不能蒸发或挥发的现象，使涂膜难以实干而形不成具有一定强度和防水能力的防水膜。当然涂刷时涂膜也不宜过薄，否则就要增加涂刷遍数，增加劳动力及拖延施工工期。

因此，涂膜防水施工前，必须根据设计要求的每平方米涂料用量、涂膜厚度及涂料材性，事先试验确定每遍涂料涂刷的厚度及每个涂层需要涂刷的遍数，如一布二涂，即先涂底层，再加胎体增强材料，再涂面层。施工时就要按试验的要求，每涂层涂刷几遍进行，而且面层至少应涂刷二遍或二遍以上，合成高分子防水涂料还要求底涂层有 1mm 厚才可铺设胎体增强材料。这样才能较准确地控制层厚，并且使每道都能实干，从而保证施工质量。

**142.** 屋面工程对涂膜防水层的厚度国家规范作如下规定：

防水涂膜的性能，必须在一定厚度的条件下，才能获得充分而持久的发挥。所以规范对屋面涂膜防水层的厚度作了明确的规定。见表 2-3-1。

**涂膜厚度选用表**　　　　**表 2-3-1**

| 屋面防水等级 | 设防道数 | 高聚物改性沥青防水涂料 | 合成高分子防水涂料 |
|---|---|---|---|
| Ⅰ | 三道或三道以上设防 | | 不应小于 1.5mm |
| Ⅱ级 | 二道设防 | 不应小于 3mm | 不应小于 1.5mm |
| Ⅲ级 | 一道设防 | 不应小于 3mm | 不应小于 2mm |
| Ⅳ级 | 一道设防 | 不应小于 2mm | |

**143.** 屋面坡度小于 15％时，胎体增强材料一般平行于屋脊铺设；屋面坡度大于 15％时，为防止胎体增强材料下滑应垂直于屋脊铺设。平行于屋脊铺设时，必须从最低标高处开始向屋脊方向铺设，使胎体增强材料顺着流水方向搭接，避免呛水；胎体增强材料铺贴时，应边涂刷边铺贴，避免两者分离。

为确保涂膜防水层的完整性和工程质量《屋面工程质量验收规范》规定，胎体增强材料的长边搭接宽度不小于 50mm，短边搭接宽度不小于 70mm；当采用两层胎体增强材料时，上、下层不得垂直铺设，以避免使用时两层胎体材料同方向的延伸性能不一致；上、下层的搭接缝应错开不小于 1/3 幅宽，避免上、下层胎体材料产生重缝，使防水层厚薄不匀。

**144.** 要掌握好涂膜固化时间

各种防水涂料都有不同的干燥时间，干燥有表干和实干之分。后一遍涂料的施工必须等前遍涂料干燥后方可进行，即涂膜层涂刷后需要一定的间隔时间。因此，在施工前必须根据气候条件，经试验确定每遍涂刷的涂料用量和间隔时间。

薄质涂料施工时，每遍涂刷必须待前遍涂膜实干后才能进行，否则单组份涂料的底层水分或溶剂被封固在上涂层下不能及时挥发，而双组份涂料则尚未完全固化，从而形不成有一定强度的防水膜，而且后遍涂刷时容易将前一遍涂膜刷破起皮而破坏。一旦雨水渗入易冲刷或溶解涂膜层，破坏涂膜的整体性。

薄质涂料每遍涂层表干时实际上已基本达到了实干，因此，可用表干时间来控制涂刷间隔时间。涂膜的干燥快慢与气候有较大关系，气温高，干燥就快，湿度小，且有风时，干燥也快。一般在北方常温下2～4h即可干燥，而在南方湿度较大的季节，二、三天也不一定能干燥。因此涂刷的间隔时间应根据气候条件来确定。

**145.** 水乳型涂料在潮湿基层上不能施工

水乳型防水涂料施工时，基层含水率也应严格符合设计要求，千万不要认为水乳型防水涂料本身含有相当的水分，所以对基层的干燥程度可以不作严格要求。因为水乳型涂料的水分是均匀分散在防水涂料中的。如果基层表面有多余水分（或水珠），会局部改变防水涂料的配合成分，在成膜过程中，必然会影响涂膜的均匀性和整体性。因此，不管采用何种涂料，基层含水率必须符合规定要求，若基层只是表面有潮气，水乳型涂料可以施工。

**146.** 涂膜防水屋面施工，对找平层分格缝的增强处理

1）找平层分格缝应遵循留设在板端缝并与缝对齐的原则。此外，由于受分格缝尺寸的限制，还常设置在板面及板侧缝部位。缝槽内均应嵌填密封材料，缝表面的卷材条为增强适应缝变形的能力而设，与密封材料之间还应设置隔离条。

2）如用胎体增强材料作密封材料上部的保护条（附加条）时，则应空铺，即胎体材料与密封材料之间增设纸片状隔离材料（如有机硅薄膜、聚乙烯薄膜隔离条），只在分格缝两侧的找平层表面刷涂料、胎体材料只与找平层相连接，与密封材料不粘结，待胎体材料与找平层相粘结的涂料固化后，再在其表面涂刷涂膜防水条。胎体材料的宽度宜为200～300mm，每边距分格缝边缘不得小于80mm。

**147.** 水落口增强做法

1）水落口是屋面雨水汇集的部位，是最易发生渗漏的部位，水落口杯与屋面结构交接处会形成一道缝隙，所以应特意将缝隙加大到深和宽各为20mm的凹槽。凹槽内嵌填密封材料，堵塞渗水通道，然后再在水落口周围直径50mm范围内加铺2层有胎体增强材料的附加层，并应伸入杯内不得小于50mm。

2）根据“防排结合”的原则，还应增大水落口周围直径500mm范围内的排水坡度，规定不应小于5%。

水落口杯的埋设高度应充分考虑上述厚度所增加的尺寸，使排水坡度不小于5%。

**148.** 天沟、檐沟增强做法

1）天沟、檐沟与屋面相互衔接的交接处，常因构件断面和屋面板体的变形而发生位移或裂缝，所以应在交接部位嵌填密封材料，并在转角处用弹性较好的合成高分子防水卷材作空铺处理，空铺卷材的宽度为200～300mm。空铺施工时，可在屋面找平层一侧用少量粘结剂将空铺卷材作定位固定，或在找平层一侧的空铺卷材底面点涂或条涂50～80mm宽的粘结剂将其定位，空铺卷材在平面和立面应各占空铺卷材的1/2幅宽。

2）作完空铺卷材后，还应增设1～2层带胎体增强材料的附加层，自屋面与天沟、檐

沟的交接转角部位经沟底一直铺至女儿墙或立墙的凹槽收头部位或不留凹槽的相应部位，有胎体增强材料的附加层和空铺附加层之间应作满粘连接，最后再涂布防水层。胎体增强材料宜平行于沟底铺设，并尽量减少短边搭接。

**149.** 檐口防水涂膜收头处理

无组织排水檐口的涂膜收头方法是：将防水层伸入檐口凹槽内，用防水涂料多遍涂刷或用密封材料封严，避免防水层收头部位翘起。凹槽部位密封后的厚度应与檐口平面基本持平，以防积水。

**150.** 泛水增强做法

防水涂料与水泥砂浆找平层具有良好的粘结性能。所以，涂膜防水屋面在女儿墙泛水部位的砖墙上可不设凹槽，带胎体增强材料的涂膜附加层在平面和立面的宽度一般不应小于250mm，而涂膜防水层可利用其良好的粘结性一直涂刷至女儿墙压顶下，压顶也应用卷材、涂膜或镀锌铁皮做防水层，以避免泛水处和压顶开裂，雨水不经防水层阻断，而抄后路从裂缝部位渗入室内。所以，压顶的防水处理不可忽视。压顶下的涂膜防水层应用防水涂料作多遍涂刷，进行收头处理。

**151.** 屋面变形缝增强处理有以下三种做法：

1）变形缝立墙高度不应小于250mm，与屋面连接的阴角部位用带胎体增强材料的附加层进行增强处理，附加层在平面和立面的宽度分别不宜小于250mm，涂膜防水层自屋面涂布至变形缝立墙平面。变形缝内应填充泡沫塑料或沥青麻丝，然后沿变形缝顶部平面覆盖一条向缝中下凹的合成高分子防水卷材，凹槽上放一根具有弹性的聚乙烯发泡圆棒或板材，再用合成高分子防水卷材封盖在圆棒处作Ω状造型，并与两侧涂膜防水层粘结在一起。

2）利用聚乙烯发泡圆棒良好的弹性，将其直接夹卡在变形缝缝口而不需覆盖下凹卷材，即使缝的间距发生变化也不会掉落。封盖卷材作成Ω状造型，亦是为了适应结构变形而预留的变形余量。最后在封盖卷材表面作混凝土盖板压顶处理。

用合成高分子防水卷材对变形缝作全覆盖封闭处理，可以防止混凝土盖板开裂而向缝中渗水，混凝土盖板仅作防水层的保护层。

3）变形缝顶部也可用金属盖板封顶，金属盖板的两侧用金属压条水泥钢钉固定，钉距约1m，接头的搭接宽度宜为50～80mm，搭接缝应嵌填密封材料，金属压条应作防锈处理。

**152.** 伸出屋面管道增强做法

1）伸出屋面管道周围应做成圆锥台找平层，台高30mm，并以30%找坡，在管根四周与圆锥台交接部位应留20mm×20mm的凹槽，并嵌填密封材料。

2）附加层用涂料粘贴胎体材料围裹而成，从管根圆锥台边缘一直做到管道根上方250mm处收头。先在附加层部位涂刷一遍涂料，随即粘贴胎体材料，胎体材料的裁剪尺寸与卷材在伸出屋面管道处的附加层尺寸基本相同。涂膜固化后，再涂刷一遍涂膜附加层，作一布二涂附加层，也可作二布三涂附加层处理。

3）涂膜附加层与涂膜防水层一起在管道根上方250mm处进行收头。涂膜末端应用与防水涂料相容的密封材料进行围封处理，或用涂料经数遍涂刷收头。对于沥青基或高聚物改性沥青防水涂膜，为了防止开裂，宜用卷材在管道防水层外表面进行围裹粘结。端部用金属箍固定，并进行密封处理。

**153.** 涂膜防水层屋面施工，隔气层做法

1）高湿保温屋面（纬度40°以北的冬季取暖地区且室内空气湿度大于75%、室内空气湿度常年大于80%的建筑）的隔汽层应设置在找平层上，应采用气密性好的材料作隔汽层，如卷材（纸胎油毡除外）或防水涂料，使其真正起到隔汽的作用，以保证保温效果；

2）采用卷材时，应用空铺法施工，以提高抗基层变形的能力，卷材搭接部分应满粘，宽度不应小于70mm；

3）采用沥青基防水涂料时，其耐热度应比室内或室外的最高温度高出20～25℃；

4）隔汽层在屋面与墙面的交接部位，应沿墙面向上连续铺设，并应高出保温层上表面且不得小于150mm。隔汽层宜于防水层连接成一体。

**154.** 预注浆

工程开挖前使浆液预先充填围岩裂隙，达到堵塞水流、加固围岩目的所进行的注浆。可分为工作面预注浆，即超前预注浆；地面预注浆，包括竖井地面预注浆和平巷地面预注浆。

**155.** 地下工程防水设计应包括以下内容：

1）防水等级和设防要求；

2）防水混凝土的抗渗等级和其他技术指标、质量保证措施；

3）其他防水层选用的材料及其技术指标，质量保证措施；

4）工程细部构造的防水措施，选用的材料及其技术指标，质量保证措施；

5）工程的防排水系统，地面挡水、截水系统及工程各种洞口的防倒灌措施。

**156.** 地下工程防水等级标准

1）Ⅰ级防水等级

不允许渗水，结构表面无湿渍。

2）Ⅱ级防水等级

①不允许漏水，结构表面可有少量湿渍。

②工业与民用建筑

总湿渍面积不应大于总防水面积（包括顶板、墙面、地面）的1/1000；任意100 $m^2$防水面积上的湿渍不超过1处，单个湿渍的最大面积不大于0.1$m^2$。

③其他地下工程

总湿渍面积不应大于总防水面积的6/1000；任意100$m^2$ 防水面积上的湿渍不超过4处，单个湿渍的最大面积不大于0.2$m^2$。

3）Ⅲ级防水等级

①有少量漏水点，不得有线流和漏泥砂。

②任意100$m^2$ 防水面积上的漏水点数不超过7处，单个漏水点的最大漏水量不大于2.5L/d，单个湿渍的最大面积不大于0.3$m^2$。

4）Ⅳ级防水等级

①有漏水点，不得有线流和漏泥砂。

②整个工程平均漏水量不大于2L/$m^2$·d，任意100$m^2$ 防水面积的平均漏水量不大于

$4L/m^2 \cdot d$。

**157.** 施工缝的施工应符合下列规定：

1）水平施工缝浇灌混凝土前，应将其表面浮浆和杂物清除，先铺净浆，再铺 30～50mm 厚的 1∶1 水泥砂浆或涂刷混凝土界面处理剂，并及时浇灌混凝土；

2）垂直施工缝浇灌混凝土前，应将其表面清理干净，并涂刷水泥净浆或混凝土界面处理剂，并及时浇灌混凝土；

3）选用的遇水膨胀止水条应具有缓胀性能，其 7d 的膨胀率不应大于最终膨胀率的 60％；

4）遇水膨胀止水条应牢固地安装在缝表面或预留槽内；

5）采用中埋式止水带时，应确保位置准确、固定牢固。

**158.** 防水混凝土结构，应符合下列规定：

1）结构厚度不应小于 250mm；

2）裂缝宽度不得大于 0.2mm，并不得贯通；

3）迎水面钢筋保护层厚度不应小于 50mm。

**159.** 聚合物水泥砂浆防水层的厚度有如下规定：

1）聚合物水泥砂浆防水层厚度单层施工宜为 6～8mm；

2）双层施工宜为 10～12mm；

3）掺外加剂、掺合料等的水泥砂浆防水层厚度宜为 18～20mm。

**160.** 水泥砂浆防水层养护

1）普通水泥砂浆防水层终凝后，应及时进行养护，养护温度不宜低于 5℃，养护时间不得少于 14d，养护期间应保持湿润。

2）聚合物水泥砂浆防水层未达到硬化状态时，不得浇水养护或直接受雨水冲刷，硬化后应采用干湿交替的养护方法。在潮湿环境中，可在自然条件下养护。

3）使用特种水泥、外加剂、掺合料的防水砂浆，养护应按产品有关规定执行。

**161.** 地下工程卷材防水层厚度应遵守以下规定：

卷材防水层为一或二层。

1）高聚物改性沥青防水卷材厚度不应小于 3mm，单层使用时，厚度不应小于 4mm，双层使用时，总厚度不应小于 6mm；

2）合成高分子防水卷材单层使用时，厚度不应小于 1.5mm，双层使用时，总厚度不应小于 2.4mm。

**162.** 地下工程卷材防水层所使用的胶粘剂的质量应符合下列要求：

1）高聚物改性沥青卷材间的粘结剥离强度不应小于 8N/10mm；

2）合成高分子卷材胶粘剂的粘结剥离强度不应小于 15N/10mm；浸水 168h 后的粘结剥离强度保持率不应小于 70％。

**163.** 地下工程卷材防水层采用热熔法或冷粘法铺贴卷材，应符合下列规定：

1）底板垫层混凝土平面部位的卷材宜采用空铺法或点粘法，其他与混凝土结构相接触的部位应采用满粘法；

2）采用热熔法施工高聚物改性沥青卷材时，幅宽内卷材底表面加热应均匀，不得过分加热或烧穿卷材。采用冷粘法施工合成高分子卷材时，必须采用与卷材材性相容胶粘剂，并应涂刷均匀；

3）铺贴时应展开压实，卷材与基面和各层卷材间必须粘结紧密；

4）铺贴立面卷材防水层时，应采取防止卷材下滑的措施；

5）两幅卷材短边和长边的搭接宽度均不应小于100mm。采用合成树脂类的热塑性卷材时，搭接宽度宜为50mm，并采用焊接法措施，焊缝有效焊接宽度不应小于30mm。采用双层卷材时，上下两层和相邻两幅卷材的接缝应错开1/3～1/2幅宽，且两层卷材不得相互垂直铺贴；

6）卷材接缝必须粘结封严。接缝口应用材性相容的密封材料封严，宽度不应小于10mm；

7）在立面和平面的转角处，卷材的接缝应留在平面上，距立面不应小于600mm。

**164.** 地下工程采用外防外贴法铺贴卷材防水层应符合下列规定：

1）铺贴卷材应先铺平面，后铺立面，交接处应交叉搭接；

2）临时性保护墙应用石灰砂浆砌筑，内表面应用石灰砂浆做找平层，并刷石灰浆。如用模板代替临时性保护墙时，应在其上涂刷隔离剂；

3）从底面折向立面的卷材与永久性保护墙的接触部位，应采用空铺法施工。与临时性保护墙或围护结构模板接触的部位，应临时贴附在该墙上或模板上，卷材铺好后，其顶端应临时固定；

4）当不设保护墙时，从底面折向立面的卷材的接荐部位应采取可靠的保护措施；

5）主体结构完成后，铺贴立面卷材时，应先将接茬部位的各层卷材揭开，并将其表面清理干净，如卷材有局部损伤，应及时进行修补。卷材接茬的搭接长度，高聚物改性沥青卷材为150mm，合成高分子卷材为100mm。当使用两层卷材时，卷材应错茬接缝，上层卷材应盖过下层卷材。

**165.** 地下工程卷材防水层经检查合格后，应及时做保护层，保护层应符合以下规定：

1）顶板卷材防水层上的细石混凝土保护层厚度不应小于70mm，防水层为单层卷材时，在防水层与保护层之间应设置隔离层；

2）底板卷材防水层上的细石混凝土保护层厚度不应小于50mm；

3）侧墙卷材防水层宜采用软保护层或铺抹20mm厚的1∶3水泥砂浆保护层。

**166.** 地下工程防水涂料品种的选择应符合下列规定：

1）潮湿基层宜选用与潮湿基面粘结力大的无机涂料或有机涂料，或采用先涂水泥基类无机涂料而后涂有机涂料的复合涂层；

2）冬季施工宜选用反应型涂料，如用水乳型涂料，温度不得低于5℃；

3）埋置深度较深的重要工程、有振动或有较大变形的工程宜选用高弹性防水涂料；

4）有腐蚀性的地下环境宜选用耐腐蚀性较好的反应型、水乳型、聚合物水泥涂料并做刚性保护层。

**167.** 地下工程防水涂料防水层厚度应符合以下规定

1）水泥基防水涂料的厚度宜为1.5～2.0mm；

2）水泥基渗透结晶型防水涂料的厚度不应小于0.8mm；

3）有机防水涂料根据材料的性能，厚度宜为1.2～2.0mm。

**168.** 地下工程防水涂料防水层，采用有机防水涂料施工完后应及时做好保护层，保护层应符合下列规定：

1）底板、顶板应采用20mm厚1∶2.5水泥砂浆层和40～50mm厚的细石混凝土保护，顶板防水层与保护层之间宜设置隔离层；

2）侧墙背水面应采用20mm厚1∶2.5水泥砂浆层保护；

3）侧墙迎水面宜选用软保护层或20mm厚1∶2.5水泥砂浆层保护。

**169.** 地下工程变形缝嵌缝材料嵌填施工时，应符合下列要求：

1）缝内两侧应平整、清洁、无渗水，并涂刷与嵌缝材料相容的基层处理剂；

2）嵌缝时应先设置与嵌缝材料隔离的背衬材料；

3）嵌填应密实，与两侧粘结牢固。

**170.** 地下工程后浇带的施工应符合以下规定：

1）后浇带应在其两侧混凝土龄期达到42d后再施工，但高层建筑的后浇带应在结构顶板浇筑混凝土14d后进行；

2）后浇带的接缝处理应符合设计要求；

3）后浇带混凝土施工前，后浇带部位和外贴式止水带应予以保护，严防落入杂物和损伤外贴式止水带；

4）后浇带应采用补偿收缩混凝土浇筑，其强度等级不应低于两侧混凝土；

5）后浇带混凝土的养护时间不得少于28d。

**171.** 地下工程穿墙管防水施工时应符合下列规定：

1）金属止水环应与主管满焊密实。采用套管式穿墙管防水构造时，翼环与套管应满焊密实，并在施工前将套管内表面清理干净；

2）管与管的间距应大于300mm；

3）采用遇水膨胀止水圈的穿墙管，管径宜小于50mm，止水圈应用胶粘剂满粘固定于管上，并应涂缓胀剂。

**172.** 地下工程桩头防水施工应符合下列要求：

1）破桩后如发现渗漏水，应先采取措施将渗漏水止住；

2）采用其他防水材料进行防水时，基面应符合防水层施工的要求；

3）应对遇水膨胀止水条进行保护。

**173.** 地下工程渗漏水治理前，应调查以下内容：

1）渗漏水的现状、水源及影响范围；

2）渗漏水的变化规律；

3）衬砌结构的损害程度；

4）结构稳定情况及监测资料。

**174.** 地下工程大面积渗漏水可采用下列处理措施：

1）衬砌后和衬砌内注浆止水或引水，待基面干燥后，用掺外加剂防水砂浆、聚合物水泥砂浆、挂网水泥砂浆或防水涂层等加强处理；

2）引水孔最后封闭；

3）必要时采用贴壁混凝土衬砌加强。

**175.** 地下工程细部构造部位渗漏水处理可采用下列措施：

1）变形缝和新旧结构接头，应先注浆堵水，再采用嵌填遇水膨胀止水条、密封材料或设置可卸式止水带等方法处理；

2）穿墙管和预埋件可先用快速堵漏材料止水后，再采用嵌填密封材料、涂抹防水涂料、水泥砂浆等措施处理；

3）施工缝可根据渗水情况采用注浆、嵌填密封防水材料及设置排水暗槽等方法处理，表面增设水泥砂浆、涂料防水层等加强措施。

**176.** 地下防水工程所使用的防水材料，应有产品的合格证书和性能检测报告，材料的品种、规格、性能等应符合现行国家产品标准和设计要求。

对进场的防水材料应按规范规定抽样复验，并提出试验报告；不合格的材料不得在工程中使用。

**177.** 防水混凝土质量检验主控项目有以下三点：

1）防水混凝土的原材料、配合比及坍落度必须符合设计要求

检验方法：检查出厂合格证、质量检验报告、计量措施和现场抽样试验报告。

2）防水混凝土的抗压强度和抗渗压力必须符合设计要求。

检验方法：检查混凝土抗压、抗渗试验报告。

3）防水混凝土的变形缝、施工缝、后浇带、穿墙管道、埋设件等设置和构造，均须符合设计要求，严禁有渗漏。

检验方法：观察检查和检查隐蔽工程验收记录。

**178.** 地下防水工程卷材防水层质量检验主控项目主要有以下两点：

1）卷材防水层所用卷材及主要配套材料必须符合设计要求。

检验方法：检查出厂合格证、质量检验报告和现场抽样试验报告。

2）卷材防水层及其转角处、变形缝、穿墙管道等细部做法均须符合设计要求。

检验方法：观察检查和检查隐蔽工程验收记录。

**179.** 地下防水工程卷材防水层质量检验一般项目内容有：

1）卷材防水层的基层应牢固，基面应洁净、平整，不得有空鼓、松动、起砂和脱皮现象；基层阴阳角处应做成圆弧形。

检验方法：观察检查和检查隐蔽工程验收记录。

2）卷材防水层的搭接缝应粘（焊）结牢固，密封严密，不得有皱折、翘边和鼓泡等缺陷。

检验方法：观察检查。

3）侧墙卷材防水层的保护层与防水层应粘结牢固，结合紧密、厚度均匀一致。

检验方法：观察检查。

4）卷材搭接宽度的允许偏差为－10mm。

检验方法：观察和尺量检查。

**180.** 地下防水工程塑料板防水层质量检验主控项目内容主要是：

1）防水层所用塑料板及配套材料必须符合设计要求。

检验方法：检查出厂合格证、质量检验报告和现场抽样试验报告。

2）塑料板的搭接缝必须采用热风焊接，不得有渗漏。

检验方法：双焊缝间空腔内充气检查。

**181.** 金属板防水层的施工质量检验数量，应按铺设面积每 $10m^2$ 抽查 1 处，每处 $1m^2$，且不得少于 3 处。焊缝检查应按不同长度的焊缝各抽查 5%，但均不得少于 1 条。长度小于 500mm 的焊缝，每条检查 1 处；长度 500～2000mm 的焊缝，每条检查 2 处；长度大于 2000mm 的焊缝，每条检验 3 处。

**182.** 地下防水工程细部构造质量检验的主控项目内容主要有：

1）细部构造所用止水带、遇水膨胀橡胶腻子止水条和接缝密封材料必须符合设计要求。

检验方法：检查出厂合格证、质量检验报告和进场抽样试验报告。

2）变形缝、施工缝、后浇带、穿墙管道、埋设件等细部构造作法，均须符合设计要求，严禁有渗漏。

检验方法：观察检查和检查隐蔽工程验收记录。

**183.** 地下防水隐蔽工程验收记录应包括以下主要内容：

1）卷材、涂料防水层的基层；

2）防水混凝土结构和防水层被掩盖的部位；

3）变形缝、施工缝等防水构造做法；

4）管道设备穿过防水层的封固部位；

5）渗排水层、盲沟和坑槽；

6）衬砌前围岩渗漏水处理；

7）基坑的超控和回填。

**184.** 屋面工程各分项工程的施工质量检验批量应符合下列规定：

1）卷材防水屋面、涂膜防水屋面、刚性防水屋面、瓦屋面和隔热屋面工程，应按屋面面积每 $100m^2$ 抽查一处，每处 $10m^2$，且不得少于 3 处。

2）接缝密封防水，每 50m 应抽查一处，每处 5m，且不得少于 3 处。

3）细部构造根据分项工程的内容，应全部进行检查。

**185.** 屋面工程隐蔽验收记录应包括以下主要内容：

1）卷材、涂膜防水层的基层；

2）密封防水处理部位；

3）天沟、檐沟、泛水和变形缝等细部做法；

4）卷材、涂膜防水层的搭接宽度和附加层；

5）刚性保护层与卷材、涂膜防水层之间设置的隔离层。

**186.** 卷材防水屋面工程找平层质量检验主控项目主要有：

1）找平层的材料质量及配合比，必须符合设计要求。

检验方法：检查出厂合格证、质量检验报告和计量措施。

2）屋面（含天沟、檐沟）找平层的排水坡度，必须符合设计要求

检验方法：用水平仪（水平尺）、拉线和尺量检查。

**187.** 卷材防水层屋面质量检验主控项目主要是：

1）卷材防水层所用卷材及其配套材料，必须符合设计要求。

检验方法：检查出厂合格证、质量检验报告和现场抽样复验报告。

2）卷材防水层不得有渗漏或积水现象。

检验方法：雨后或淋水、蓄水试验。

3）卷材防水层在天沟、檐沟、檐口、水落口、泛水、变形缝和伸出屋面管道的防水构造，必须符合设计要求。

检验方法：观察检查和检查隐蔽工程验收记录。

**188.** 屋面防水工程密封材料嵌缝质量检验主控项目主要是：

1）密封材料的质量必须符合设计要求。

检验方法：检查产品出厂合格证、配合比和现场抽样复验报告。

2）密封材料嵌填必须密实、连续、饱满，粘结牢固，无气泡、开裂、脱落等缺陷。

检验方法：观察检查。

**189.** 外墙板接缝材料防水，施工工艺程序流程见图 2-3-18。

**190.** 外墙板接缝材料防水施工完后，应进行淋水试验。

所有嵌填的立缝、平缝、十字缝均要进行淋水试验。淋水的方法是用两端封闭的钻有小孔的水管（管长 1m，管径 25mm，钻孔孔径 1mm），放置于外墙最上部位，接通水源后沿立缝进行喷淋，使水通过立缝、水平缝、十字缝以及阳台、雨罩等部位，喷淋时间无风天气为 2h，五六级风时为 0.5h。

淋水试验后，若发现有渗漏处，应查明原因及时修理，修理后再次淋水，直至无渗漏为止。

**191.** 冷库工程防潮层、隔热层施工操作工艺顺序见图 2-3-19。

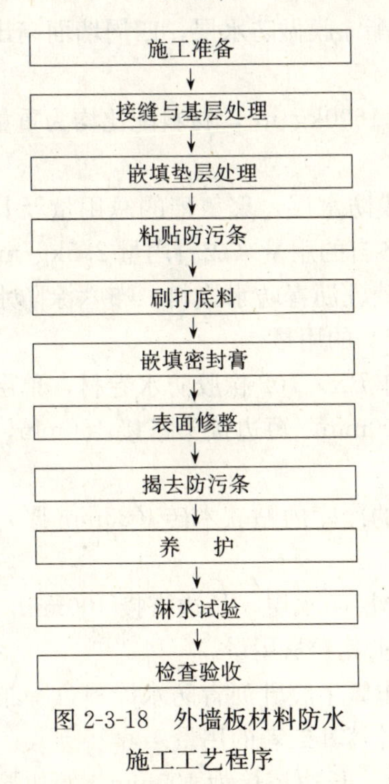


图 2-3-18　外墙板材料防水施工工艺程序

清理基层 → 涂刷冷底子油 → 附加层施工 → 做二毡三油防潮层 → 保护层施工 → 防潮层质量验收 → 做软木隔热层 → 涂刷热沥青两遍 → 做钢丝网水泥砂浆面层

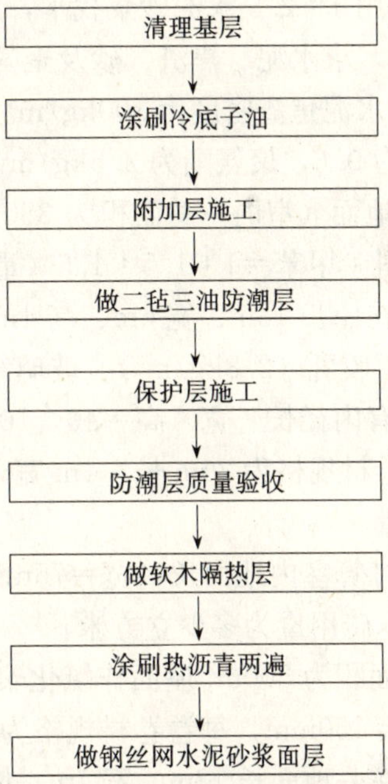

图 2-3-19　冷库工程防潮层隔热层施工操作工艺顺序

**192.** 厕浴间地面构造及其要求如下：

1）结构层　厕浴间地面结构层一般采用现浇钢筋混凝土板，或整块预制钢筋混凝土板，如用预制钢筋混凝土多孔板时，应用防水砂浆将板缝填满抹平，再铺一层玻璃纤维布条，涂刷两道涂膜防水材料。

2）找坡层　应向地漏找2%的坡度，厚度较小（<3mm），可用水泥砂浆或混合砂浆（水泥：石灰：砂=1：1.5：8，厚度大于30mm，可用1：6水泥炉渣做垫层）。

3）找平层　用水泥砂浆（水泥：砂=1：2.5），厚10～20mm，将坡面找平，要求抹平、压光。

4）防水层　应采用涂膜防水层（聚氨酯防水涂膜、氯丁胶乳沥青防水涂膜、SBS橡胶改性沥青防水涂膜等）。

如有暖气管、热水管。套管高度为20～40mm，在防水层施工前应先用建筑密封膏将管根部位填嵌严密（宽10mm、深15mm），然后再做防水层，防水层四周卷起高度应按设计要求，并与立墙防水层交接好。

5）面层　面层可根据设计要求铺贴陶瓷马赛克或防滑地面砖等。

## 第四节　中级工计算题

### 一、计算题

**1.** 已知长2.2m、宽1.5m的厕浴间地面采用1：6水泥焦渣垫层，厚40mm、坡度2%；并用1：2.5水泥砂浆找平，厚20mm；用聚氨酯涂膜做防水层，四周墙面高出地面50cm时，求水泥、焦渣、砂及聚氨酯的用量。

（设水泥焦渣密度为800kg/$m^3$，水泥砂浆密度为1600kg/$m^3$，材料配比均为重量比且水灰比为0.6，聚氨酯为2.5kg/$m^2$）。

**2.** 地面（室内）总面积为380$m^2$，作聚氨酯涂膜防水层，聚氨酯的总用量及其中甲料：乙料：甲苯=1：1.5：1.5（重量比）时，计算各自的用量（成料用量2.5kg/$m^2$）。

**3.** 在一长18m、宽6m、高4m的浴室内作氯丁胶乳沥青防水涂料二布六涂防水，计算其氯丁胶乳（2.8kg/$m^2$）、玻璃纤维布（2.25m/$m^2$）的用量。

**4.** 有内径长×宽×高=40×10×3（m）的水池作BX—702橡胶防水卷材，单层防水层每卷卷材规格为20m长、1m宽，要求长边搭接100mm，短边接头搭接150mm，试算卷材用量。

**5.** 计算室内地面长×宽=75m×15m，墙高8m的冷库内贴软木砖（25mm厚）四层时，软木砖用量为多少立方米。

**6.** 面积为500$m^2$屋面作氯化聚乙烯—橡胶共混单层防水层，长边搭接100mm，短边接头搭接150mm，每卷卷材规格为长20m，宽1m，求其卷材用量。

**7.** 在一地面长12m、宽7m，墙高5m的浴室内作氯丁胶乳沥青防水涂料，一布四涂防水氯丁胶乳（2.2kg/$m^2$）纤维布（1.13m/$m^2$）试计算其二者的用量。

**8.** 面积为800$m^2$的室内地面作单层603防水卷材，长边搭接为100mm，短边接头搭接为150mm，卷材规格长20m，宽1m，基层卷材配套603—3号胶粘结剂（0.4kg/$m^2$），其中胶粘剂配合比为甲料：乙料：稀释剂=1：0.6：0.8。求卷材和甲乙料、稀释剂的用量（胶料为重量比）。

**9.** 试计算长 65m、宽 5m 的屋面，采用三元乙丙橡胶防水卷材单层防水施工时，卷材（20m×1.2m/卷）用量为多少卷？用于基层与卷材的粘结剂氯丁胶（0.4kg/$m^2$）需要多少 kg？

**10.** 面积为 780$m^2$ 屋面，作石油沥青二毡三油防水层，长边搭接 100mm，短边搭接 150mm，考虑上下两层互相错开 1/2 幅宽，计算卷材（20m×1m/卷）的用量？

## 二、计算题答案

**1.** 解：①聚氨酯：[2.2×1.5+（2.2+1.5）]×2×0.5×2.5=17.5kg

②水泥：$2.2\times1.5\times0.04\times800\times\frac{1}{7}+2.2\times1.5\times0.02\times1600\div3.5\approx45.26$kg

③焦渣：$2.2\times1.5\times0.04\times800\times\frac{6}{7}\approx91$kg

④砂：$2.2\times1.5\times0.02\times1600\times\frac{25}{35}\approx76$kg

**2.** 解：①聚氨酯用量 380×2.5=950kg

②甲料：950÷（1+1.5+1.5）×1=237kg

③乙料：950÷（1+1.5+1.5）×1.5=356.25kg

④甲苯：950÷（1+1.5+1.5）×1.5=356.25kg

**3.** 解：①氯丁胶乳：[18×6+（18+6）×2×4]×2.8=840kg

②玻璃纤维布：[18×6+（18+6）×2×4]×2.25=673$m^2$

**4.** 解：[40×10+（40+10）×3×2]÷[（20－0.15）×（1－0.1）]=700÷17.865=39.18 卷（约 40 卷）

**5.** 解：[75×15+（75+15）×2×8]×（0.025×4）=256.5$m^3$

**6.** 解：500÷[（20－0.15）×（1－0.1）]=29.98≈30 卷

**7.** 解：①氯丁胶乳：[12×7+(12+7)×2×5]×2.2=602.8kg

②纤维布：[12×7+(12+7)×2×5]×1.13=310$m^2$

**8.** 解：①卷材：800÷[(20－0.15)×(1－0.1)]=45 卷

②603—3 胶粘剂：800×0.4=320kg

③甲料：320÷(1+0.8+0.6)×1=133.33≈134kg

④乙料：320÷(1+0.8+0.6)×0.6=80kg

⑤稀释剂：320÷(1+0.8+0.6)×0.8=107kg

**9.** 解：①氯丁胶：65×5×0.4=130kg

②卷材：65×5÷[(20－0.15)×(1.2－0.1)]=325÷21.835≈15 卷

**10.** 解：780÷[(20－0.15)×(1－0.1)]×2=88 卷

# 第五节　实际操作部分

**1.** 屋面冷贴三元乙丙橡胶防水卷材的施工见表 2-5-1。

考核项目及评分标准　　表 2-5-1

| 序号 | 测定项目 | 评分标准 | 满分 | 检测点 | | | | | 得分 |
|---|---|---|---|---|---|---|---|---|---|
| | | | | 1 | 2 | 3 | 4 | 5 | |
| 1 | 操作工艺 | 铺贴顺序、方法、方向、搭接应符合规范 | 20 | | | | | | |
| 2 | 基层处理 | 涂刷均匀，适时进行下道工序 | 7 | | | | | | |
| 3 | 大面平整 | 2m 靠尺检查不大于 5mm | 6 | | | | | | |
| 4 | 坡　度 | 符合规范、流畅 | 10 | | | | | | |
| 5 | 接　缝 | 严密不翘边 | 10 | | | | | | |
| 6 | 空　鼓 | 不允许，视处理情况 | 10 | | | | | | |
| 7 | 保护层 | 涂刷均匀 | 10 | | | | | | |
| 8 | 文明施工 | 工完场清不浪费 | 7 | | | | | | |
| 9 | 安　全 | 重大事故不合格，小事故适当扣分 | 10 | | | | | | |
| 10 | 工　效 | 根据项目，按照劳动定额进行，低于定额 90%本项无分，在 90%～100%之间酌情扣分，超过定额酌情加 1～3 分 | 10 | | | | | | |

注：做蓄水试验，24h 不渗漏为合格，有渗漏不合格，本操作无分。

**2.** 屋面热熔卷材防水施工操作见表 2-5-2。

考核项目及评分标准　　表 2-5-2

| 序号 | 测定项目 | 评分标准 | 满分 | 检测点 | | | | | 得分 |
|---|---|---|---|---|---|---|---|---|---|
| | | | | 1 | 2 | 3 | 4 | 5 | |
| 1 | 操作工艺 | 铺贴顺序、方法、方向搭接长度符合规范 | 20 | | | | | | |
| 2 | 基层处理 | 基层洁净、处理剂涂刷均匀、厚度适宜 | 15 | | | | | | |
| 3 | 粘贴牢固 | 无空鼓、无翘边 | 15 | | | | | | |
| 4 | 坡　度 | 坡度流畅、平整 | 10 | | | | | | |
| 5 | 保护层 | 粘结剂、石片均匀，牢固 | 10 | | | | | | |
| 6 | 文明施工 | 用料合理节约、工完场清 | 10 | | | | | | |
| 7 | 安全生产 | 重大事故不合格，小事故扣分 | 10 | | | | | | |
| 8 | 工　效 | 根据项目，按照劳动定额进行，低于 90%本项无分，在 90%～100%之间酌情扣分，超过定额酌情加 1～3 分 | 10 | | | | | | |

注：做蓄水试验，24h 不渗漏为合格，有渗漏不合格，本操作无分。

**3.** 厕浴间聚氨酯涂膜防水层施工操作见表 2-5-3。

考核项目及评分标准 表 2-5-3

| 序号 | 测定项目 | 评分标准 | 满分 | 检测点 | | | | | 得分 |
|---|---|---|---|---|---|---|---|---|---|
| | | | | 1 | 2 | 3 | 4 | 5 | |
| 1 | 基层处理 | 基层洁净、处理剂比例正确、涂刷均匀 | 10 | | | | | | |
| 2 | 操作工艺 | 各涂层配比正确涂刷均匀，间隔时间合理 | 30 | | | | | | |
| 3 | 稀撒砂粒 | 均匀牢固 | 10 | | | | | | |
| 4 | 保护层 | 不空鼓开裂，不损害防水层平顺 | 15 | | | | | | |
| 5 | 文明施工 | 配料合理使用得当节约用料，工完场清 | 15 | | | | | | |
| 6 | 安全生产 | 重大事故不合格，小事故扣分 | 10 | | | | | | |
| 7 | 工效 | 根据项目，按照劳动定额进行，低于90%本项无分，在90%～100%之间酌情扣分，超过定额酌情加1～3分 | 10 | | | | | | |

注：做蓄水试验，24h不渗漏为合格，有渗漏不合格，本操作无分。

**4.** 地下室氯化聚乙烯橡胶共混防水卷材施工操作（按上人作保护层）见表2-5-4。

考核项目及评分标准 表 2-5-4

| 序号 | 测定项目 | 评分标准 | 满分 | 检测点 | | | | | 得分 |
|---|---|---|---|---|---|---|---|---|---|
| | | | | 1 | 2 | 3 | 4 | 5 | |
| 1 | 基层处理 | 基层干净，平整度符合要求，处理剂涂刷均匀 | 10 | | | | | | |
| 2 | 粘贴卷材 | 附加层符合节点要求，涂胶均匀适时粘压牢固，搭接方法正确 | 30 | | | | | | |
| 3 | 搭接收头 | 接缝方法正确粘压牢固，密封收头严密 | 20 | | | | | | |
| 4 | 保护层 | 平整不空鼓 | 10 | | | | | | |
| 5 | 文明施工 | 不浪费材料，工完场清 | 10 | | | | | | |
| 6 | 安全生产 | 重大事故不合格，小事故扣分 | 10 | | | | | | |
| 7 | 工效 | 根据项目，按照劳动定额进行，低于定额90%本项无分，在90%～100%之间酌情扣分，超过定额酌情加1～3分 | 10 | | | | | | |

注：做蓄水试验，24h不渗漏为合格，有渗漏不合格，本操作项目无分。

**5.** 冷库工程防潮、隔热层施工（防潮层采用二毡三油，隔热层采用软木砖）见表2-5-5。

考核项目及评分标准 表 2-5-5

| 序号 | 测定项目 | 评分标准 | 满分 | 检测点 | | | | | 得分 |
|---|---|---|---|---|---|---|---|---|---|
| | | | | 1 | 2 | 3 | 4 | 5 | |
| 1 | 基层处理 | 清洁无凸出物，冷底子油均匀无漏喷 | 10 | | | | | | |
| 2 | 防潮层工艺 | 各层间粘结紧密不空鼓，接缝严密搭接合理 | 20 | | | | | | |
| 3 | 保护层 | 撒石子均匀嵌入牢固 | 10 | | | | | | |
| 4 | 铺贴软木 | 粘贴软木牢固，无翘、平整错缝合理，各层钉牢 | 20 | | | | | | |
| 5 | 钢网砂浆面层 | 平整不空裂、不破坏软木层 | 10 | | | | | | |
| 6 | 文明施工 | 用料合理节约、工完场清 | 10 | | | | | | |
| 7 | 安全生产 | 重大事故不合格，小事故扣分 | 10 | | | | | | |
| 8 | 工效 | 根据项目，按照劳动定额进行，低于定额90%本项无分，在90%～100%之间酌情扣分，超过定额酌情加1～3分 | 10 | | | | | | |

**6.** 卫生间渗漏维修

1）题目：厕所蹲坑上水进口处漏水维修的施工。

2）内容：对卫生间厕所蹲坑上水进口处漏水进行维修。包括打开地面检查；换大便器；填塞密实；换水管；面层填实抹平等，使完成的项目符合质量标准和验收规范。

3）时间要求：8h 内完成全部操作。

4）使用工具、材料：

①工具：一般防水工、水工常用的工具如铁锄头、铁錾、泥刀、泥抹子、泥桶等。

②材料：水泥、砂子、大便器、镀锌水管、胶皮碗、铜丝等。

5）考核内容及评分标准（满分为 100 分）。见表 2-5-6。

**考核内容及评分标准** **表 2-5-6**

| 序号 | 考核内容 | 评分标准 | 满分 | 检测点 | | | | | 得分 |
|---|---|---|---|---|---|---|---|---|---|
| | | | | 1 | 2 | 3 | 4 | 5 | |
| 1 | 打开检查 | 剔开地面，检查接头 | 20 | | | | | | |
| 2 | 基层处理 | 换大便器填塞密实 | 20 | | | | | | |
| 3 | 接口处理 | 换胶皮碗，接水管 | 20 | | | | | | |
| 4 | 保护层 | 面层牢固抹平 | 20 | | | | | | |
| 5 | 文明施工 | 不浪费工完场清 | 10 | | | | | | |
| 6 | 工　效 | 按劳动定额进行 | 10 | | | | | | |

# 第三章　高级工试题

## 第一节　高级工判断题

### 一、判断题

1. 在建筑总平面图中，一般应标出新建筑物的平面形状、相对标高及地貌等。（　）

2. 识图的方法，一般是“先粗后细，从大到小，建筑结构，相互对照”。（　）

3. 我国古建筑中庑殿屋顶，其前后作落水，两旁作落翼，山墙位于落翼之后。（　）

4. 我国古建筑中的硬山屋顶，其屋面前后左右四面落水。（　）

5. 我国古建筑屋顶作法，正身屋架的形式差异并不很大，变化仅在屋顶转角部分。（　）

6. 图纸会审后由建设单位写出会审记录，设计单位负责修改。（　）

7. 图纸会审的目的是弄清设计意图，发现问题，消灭差错。（　）

8. 施工图就是在建筑工程中能十分准确地表达出建筑物的外形轮廓、大小尺寸、结构和材料做法的图样。（　）

9. 建筑详图就是在建筑工程中能十分准确地表达出建筑物的外形轮廓、大小尺寸、结构和材料做法的图样。（　）

10. 建筑总平面图，主要说明拟建建筑物所在地的地理位置和周围环境的平面布置图。（　）

11. 建筑施工图，主要说明拟建建筑物所在地的地理位置和周围环境的平面布置图。（　）

12. 为了表示建筑物朝向和方位，在总平面图中还应标上绘有指北针和风率的“风玫瑰图”。（　）

13. 为了表示建筑物朝向和方位，在结构施工图中还应标上绘有指北针和风率的“风玫瑰图”。（　）

14. 建筑施工图是说明房屋建筑各层平面布置、房屋的立面与剖面形式、建筑各部构造和构造详图的图样。（　）

15. 结构施工图是说明房屋建筑各层平面布置、房屋的立面和剖面形式、建筑各部构造和构造详图的图样。（　）

16. 结构施工图是说明房屋的结构构造类型、结构平面布置、构件尺寸、材料和施工

要求等的图样。（　）

**17.** 建筑施工图是说明房屋的结构构造类型、结构平面布置、构件尺寸、材料和施工要求等的图样。（　）

**18.** 建筑施工图纸在图标栏内应标注“建施××号图”，以便查阅。（　）

**19.** 结构施工图纸在图标栏内应标注“建施××号图”，以便查阅。（　）

**20.** 结构施工图样在图标栏内应标注“结施××号图”，以便查阅。（　）

**21.** 建筑施工图样在图标栏内应标注“结施××号图”，以便查阅。（　）

**22.** 会审记录、设计核定单、隐蔽工程签证等均为重要的技术文件，应妥善保管，作为施工决算的依据。（　）

**23.** 会审记录、设计核定单、隐蔽工程签证等均为重要的技术文件，应妥善保管，作为施工指导的依据。（　）

**24.** 设计说明一般写在建筑施工图的首页，它用文字简单介绍工程的概况和各部分构造的作法。（　）

**25.** 设计说明一般写在结构施工图的首页，它用文字简单介绍工程的概况和各部分构造的作法。（　）

**26.** 设计说明是建筑施工图首页的主要内容。首页除设计说明之外，还有图样目录、标准图集目录、门窗明细表等。（　）

**27.** 总平面图是新建工程定位放线、土方施工以及在施工前做施工组织设计时进行现场总平面布置的重要依据。（　）

**28.** 对于复杂的工程或新建筑群，可用较精确的坐标网来确定各建筑的方位和道路的位置。常用的坐标网有测量坐标和建筑坐标。（　）

**29.** 在施工过程中，房屋的定位放线、砌墙、安装门、安装窗框、安装设备、装修等以及编制概算预算、备料，都要使用立面图。（　）

**30.** 在施工过程中，房屋的定位放线，砌墙、安装门、安装窗框、安装设备、装修等以及编制概算预算、备料，都要使用平面图。（　）

**31.** 屋顶平面图主要表明屋面排水情况，如排水分区、屋面排水坡度、天沟位置、水落管的位置等。（　）

**32.** 平面图除详细地绘出了立面中的门窗、雨篷、檐口、壁柱、台阶、踏步、花台等外，还详细地用文字标出了各部分的装修材料。（　）

**33.** 立面图除详细地绘出了立面中的门窗、雨篷、檐口、壁柱、台阶、踏步、花台等外，还详细地用文字标出了各部分的装修材料。（　）

**34.** 立面图用标高来表示建筑物的总高度、窗台上口、窗过梁下口、各层楼地面、屋面等标高。（　）

**35.** 建筑详图主要表示建筑物内部的结构和构造形式、沿高度方向分层情况、各层构造做法、门窗洞高、各层层高和总高度等尺寸。（　）

**36.** 建筑剖面图主要表示建筑物内部的结构和构造形式、沿高度方向分层情况、各层构造做法、门窗洞高、各层层高和总高度等尺寸。（　）

**37.** 阅读剖面图，首先应弄清剖面图的剖切位置和方向，凡被剖切部分，其轮廓线为粗实线，断面均应绘上材料符号。（　）

38. 楼梯的剖面图主要反映出房屋楼梯的层数、各平台位置、楼梯的梯段数、被剖切梯段踏步的级数，以及楼梯的类型和结构形式等。（ ）

39. 楼梯的立面图主要反映出房屋楼梯的层数、各层平台位置、楼梯的梯段数、被剖切梯段踏步的级数，以及楼梯的类型和结构形式等。（ ）

40. 图纸会审的程序应该是先分别学习，后集体会审；先专业单位自审，后由设计、施工、建设单位共同会审。（ ）

41. 图纸会审的程序应该是先集体会审，后分别学习；先由设计、施工、建设单位共同会审，后专业单位自审。（ ）

42. 所有的设计变更资料，包括设计变更通知、修改图纸等，均需有文字记录，纳入工程档案，作为施工和竣工决算的依据。（ ）

43. 所有设计变更资料，包括设计变更通知、修改图纸等，均需有文字记录，纳入工程档案，作为施工和竣工验收的依据。（ ）

44. 防水卷材按原材料性质区分，可分为沥青防水卷材、高聚物改性沥青防水卷材、合成高分子防水卷材。（ ）

45. 防水卷材按材料用途区分，可分为沥青防水卷材、高聚物改性沥青防水卷材、合成高分子防水卷材。（ ）

46. 防水卷材在建筑防水材料的应用中处于主导地位，在建筑防水的措施中起着重要作用。（ ）

47. 建筑防水材料按性质的不同可分为柔性防水材料和刚性防水材料。（ ）

48. 建筑防水材料按材质的不同可分为柔性防水材料和刚性防水材料。（ ）

49. 建筑防水材料按材质的不同可分为有机防水材料和无机防水材料。（ ）

50. 建筑防水材料按性质不同可分为有机防水材料和无机防水材料。（ ）

51. 建筑防水材料按种类的不同可分为卷材、涂料、密封材料、刚性材料、堵漏材料、金属材料六大系列及瓦片、夹层塑料板等排水材料。（ ）

52. 高聚物改性沥青防水卷材外观质量，边缘不整齐，质量要求不超过100mm。（ ）

53. 高聚物改性沥青防水卷材外观质量，每卷卷材的接头，质量要求不超过1处，较短的一段不应小于1000mm，接头处应加长150mm。（ ）

54. 合成高分子防水卷材外观质量，折痕质量要求：每卷不超过2处，总长度不超过20mm。（ ）

55. 合成高分子防水卷材外观质量，折痕质量要求：每卷不超过1处，总长度不超过10mm。（ ）

56. 合成高分子防水卷材外观质量，杂质质量要求：大于0.5mm颗粒不允许，每$1m^2$不超过$9mm^2$。（ ）

57. 合成高分子防水卷材外观质量，杂质质量要求：大于1.5mm颗粒不允许，每$10m^2$不超过$9mm^2$。（ ）

58. 合成高分子防水卷材外观质量，胶块质量要求：每卷不超过6处，每处面积不大于$4mm^2$。（ ）

59. 合成高分子防水卷材外观质量，胶块质量要求：每卷不超过4处，每处面积不大

于 $8mm^2$。（ ）

**60.** 合成高分子防水卷材外观质量，凹痕质量要求：每卷不超过 6 处，深度不超过本身厚度的 30%；树脂类深度不超过 5%。（ ）

**61.** 合成高分子防水卷材外观质量，凹痕质量要求：每卷不超过 4 处，深度不超过本身厚度的 20%；树脂类深度不超过 5%。（ ）

**62.** 合成高分子防水卷材外观质量，每卷卷材的接头，质量要求：橡胶类每 20m 不超过 1 处，较短的一段不应小于 3000mm，接头处应加长 150mm；树脂类 20m 长度内不允许有接头。（ ）

**63.** 合成高分子防水卷材外观质量，每卷卷材接头，质量要求：橡胶类 20mm 长度内不允许有接头；树脂类每 20mm 不超过 1 处，较短的一段不应小于 3000mm，接头处应加长 150mm。（ ）

**64.** 沥青防水卷材外观质量，孔洞、硌伤、露胎、涂盖不均，质量要求：不允许。（ ）

**65.** 沥青防水卷材外观质量，折纹、皱折质量要求：距卷芯 1000mm 以内，长度不大于 100mm。（ ）

**66.** 沥青防水卷材外观质量，裂纹质量要求：距卷芯 1000mm 以外，长度不大于 10mm。（ ）

**67.** 沥青防水卷材外观质量，裂口、缺边质量要求：边缘裂口小口 20mm；缺边长度小于 100mm，深度小于 10mm。（ ）

**68.** 沥青防水卷材外观质量，每卷卷材的接头质量要求：不超过 1 处，较短的一段不应小于 2500mm，接头处应加长 150mm。（ ）

**69.** 沥青防水卷材包括普通沥青油毡和优质氧化沥青油毡两类。（ ）

**70.** 纸胎沥青油毡的标号按浸涂材料总量的不同分为 15 号、25 号、35 号三种标号。（ ）

**71.** 纸胎沥青油毡成卷油毡在环境温度 10～45℃时，应易于展开，不应有破坏毡面长度 10mm 以上的粘结。（ ）

**72.** 纸胎沥青油毡用于Ⅲ级防水屋面时，应采用“三毡四油”设防方案，500 号为里层和底层，250 号为面层。（ ）

**73.** 热沥青玛瑺胎的加热温度不应高于 240℃，使用温度不应低于 190℃。（ ）

**74.** 冷沥青玛瑺脂使用时应搅匀，稠度太大时可加少量溶剂稀释搅匀。（ ）

**75.** 沥青玛瑺脂粘结层厚度：层与层之间应采用满粘法粘结。热沥青玛瑺脂厚度宜为 0.5～1mm；冷沥青玛瑺脂厚度宜为 1～1.5mm。（ ）

**76.** 纸胎油毡施工时面层厚度：热沥青玛瑺脂厚度宜为 2～3mm；冷沥青玛瑺脂厚度宜为 1～1.5mm。（ ）

**77.** 粉状面油毡保管温度不高于 50℃，片状面油毡保管温度不高于 45℃。（ ）

**78.** 油毡短途运输平放不宜超过六层，并均不得倾斜或横压，必要时应加盖苫布。（ ）

**79.** 优质氧化沥青防水油毡品种，按上表面隔离材料的不同分为膜面、粉面、砂面三个品种。（ ）

**80.** 优质氧化沥青防水油毡单独用于Ⅲ级屋面时，15号和25号应为三毡四油防水层，35号应为二毡三油，油毡总厚度应不小于6mm。 （ ）

**81.** 铝箔面油毡按标称卷重的不同分为25号、35号两个标号。 （ ）

**82.** 在沥青中加入10%～15%的SBS作卷材的浸涂层，可提高卷材的弹塑性和耐疲劳性，延长SBS卷材的使用寿命，增强SBS卷材的综合性能。 （ ）

**83.** SBS卷材100℃气温条件下仍不起泡，不流淌，在－25℃的低温特性下，仍具有良好的防水性能，如有特殊需要，在－50℃时仍然有一定的防水功能。 （ ）

**84.** SBS卷材每卷接头外观质量要求不应超过一个，较短的一段不应少于1150mm，其中150mm为搭接长度，搭接边应剪切整齐。 （ ）

**85.** SBS卷材在正常贮存、运输条件下，贮存期自生产日起为二年。 （ ）

**86.** APP类卷材高温适应能力比SBS卷材差，特别是耐紫外线照射的能力比其他改性沥青卷材都差。 （ ）

**87.** 自粘聚合物改性沥青聚乙烯胎防水卷材外观质量要求：每卷卷材接头不应超过1处，较短的一段长度不应少于1000mm，接头应剪切整齐，并加长150mm。 （ ）

**88.** 改性沥青聚乙烯胎防水卷材具有良好的延伸性能，适应基层变形的能力较强，其抗拉强度较低。 （ ）

**89.** 三元乙丙橡胶防水卷材在低温－40～－48℃时仍不脆裂，在高温80～120℃（加热5h）时仍不起泡不粘连。 （ ）

**90.** 氯化聚乙烯-橡胶共混防水卷材中共混主体材料氯化聚乙烯树脂的含量为30%～40%，氯原子的存在使共混卷材具有良好的粘结性和阻燃性。 （ ）

**91.** 氯磺化聚乙烯防水卷材对酸、碱、盐等化学药品性能不稳定，耐腐蚀性能较差。 （ ）

**92.** 铺贴高分子防水卷材使用的基层处理剂一般可通过稀释胶粘剂（如聚氨酯、氯丁胶乳液、硅橡胶涂料）来获得。 （ ）

**93.** 丁基橡胶防水密封胶粘带其宽度有：150、200、300、400、500、600、800、1000mm。 （ ）

**94.** 聚氨酯防水涂料在正常贮存、运输条件下，贮存期自生产日起至少为6个月。 （ ）

**95.** 硅橡胶防水涂料成膜速度快，对基层的干燥程度有严格要求，不可在潮湿的基层上施工。 （ ）

**96.** 水乳型丙烯酸酯防水涂料以水为分散介质，无毒、不燃、无环境污染。 （ ）

**97.** 聚氯乙烯（PVC）防水涂料不可在潮湿基面冷涂施工。 （ ）

**98.** 聚合物乳液（PEW）建筑防水涂料长期浸水后出现“溶胀”现象，在作地下工程外墙防水层时，应用20mm厚1∶2.5水泥砂浆作保护层。 （ ）

**99.** 水泥基渗透结晶型防水涂料耐水压力高，可承受0.5～0.9MPa的水压。 （ ）

**100.** 硬质聚氨酯泡沫塑料具有防水和保温双重性能。 （ ）

**101.** 自防水混凝土的抗穿刺、抗压强度、抗渗压力较高，但抗裂性较低。 （ ）

**102.** 因考虑到刚性防水层的厚度只有40～50mm，故应采用20～25mm粒径的细石作混凝土的骨料，故称细石混凝土。 （ ）

**103.** 混凝土膨胀剂是指与水泥、水拌合后经水化反应生成钙矾石、氧化钙或氢氧化钙，使混凝土产生膨胀的粉状外加剂。 ( )

**104.** U型混凝土膨胀剂（UEA）是用硫铝酸、氧化铝、硫铝酸钾、硫酸钙等无机化合物制成的抗裂防渗混凝土外加剂。 ( )

**105.** 掺UEA的砂浆和混凝土的抗渗等级≥3.0MPa（P30），比普通混凝土提高20～30倍。 ( )

**106.** 砂浆、混凝土防水剂分无机和有机两大类，有粉状和液体两种形式，其掺量一般为水泥用量的0.5%以下。 ( )

**107.** 减水剂的掺量一般为水泥用量的0.5%～1.0%。 ( )

**108.** 砂浆、混凝土防水剂是指能降低砂浆、混凝土在静水压力下的透水性的外加剂。 ( )

**109.** 建筑防水沥青嵌缝油膏是以聚氯乙烯树脂为基料，加以适量的改性剂及其他添加料配制而成。 ( )

**110.** 氯磺化聚乙烯建筑密封膏使用时，表干时间为24～48h，实干为30～60d，表干后，方可刷表面涂料。 ( )

**111.** 丙烯酸建筑密封膏用于15%～25%位移幅度的接缝。 ( )

**112.** 硅酮建筑密封胶固化后，具有宽广的使用温度范围，在－50℃～225℃范围内保持弹性。 ( )

**113.** 聚氨酯建筑密封胶使用时的固化环境对质量至关重要，湿气过大或遇水，会使密封胶固化时产生气泡而影响质量。 ( )

**114.** 遇水膨胀橡胶遇水后，体积可胀大4～6倍。 ( )

**115.** 屋面工程的防水等级，应根据建筑物的性质、重要程度、使用功能、建筑物的防水耐久年限等因素来确定。 ( )

**116.** 特别重要或对防水有特殊要求的建筑物，其屋面防水等级划分为Ⅱ级。 ( )

**117.** 重要的建筑和高层建筑，其屋面防水等级划分为Ⅱ级。 ( )

**118.** 将一般建筑，如房屋、校舍、厂房、候车棚、一般库房等其屋面防水等级划分为Ⅳ级。 ( )

**119.** 将临时性建筑、防水要求很低的建筑，如工棚、随工艺要求而不断改变布局的车间、临时性库房、车棚等其屋面防水等级划分为Ⅳ级。 ( )

**120.** 屋面防水等级划分为Ⅰ级的，其防水层使用年限要求不少于25年。 ( )

**121.** 屋面防水等级划分为Ⅱ级的，其防水层使用年限要求不少于20年。 ( )

**122.** 屋面防水等级划分为Ⅲ级的，其防水层使用年限要求不少于10年。 ( )

**123.** 屋面防水等级划分为Ⅳ级的，其防水层使用年限要求不少于5年。 ( )

**124.** 屋面防水等级为Ⅰ级时，设防要求应为三道或三道以上防水设防。 ( )

**125.** 屋面防水等级为Ⅱ级时，设防要求应为一道防水设防。 ( )

**126.** 屋面防水等级为Ⅲ级时，设防要求应为二道防水设防。 ( )

**127.** 屋面防水等级为Ⅱ级时，设防要求应为二道防水设防。 ( )

**128.** 屋面防水等级为Ⅲ级时，设防要求应为一道防水设防。 ( )

**129.** 屋面防水等级为Ⅰ级时，设防要求应为二道防水设防。 ( )

**130.** 选择防水材料有两个原则，一个是根据建筑物基层的特性、环境因素、水文地质状况等来选择防水材料，另一个是根据建筑物的防水等级选择相应档次的防水材料。（　）

**131.** 基层易开裂、温差大、年降雨量大地区建筑物防水材料宜选择中低档防水材料。（　）

**132.** 基层易开裂、温差大、年降雨量大地区建筑物防水材料应选择延伸率大、弹性大的高档柔性防水材料作防水层。（　）

**133.** 基层易开裂、温差大、年降雨量少，建筑物防水材料应选择延伸率大、弹性大的高档柔性防水材料作防水层。（　）

**134.** 基层不易开裂、温差大、年降雨量大地区建筑物防水材料应采用延伸率小一些的聚物水泥防水涂料、橡胶改性沥青防水涂料、聚氨酯防水涂料等。（　）

**135.** 基层不易开裂、温差小、年降雨量大地区建筑物防水材料可选用延伸率低、弹性低一些的卷材、有机涂料或刚性材料作防水层。（　）

**136.** 受紫外线强烈照射地区建筑物防水材料应选择低温特性好的材料作防水层如APP卷材。（　）

**137.** 受紫外线强烈照射地区建筑物应选择耐紫外线照射、老化性能优异的防水材料作防水层，如橡胶型防水卷材。（　）

**138.** 潮湿基层（无明水）防水材料应选择水乳型、水性防水涂料、无机防水涂料、刚性材料作防水层。（　）

**139.** 侵蚀性介质基层防水材料应选择耐侵蚀的防水材料作防水层。如高聚物改性沥青防水卷材（涂料）、合成高分子防水卷材及聚氨酯等耐腐蚀性较好的反应型、水乳型、聚合物水泥防水涂料等。（　）

**140.** 振动作用基层防水材料应选择刚性材料作防水层。（　）

**141.** 在屋面基层与保温层之间设置隔汽层，隔汽层与防水层应相连接。（　）

**142.** 设置隔汽层时，隔汽层应沿立面向上连续铺设，高出防水层上表面不得小于50mm。（　）

**143.** 如保温层及保温层表面覆盖的找平层干燥有困难，为使潮气排向大气，可设置排汽屋面。（　）

**144.** 排汽屋面排汽道，纵横缝的最大间距，水泥砂浆或细石混凝土找平层不宜大于4m。（　）

**145.** 排汽屋面的排汽管有向上排汽法，向上排汽法是排汽管子从保温层底部向上穿过保温层、找平层和防水层，伸向大气。（　）

**146.** 排汽屋面的排汽管有向下排汽法，向下排汽法是排汽管子从保温层底部向下穿过屋面板、女儿墙、挑檐板，伸向室内或室外，向下排走保温层内的潮气、水汽。（　）

**147.** 只有不设置保温层的屋面才存在正置和倒置式屋面两种形式。（　）

**148.** 找平层施工质量的好坏，直接关系到防水层质量的好坏。（　）

**149.** 松散材料保温层上作细石混凝土找平层，其厚度应为20～30mm。（　）

**150.** 装配式混凝土板上作水泥砂浆找平层，其厚度应为20～30mm。（　）

**151.** 整体现浇混凝土上作水泥砂浆找平层，其厚度应为20～25mm。（　）

**152.** 整体或板状材料保温层上作水泥砂浆找平层，其厚度应为 20～25mm。（ ）

**153.** 人们习惯上将坡度为 4%～16%的屋面称为平屋面。（ ）

**154.** 斜屋面的防水应贯彻“以防为主，以排为辅，防排结合”的设防原则。（ ）

**155.** 平屋面采用结构找坡时，坡度不应小于 3%，以便于找坡准确。（ ）

**156.** 平屋面采用材料找坡时，坡度宜为 3%以利于减轻屋面荷载。（ ）

**157.** 为保证在下暴雨时能及时将雨水排走，天沟沟底的水落差不得超过 100mm。（ ）

**158.** 天沟的水落口离沟底分水线的距离不得超过 25m。（ ）

**159.** 屋面找平层在屋面板端缝部位（承重墙或梁的部位）应设置分格缝，并以此将找平层分割。（ ）

**160.** 屋面找平层分格缝兼作排汽屋面的排汽道时，可加宽至 45mm，以利于排汽。（ ）

**161.** 不上人屋面的坡度可大些，一般在 6%～16%之间，所设防水层可外露，亦可加刚性保护层。（ ）

**162.** 坡屋面都不上人，坡度可大些，以贯彻“以排为主，以防为辅”的设防原则。（ ）

**163.** 新型卷材、涂料屋面的排水坡度宜为 15%～25%。（ ）

**164.** 平瓦屋面的排水坡度宜为 47%～58%。（ ）

**165.** 金属板材屋面的排水坡度宜为 16%～35%。（ ）

**166.** 屋面坡度的大小应从防排水性能、施工、技术、经济等方面进行综合考虑。（ ）

**167.** Ⅰ级或Ⅱ级屋面采用多道设防时，可采用卷材复合，或卷材与涂料、金属、细石混凝土、瓦形材料复合使用。（ ）

**168.** 柔性卷材所选用的基层处理剂、接缝胶粘剂、密封材料等配套材料应与铺贴卷材的材性相容。（ ）

**169.** 屋面防水等级Ⅰ级，设防道数为三道或三道以上设防，选用合成高分子防水卷材，其厚度应≥1.0mm。（ ）

**170.** 屋面防水等级为Ⅰ级时，设防道数为三道或三道以上设防，选用高聚物改性沥青防水卷材时，其厚度应为≥3mm。（ ）

**171.** 屋面防水等级为Ⅰ级时，设防道数为三道或三道以上设防，选用自粘聚酯胎改性沥青防水卷材时，其厚度应为≥1.5mm。（ ）

**172.** 屋面防水等级为Ⅰ级，设防道数为三道或三道以上设防，选用自粘橡胶沥青防水卷材时，其厚度应为≥1.5mm。（ ）

**173.** 屋面防水等级为Ⅱ级，设防道数为二道设防，选用合成高分子防水卷材时，其厚度应为≥1.0mm。（ ）

**174.** 屋面防水等级为Ⅱ级，设防道数为二道设防，选用高聚物改性沥青防水卷材时，其厚度应为≥3mm。（ ）

**175.** 屋面防水等级为Ⅱ级，设防道数为二道设防，选用自粘聚酯胎改性沥青防水卷材时，其厚度应为≥1.5mm。（ ）

**176.** 屋面防水等级为Ⅱ级，设防道数为二道设防，选用自粘橡胶沥青防水卷材时，其厚度应为≥1.5mm。（ ）

**177.** 屋面防水等级为Ⅲ级，设防道数为一道设防，选用合成高分子防水卷材时，其厚度应为≥1.0mm。（ ）

**178.** 屋面防水等级为Ⅲ级，设防道数为一道设防，选用高聚物改性沥青防水卷材时，其厚度应为≥4mm。（ ）

**179.** 屋面防水等级为Ⅲ级，设防道数为一道设防，选用沥青防水卷材和沥青复合胎柔性防水卷材时，其厚度应为二毡三油。（ ）

**180.** 屋面防水等级为Ⅲ级，设防道数为一道设防，选用自粘聚酯胎改性沥青防水卷材时，其厚度应为≥3mm。（ ）

**181.** 屋面防水等级为Ⅲ级，设防道数为一道设防，选用自粘橡胶沥青防水卷材时，其厚度应为≥1.5mm。（ ）

**182.** 屋面防水等级为Ⅳ级，设防道数为一道设防，选用沥青防水卷材和沥青复合胎柔性防水卷材时，其厚度为二毡三油。（ ）

**183.** 在坡度大于25%的屋面上采用卷材作防水层时，应采取防止下滑的固定措施。（ ）

**184.** 屋面卷材防水层上有重物覆盖或基层变形较大时，应优先采用满粘法铺贴。（ ）

**185.** 屋面防水层，防水卷材采用满粘法施工时，找平层应设置分格缝。（ ）

**186.** 无保温层的屋面，板端缝部位的卷材应空铺或增设空铺附加层，空铺宽度宜为150～250mm。（ ）

**187.** 屋面防水层采用刚性保护层应设分格缝，与防水层之间应设置隔离层。（ ）

**188.** 屋面设施基座、支撑与结构层相连时，应设置卷材附加层，并应与防水层一起包裹设施基座至上部，收头处应密封严密。（ ）

**189.** 在屋面防水层上放置设施（太阳能设备、水箱、花池、电磁收接发装置等重物）时，设置下部的防水层应增设附加增强层。（ ）

**190.** 不上人屋面的外露防水层，应在供经常维护设施的部位和屋面出入口至设施之间人行走道的防水层表面设置浅色保护层。（ ）

**191.** 易积灰的屋面，宜采用刚性材料作保护层。（ ）

**192.** 屋面卷材防水层本身无保护层时，应另作保护层。（ ）

**193.** 架空隔热屋面的卷材防水层表面亦应设保护层，架空板基座下亦应增设卷材附加层。（ ）

**194.** 屋面卷材本身无保护层时，应另作保护层，可采用与卷材材性不相容，但粘结力强和耐老化、风化的浅色涂料，如反射性丙烯酸水基呼吸型防水节能涂料RM等作保护层。（ ）

**195.** 屋面卷材本身无保护层时，应另作保护层，宜粘贴铝箔保护层，或直接采用铝箔面卷材作防水层。（ ）

**196.** 涂膜防水屋面适用于Ⅰ～Ⅳ级的屋面防水。可作为Ⅰ级、Ⅱ级屋面多道复合防水设防中的一道防水，Ⅲ级、Ⅳ级屋面的一道防水。（ ）

**197.** 宜采用合成高分子防水涂料和高聚物改性沥青防水涂料作屋面防水层。（　）

**198.** 由于屋面易变形开裂，故不宜选用无机盐类防水涂料作防水层。（　）

**199.** 屋面防水等级为Ⅰ级，设防道数为三道或三道以上设防，选用合成高分子防水涂料和聚和物水泥防水涂料时，其厚度应为≥1.0mm。（　）

**200.** 屋面易变形开裂，不宜选用对环境有严重污染、明火施工的聚氯乙烯改性煤焦油防水涂料作防水层。（　）

**201.** 屋面防水等级为Ⅱ级，设防道数为二道设防，选用高聚物改性沥青防水涂料时，其厚度应为≥2mm。（　）

**202.** 涂膜防水层厚度，应根据涂料的种类、屋面防水等级、设防的方法来确定。（　）

**203.** 屋面防水等级为Ⅱ级，设防道数为二道设防，选用合成高分子防水涂料和聚合物水泥防水涂料时，其厚度应为1.0mm。（　）

**204.** 屋面防水等级为Ⅲ级，设防道数为一道设防，选用高聚物改性沥青防水涂料时，其厚度应为≥3mm。（　）

**205.** 屋面防水等级为Ⅲ级，设防道数为一道设防，选用合成高分子防水涂料和聚合物水泥防水涂料时，其厚度应为≥1.5mm。（　）

**206.** 屋面防水等级为Ⅳ级，设防道数为一道设防，选用高聚物改性沥青防水涂料时，其厚度应为≥2mm。（　）

**207.** 涂料与卷材复合设防时，两者材性应相容。（　）

**208.** 屋面涂膜防水层，对找平层转角处应抹成圆弧，其半径不宜小于20mm。（　）

**209.** 屋面涂膜防水层，涂料与细石混凝土防水层复合设防时，涂膜宜在下，细石混凝土宜在上，两者之间应设置隔离层，隔离层材料可选择低档卷材、聚乙烯薄膜、无纺布等。（　）

**210.** 对屋面易开裂、渗水的部位，应留凹槽嵌填密封材料，并应增设一层或一层以上带胎体增强材料的涂膜附加层。（　）

**211.** 屋面涂膜防水层在找平层的分格缝部位应增设带胎体增强材料的空铺附加增强防水层，附加层的宽度为100～150mm。（　）

**212.** 当屋面坡度大于25%时，应选用成膜时间较短的合成高分子防水涂料或高聚物改性沥青防水涂料。不宜选用沥青基防水涂料及成膜时间过长的涂料。（　）

**213.** 屋面的天沟、檐沟、变形缝、水落口、伸出屋面的管道、泛水、出入口等细部构造是结构容易开裂渗漏的薄弱部位。（　）

**214.** 无论屋面的设防等级是高还是低，都应对细部构造、节点进行重点设防。重点设防的方法是：接缝部位柔性密封，转角、收头部位应增设附加防水层。（　）

**215.** 屋面涂膜防水层用水泥砂浆作保护层时，其厚度不宜小于15mm。（　）

**216.** 天沟、檐沟应增铺附加层。当采用高聚物改性沥青防水卷材或合成高分子防水卷材时，宜采用带胎体增强材的防水涂膜增强层。（　）

**217.** 卷材防水层在天沟、檐沟的收头，应固定密封。涂膜防水层应用防水涂料多遍涂刷或用密封材料封边收头。（　）

**218.** 天沟、檐沟与屋面交接处的附加层应空铺，空铺宽度为100～200mm。卷材附加层在空铺范围内不涂刷基层胶粘剂，涂膜附加层在空铺范围内的基层粘贴牛皮纸或其他平整的废纸。（ ）

**219.** 高低跨内排水天沟与立墙的交接处应采用沥青防水卷材收头密封，卷材在缝槽内应呈“U”型，并应延伸至低跨墙下方。收头上方用金属或高分子盖板保护。（ ）

**220.** 卷材防水层在无组织排水檐口600mm范围内应采取满粘法粘贴，卷材收头应固定密封。（ ）

**221.** 涂膜防水层在无组织排水檐口800mm范围内与基层应粘结牢固，涂膜收头应多遍涂刷或用密封材料封边。（ ）

**222.** 当高跨屋面为无组织排水时，在低跨屋面的受水冲刷部位应加铺一整幅卷材增强层，再铺设一条宽为100～150mm的刚性板材保护带或现浇水泥砂浆保护带。增强层与防水层之间应满粘，接缝处应用密封材料封口。（ ）

**223.** 当高跨屋面采用有组织排水时，雨水集中在水落管中，从出口处冲向低跨屋面，为防止冲毁防水层，在水落管出口处下面的低跨屋面受水部位应加设钢筋混凝土水簸箕。（ ）

**224.** 铺贴泛水的卷材应采用满粘法。泛水收头应根据泛水高度和泛水墙体材料的不同确定收头密封形式。（ ）

**225.** 水落管内径不应小于75mm，一根水落管的屋面最大汇水面积宜不小于500m²。排水口距水簸箕的高度不应大于500mm。（ ）

**226.** 屋面至泛水收头部位的立面防水层宜采用隔热防晒措施，可采用抹水泥砂浆、浇筑细石混凝土或砌筑砌体的措施进行保护。（ ）

**227.** 高跨立墙与低跨屋面交接处的附加层与基层之间宜作空铺处理。（ ）

**228.** 水落口杯埋设标高应考虑水落口设防时增加的附加层和柔性密封层的厚度及排水坡度加大的尺寸，使排水坡度符合设计要求，严禁倒坡。（ ）

**229.** 水落口周围应用防水涂料或密封材料涂封，涂层厚度不小于0.5mm。（ ）

**230.** 女儿墙、山墙可采用现浇混凝土或预制混凝土压顶，也可采用金属制品或合成高分子卷材封顶。（ ）

**231.** 根据屋面排水坡度要求留设反梁过水孔。孔底的标高应按排水坡度找坡后再留设，并应在结构施工图纸上注明孔底标高。（ ）

**232.** 水落口周围直径500mm范围内坡度不应小于5%，并应用防水涂料涂封，其厚度不应小于1.0mm。（ ）

**233.** 屋面反梁过水孔可采用防水涂料、密封材料防水。预埋管道两端周围与混凝土接触处应留凹槽，并用密封材料封严。（ ）

**234.** 伸出屋面管道根部的找平层应做成圆锥台。圆锥台上端面与管道间应留凹槽，槽内嵌填密封材料。防水层收头处应用8～10号（铅丝）扎紧或管箍箍紧，并用密封材料封严。（ ）

**235.** 屋面水平出入口防水层收头应压在混凝土压顶圈下，防水层与压顶圈之间应设置柔性保护层，压顶圈宜现浇。（ ）

**236.** 屋面垂直出入口防水层收头应压在混凝土压顶圈下，防水层与压顶圈之间应设

置柔性保护层，压顶圈宜现浇。 （ ）

**237.** 屋面防水层应做至水平出入口的混凝土踏步下，防水层应用柔性材料保护。防水层的泛水应设护墙予以保护。附加增强防水层应比踏板略宽。 （ ）

**238.** 卷材垂直于屋脊铺贴时，为增强卷材在屋脊部位的抗拉强度，应在屋面处进行搭接处理。 （ ）

**239.** 卷材平行于屋脊铺贴时，卷材在最高屋脊处留下的封脊间距宽度一般应不大于1m幅宽卷材的2/3，然后用整幅卷材与两侧坡面卷材搭接。 （ ）

**240.** 细石混凝土和密封材料是用作屋面刚性防水层的防水材料和嵌缝材料，适用于防水等级为Ⅰ～Ⅲ级的屋面防水。 （ ）

**241.** 细石混凝土防水层适用于设有松散材料保温层的屋面以及受较大振动或冲击的和坡度大于15%的建筑屋面。 （ ）

**242.** 刚性防水屋面因受大气温度变化影响大，容易出现温差裂缝而渗漏，所以，刚性防水层应设分格缝，分格缝中嵌入密封材料，它实质是一种横向刚柔结合的防水层。

（ ）

**243.** 一般要求补偿收缩混凝土的自由膨胀率为0.5%～1.0%。 （ ）

**244.** 由细石混凝土构成的屋面防水层，厚度如果达不到40mm，混凝土失水过快，水泥水化不彻底，使强度达不到要求，抗渗性能降低。 （ ）

**245.** 细石混凝土防水层与女儿墙、立墙及突出屋面结构交接处等部位，均应留凹槽，并做柔性密封处理。 （ ）

**246.** 刚性防水屋面应采用结构找坡，坡度宜为3%～8%。 （ ）

**247.** 细石混凝土防水层与基层间应设置隔离层。 （ ）

**248.** 在屋面平面及立面的交接部位留出缝隙凹槽，并做柔性密封处理。可以防止刚性防水层因温度变形体积膨胀时将女儿墙推裂。 （ ）

**249.** 刚性防水层内严禁埋设管线。因刚性防水层只有20mm厚，层间若再埋设管线，实际就减少了防水层的厚度，人为地增设缝隙，导致防水层开裂。 （ ）

**250.** 屋面细石混凝土防水层分格缝宽度宜为15～20mm。 （ ）

**251.** 刚性防水层与天沟、檐沟内壁的交接应位于立面，并应挑出沟内壁10～20mm，防水层底部与沟的内壁面应预留10mm宽的凹槽，再用下垂型密封材料封严。 （ ）

**252.** 屋面刚性防水层与变形缝两侧墙体交接处应留宽度为30mm的缝隙，并应嵌填密封材料。 （ ）

**253.** 伸出屋面管道与刚性防水层交接处应留设20～30mm宽的缝隙，用密封材料嵌填。 （ ）

**254.** 刚性防水屋面天沟、檐沟应用水泥砂浆找坡，找坡厚度大于40mm时宜采用细石混凝土。 （ ）

**255.** 屋面刚性防水层施工环境气温宜为0～35℃，并应避免在负温度或烈日暴晒下施工。 （ ）

**256.** 刚性防水屋面，防水层的细石混凝土宜用普通硅酸盐水泥或硅酸盐水泥，不得使用火山灰质硅酸盐水泥；当采用矿渣硅酸盐水泥时，应采取减少泌水性的措施。（ ）

**257.** 水泥贮存时应防止受潮，存放期不得超过六个月。当超过存放期限时，应重新

检验确定水泥强度等级。受潮结块的水泥不得使用。 ( )

**258.** 刚性防水屋面细石混凝土防水层的厚度不应小于 20mm，并应配置直径为 4～6mm、间距为 100～200mm 的双向钢筋网片；钢筋网片在分格缝处应断开，其保护层厚度不应小于 10mm。 ( )

**259.** 刚性防水屋面，当采用切割法施工时，分格缝的切割深度宜为防水层厚度的 3/4。 ( )

**260.** 刚性防水屋面施工，每个分格板块的混凝土应一次浇筑完成，不得留施工缝，抹压时不得在表面洒水、加水泥浆或撒干水泥，混凝土收水后应进行二次压光。 ( )

**261.** 混凝土浇筑后应及时进行养护，养护时间不宜少于 7d；养护初期屋面不得上人。 ( )

**262.** 钢纤维混凝土防水层应设分格缝，其纵横间距不宜大于 15m，分格缝内应用密封材料嵌填密实。 ( )

**263.** 屋面接缝密封防水适用于屋面防水工程的密封处理，与卷材防水屋面、涂膜防水屋面、刚性防水屋面等配套使用。 ( )

**264.** 密封防水的耐用年限与防水层一起应符号屋面防水等级的要求。 ( )

**265.** 屋面密封防水的接缝宽度不应大于 45mm，且不应小于 5mm。 ( )

**266.** 屋面密封防水接缝深度，迎水面可取接缝宽度的 0.5～0.7 倍，并宜选择低模量密封材料嵌缝。 ( )

**267.** 屋面接缝密封防水，接缝深度，背水面可取接缝宽度的 1.0～1.5 倍，并宜选择中模量或高模量密封材料嵌缝。 ( )

**268.** 屋面接缝密封防水，密封材料的选择应根据当地历年最高气温、最低气温、屋面构造特点和使用条件等因素，选择耐热度和柔性相适应的材料。 ( )

**269.** 屋面接缝密封防水，密封材料的选择，应根据屋面接缝位移的大小和特征，选择耐热度和柔性相适应的材料。 ( )

**270.** 屋面接缝密封防水，密封材料的选择，应根据屋面接缝位移的大小和特征，选择延伸性能相适应的材料。 ( )

**271.** 屋面接缝密封防水，密封材料的选择应根据屋面工程的防水等级、耐久使用年限，选择拉抻——压缩循环性能相适应的材料。 ( )

**272.** 屋面接缝密封防水，密封材料的选择应根据屋面工程的防水等级、耐久使用年限，选择延伸性能相适应的材料。 ( )

**273.** 屋面接缝密封防水处理连接部位的基层应涂刷与密封材料相配套的基层处理剂。 ( )

**274.** 接缝、凹槽处的密封材料底部宜设置背衬材料。背衬材料应选择与密封材料粘结力强的材料。 ( )

**275.** 接缝部位外露的密封材料表面宜设置卷材保护层，其宽度不应小于 100mm。保护层与密封材料之间，宜用等于接缝宽度的有机硅薄膜或其他隔离材料隔离。 ( )

**276.** 屋面接缝密封防水部位的基层应牢固，表面应平整、密实，不得有裂缝、蜂窝、麻面、起砂，应干燥、干净。 ( )

**277.** 密封防水所采用的背衬材料应能适应基层的膨胀和收缩，具有施工时不变形、

复原率高和耐久性好等性能。（　）

**278.** 密封防水采用的密封材料应具有弹塑性、粘结性、施工性、耐候性、水密性、气密性和位移性。（　）

**279.** 改性石油沥青密封材料物理性能耐热度，性能要求Ⅰ类为70℃，Ⅱ类为75℃。（　）

**280.** 进场的改性石油沥青密封材料抽样复验规定，同一规格、品种的材料应每5t为一批，不足5t者按一批进行抽样。（　）

**281.** 进场的合成高分子密封材料抽样复验规定，同一规格、品种的材料应每2t为一批，不足2t者按一批进行抽样。（　）

**282.** 改性沥青密封材料抽样复验物理性能，应检验耐热度、低温柔性、拉伸粘结性和施工性。（　）

**283.** 合成高分子密封材料抽样复验物理性能，应检验拉伸模量、定伸粘结性和断裂伸长率。（　）

**284.** 密封材料的贮运、保管应避开火源、热源，避免日晒、雨淋，防止碰撞，保持包装完好无损。（　）

**285.** 密封材料应分类贮放在通风、阴凉的室内，环境温度不应高于35℃。（　）

**286.** 屋面密封防水的接缝宽度宜为20～40mm。（　）

**287.** 屋面接缝处的密封材料底部应设置背衬材料，背衬材料宽度应比接缝宽度大30%。（　）

**288.** 屋面接缝密封防水，采用热灌法施工时，应选用耐热性好的背衬材料。（　）

**289.** 屋面结构层板缝中浇灌的细石混凝土上应填放背衬材料，上部嵌填密封材料，并应设置保护层。（　）

**290.** 屋面密封防水施工前，应检查接缝尺寸，符合设计要求后，方可进行下道工序施工。（　）

**291.** 屋面接缝密封防水施工时，基层处理剂的涂刷宜在铺放背衬材料后进行，涂刷应均匀，不得漏涂。待基层处理剂表干后，应立即嵌填密封材料。（　）

**292.** 改性石油沥青密封材料屋面接缝密封防水，采用热灌法施工时，应由上向下进行，尽量减少接头。（　）

**293.** 屋面接缝密封防水，改性石油沥青密封材料采用热灌法施工时，垂直于屋脊的板缝宜先浇灌，同时在纵横交叉处宜沿平行于屋脊的两侧板缝各延伸浇灌100mm，并留成斜槎。密封材料熬制及浇灌温度应按不同材料要求严格控制。（　）

**294.** 屋面接缝密封防水，改性石油沥青密封材料采用冷嵌法施工时，应先将少量密封材料批刮在缝槽两侧，分次将密封材料嵌填在缝内，并防止裹入空气。接头应采用斜槎。（　）

**295.** 改性石油沥青密封材料，严禁在雨天、雪天施工；五级风及其以上时不得施工；施工环境气温宜为－10～35℃。（　）

**296.** 屋面合成高分子密封材料防水施工，单组分密封材料可直接使用。多组分密封材料应根据规定的比例准确计量，拌合均匀。每次拌合量、拌合时间和拌合温度，应按所用密封材料的要求严格控制。（　）

**297.** 密封材料可使用挤出枪或腻子刀嵌填，嵌填应饱满，不得有气泡和孔洞。（ ）

**298.** 合成高分子密封材料防水施工时，采用挤出枪嵌填时，应根据接缝的宽度选用口径合适的挤出嘴，均匀挤出密封材料嵌填，并由底部逐渐充满整个接缝。（ ）

**299.** 合成高分子密封材料防水施工，应根据密封材料性能要求一次嵌填完成，减少接槎，整体性防水效果好。（ ）

**300.** 密封材料嵌缝后，应在实干前用腻子刀进行修整。（ ）

**301.** 多组分密封材料拌合后，应在规定时间内用完，未混合的多组分密封材料和未用完的单组分密封材料应密封存放。（ ）

**302.** 嵌填的密封材料实干后，方可进行保护层施工。（ ）

**303.** 合成高分子密封材料，严禁在雨天或雪天施工；五级风及其以上时不得施工；溶剂型密封材料施工环境气温宜为－10～35℃。（ ）

**304.** 合成高分子乳胶型及反应固化型密封材料施工环境气温宜为0～35℃。（ ）

**305.** 架空屋面、蓄水屋面、种植屋面统称为隔热屋面。（ ）

**306.** 架空屋面适宜在通风较好的南方炎热地区的建筑物上使用，不宜在寒冷地区采用。（ ）

**307.** 架空屋面的坡度不宜大于10%。（ ）

**308.** 架空屋面宜采用外露卷材或涂膜防水层，架空隔热制品支座的底面应增设附加增强层，附加层应比底面四周每侧宽约50mm。（ ）

**309.** 架空屋面的架空层距山墙、女儿墙的距离不得小于125mm，以便于清理杂物。但不宜太宽，以防降低隔热效果。（ ）

**310.** 蓄水屋面的坡度不宜大于2%。（ ）

**311.** 蓄水屋面应采用刚性防水层或在卷材、涂膜防水层上设置刚性防水层。（ ）

**312.** 种植屋面为平屋面时，应有0.5%～1.5%的排水坡度。（ ）

**313.** 种植屋面的防水层应采用耐腐蚀、耐霉烂、防植物根系穿刺、耐水性好的防水材料；卷材、涂膜防水层上部应设置刚性保护层。（ ）

**314.** 保温层设置在防水层上部时，保温层的上面应做保护层。（ ）

**315.** 保温层设置在防水层下部时，保温层的上部应做找平层。（ ）

**316.** 屋面坡度较大时，保温层应采取防滑措施。（ ）

**317.** 当屋面宽度大于8m时，架空屋面应设置通风屋脊。（ ）

**318.** 蓄水屋面泛水的防水层高度，应高出溢水口100mm。（ ）

**319.** 保温层的上面采用卵石保护层时，保护层与保温层之间应铺设隔离层。（ ）

**320.** 保温屋面在与室内空间有关联的天沟、檐沟处，均应铺设保温层；天沟、檐沟、檐口与屋面交接处，屋面保温层的铺设应延伸到墙内，其伸入的长度不应小于墙厚的1/2。（ ）

**321.** 粘贴板状保温材料时，胶粘剂应与保温材料材性相容，并应贴严、粘牢。（ ）

**322.** 整体现喷硬质聚氨酯泡沫塑料保温层施工环境气温宜为0～30℃，风力不宜大于三级，相对湿度小于85%。（ ）

**323.** 干铺的保温层可在负温下施工；用有机胶粘剂粘贴的板状材料保温层，－10℃以上可以施工；用水泥砂浆粘贴的板状材料保温层，5℃以上可以施工。（ ）

**324.** 为了确保防水层的防水性能，除了要求防水层具有耐霉烂、耐腐蚀、耐穿刺等性能外，对于重要的高等级倒置式屋面，还应在保温层与防水层之间增设滤水层。（ ）

**325.** 平瓦屋面适用于防水等级为Ⅱ级、Ⅲ级的屋面防水。（ ）

**326.** 油毡瓦屋面适用于防水等级为Ⅱ级、Ⅲ级的屋面防水。（ ）

**327.** 金属板材屋面适用于防水等级为Ⅰ级、Ⅱ级、Ⅲ级的屋面防水。（ ）

**328.** 油毡瓦的施工环境气温宜为－10～35℃。（ ）

**329.** 油毡瓦应在环境温度不高于54℃的条件下保管，避免雨淋、日晒、受潮，并应注意通风和避免接近火源。（ ）

**330.** 平瓦单独使用时，可用于防水等级为Ⅲ级、Ⅳ级的屋面防水；平瓦与防水卷材或防水涂膜复合使用时，可用于防水等级为Ⅱ级、Ⅲ级的屋面防水。（ ）

**331.** 油毡瓦单独使用时，可用于防水等级为Ⅲ级的屋面防水；油毡瓦与防水卷材或防水涂膜复合使用时，可用于防水等级为Ⅱ级的屋面防水。（ ）

**332.** 平瓦屋面应在基层上面先铺设一层卷材，其搭接宽度不宜小于60mm，并用顺水条将卷材压钉在基层上；顺水条的间距宜为1000mm，再在顺水条上铺钉挂瓦条。（ ）

**333.** 油毡瓦屋面应在基层上面先铺设一层卷材，卷材铺设在木基层上时，可用油毡钉固定卷材；卷材铺设在混凝土基层上时，可用水泥钉固定卷材。（ ）

**334.** 平瓦屋面的瓦头挑出封檐的长度宜为20～50mm，油毡瓦屋面的檐口应设金属滴水板。（ ）

**335.** 平瓦屋面的泛水，宜采用聚合物水泥砂浆或掺有纤维的混合砂浆分次抹成；烟囱与屋面的交接处，在迎水面中部应抹出分水线，并应高出两侧各20mm。（ ）

**336.** 油毡瓦屋面和金属板材屋面的泛水板与突出屋面的墙体搭接高度不应小于150mm。（ ）

**337.** 平瓦伸入天沟、檐沟的长度宜为20～50mm；檐口油毡瓦与卷材之间，应采用满粘法铺贴。（ ）

**338.** 平瓦屋面的脊瓦下端距坡面瓦的高度不宜大于40mm，脊瓦在两坡面瓦上的搭接宽度，每边不应小于20mm。（ ）

**339.** 油毡瓦屋面的脊瓦在两坡面瓦上的搭接宽度，每边不应小于95mm。（ ）

**340.** 金属板材屋面檐口挑出的长度不应小于100mm；屋面脊部应用金属屋脊盖板，并在屋面板端头设置泛水挡板和泛水堵头板。（ ）

**341.** 屋面工程防水施工包括找坡层、找平层施工，卷材防水施工，涂料防水施工，刚性材料防水施工，金属材料防水施工，接缝密封防水施工，保温隔热层施工和瓦屋面防水施工等。（ ）

**342.** 屋面防水找平层不得出现疏松、毛刺、起砂、爆皮等质量缺陷。平整度用2m靠尺和楔形塞尺检查，面层与靠尺间的空隙仅允许平缓变化，最大空隙不应超过5mm，且每米长度内不多于一处。（ ）

**343.** 屋面防水找平层，对低洼不平或凹坑部位，可用丙烯酸酯水泥砂浆、阳离子氯丁胶乳水泥砂浆或其他聚合物水泥砂浆顺平。（ ）

**344.** 对于大开间高低跨屋面相连接的建筑物，应先在高跨屋面上进行防水施工，待高跨屋面上的防水层施工完毕后，再在低跨屋面上进行防水施工。秩序不应颠倒。（ ）

**345.** 屋面防水层外露的施工程序是：先高跨后低跨、先远后近、先细部后大面、先屋檐后屋脊。（ ）

**346.** 屋面防水找平层与突出屋面的交接处、基层的转角处应做成圆弧，当采用沥青防水卷材时，圆弧半径应抹成 50～120mm。（ ）

**347.** 在高低跨屋面进行防水层施工，可先在高跨屋面上做完防水层，经检查合理后，接着就可铺设刚性保护层。待高跨屋面上的防水层和刚性保护层全部施工完毕后，再进行低跨屋面的防水层和刚性保护层的施工。（ ）

**348.** 如果高低跨屋面上的防水层已全部施工完毕，并全部验收合格，则尽可能先做低跨屋面上的刚性保护层，待低跨屋面上的刚性保护层能上人以后，再做高跨屋面上的刚性保护层。（ ）

**349.** 屋面防水找平层与突出屋面的交接处、基层的转角处应做成圆弧，当采用高聚物改性沥青防水卷材时，圆弧半径应抹成 20mm。（ ）

**350.** 在作同一平面内的刚性保护层时，宜从施工入口处开始施工，作业人员站在已施工完的刚性保护层上进行操作，逐渐向远处延伸，尽量避免站在防水层上进行施工。（ ）

**351.** 屋面防水找平层与突出屋面的交接处、基层的转角处应做成圆弧，当采用合成高分子防水卷材时，圆弧半径应抹成 10mm。（ ）

**352.** 地下室底板下如用防水涂膜作防水层时，则应在涂膜防水层上干铺一层纸胎油毡柔性保护层，再浇筑细石混凝土保护层。（ ）

**353.** 屋面防水找平层与突出屋面的交接处、基层的转角处应做成圆弧，当采用防水涂料时，阴角圆弧半径应抹成≥20mm；阳角圆弧半径应抹成≥5mm。（ ）

**354.** 按卷材种类、材性的不同，施工方法可分为冷粘、热粘、自粘、热熔、焊接等施工方法。（ ）

**355.** 卷材按铺设方法的不同可分为满粘、点铺、条铺和空铺等。（ ）

**356.** 屋面防水工程不设排汽道和排汽孔的屋面不能采用湿铺法涂刷基层处理剂。（ ）

**357.** 屋面防水工程，装配式混凝土屋面板水泥砂浆找平层的厚度应为 15～20mm。（ ）

**358.** 空铺法、点粘法、条粘法适用于防水层上有重物覆盖、基层变形量大、日温差变化大的易结露的潮湿屋面及保温层和找平层干燥有困难的屋面。（ ）

**359.** 屋面卷材防水层采取满粘法施工时，找平层的分格缝宜空铺，空铺的宽度宜为 80mm。（ ）

**360.** 上人屋面、蓄水屋面、屋顶花园、种植屋面、架空隔热屋面的防水层宜采用空铺法施工。（ ）

**361.** 铺贴合成高分子防水卷材时，长边相对于屋脊的位置为卷材的铺贴方向。
( )

**362.** 当屋面坡度小于3%时，宜垂直于屋脊铺贴。 ( )

**363.** 当屋面坡度在3%～15%之间时，既可平行于屋脊铺贴，又可垂直于屋脊铺贴。
( )

**364.** 当屋面坡度大于15%或受震动时，由于沥青软化点较低，防水层厚而重，所以沥青油毡应平行于屋脊方向铺贴，以免发生流淌而下滑。 ( )

**365.** 当屋面坡度大于15%时，高聚物改性沥青防水卷材、合成高分子防水卷材，既可平行于屋脊铺贴，又可垂直于屋脊铺贴。 ( )

**366.** 当屋面坡度大于25%时，一般不宜使用卷材做防水层，否则应采取措施将卷材固定，并尽量避免短边搭接。如必须短边搭接时，在搭接部位应采取机械固定措施，防止下滑。 ( )

**367.** 当采用多叠层卷材组成防水层时，上下层卷材不得相互垂直或交叉铺贴，以避免因重缝太多而形成渗水通道。 ( )

**368.** 卷材的搭接方向和铺贴顺序，应根据屋面的坡度、年最大频率风向、卷材的性质等情况来决定。 ( )

**369.** 当卷材平行于屋脊铺贴时，其长边应逆流水方向搭接。 ( )

**370.** 屋面卷材防水层铺贴的顺序应从排水口、檐口、天沟等屋面最低标高处向上铺贴至屋脊最高标高处。 ( )

**371.** 当卷材垂直于屋脊铺贴时，其长边应顺当年最大频率风向搭接（顺风搭接），以防止雨水在风力作用下吹入接缝内的细小裂缝而造成渗漏；其短边应顺水接槎，并作嵌缝处理。 ( )

**372.** 卷材防水层上有重物覆盖或基层变形较大时，应优先采用空铺法、点粘法、条粘法或机械固定法，但距屋面周边600mm内以及叠层铺贴的各层卷材之间应满粘。
( )

**373.** 屋面防水层施工时，应先做好节点、附加层和屋面排水比较集中等部位的处理，然后由屋面最低处向上进行。铺贴天沟、檐沟卷材时，宜顺天沟、檐沟方向，减少卷材的搭接。 ( )

**374.** 叠层铺贴的各层卷材，在天沟与屋面的交接处，应采用叉接法搭接，搭接缝应错开；搭接缝宜留在屋面或天沟侧面，不宜留在沟底。 ( )

**375.** 沥青防水卷材采用满粘法铺贴时，短边搭接宽度应为80mm。 ( )

**376.** 沥青防水卷材采用空铺法、点粘法、条粘法铺贴时，短边搭接宽度应为100mm。 ( )

**377.** 沥青防水卷材采用满粘法铺贴时，长边搭接宽度应为60mm。 ( )

**378.** 沥青防水卷材采用空铺法、点粘法、条粘法铺贴时，长边搭接宽度应为80mm。
( )

**379.** 铺贴卷材时，搭接的宽度与卷材长边、短边及卷材的种类、铺贴方法、粘结方法等有关。 ( )

**380.** 沥青防水油毡为多层铺设，搭接缝和卷材表面均满涂沥青玛𤆵脂，所以搭接缝

实际上已作了嵌缝处理。（ ）

**381.** 高聚物改性沥青防水卷材和合成高分子防水卷材多为单层铺设，搭接缝暴露在外，所以宜用材性相容的密封材料作嵌缝密封处理。可保证搭接缝的防水可靠性。（ ）

**382.** 高聚物改性沥青防水卷材，采用满粘法铺贴施工时，短边搭接宽度应为 60mm。（ ）

**383.** 高聚物改性沥青防水卷材采用空铺法、点粘法、条粘法铺贴施工时，短边搭接宽度应为 80mm。（ ）

**384.** 高聚物改性沥青防水卷材采用满粘法、铺贴施工时，长边搭接宽度应为 60mm。（ ）

**385.** 高聚物改性沥青防水卷材采用空铺法、点粘法、条粘法铺贴施工时，其长边搭接宽度应为 80mm。（ ）

**386.** 呼吸型防水涂料替代基层处理剂用于排汽屋面，可省去隔离层。（ ）

**387.** 转角部位的增强处理，是指屋面与立墙的转角部位，此处结构变形较大，容易拉裂防水层，所以应先铺一层卷材附加层，再铺平面防水层卷材。附加层在平面和立面上各 200mm 宽，用基层胶粘剂粘于基层。（ ）

**388.** 伸出屋面管道根的防水构造与其他细部构造、节点部位的防水构造一样，都应采取多道设防、柔性密封、机械固定的防水措施，以提高防水薄弱环节处的防止渗漏的可靠性。（ ）

**389.** 卷材垂直于屋脊铺贴的封脊处理方法。如用合成高分子防水卷材或高聚物改性沥青防水卷材垂直于屋脊铺贴时，在卷材从檐口铺过屋脊 150mm 时应裁断，在屋脊处进行收头搭接封脊处理。（ ）

**390.** 不允许一幅卷材从一个檐口越过屋脊一直铺到另一个檐口，应在屋脊处进行收头搭接封脊处理，可以增强卷材在屋脊处的强度，也就增强了卷材在最高屋脊处适应结构容易产生位移变形的能力。（ ）

**391.** 自粘聚合物改性沥青防水卷材采用满粘法铺贴施工，其短边搭接宽度应为 50mm。（ ）

**392.** 自粘聚合物改性沥青防水卷材采用满粘法、铺贴施工，其长边搭接宽度应为 50mm。（ ）

**393.** 用自粘性密封胶粘带作附加增强层，其做法是先在基层上涂刷胶粘剂，待胶膜干燥至仍然发粘但指触不粘附时，将自粘密封胶带粘贴在预定部位并用压辊滚压粘牢。（ ）

**394.** 采用 10 号、30 号建筑石油沥青和 60 号甲、60 号乙的道路石油沥青或其熔合物作为配制玛𤧛脂用的沥青材料。（ ）

**395.** 溶剂用于配制冷底子油和清洗施工工具，一般有轻柴油、煤油和汽油。（ ）

**396.** 合成高分子防水卷材使用胶粘剂采用满粘法铺贴施工，短边搭接宽度应为 60mm。（ ）

**397.** 合成高分子防水卷材使用胶粘带采用满粘法铺贴施工，其短边搭接应为 40mm。（ ）

**398.** 合成高分子防水卷材使用单焊缝采用满粘法铺贴施工，其短边搭接宽度应为

50mm，有效焊接宽度不小于 25mm。 (　　)

**399.** 合成高分子防水卷材使用双焊缝，采用满粘法，其搭接宽度应为 60mm，有效焊接宽度 10×2＋空腔宽。 (　　)

**400.** 冷底子油涂刷于干燥、干净的找平层上，使玛𤣉脂与基层有足够的粘结力，并隔绝基层的潮气。 (　　)

**401.** 涂刷冷底子油，涂布时间应根据气候和冷底子油挥发时间的快慢来确定，一般宜在铺贴前的 0.5～1d 进行，使其表面干燥并不沾灰尘。 (　　)

**402.** 热玛𤣉脂的加热温度不应高于 210℃，使用温度不宜低于 180℃，并应经常检查。熬制好的玛𤣉脂宜在本工作班内用完。当不能用完时应与新熬的材料分批混合使用，必要时还应做性能检验。 (　　)

**403.** 冷玛𤣉脂使用时应搅匀，稠度太大时可加少量溶剂稀释搅匀。 (　　)

**404.** 采用叠层铺贴沥青防水卷材的粘贴层厚度：热玛𤣉脂宜为 0.5～1mm，冷玛𤣉脂宜为 1～1.5mm。玛𤣉脂应涂刮均匀，不得过厚或堆积。 (　　)

**405.** 采用叠层铺贴沥青防水卷材的面层厚度：热玛𤣉脂宜为 1～5mm，冷玛𤣉脂宜为 2～3mm，玛𤣉脂应涂刮均匀，不得过厚或堆积。 (　　)

**406.** 沥青防水卷材施工，铺至混凝土檐口或立面的卷材收头应裁齐后压入凹槽，并用压条或带垫片钉子固定，最大钉距不应大于 1500mm，凹槽内用密封材料嵌填封严。

(　　)

**407.** 沥青防水卷材在铺贴前应保持干燥，其表面的撒布料应预先清扫干净，并避免损伤卷材。 (　　)

**408.** 在无保温层的装配式屋面上，应沿屋面板的端缝先单边点粘一层卷材，每边的宽度不应小于 50mm，或采取其他能增大防水层适应变形的措施，然后再铺贴屋面卷材。

(　　)

**409.** 选择不同胎体和性能的卷材复合使用时，高性能的卷材应放在面层。 (　　)

**410.** 铺贴沥青防水卷材时应随刮涂玛𤣉脂随滚铺卷材，并展平压实。 (　　)

**411.** 沥青防水卷材铺贴完后应及时做保护层，用水泥砂浆做保护层时，表面应抹平压光，并应设表面分格缝，分格面积宜为 $10m^2$。 (　　)

**412.** 沥青防水卷材铺贴完后，应及时做保护层，当采用块体材料做保护层时，宜留设分格缝，其纵横间距不宜大于 15m，分格缝宽度不宜小于 40mm。 (　　)

**413.** 水泥砂浆、块体材料或细石混凝土保护层与沥青防水卷材防水层之间应设置隔离层。 (　　)

**414.** 水泥砂浆、块体材料或细石混凝土保护层与女儿墙之间应预留宽度为 10mm 的缝隙。并用密封材料嵌填严密。 (　　)

**415.** 屋面沥青防水卷材防水层，用细石混凝土做保护层时，混凝土应振捣密实，表面抹平压光，并应留设分格缝，其纵横缝间距不宜大于 4m。 (　　)

**416.** 立面或大坡铺贴高聚物改性沥青防水卷材时，应采用满粘法，并宜减少短边搭接。 (　　)

**417.** 屋面高聚物改性沥青防水卷材施工，冷粘法铺贴卷材，胶粘剂涂刷应均匀，不露底，不堆积。卷材空铺、点粘、条粘时，应按规定的位置及面积涂刷胶粘剂。 (　　)

## 二、判断题答案

1. ×　2. √　3. ×　4. ×　5. √　6. √　7. √　8. √　9. ×
10. √　11. ×　12. √　13. ×　14. √　15. ×　16. √　17. ×　18. √
19. ×　20. √　21. ×　22. √　23. ×　24. √　25. ×　26. √　27. √
28. √　29. ×　30. √　31. √　32. ×　33. √　34. √　35. ×　36. √
37. √　38. √　39. ×　40. √　41. ×　42. √　43. ×　44. √　45. ×
46. √　47. √　48. ×　49. √　50. ×　51. √　52. ×　53. √　54. √
55. ×　56. √　57. ×　58. √　59. ×　60. √　61. ×　62. √　63. ×
64. √　65. ×　66. √　67. ×　68. √　69. √　70. ×　71. √　72. ×
73. √　74. √　75. ×　76. √　77. ×　78. ×　79. √　80. √　81. ×
82. √　83. √　84. √　85. ×　86. ×　87. √　88. √　89. √　90. √
91. ×　92. √　93. ×　94. √　95. ×　96. √　97. ×　98. √　99. ×
100. √　101. √　102. ×　103. √　104. √　105. ×　106. ×　107. √　108. √
109. ×　110. √　111. ×　112. √　113. √　114. ×　115. √　116. ×　117. √
118. ×　119. √　120. √　121. ×　122. √　123. √　124. √　125. ×　126. ×
127. √　128. √　129. ×　130. √　131. ×　132. √　133. ×　134. √　135. √
136. ×　137. √　138. √　139. √　140. ×　141. √　142. ×　143. √　144. ×
145. √　146. √　147. ×　148. √　149. ×　150. √　151. ×　152. √　153. ×
154. ×　155. √　156. ×　157. ×　158. ×　159. √　160. ×　161. ×　162. √
163. ×　164. √　165. ×　166. √　167. √　168. √　169. ×　170. √　171. ×
172. √　173. ×　174. √　175. ×　176. √　177. ×　178. √　179. ×　180. ×
181. ×　182. √　183. √　184. ×　185. √　186. ×　187. √　188. √　189. √
190. ×　191. √　192. √　193. ×　194. ×　195. √　196. √　197. √　198. √
199. ×　200. √　201. ×　202. √　203. ×　204. √　205. ×　206. √　207. √
208. ×　209. √　210. √　211. ×　212. √　213. √　214. √　215. ×　216. √
217. √　218. ×　219. ×　220. ×　221. √　222. ×　223. √　224. √　225. ×
226. √　227. √　228. √　229. ×　230. √　231. √　232. ×　233. √　234. √
235. ×　236. √　237. √　238. ×　239. √　240. √　241. ×　242. √　243. ×
244. √　245. √　246. ×　247. √　248. √　249. ×　250. ×　251. ×　252. √
253. √　254. ×　255. ×　256. √　257. ×　258. ×　259. √　260. √　261. ×
262. ×　263. √　264. √　265. ×　266. √　267. ×　268. √　269. ×　270. √
271. √　272. ×　273. √　274. ×　275. ×　276. √　277. √　278. √　279. ×
280. ×　281. ×　282. √　283. √　284. √　285. ×　286. ×　287. ×　288. √
289. √　290. √　291. √　292. ×　293. ×　294. √　295. ×　296. √　297. √
298. √　299. ×　300. ×　301. √　302. ×　303. ×　304. ×　305. √　306. √
307. ×　308. ×　309. ×　310. ×　311. √　312. ×　313. √　314. √　315. √
316. √　317. ×　318. √　319. √　320. √　321. √　322. ×　323. √　324. √

325.√　326.√　327.√　328.×　329.×　330.√　331.√　332.×　333.√
334.×　335.×　336.×　337.×　338.×　339.×　340.×　341.√　342.√
343.√　344.√　345.√　346.×　347.√　348.√　349.×　350.√　351.×
352.√　353.×　354.√　355.√　356.√　357.×　358.√　359.×　360.√
361.√　362.×　363.√　364.×　365.√　366.√　367.√　368.√　369.×
370.√　371.√　372.×　373.√　374.√　375.×　376.×　377.×　378.×
379.√　380.√　381.√　382.×　383.×　384.×　385.×　386.√　387.×
388.√　389.√　390.√　391.×　392.×　393.√　394.√　395.√　396.×
397.×　398.×　399.×　400.√　401.×　402.×　403.√　404.×　405.×
406.×　407.√　408.×　409.√　410.√　411.×　412.×　413.√　414.×
415.×　416.√　417.√

## 第二节　高级工选择题

### 一、选择题

**1.** 施工图是房屋建筑施工的______同样也是进行企业管理的重要技术文件。

A. 重要依据；　B. 重要文件；　C. 重要资料；　D. 工作方针。

**2.** 建筑总平面图主要说明拟建建筑物所在地的地理位置和______的平面布置图。

A. 周围房屋；　B. 周围环境；　C. 周围道路；　D. 周围绿地。

**3.** 会审记录、设计核定单、隐蔽工程签证等均为重要的技术文件，应妥善保管，作为施工决算的______。

A. 资料；　B. 根据；　C. 依据；　D. 文件。

**4.** ______一般写在建筑施工图的首页，它用文字简单介绍工程的概况和各部分构造的作法。

A. 总说明；　B. 设计文件；　C. 设计资料；　D. 设计说明。

**5.** ______包括建筑物的名称、平面形式、层数、建筑面积、绝对标高，以及其与相邻建筑物（或道路中心等）的距离。

A. 工程概况；　B. 建筑总平面图；
C. 说明书；　D. 首页图。

**6.** 在施工过程中，房屋的定位放线、砌墙、安装门、安装窗框、安装设备、装修等以及编制概算预算、备料，都要使用______图。

A. 设计说明；　B. 平面图；　C. 结构图；　D. 总平面图。

**7.** 平面图的______一般标注三道尺寸。外包尺寸为总长、总宽（外墙边到边）；中间尺寸为轴线尺寸，即表示开间、进深尺寸；里面尺寸为门、窗洞口及窗间墙尺寸，便于门窗定位放线。

A. 内墙尺寸；　B. 细部尺寸；　C. 外墙尺寸；　D. 轮廓尺寸。

**8.** 平面图的______是指建筑物的内墙门窗洞口尺寸、门洞边墙垛的尺寸等。一般相同尺寸可以只标注一个，其余可以不注。

A. 轮廓尺寸；　　B. 外墙尺寸；　　C. 细部尺寸；　　D. 内墙尺寸。

**9.** 平面图中其余______均应标注完全，如墙厚、柱、墙垛、台阶、踏步、散水、明沟、花台、盥洗设备等均应标出尺寸，以便定位。

A. 细部尺寸；　　B. 外墙尺寸；　　C. 内墙尺寸；　　D. 轮廓尺寸。

**10.** 平面图虽然仅能表示长宽二个方向的尺寸，但为了区别图中各平面的高差，可用______来表示。

A. 标准；　　B. 标高；　　C. 标尺；　　D. 尺寸。

**11.** 一般______图应标注下列标高：室内地面标高、室外地面标高、走道地面标高、大门室外台阶标高、卫生间地面标高、楼梯平台标高等。

A. 侧面；　　B. 结构；　　C. 平面；　　D. 立面。

**12.** 剖面图的剖切位置，应在______中表示其位置，以便剖面图与平面图对照阅读。

A. 立面图；　　B. 结构图；　　C. 侧面图；　　D. 平面图。

**13.** 剖切符号用短粗线画在______形之外，剖切时可转折一次（阶梯剖切），便于在剖切时更能反映建筑内部构造。

A. 平面图；　　B. 结构施工图；　　C. 立面图；　　D. 详图。

**14.** 一般在______平面图的右下方画上指北针，表示建筑物的方向。

A. 顶层；　　B. 底层；　　C. 标准层；　　D. 中间层。

**15.** ______平面图主要表明屋面排水情况，如排水分区、屋面排水坡度、天沟位置、水落管的位置等。

A. 首层；　　B. 标准层；　　C. 屋顶；　　D. 中间层。

**16.** 一般在屋顶______附近配以檐口节点详图、女儿墙泛水构造详图、变形缝详图、高低层泛水构造详图，各个图安排在一张图上便于对照阅读。

A. 构造节点图；　B. 立面图；　　C. 详图；　　D. 平面图。

**17.** 建筑______主要表示建筑物的外貌，它反映了建筑各立面的造型、门窗和位置、各部分的标高、外墙面的装修材料和做法。

A. 立面图；　　B. 结构图；　　C. 剖面图；　　D. 详图。

**18.** 建筑______是根据正投影原理，将房屋的正面、背面、左侧面、右侧面进行绘制后所形成的图，它的名称是根据建筑的各个方向的首尾轴线命名的。

A. 结构图；　　B. 立面图；　　C. 剖面图；　　D. 详图。

**19.** 立面图除详细地绘出了立面中的门窗、雨篷、檐口、壁柱、台阶、踏步、花台等外，还详细地用______标出了各部分的装修材料。

A. 说明；　　B. 数字；　　C. 文字；　　D. 尺寸。

**20.** ______用标高来表示建筑物的总高度、窗台上口、窗过梁下口、各层楼地面、屋面等标高。

A. 结构图；　　B. 正面图；　　C. 侧面图；　　D. 立面图。

**21.** ______一般不标注尺寸，但也可标注三道尺寸，里面尺寸为门窗洞高、垂直方向窗间墙高、室内外地面高差、檐口高度等尺寸，中间尺寸为层高尺寸，外面尺寸为总高度尺寸。

A. 立面图；　　B. 结构图；　　C. 平面图；　　D. 剖面图。

**22.** 建筑______主要表示建筑物内部的结构和构造形式、沿高度方向分层情况、各层构造做法、门窗洞高、各层层高和总高度等尺寸。

A. 立面图；　　B. 剖面图；　　C. 详图；　　D. 结构图。

**23.** ______与平面图、立面图是构成建筑施工图的基本图样。

A. 总平面图；　　B. 建筑详图；　　C. 剖面图；　　D. 结构图。

**24.** 在剖面图中，凡不能详细表达清楚的部位，如檐口、过梁、窗台、勒脚、散水等墙身节点，须用______来表示。

A. 节点图；　　B. 剖面图；　　C. 大样图；　　D. 构造详图。

**25.** 剖面图的标高和尺寸标注与______上的标高和尺寸标注方法一样，一般应整齐地标在剖面图两旁，但也可将层高或细部标高直接标在图内该处，便于寻找。

A. 立面图；　　B. 结构图；　　C. 侧面图；　　D. 正面图。

**26.** 首页图、总平面图、平面图、立面图、剖面图为建筑施工图的基本图形，为了表示某些部位的结构构造和详细尺寸，必须绘制______来说明。

A. 侧面图；　　B. 详图；　　C. 结构图；　　D. 节点图。

**27.** 对于墙身节点主要檐口、过梁、窗台、勒脚等部位，可在剖面图上的墙身节点位置用______索引标志引出，另画墙身节点构造大样。

A. 大样图；　　B. 节点图；　　C. 详图；　　D. 翻样图。

**28.** 屋面节点有檐口、女儿墙、高低跨泛水、天沟、山墙顶等处，均应绘制构造详图。一般在屋顶平面图上用______索引标志引出，另画屋面节点构造详图。

A. 节点图；　　B. 大样图；　　C. 剖面图；　　D. 详图。

**29.** 特殊设备的房间，如盥洗室、厕所、厨房等，应用______来表明设备的形状、尺寸、位置和构造要求。

A. 详图；　　B. 剖面图；　　C. 节点图；　　D. 大样图。

**30.** 在图纸会审以前，______必须组织有关人员学习施工图纸，熟悉图纸的内容要求和特点，并由设计单位进行设计交底，以达到弄清设计意图、发现问题、消灭差错的目的。

A. 建设单位；　　B. 施工单位；　　C. 设计单位；　　D. 企业领导。

**31.** 图纸会审工作必须有组织、有领导、有步骤地进行。并按工程的性质、规模大小、重要程度、特殊要求，______组织图纸会审工作。

A. 分批；　　B. 分开；　　C. 分级；　　D. 分行。

**32.** 图纸会审工作应由______单位负责组织，由设计、土建、机械化施工、设备安装等专业施工单位参加。

A. 企业领导；　　B. 土建；　　C. 设计；　　D. 建设。

**33.** 图纸会审的______应该是先分别学习，后集体会审；先专业单位自审，后由设计、施工、建设单位共同会审。

A. 程序；　　B. 步骤；　　C. 方法；　　D. 次序。

**34.** 图纸经过学习、审查后，应由______单位将会审中提出的问题以及解决的方法，详细记录写成正式文件（必要时由设计部门另出修改图纸），列入工程档案。

A. 设计；　　B. 组织审查的；　　C. 施工；　　D. 监理。

**35.** 在施工过程中，发现图纸仍有差错或与实际情况不符，或施工条件、材料规格、品种、质量不能完全符合______，以及职工提出合理化建议，需要修改施工图时，必须严格执行设计变更签证制度。

A. 施工要求；　　B. 施工方案要求；

C. 设计要求；　　D. 规范要求。

**36.** 在施工过程中施工单位提出的______，由施工单位填写施工技术问题核定单，经建设单位、设计单位同意后方得进行。

A. 施工方案；　　B. 质量措施；　　C. 安全措施；　　D. 设计变更。

**37.** 所有的设计变更资料，包括设计变更通知、修改图纸等，均需有文字记录，纳入工程档案，作为施工和竣工______的依据。

A. 决算；　　B. 总结；　　C. 资料；　　D. 文件。

**38.** 建筑防水材料按______不同可分为柔性防水材料和刚性防水材料。

A. 材性；　　B. 性质；　　C. 特性；　　D. 种类。

**39.** 建筑防水材料按______的不同可分为有机防水材料和无机防水材料。

A. 性质；　　B. 特性；　　C. 材质；　　D. 种类。

**40.** 建筑防水材料按______的不同可分为卷材、涂料、密封材料、刚性材料、堵漏材料、金属材料六大系列及瓦片、夹层塑料板等排水材料。

A. 特性；　　B. 性质；　　C. 材质；　　D. 种类。

**41.** 防水卷材在建筑防水材料的应用中处于______地位，在建筑防水的措施中起着重要作用。

A. 主导；　　B. 领先；　　C. 次要；　　D. 附属。

**42.** 高聚物改性沥青防水卷材外观出现边缘不整齐，质量要求不超过______mm。

A. 5；　　B. 10；　　C. 15；　　D. 20。

**43.** 高聚物改性沥青防水卷材外观质量，每卷卷材的接头，质量要求不超过1处，较短的一段不应小于______mm，接头处应加长150mm。

A. 500；　　B. 800；　　C. 1000；　　D. 1500。

**44.** 合成高分子防水卷材外观出现折痕，质量要求，每卷不超过2处，总长度不超过______mm。

A. 35；　　B. 30；　　C. 25；　　D. 20。

**45.** 合成高分子防水卷材外观有杂质，质量要求，大于0.5mm颗粒不允许，每$1m^2$不超过______$mm^2$。

A. 9；　　B. 10；　　C. 11；　　D. 12。

**46.** 合成高分子防水卷材外观出现有胶块，质量要求，每卷不超过6处，每处面积不大于______$mm^2$。

A. 2；　　B. 4；　　C. 6；　　D. 8。

**47.** 合成高分子防水卷材外观出现凹痕，质量要求，每卷不超过6处，深度不超过本身厚度的______%；树脂类深度不超过5%。

A. 10；　　B. 20；　　C. 30；　　D. 40。

**48.** 合成高分子防水卷材外观质量要求；每卷卷材的接头，橡胶类每 20m 不超过______处，较短的一段不应小于 3000mm，接头处应加长 150mm；树脂类 20m 长度内不允许有接头。

A. 1；　　B. 2；　　C. 3；　　D. 4。

**49.** 沥青防水卷材外观出现折纹、皱折，质量要求：距卷芯 1000mm 以外，长度不大于______ mm。

A. 80；　　B. 100；　　C. 120；　　D. 150。

**50.** 沥青防水卷材外观出现裂纹，质量要求：距卷芯 1000mm 以外，长度不大于______ mm。

A. 5；　　B. 8；　　C. 10；　　D. 15。

**51.** 沥青防水卷材外观出现裂口、缺边，质量要求：边缘裂口小于______ mm；缺边长度小于 50mm，深度小于 20mm。

A. 10；　　B. 20；　　C. 30；　　D. 40。

**52.** 沥青防水卷材每卷卷材的接头，质量要求：不超过 1 处，较短的一段不应小于______ mm，接头处应加长 150mm。

A. 1000；　　B. 1500；　　C. 2000；　　D. 2500。

**53.** 沥青对水来说是一种不浸润物质。人们利用沥青的这一______，被广泛用来当作防水、防腐和粘结材料来使用。

A. 特性；　　B. 特点；　　C. 优点；　　D. 材性。

**54.** 纸胎沥青油毡按幅宽的不同分 915mm 和______ mm 两种。常用的是后一种。

A. 1150；　　B. 1200；　　C. 1000；　　D. 1500。

**55.** 成品沥青纸胎油毡宜卷紧、卷齐，卷筒两端厚度差不得超过 5mm，端面里进外出不得超过______ mm。

A. 5；　　B. 10；　　C. 15；　　D. 20。

**56.** 优质氧化沥青防水油毡表面必须平整，不允许有孔洞、硌伤，以及长度 20mm 以上的疙瘩和距卷芯 1000mm 以外长______ mm 以上的折纹、折皱。20mm 以内的边缘裂口或长 50mm、深 20mm 以内的缺边不应超过 4 处。

A. 50；　　B. 60；　　C. 80；　　D. 100。

**57.** 铝箔面油毡成卷在环境温度为______℃时易于展开。

A. 10～45；　　B. 5～35；　　C. 0～35；　　D. －5～45。

**58.** 为了改变纯沥青高温容易流淌、低温容易龟裂、弹塑性及柔韧性差的劣性，常用弹性体或塑性体高聚物对沥青进行______，再采用聚酯胎或玻纤胎作胎基，从而获得中、高档改性沥青防水材料。

A. 改革；　　B. 改性；　　C. 改变；　　D. 变性。

**59.** 弹性体（SB）改性沥青防水卷材（简称 SBS 卷材）以苯乙烯-丁二烯-苯乙烯（SBS）共聚热塑性弹性体作沥青的______，以聚酯胎或玻纤胎为胎体，以聚乙烯膜、细砂、粉料或矿物粒（片）料作卷材两面的覆面材料。

A. 改革剂；　　B. 附助材料；　　C. 改性剂；　　D. 改变剂。

**60.** SBS 嵌缝共聚物橡胶，常温下具有橡胶状的弹性，高温下又具有塑料状的热塑性和熔融流动性。在沥青中加入______的 SBS 作卷材的浸涂层，可提高卷材的弹塑性和耐疲劳性，延长卷材的使用寿命，增强卷材的综合性能。

A. 4%～9%；　B. 6%～11%；　C. 8%～13%；　D. 10%～15%。

**61.** SBS 卷材 100℃气温条件下仍不起泡，不流淌，在－25℃的低温特性下，仍具有良好的防水性能，如有特殊需要，在______℃时仍然有一定的防水功能。所以，特别适用于寒冷、严寒气温条件下的地区使用。

A. －50；　B. －49；　C. －48；　D. －47。

**62.** 任一产品的成卷 SBS 卷材在 4～50℃温度下展开，在距卷芯______ mm 长度外不应有 10mm 以上的裂纹或粘结。

A. 800；　B. 1000；　C. 1200；　D. 2500。

**63.** APP、APAO、APO 分子结构为保护态，在改性沥青中呈网状结构，与石油沥青有良好的______，将沥青包围在网中，使改性后的沥青有较好的稳定性，受高温、紫外线照射后，分子结构不会重新排列，故老化期长，一般老化期在 20 年以上。

A. 互融性；　B. 互浸性；　C. 互溶性；　D. 互容性。

**64.** APP 卷材具有良好的耐热度，高温适应能力比 SBS 卷材强，特别是耐紫外线照射的能力比其他改性沥青卷材都强。所以，______在强烈阳光照射下的炎热地区使用。

A. 可；　B. 不可；　C. 适合；　D. 适宜。

**65.** 冷自粘聚合物改性沥青（无胎体或有胎体）防水卷材在______下即可自行与基层、卷材与卷材搭接粘结。

A. 常温；　B. 高温；　C. 低温；　D. 常态。

**66.** 自粘聚合物改性沥青聚乙烯胎防水卷材在正常贮存、运输条件下，贮存期自生产之日起______年。

A. 1；　B. 2；　C. 3；　D. 4。

**67.** 改性沥青复合胎柔性防水卷材，一等品有接头的卷材数不得超过批量数的______%。

A. 1；　B. 2；　C. 3；　D. 4。

**68.** 改性沥青胶粘剂的粘结剥离强度不应小于______ N/10mm。

A. 8；　B. 12；　C. 15；　D. 18。

**69.** 冷底子油的固含量应大于______%。

A. 10；　B. 20；　C. 30；　D. 40。

**70.** 三元乙丙橡胶防水卷材在低温______℃时仍不脆裂，在高温 80～120℃（加热 5h）时仍不起泡不粘连。所以，有极好的耐高低温性能，能在严寒和酷暑的气候条件下长期使用。

A. －25～－33；　B. －30～－38；　C. －35～－43；　D. －40～－48。

**71.** 氯化聚乙烯—橡胶共混防水卷材，共混主体材料氯化聚乙烯树脂的含氯量为______%。氯原子的存在，使共混卷材具有良好的粘结性和阻燃性。

A. 10～20；　B. 20～30；　C. 30～40；　D. 40～50。

**72.** 氯磺化聚乙烯本身的含氯量高达______%，所以，具有很好的难燃性能，在燃烧过程中，随着火源的离开而自行熄灭。

A. 19～33；　B. 24～38；　C. 29～43；　D. 34～48。

**73.** 塑料防水板一般指：乙烯醋酸乙烯共聚物、高密度聚乙烯、中密度聚乙烯、低密度聚乙烯、线性低密度聚乙烯、乙烯醋酸乙烯______沥青共混等塑料防水板。

A. 改性；　B. 改良；　C. 改变；　D. 浸融。

**74.** 聚合物水泥柔性防水卷材是将______%以上的水硬性水泥等无机材料与橡胶、聚合物、掺合料等有机高分子材料共混后经捏合、搅拌、塑炼和压延等工艺制作而成，发挥了水泥水化产物与高聚物的超叠加效应。

A. 55；　B. 60；　C. 65；　D. 70。

**75.** 高分子防水卷材所使用的基底胶、搭接胶的剥离强度不应小于______N/10mm，浸水168h的粘结剥离强度的保持率不应小于70%是强制性指标。

A. 8；　B. 12；　C. 15；　D. 18。

**76.** 为增强卷材搭接边的密封性能，卷材搭接边用搭接胶粘结后，还应用密封材料对接缝进行密封处理。密封宽度不应小于______mm。

A. 10；　B. 12；　C. 15；　D. 18。

**77.** 丁基橡胶防水密封胶粘带外观应卷紧卷齐，______℃环境温度下易于展开，开卷时无破损、粘连或脱落现象。

A. 0～35；　B. 5～35；　C. 10～35；　D. 12～35。

**78.** 不锈钢薄板防水卷材规格：厚度0.4～0.6mm；宽度为______mm；长度为成百米卷成圆柱状。

A. 300；　B. 400；　C. 500；　D. 600。

**79.** 防水涂料在______下呈黏稠状液体，经涂布固化后，能形成无接缝的防水涂膜。

A. 高温；　B. 低温；　C. 常态；　D. 常温。

**80.** 防水涂料______在立面、阴阳角、穿结构层管道、凸起物、狭窄场所等细部构造处进行防水施工。固化后，能在这些复杂部位表面形成完整的防水膜。

A. 特别适宜；　B. 特别适合；　C. 可；　D. 宜。

**81.** 涂膜防水层具有良好的耐水、耐候、耐酸碱特性和优异的延伸性能，能______基层局部变形的需要。

A. 适合；　B. 适应；　C. 适宜；　D. 附合。

**82.** 涂膜防水层的抗拉强度可以通过______胎体增强材料来得到加强。对于基层裂缝、结构缝、管道根等一些容易造成渗漏的部位，极易进行增强、补强、维修等处理。

A. 加强；　B. 补强；　C. 加贴；　D. 增加。

**83.** 防水涂膜一般依靠人工涂布，其厚度很难做到均匀一致。所以，施工时，要严格按照操作方法进行______地涂刷，以保证单位面积内的最低使用量，确保涂膜防水层的施工质量。

A. 认真；　B. 仔细；　C. 保质保量；　D. 重复多遍。

**84.** 涂膜防水层的涂刷遍数应满足要求。一般情况下，后一遍涂层应待前一遍涂层______后再涂刷。

A. 实干；　B. 真干；　C. 表干；　D. 假干。

**85.** 涂膜防水层的防水性能受自然环境的影响较大，当用于屋面外露防水层时，由于直接暴露在阳光下，受紫外线照射的影响很大，所以应______耐老化性能优异的涂料作防水层，否则将严重影响涂膜防水层的耐久性能。

A. 挑选； B. 选择； C. 推荐； D. 用。

**86.** 某些有机涂膜防水层长时间浸水后会出现______现象或降低抗渗性能。当这种涂料用于地下工程时，应采用1∶2.5水泥砂浆作保护层。

A. 溶融； B. 溶解； C. 溶胀； D. 溶浸。

**87.** 用于地下工程的有机涂膜防水层，其耐水性能（防水涂膜试件浸水168h后取出擦干即进行试验，其粘结强度及抗渗性的保持率）应不小于______%。

A. 65； B. 70； C. 75； D. 80。

**88.** 防水涂料按______的不同，可分为有机防水涂料和无机防水涂料两类。

A. 材性； B. 性质； C. 类型； D. 组成形态。

**89.** 防水涂料按______的不同一般可分为单组分防水涂料和双（或多）组分防水涂料两类。

A. 材性； B. 组分； C. 特性； D. 类型。

**90.** 合成高分子防水涂料的固体含量，反应固化型（Ⅰ类）应为______；挥发固化型和聚合物水泥涂料均应为≥65%。

A. ≥65%～77%； B. ≥75%～87%；

C. ≥80%～92%； D. ≥92%～95%。

**91.** 高聚物改性沥青防水涂料的固体含量，水乳型应为≥43%；溶剂型应为≥______%。

A. 45； B. 46； C. 47； D. 48。

**92.** 溶剂型防水涂料中的高分子材料______于有机溶剂中，而且以分子状态存在于有机溶剂中，呈溶液状涂料。由于溶剂苯有毒，且易燃、易爆，对环境有污染，故市场份额已逐步减少。

A. 溶解； B. 溶化； C. 溶融； D. 溶胀。

**93.** 水乳型防水涂料中的______材料是以极其微小的颗粒稳定地悬浮在水中，呈乳液状涂料。由于水乳型涂料以水为分散介质，无毒，不污染环境。故市场份额已逐渐增多，也越来越被人们接受。

A. 低密度材料； B. 高分子；

C. 高密度材料； D. 低分子。

**94.** 反应型防水涂料中的______材料在施工固化前是以预聚体形式存在的，不含溶剂和水。双（或多）组分涂料通过固化剂、单组分涂料通过湿气和水起化学反应而形成弹性防水涂膜。

A. 低密度聚乙烯； B. 高密度聚乙烯；

C. 高分子； D. 低分子。

**95.** 单组分中的聚氨酯预聚体（异氰酸酯：—R—NCO)，经现场涂刷后，与空气中的水分和基层内的潮气发生______，形成弹性涂膜防水层，或在涂布前，加入适量水，搅拌均匀，涂布后形成涂膜。

A. 物理反应； B. 化学反应； C. 生化反应； D. 固化反应。

**96.** 多组分中的聚氨酯预聚体与固化剂（非液态水）、增混剂，按规定的配比混合搅拌均匀，涂布后，涂层发生______，固化形成具有一定弹性的涂膜防水层。

A. 化学反应； B. 固化反应； C. 生化反应； D. 物理反应。

**97.** 聚氨酯防水涂料是一种______型防水涂料，分为单组分型和多组分型两种类型。

A. 反应生化； B. 反应固化； C. 反应化学； D. 反应物理。

**98.** 焦油型聚氨酯防水涂料和采用摩卡（MOCA）作______的聚氨酯防水涂料因产生刺鼻异味和有致癌危险，故禁止用于建筑工程。

A. 软化剂； B. 补强剂； C. 固化剂； D. 促进剂。

**99.** 硅橡胶防水涂料是以硅橡胶胶乳以及其他乳液的复合物为______，掺入无机填料及各种助剂配制而成的乳液型防水涂料。

A. 主要材料； B. 主要基料； C. 主要原素； D. 主要成分。

**100.** 硅橡胶防水涂料成膜速度快，对基层的______程度无严格要求，可在较潮湿的基层上施工。

A. 污染； B. 灰尘； C. 干净； D. 干燥。

**101.** 硅橡胶防水涂料施工时，只要确保防水涂膜的厚度，能提高防水层的防水性能，迎水面的抗渗能力一般都在______MPa，背水面的抗渗压力亦能达到0.3～0.5MPa，能满足反应固化型防水涂料的质量要求。

A. 1.1～1.5； B. 1.2～1.6； C. 1.3～1.7； D. 1.4～1.8。

**102.** 反射性丙烯酸水基呼吸型（屋面、墙面）防水______涂料—RM是一种水性高固体含量高品质丙烯酸树脂（100%）增强性薄片状弹性体涂料。内含高效杀菌剂和阻燃剂。

A. 节省； B. 节能； C. 节俭； D. 节约。

**103.** 反射性丙烯酸水基呼吸型（屋面、墙面）防水节能涂料—RM，湿气能从屋面结构底层或房屋内通过薄膜向外散发，又能______雨水、雪水或其他液态水渗入室内，进一步起到防潮、防霉效果。

A. 阻碍； B. 挡住； C. 阻止； D. 阻挡。

**104.** 聚合物水泥（JS）防水涂料施工时，当聚灰比为______时，主要表现为刚性特性。

A. 7%～22%； B. 8%～23%； C. 9%～24%； D. 10%～25%。

**105.** 无机防水涂料以水泥基为______，掺入其他堵漏类、密封类、结晶类、凝胶类、渗透结晶类材料而制成。

A. 主料； B. 次料； C. 辅料； D. 助料。

**106.** 水泥基渗透结晶型防水材料是一种由水泥、硅砂、石膏及多种______材料组成的刚性防水材料，与水作用后，活性物质通过载体（水、胶体）向混凝土内部渗透，在混凝土中形成不溶于水的枝蔓状结晶体，堵塞毛细孔缝，从而使混凝土致密、防水。

A. 促凝； B. 活性； C. 渗透； D. 特性。

**107.** PU硬泡为整体无接缝的微孔泡沫体，闭孔率达______%以上，且微孔与微孔之间互不连通，并具有自结皮性能，在泡沫体外表形成一层致密光滑的膜，因此具有良好的不透水性和不吸湿性，防水性能好。

A. 93；　　B. 94；　　C. 95；　　D. 96。

**108.** 对于浇筑或直接喷涂成型具有完整结皮的PV硬泡制品，可以认为其闭孔率接近于＿＿＿%，吸水率接近于零。

A. 97；　　B. 98；　　C. 99；　　D. 100。

**109.** 硫铝酸钙类混凝土膨胀剂，是指与水泥、水拌合后经＿＿＿生成钙矾石的混凝土膨胀剂。

A. 水化反应；　　B. 生化反应；　　C. 固化反应；　　D. 化学反应。

**110.** 硫铝酸钙—氧化钙类混凝土膨胀剂，是指与水泥、水拌合后经＿＿＿生成钙矾石和氢氧化钙的混凝土膨胀剂。

A. 化学反应；　　B. 水化反应；　　C. 固化反应；　　D. 生化反应。

**111.** 掺UEA的砂浆和混凝土的抗渗等级≥3.0MPa（P30），比普通混凝土提高＿＿＿倍。

A. 1.5～3；　　B. 1.6～3；　　C. 2～3；　　D. 2.5～3。

**112.** 砂浆、混凝土防水剂分无机和有机两大类，有粉状和液体两种形式，其掺量一般为水泥用量的＿＿＿%以下。

A. 2；　　B. 3；　　C. 4；　　D. 5。

**113.** 引气剂是一种具有憎水作用的表面＿＿＿物资，在混凝土搅拌过程中产生大量密闭、稳定和均匀的微小气泡，改变毛细管的性质，使毛细管变得细小、分散，减少了渗水通道。

A. 活性；　　B. 特性；　　C. 特殊；　　D. 特别。

**114.** 减水剂的掺量一般为水泥用量的＿＿＿。

A. 0.2%～0.5%；　　B. 0.5%～1%；

C. 0.6%～1.1%；　　D. 0.7%～1.2%。

**115.** 常用的混凝土掺合料一般有粉煤灰、磨细矿渣粉、硅粉等。用于防水工程时，粉煤灰的级别不应低于二级，掺量不宜大于20%；硅粉掺量不应大于＿＿＿%，其他掺合料的掺量应经过试验确定。

A. 1；　　B. 2；　　C. 3；　　D. 4；

**116.** 只要将NT无机防水材料粉料加上＿＿＿%的水拌匀，用泥抹子施工抹至一定厚度的防水层，半干凝固后再抹上普通的水泥砂浆保护层即可。

A. 25～45；　　B. 30～50；　　C. 35～55；　　D. 40～60。

**117.** 建筑防水沥青嵌缝油膏贮存及操作时，应远离明火，产品应在＿＿＿℃室温中贮放，贮存期为6～12个月。

A. 5～25；　　B. 5～35；　　C. 0～35；　　D. −5～35。

**118.** 氯磺化聚乙烯建筑密封膏施工时，表干时间为24～48h，实干为＿＿＿d，表干后，方可刷表面涂料。

A. 25～55；　　B. 30～60；　　C. 35～65；　　D. 40～70。

**119.** 丙烯酸酯建筑密封膏用于＿＿＿%位移幅度的接缝。

A. 6.5～11.5；　　B. 7～12；　　C. 7.5～12.5；　　D. 8～13。

**120.** 硅酮建筑密封胶固化后的密封胶，具有宽广的使用温度范围，在＿＿＿℃范围内保持弹性。

A. −35～210； B. −40～215； C. −45～220； D. −50～225。

**121.** 聚氨酯建筑密封胶，产品按模量和位移分为 25LM（低模量）、20LM（低模量）和 20HM（高模量）3 个类型，位移能力分别达到______%和 20%。

A. 25； B. 26； C. 27； D. 28。

**122.** 止水带按______分为塑料止水带、橡胶止水带及带有钢边的橡胶止水带。

A. 材性； B. 材质； C. 用途； D. 种类。

**123.** 遇水膨胀橡胶遇水后，体积可胀大______倍，能充满密封基面的不规则表面空穴和间隙，同时产生阻挡压力，阻止水分渗漏，并且具有长期使用性能。

A. 1～2； B. 1.5～2.5； C. 2～3； D. 3～4。

**124.** 地下室防水的______部位，如变形缝、施工缝、穿墙管、埋设件、预留孔洞等特殊部位，应采取加强措施。

A. 重点； B. 关系； C. 重要； D. 关键。

**125.** 建筑防水是建筑物的______功能中一项重要的内容。

A. 使用； B. 用途； C. 作用； D. 使命。

**126.** 建筑______是一项综合技术性很强的系统工程，它涉及防水设计的技巧、防水材料质量、施工技术的高低和防水工程全过程的管理水平等。

A. 防水措施； B. 防水技术； C. 防水工程； D. 防水使用。

**127.** 材料防水是指依靠防水材料形成的______防水层来阻断水的道路，达到建筑物防水的目的或增强其抗渗漏能力的工艺。

A. 完整； B. 完善； C. 整体； D. 整个。

**128.** 石油沥青纸胎油毡和沥青复合胎柔性防水卷材，系______使用材料。

A. 推荐； B. 淘汰； C. 禁止； D. 限制。

**129.** 特别重要或对防水有特殊要求的建筑属Ⅰ级屋面防水，其防水层合理使用年限规定为______年。

A. 25； B. 15； C. 10； D. 5。

**130.** 重要的建筑和高层建筑属Ⅱ级屋面防水，其防水层合理使用年限规定为______年。

A. 25； B. 15； C. 10； D. 5。

**131.** 一般建筑属Ⅲ级屋面防水，其防水层合理使用年限规定为______年。

A. 25； B. 15； C. 10； D. 5。

**132.** 非永久性建筑属Ⅳ级屋面防水，其防水层合理使用年限规定为______年。

A. 25； B. 15； C. 10； D. 5。

**133.** 特别重要或对防水有特殊要求的建筑屋面，其防水层合理使用年限为 25 年，设防要求为三道或三道以上防水设防，其屋面防水等级应为______级。

A. Ⅰ； B. Ⅱ； C. Ⅲ； D. Ⅳ。

**134.** 重要的建筑和高层建筑，屋面防水层合理使用年限为 15 年，设防要求为二道防水设防，其屋面防水等级应为______级。

A. Ⅰ； B. Ⅱ； C. Ⅲ； D. Ⅳ。

**135.** 一般的建筑，屋面防水层合理使用年限为10年，设防要求为一道防水设防，其屋面防水等级应为______级。

A. Ⅰ；　　B. Ⅱ；　　C. Ⅲ；　　D. Ⅳ。

**136.** 非永久性的建筑，屋面防水层合理使用年限为5年，设防要求为一道防水设防，其屋面防水等级应为______级。

A. Ⅰ；　　B. Ⅱ；　　C. Ⅲ；　　D. Ⅳ。

**137.** Ⅰ级屋面防水，防水层宜______合成高分子防水卷材、高聚物改性沥青防水卷材、金属板材、合成高分子防水涂料、细石防水混凝土等材料。

A. 选用；　　B. 推荐；　　C. 禁用；　　D. 限制。

**138.** Ⅳ级防水屋面，防水层防水材料宜______二毡三油沥青防水卷材、高聚物改性沥青防水涂料等材料。

A. 限制；　　B. 禁用；　　C. 推荐；　　D. 选用。

**139.** Ⅱ级防水屋面，防水层防水材料宜______高聚物改性沥青防水卷材、合成高分子防水卷材、金属板材、合成高分子防水涂料、高聚物改性沥青防水涂料、细石防水混凝土、平瓦、油毡瓦等材料。

A. 限制；　　B. 禁用；　　C. 选用；　　D. 推荐。

**140.** 屋面工程应______工程特点、地区自然条件等，按照屋面防水等级的设防要求，进行防水构造设计，重要部位应有节点详图；对屋面保温隔热的厚度，应通过计算确定。

A. 依照；　　B. 依据；　　C. 考虑；　　D. 根据。

**141.** 屋面工程施工前应通过图纸______，掌握施工图中的细部构造及有关技术要求；施工单位应编制屋面工程的施工方案或技术措施。

A. 会审；　　B. 审查；　　C. 学习；　　D. 阅读。

**142.** 在屋面工程施工中，应进行过程控制和质量检查，并有完整的检查______。

A. 记录；　　B. 记要；　　C. 证明；　　D. 笔记。

**143.** 屋面防水工程应由相应______的专业队伍进行施工。作业人员应持有当地建设行政主管部门颁发的上岗证。

A. 配套；　　B. 资质；　　C. 具备；　　D. 资格。

**144.** 屋面工程所采用的防水、保温隔热材料应有产品______证书和性能检测报告，材料的品种、规格、性能等应符合现行国家产品标准和设计要求。

A. 检验；　　B. 销售；　　C. 合格；　　D. 出厂。

**145.** 施工的每道工序完成后，应经监理或建设单位检查验收______后方可进行下道工序的施工。当下道工序或相邻工程施工时，对屋面工程已完成的部分应采取保护措施。

A. 同意；　　B. 商定；　　C. 研究；　　D. 合格后。

**146.** 伸出屋面的管道、设备或预埋件等，应在防水层______安装完毕。屋面防水层完工后，不得在其上凿孔、打洞或重物冲击。

A. 施工前；　　B. 施工后；　　C. 施工中；　　D. 施工的同时。

**147.** ______防水设防是指不同类别的防水材料复合使用，各道防水设防互补，增加防水可靠性，以满足防水层耐用年限的要求。

A. 一道；　　B. 多道；　　C. 二道；　　D. 三道。

**148.** 屋面采用多道防水设防时，应充分利用各种防水材料技术性能上的优势，将耐老化、耐穿刺的防水材料铺设在______，以提高屋面工程的整体防水功能。

A. 中间层； B. 中上层； C. 最上面； D. 最下面。

**149.** 地下工程防水等级为三级的标准要求是：有少量漏水点，不得有线流和漏泥砂，每昼夜漏水量小于______ $L/m^2$。

A. 0.2； B. 0.3； C. 0.4； D. 0.5。

**150.** 地下工程防水等级为四级时，标准要求是：有漏水点，不得有线流和漏泥砂，每昼夜漏水量小于______ $L/m^2$。

A. 2； B. 3； C. 4； D. 5。

**151.** 地下工程防水设防应______使用要求，全面考虑地形、地貌、水文地质、工程地质、地震烈度、冻结深度、环境条件、结构形式、施工工艺及材料来源等因素，合理确定。

A. 按照； B. 根据； C. 依据； D. 依照。

**152.** 屋面粘结保温层，施工环境气温，热沥青不低于－10℃；水泥砂浆不低于______℃。

A. 3； B. 4； C. 5； D. 6。

**153.** 屋面沥青防水卷材防水层施工环境气温不低于______℃。

A. 2； B. 3； C. 4； D. 5。

**154.** 屋面高聚物改性沥青防水卷材防水层施工，施工环境气温：冷粘法不低于5℃；热熔法不低于______℃。

A. －10； B. －5； C. 0； D. 5。

**155.** 屋面合成高分子防水卷材防水层施工，施工环境气温：冷粘法不低于5℃；热风焊接法不低于______℃。

A. －15； B. －10； C. －5； D. 0。

**156.** 屋面高聚物改性沥青防水涂料防水层施工，施工环境气温，溶剂型不低于－5℃；水溶型不低于______℃。

A. 3； B. 4； C. 5； D. 6。

**157.** 合成高分子防水涂料防水层施工，施工环境气温，溶剂型不低于－5℃；水溶型不低于______℃。

A. 2； B. 3； C. 4； D. 5。

**158.** 屋面刚性防水层施工，施工环境气温，不低于______℃。

A. 5； B. 10； C. 15； D. －5。

**159.** 屋面工程各分项工程的施工质量检验批量规定：卷材防水屋面、涂膜防水屋面、刚性防水屋面、瓦屋面和隔热屋面工程，应按屋面面积每______ $m^2$ 抽查一处，每处 $10m^2$，且不得少于3处。

A. 50； B. 100； C. 150； D. 200。

**160.** 屋面工程接缝密封防水，每______ m应抽查一处，每处5m，且不得少于3处。

A. 30； B. 40； C. 50； D. 60。

**161.** 屋面工程防水细部构造根据分项工程的内容，应______进行检查。

A. 1/4；　　B. 1/3；　　C. 1/2；　　D. 全部。

**162.** 屋面工程防水______应遵循“合理设防、防排结合、因地制宜、综合治理”的原则。

A. 设计；　　B. 施工；　　C. 制图；　　D. 管理。

**163.** 屋面结构层为装配式钢筋混凝土板时，应用强度等级不小于 C20 的细石混凝土将板缝灌填密实；当板缝宽度大于______ mm 或上窄下宽时，应在缝中放置构造钢筋；板端缝应进行密封处理。

A. 30；　　B. 40；　　C. 45；　　D. 50。

**164.** 单坡跨度大于 9m 的屋面宜作结构找坡，坡度不应小于______%。

A. 1；　　B. 2；　　C. 3；　　D. 4。

**165.** 当屋面材料找坡时，可用轻质材料或保温层找坡，坡度宜为______%。

A. 1；　　B. 2；　　C. 3；　　D. 4。

**166.** 天沟、檐沟纵向坡度不应小于 1%，沟底水落差不得超过______ mm；天沟、檐沟排水不得流经变形缝和防水墙。

A. 80；　　B. 100；　　C. 150；　　D. 200。

**167.** 屋面卷材、涂膜防水层的基层应设找平层，找平层应留设分格缝，缝宽宜为______ mm，纵横缝的间距不宜大于 6m，分格缝内宜嵌填密封材料。

A. 5～20；　　B. 10～25；　　C. 15～30；　　D. 20～30。

**168.** 在纬度 40°以北地区且室内空气湿度大于 75%，或其他地区室内空气湿度常年大于______%时，若采用吸湿性保温材料做保温层，应选用气密性、水密性好的防水卷材或防水涂料做隔汽层。

A. 50；　　B. 80；　　C. 40；　　D. 60。

**169.** 屋面设隔汽层应沿墙面向上铺设，并与屋面的防水层相连接，形成______的整体。

A. 1/3 封闭；　　B. 1/4 封闭；　　C. 全封闭；　　D. 半封闭。

**170.** 合成高分子防水卷材或合成高分子防水涂膜的上部，______采用热熔型卷材或涂料。

A. 应；　　B. 宜；　　C. 可；　　D. 不得。

**171.** 卷材与涂膜复合使用时，涂膜______放在下部。

A. 宜；　　B. 不宜；　　C. 可；　　D. 不可。

**172.** 卷材、涂膜与刚性材料复合使用时，刚性材料______设置在柔性材料的上部。

A. 不应；　　B. 应；　　C. 不宜；　　D. 宜。

**173.** 涂膜防水层应以厚度表示，______用涂刷的遍数表示。

A. 不宜；　　B. 宜；　　C. 不得；　　D. 应。

**174.** 卷材、涂膜防水层上设置块体材料或水泥砂浆、细石混凝土时，应在二者之间设置______层。

A. 找平；　　B. 隔汽；　　C. 保护；　　D. 隔离。

**175.** 在屋面细石混凝土防水层与结构层之间宜设置______层。

A. 隔离；　　B. 隔汽；　　C. 找平；　　D. 保温。

**176.** 高跨屋面为无组织排水时，其低跨屋面受水冲刷的部位，应加铺一层卷材附加层，上铺______ mm 厚的 C30 混凝土加强保护。

A. 250～450； B. 300～500； C. 350～550； D. 400～600。

**177.** 外露使用的不上人屋面，应______与基层粘结力强和耐紫外线、热老化保持率、耐酸雨、耐穿刺性能优良的防水材料。

A. 免用； B. 使用； C. 选用； D. 选择。

**178.** 上人屋面，应______耐穿刺、耐霉烂性能好的和拉伸强度高的防水材料。

A. 使用； B. 选择； C. 免用； D. 选用。

**179.** 蓄水屋面、种植屋面，应______耐腐蚀、耐霉烂、耐穿刺性能优良的防水材料。

A. 选用； B. 选择； C. 免用； D. 使用。

**180.** 屋面接缝密封防水，应______与基层粘结力强、耐低温性能优良，并有一定适应位移能力的密封材料。

A. 使用； B. 选用； C. 免用； D. 选择。

**181.** 卷材防水屋面找平层表面应压实平整，排水坡度应符合设计要求。采用水泥砂浆找平层时，水泥砂浆抹平收水后应______次压光和充分养护，不得有酥松、起砂、起皮现象。

A. 一； B. 二； C. 三； D. 四。

**182.** 沥青防水卷材屋面，找平层圆弧半径应为______ mm。

A. 60～100； B. 80～120； C. 100～150； D. 150～200。

**183.** 高聚物改性沥青防水卷材屋面，找平层圆弧半径应为______ mm。

A. 100～150； B. 80； C. 20； D. 50。

**184.** 合成高分子防水卷材屋面，找平层圆弧半径应为______ mm。

A. 20； B. 50； C. 80； D. 100。

**185.** 屋面坡度小于______%时，卷材宜平行屋脊铺贴。

A. 1； B. 2； C. 3； D. 4。

**186.** 屋面坡度在______%时，卷材可平行或垂直屋脊铺贴。

A. 2～8； B. 3～15； C. 5～20； D. 8～25。

**187.** 屋面坡度大于______%或屋面受振动时，沥青防水卷材应垂直屋脊铺贴，高聚物改性沥青防水卷材和合成高分子防水卷材可平行或垂直屋脊铺贴。

A. 12； B. 13； C. 14； D. 15。

**188.** 卷材防水层上有重物覆盖或基层变形较大时，应优先采用空铺法、点粘法、条粘法或机械固定法，但距屋面周边______ mm 内以及叠层铺贴的各层卷材之间应满粘。

A. 800； B. 600； C. 400； D. 1000。

**189.** 屋面卷材防水层采取满粘法施工时，找平层的分格缝处宜空铺，空铺的宽度宜为______ mm。

A. 80； B. 100； C. 120； D. 150。

**190.** 卷材屋面的坡度当超过______%时，应采取防止卷材下滑的措施。

A. 23； B. 24； C. 25； D. 26。

**191.** 沥青防水卷材屋面施工，采用满粘法铺贴时，卷材短边搭接宽度应为

______ mm。

A. 50； B. 60； C. 80； D. 100。

**192.** 高聚物改性沥青防水卷材屋面施工，采用满粘法铺贴时，卷材短边搭接宽度应为______ mm。

A. 80； B. 100； C. 60； D. 70。

**193.** 自粘聚合物改性沥青防水卷材屋面施工，采用满粘法铺贴，卷材短边搭接宽度应为______ mm。

A. 50； B. 60； C. 70； D. 80。

**194.** 合成高分子防水卷材屋面施工，用胶粘剂满粘贴法粘结卷材，卷材短边搭接宽度应为______ mm。

A. 50； B. 60； C. 80； D. 100。

**195.** 合成高分子防水卷材屋面施工，采用满粘法铺贴，用胶粘带粘接搭接缝，卷材短边搭接宽度应为______ mm。

A. 80； B. 70； C. 60； D. 50。

**196.** 合成高分子防水卷材屋面施工，采用单缝焊接法，卷材搭接宽度为______ mm，有效焊接宽度不小于25mm。

A. 60； B. 70； C. 80； D. 100。

**197.** 合成高分子防水卷材屋面施工，采用双缝焊接法，卷材搭接宽度为______ mm，有效焊接宽度为10×2+空腔宽。

A. 60； B. 80； C. 70； D. 100。

**198.** 沥青防水卷材屋面施工，采用空铺、点粘、条粘法铺贴，卷材短边搭接宽度应为______ mm。

A. 80； B. 70； C. 150； D. 100。

**199.** 高聚物改性沥青防水卷材屋面施工，采用空铺、点粘、条粘法铺贴，卷材短边搭接宽度应为______ mm。

A. 60； B. 70； C. 80； D. 100。

**200.** 合成高分子防水卷材屋面施工，采用空铺、点粘、条粘法铺贴，卷材用胶粘剂粘贴卷材短边搭接宽度应为______ mm。

A. 60； B. 70； C. 80； D. 100。

**201.** 合成高分子防水卷材屋面施工，采用空铺、点粘、条粘法铺贴，用胶粘带粘结卷材搭接缝，卷材短边搭接宽度应为______ mm。

A. 60； B. 70； C. 80； D. 100。

**202.** 沥青防水卷材屋面施工，采用满粘法铺贴，卷材长边搭接宽度应为______ mm。

A. 60； B. 70； C. 80； D. 100。

**203.** 高聚物改性沥青防水卷材屋面施工，采用满粘法铺贴，卷材长边搭接宽度应为______ mm。

A. 60； B. 70； C. 80； D. 100。

**204.** 自粘聚合物改性沥青防水卷材屋面施工，采用满粘法铺贴，卷材长边搭接宽度应为______ mm。

A. 70；　　B. 80；　　C. 50；　　D. 60。

**205.** 合成高分子防水卷材屋面施工，采用满粘法铺贴，用胶粘剂粘结，卷材长边搭接宽度应为______ mm。

A. 80；　　B. 100；　　C. 60；　　D. 70。

**206.** 合成高分子防水卷材屋面施工，采用满粘法铺贴，用胶粘带粘结卷材搭接缝，卷材长边搭接宽度应为______ mm。

A. 50；　　B. 60；　　C. 70；　　D. 80。

**207.** 沥青防水卷材屋面施工，采用空铺、点粘、条粘法铺贴，卷材长边搭接宽度应为______ mm。

A. 150；　　B. 100；　　C. 80；　　D. 70。

**208.** 高聚物改性沥青防水卷材屋面施工，采用空铺、点粘、条粘性铺贴，卷材长边搭接宽度应为______ mm。

A. 70；　　B. 80；　　C. 100；　　D. 150。

**209.** 合成高分子防水卷材屋面施工，采用空铺、点粘、条粘法铺贴，用胶粘剂粘结卷材长边搭接宽度应为______ mm。

A. 60；　　B. 70；　　C. 80；　　D. 100。

**210.** 合成高分子防水卷材屋面施工，采用空铺、点粘、条粘法铺贴，用胶粘带粘结卷材搭接缝，卷材长边搭接宽度应为______ mm。

A. 60；　　B. 70；　　C. 80；　　D. 100。

**211.** 进场的卷材抽样复验规定：同一品种、型号和规格的卷材，抽样数量：大于1000卷，抽取5卷；500～1000卷抽取4卷；100～499卷轴取3卷；小于100卷抽取______卷。

A. 2；　　B. 3；　　C. 4；　　D. 5。

**212.** 屋面防水等级Ⅰ级，选用合成高分子防水卷材，其厚度不应小于______ mm。

A. 1.2；　　B. 1.5；　　C. 1.6；　　D. 1.8。

**213.** 屋面防水等级Ⅱ级，选用合成高分子防水卷材，其厚度不应小于______ mm。

A. 1.0；　　B. 1.5；　　C. 1.2；　　D. 1.4。

**214.** 屋面防水等级Ⅲ级，设防道数为一道设防，选用合成高分子防水卷材，其厚度不应小于______ mm。

A. 1.4；　　B. 1.5；　　C. 1.0；　　D. 1.2。

**215.** 屋面防水等级Ⅰ级，设防道数为三道或三道以上设防，选用高聚物改性沥青防水卷材，其厚度不应小于______ mm。

A. 3；　　B. 4；　　C. 5；　　D. 6。

**216.** 屋面防水等级Ⅱ级，设防道数为二道设防，选用高聚物改性沥青防水卷材，其厚度不应小于______ mm。

A. 2；　　B. 3；　　C. 4；　　D. 5。

**217.** 屋面防水等级Ⅲ级，设防道数为一道设防，选用高聚物改性沥青防水卷材，其厚度不应小于______ mm。

A. 2；　　B. 3；　　C. 4；　　D. 5。

**218.** 屋面防水等级Ⅲ级，设防道数为一道设防，选用沥青防水卷材和沥青复合胎柔性防水卷材，其厚度为______。

A. 二油；　　　B. 一毡二油；　　　C. 二毡三油；　　　D. 三毡四油。

**219.** 屋面防水等级Ⅳ级，设防道数为一道设防，选用沥青防水卷材和沥青复合胎柔性防水卷材，其厚度应不小于______。

A. 二毡三油；　B. 三毡四油；　　　C. 四毡五油；　　　D. 一毡二油。

**220.** 屋面防水等级为Ⅰ级，设防道数为三道或三道以上设防，选用自粘聚酯胎改性沥青防水卷材时，其厚度不应小于______ mm。

A. 1.5；　　　B. 2；　　　C. 2.5；　　　D. 3。

**221.** 屋面防水等级为Ⅲ级，设防道数为一道设防，选用自粘聚酯胎改性沥青防水卷材时，其厚度不应小于______ mm。

A. 1.5；　　　B. 2；　　　C. 3；　　　D. 4。

**222.** 屋面防水等级为Ⅱ级，设防道数为二道设防，选用自粘聚酯胎改性沥青防水卷材时，其厚度不应小于______ mm。

A. 1.5；　　　B. 2；　　　C. 3；　　　D. 4。

**223.** 屋面防水等级为Ⅰ级，设防道数为三道或三道以上设防，选用自粘橡胶沥青防水卷材时，其厚度不应小于______ mm。

A. 1.2；　　　B. 1.5；　　　C. 2；　　　D. 3。

**224.** 屋面防水等级为Ⅱ级，设防道数为二道设防，选用自粘橡胶沥青防水卷材时，其厚度不应小于______ mm。

A. 1.2；　　　B. 1.5；　　　C. 2；　　　D. 3。

**225.** 屋面防水等级为Ⅲ级，设防道数为一道设防，选用自粘橡胶沥青防水卷材时，其厚度不应小于______ mm。

A. 1.2；　　　B. 1.5；　　　C. 2；　　　D. 3。

**226.** 屋面设施基座与结构层相连时，防水层应______设施基座的上部，并在地脚螺栓周围做密封处理。

A. 连着；　　　B. 包围；　　　C. 包括；　　　D. 包裹。

**227.** 在屋面防水层上放置设施时，设施下部的防水层应做卷材增强层，必要时应在其上浇筑细石混凝土，其厚度不应小于______ mm。

A. 20；　　　B. 40；　　　C. 50；　　　D. 100。

**228.** 需______维护的设施周围和屋面出入口至设施之间的人行道应铺设刚性保护层。

A. 经常；　　　B. 经过；　　　C. 非常；　　　D. 必须。

**229.** 屋面排汽道宜纵横设置，间距宜为 6m，屋面面积每______ $m^2$ 宜设置一个排汽孔，排汽孔应做防水处理。

A. 18；　　　B. 24；　　　C. 30；　　　D. 36。

**230.** 天沟、檐沟应增铺______。当采用沥青防水卷材时，应增铺一层卷材；当采用高聚物改性沥青防水卷材或合成高分子防水卷材时，宜设置防水涂膜附加层。

A. 防水层；　　B. 附加层；　　C. 隔离层；　　D. 隔汽层。

**231.** 墙体为砖墙时，卷材收头可直接铺至女儿墙压顶下，用压条钉压固定并用密封材料封闭严密，压顶应做防水处理；卷材收头也可压入砖墙凹槽内固定密封，凹槽距屋面找平层高度不应小于______ mm，凹槽上部的墙体应做防水处理。

A. 250；　　B. 300；　　C. 200；　　D. 350。

**232.** 水落口周围直径 500mm 范围内坡度不应小于______%，并应用防水涂料涂封，其厚度不应小于 2mm。

A. 2；　　B. 3；　　C. 4；　　D. 5。

**233.** 水落口与基层接触处，应留宽______ mm，深 20mm 凹槽，嵌填密封材料。

A. 5；　　B. 8；　　C. 10；　　D. 20。

**234.** 屋面上留置的过水孔高度不应小于 150mm，宽度不应小于______ mm，采用预埋管道时其管径不得小于 75mm。

A. 200；　　B. 250；　　C. 300；　　D. 350。

**235.** 热玛琋脂的加热温度不应高于 240℃，使用温度不宜低于______℃，并应经常检查。

A. 140；　　B. 160；　　C. 190；　　D. 210。

**236.** 采用叠层铺贴沥青防水卷材的粘贴层厚度，热玛琋脂宜为 1～1.5mm，冷玛琋脂宜为______ mm。

A. 0.5～1；　　B. 0.6～1.1；　　C. 0.7～1.2；　　D. 0.8～1.3。

**237.** 采用叠层铺贴沥青防水卷材的面层厚度为：热玛琋脂宜为______ mm，冷玛琋脂宜为 1～1.5mm。

A. 1～1.5；　　B. 1.5～2；　　C. 2～2.5；　　D. 2～3。

**238.** 沥青防水卷材铺至混凝土檐口或立面的卷材收头应裁齐后压入凹槽，并用压条或带垫片钉子固定，最大钉距不应大于______ mm，凹槽内用密封材料嵌填封严。

A. 500；　　B. 600；　　C. 800；　　D. 900。

**239.** 在无保温层的装配式屋面上，应沿屋面板的端缝先单边点粘一层沥青防水卷材，每边的宽度不应小于______ mm，或采取其他能增大防水层适应变形的措施，然后再铺贴屋面卷材。

A. 60；　　B. 80；　　C. 100；　　D. 150。

**240.** 屋面防水层用水泥砂浆做保护层时，表面应抹平压光，并应设表面分格缝，分格面积宜为______ $m^2$。

A. 1；　　B. 2；　　C. 3；　　D. 4。

**241.** 屋面防水层采用刚性保护层时，刚性保护层与女儿墙之间应预留宽度为______ mm 的缝隙，并用密封材料嵌填严密。

A. 20；　　B. 30；　　C. 40；　　D. 60。

**242.** 熔化热熔型改性沥青胶时，宜采用专用的导热油炉加热，加热温度不应高于______℃，使用温度不应低于 180℃。

A. 190；　　B. 200；　　C. 210；　　D. 240。

**243.** 粘贴高聚物改性沥青防水卷材的热熔改性沥青胶厚度宜为______ mm。

A. 0.5～1；　　B. 1～1.5；　　C. 1.5～2；　　D. 2～3。

**244.** 厚度小于______ mm 的高聚物改性沥青防水卷材，严禁采用热熔法施工。

A. 2；　　　B. 3；　　　C. 4；　　　D. 5。

**245.** 热熔法铺贴高聚物改性沥青防水卷材时，搭接缝部位宜以溢出热熔的改性沥青为度，溢出的改性沥青宽度以______ mm 左右并均匀顺直为宜。

A. 0.5；　　　B. 1；　　　C. 1.5；　　　D. 2。

**246.** 高聚物改性沥青防水卷材采用条粘法铺贴时，每幅卷材与基层粘结面不应少于两条，每条宽度不应小于______ mm。

A. 80；　　　B. 100；　　　C. 150；　　　D. 200。

**247.** 合成高分子防水卷材采用机械固定时，固定件应与结构层固定牢固，固定件间距应根据当地的使用环境与条件确定，并不宜大于______ mm。距周边 800mm 范围内的卷材应满粘。

A. 600；　　　B. 700；　　　C. 800；　　　D. 900。

**248.** 屋面防水找平层表面平整度的允许偏差为______ mm。

A. 2；　　　B. 3；　　　C. 4；　　　D. 5。

**249.** 冷粘法铺贴卷材时，接缝口应用密封材料封严，宽度不应小于______ mm。

A. 9；　　　B. 10；　　　C. 8；　　　D. 7。

**250.** 涂膜防水屋面，胎体增强材料长边搭接宽度不得小于______ mm，短边搭接宽度不得小于 70mm。

A. 30；　　　B. 40；　　　C. 50；　　　D. 60。

**251.** 涂膜防水屋面，采用二层胎体增强材料时，上下层不得垂直铺设，搭接缝应错开，其间距不应小于幅宽的______。

A. 1/3；　　　B. 1/4；　　　C. 1/5；　　　D. 1/6。

**252.** 进场的防水涂料抽样复验规定，同一规格、品种的防水涂料，每 10t 为一批，不足______ t 者按一批进行抽样。

A. 2；　　　B. 5；　　　C. 7；　　　D. 10。

**253.** 屋面防水等级为Ⅱ级时，设防道数为二道设防，选用高聚物改性沥青防水涂料，其厚度不应小于______ mm。

A. 1；　　　B. 2；　　　C. 3；　　　D. 4。

**254.** 屋面防水等级为Ⅲ级时，设防道数为一道设防，选用高聚物改性沥青防水涂料，其厚度不应小于______ mm。

A. 2；　　　B. 3；　　　C. 4；　　　D. 5。

**255.** 屋面防水等级为Ⅳ级时，设防道数为一道设防，选用高聚物改性沥青防水涂料，其厚度为______ mm。

A. 2；　　　B. 3；　　　C. 4；　　　D. 5。

**256.** 屋面防水等级为______级时，设防道数为三道或三道以上设防，选用合成高分子防水涂料和聚合物水泥防水涂料，其厚度不应小于 1.5mm。

A. Ⅰ；　　　B. Ⅱ；　　　C. Ⅲ；　　　D. Ⅳ。

**257.** 屋面防水等级为______级时，设防道数为二道设防，选用合成高分子防水涂料和聚合物水泥防水涂料，其厚度不应小于 1.5mm。

A. Ⅰ；　　　B. Ⅱ；　　　C. Ⅲ；　　　D. Ⅳ。

**258.** 屋面防水等级为Ⅲ级时，设防道数为一道设防，选用合成高分子防水涂料和聚合物水泥防水涂料，其厚度不应小于______mm。

A. 1； B. 2； C. 3； D. 4。

**259.** 屋面涂膜防水层应沿找平层分格缝增设有胎体增强材料的空铺附加层，其空铺宽度宜为______mm。

A. 60； B. 80； C. 100； D. 150。

**260.** 涂膜防水层屋面，水泥砂浆保护层厚度不宜小于______mm。

A. 40； B. 35； C. 30； D. 20。

**261.** 涂膜防水屋面，在胎体上涂布涂料时，应使涂料浸透胎体，覆盖完全，不得有胎体外露现象。最上面的涂层厚度不应小于______mm。

A. 1； B. 1.5； C. 2； D. 2.5。

**262.** 涂膜施工应先做节点处理，铺设带有胎体增强材料的附加层，______再进行大面积涂布。

A. 今后； B. 然后； C. 以后； D. 接着。

**263.** 合成高分子防水涂膜施工，可采用涂刮或喷涂施工。当采用涂刮施工时，每遍涂刮的推进______宜与前一遍相互垂直。

A. 方便； B. 道路； C. 方向； D. 方法。

**264.** 合成高分子防水涂膜施工，在涂层间夹铺胎体增强材料时，位于胎体下面的涂层厚度不宜小于______mm，最上层的涂层不应少于两遍，其厚度不应小于0.5mm。

A. 0.5； B. 0.8； C. 1.0； D. 1.5。

**265.** 刚性防水屋面，天沟、檐沟应用水泥砂浆找坡，找坡厚度大于______mm时，宜采用细石混凝土。

A. 15； B. 16； C. 18； D. 20。

**266.** 补偿收缩混凝土的自由膨胀率应为______。

A. 0.05%～0.1% B. 0.04%～0.09%

C. 0.03%～0.08% D. 0.02%～0.07%。

**267.** 刚性防水层的分格缝应设在屋面板的支承端、屋面转折处、防水层与突出屋面结构的交接处，并应与板缝______。

A. 对正； B. 对齐； C. 相对； D. 错开。

**268.** 普通细石混凝土和补偿收缩混凝土防水层，分格缝的宽度宜为______mm，分格缝内应嵌填密封材料，上部应设保护层。

A. 5～15； B. 5～20； C. 5～30； D. 5～25。

**269.** 刚性防水层与变形缝两侧墙体交接处应留宽度为______mm的缝隙，并应用密封材料嵌填。

A. 15； B. 20； C. 25； D. 30。

**270.** 细石混凝土防水层中的钢筋网片，施工时应放置在混凝土中的______部。

A. 上部； B. 下部； C. 中部； D. 中上部。

**271.** 混凝土防水层浇筑后应及时进行养护，养护时间不宜少于______d，养护初期屋面不得上人。

A. 7；　　B. 14；　　C. 28；　　D. 48。

**272.** 用膨胀剂拌制补偿收缩混凝土防水层时，应按配合比准确计量；搅拌投料时膨胀剂应与水泥同时加入，混凝土搅拌时间不应少于______min。

A. 1；　　B. 2；　　C. 3；　　D. 4。

**273.** 钢纤维混凝土防水层应设分格缝，其纵横间距不宜大于______m，分格缝内应用密封材料嵌填密实。

A. 10；　　B. 11；　　C. 12；　　D. 15。

**274.** 采用的背衬材料应能______基层的膨胀和收缩，具有施工时不变形、复原率高和耐久性好等性能。

A. 符合；　　B. 适合；　　C. 顺应；　　D. 适应。

**275.** 屋面密封防水的接缝宽度宜为______mm，接缝深度可取接缝宽度的0.5～0.7倍。

A. 5～10；　　B. 5～15；　　C. 5～20；　　D. 5～30。

## 二、选择题答案

| | | | | | | | | |
|---|---|---|---|---|---|---|---|---|
| 1. A | 2. B | 3. C | 4. D | 5. A | 6. B | 7. C | 8. D | 9. A |
| 10. B | 11. C | 12. D | 13. A | 14. B | 15. C | 16. D | 17. A | 18. B |
| 19. C | 20. D | 21. A | 22. B | 23. C | 24. D | 25. A | 26. B | 27. C |
| 28. D | 29. A | 30. B | 31. C | 32. D | 33. A | 34. B | 35. C | 36. D |
| 37. A | 38. B | 39. C | 40. D | 41. A | 42. B | 43. C | 44. D | 45. A |
| 46. B | 47. C | 48. A | 49. B | 50. C | 51. B | 52. D | 53. A | 54. C |
| 55. B | 56. D | 57. A | 58. B | 59. C | 60. D | 61. A | 62. B | 63. C |
| 64. D | 65. A | 66. A | 67. C | 68. A | 69. B | 70. D | 71. C | 72. C |
| 73. A | 74. B | 75. C | 76. A | 77. B | 78. C | 79. D | 80. A | 81. B |
| 82. C | 83. D | 84. A | 85. B | 86. C | 87. D | 88. A | 89. B | 90. C |
| 91. D | 92. A | 93. B | 94. C | 95. D | 96. A | 97. B | 98. C | 99. B |
| 100. D | 101. A | 102. B | 103. C | 104. D | 105. A | 106. B | 107. C | 108. D |
| 109. A | 110. B | 111. C | 112. D | 113. A | 114. B | 115. C | 116. D | 117. A |
| 118. B | 119. C | 120. D | 121. A | 122. B | 123. C | 124. D | 125. A | 126. B |
| 127. C | 128. D | 129. A | 130. B | 131. C | 132. D | 133. A | 134. B | 135. C |
| 136. D | 137. A | 138. D | 139. C | 140. D | 141. A | 142. A | 143. B | 144. C |
| 145. D | 146. A | 147. B | 148. C | 149. D | 150. A | 151. B | 152. C | 153. D |
| 154. A | 155. B | 156. C | 157. D | 158. A | 159. B | 160. C | 161. D | 162. A |
| 163. B | 164. C | 165. B | 166. D | 167. A | 168. B | 169. C | 170. D | 171. A |
| 172. B | 173. C | 174. D | 175. A | 176. B | 177. C | 178. D | 179. A | 180. B |
| 181. B | 182. C | 183. D | 184. A | 185. C | 186. B | 187. D | 188. A | 189. B |
| 190. C | 191. D | 192. A | 193. B | 194. C | 195. D | 196. A | 197. B | 198. C |
| 199. D | 200. D | 201. A | 202. B | 203. C | 204. D | 205. A | 206. A | 207. B |

208. C 209. D 210. A 211. A 212. B 213. C 214. D 215. A 216. B
217. C 218. D 219. A 220. B 221. C 222. B 223. B 224. B 225. C
226. D 227. C 228. A 229. D 230. B 231. A 232. D 233. D 234. B
235. C 236. A 237. D 238. D 239. C 240. A 241. B 242. B 243. B
244. B 245. D 246. C 247. A 248. D 249. B 250. C 251. A 252. D
253. C 254. B 255. A 256. A 257. B 258. B 259. C 260. D 261. A
262. B 263. C 264. C 265. D 266. A 267. B 268. C 269. D 270. A
271. B 272. C 273. A 274. D 275. D

## 第三节　高级工问答题

### 一、问答题

**1.** 什么是房屋结构施工图？包括哪些图样？
**2.** 识图的方法是什么？
**3.** 平面图上能标出哪些部位的标高？
**4.** 剖面图的剖切位置和剖切符号怎样表示？
**5.** 屋顶平面图附近常配以哪些节点详图？
**6.** 图纸会审有哪些要点？
**7.** 高聚物改性沥青防水卷材外观质量有哪些要求？
**8.** 合成高分子防水卷材外观质量要求有哪些？
**9.** 沥青防水卷材外观质量要求有哪些？
**10.** 什么是纸胎沥青油毡？其规格、品种、标号、等级有哪些？
**11.** 塑性体（APP、APAO、APO）改性沥青防水卷材有什么特点？
**12.** 冷自粘聚合物改性沥青（无胎体或有胎体）防水卷材规格有哪些？
**13.** 改性沥青聚乙烯胎防水卷材如何标记？
**14.** 改性沥青胶粘剂有何作用？
**15.** 冷底子油外观质量有哪些要求？
**16.** 铺设防水卷材或涂刷防水涂膜前，在基层涂刷一道冷底子油（基层处理剂）其目的是什么？
**17.** 什么是改性沥青？什么是高聚物改性沥青？
**18.** 合成高分子防水卷材的粘结材料有哪些？
**19.** 什么是三元乙丙橡胶防水卷材？
**20.** 聚氯乙烯防水卷材外观质量要求是什么？
**21.** 什么是氯化聚乙烯防水卷材？
**22.** 氯化聚乙烯—橡胶共混防水卷材的综合性能是什么？
**23.** 什么是聚合物水泥柔性防水卷材？
**24.** 什么是丁基橡胶防水密封胶粘带？

**25.** 什么是蠕变性自粘防水卷材?
**26.** 什么是膨润土防水毯?
**27.** 有机防水涂料有什么特点?
**28.** 无机防水涂料有什么特点?
**29.** 什么是水乳型 SBS 改性沥青防水涂料?
**30.** 什么是热熔改性沥青防水涂料?
**31.** 什么是聚氨酯防水涂料?
**32.** 什么是聚合物水泥防水涂料?
**33.** 什么是水乳型三元乙丙橡胶防水涂料?
**34.** 什么是水乳型氯丁橡胶改性沥青防水涂料?
**35.** 什么是水泥基渗透结晶型防水材料?
**36.** 涂膜胎体增强材料的品种有哪些、质量有哪些要求?
**37.** 建筑密封材料按原材料、固化机理及施工性分类方法可分为哪几种?
**38.** 什么是防水密封材料，有哪些类型，适应性如何?
**39.** 什么是改性沥青密封材料?
**40.** 什么是高分子密封材料?
**41.** 丙烯酸酯建筑密封膏的特点和使用要点有哪些?
**42.** 硅酮建筑密封胶的使用要点是什么?
**43.** 氯磺化聚乙烯密封材料的特点有哪些?
**44.** 用于接缝的背衬材料应符合哪些要求?
**45.** 刚性防水材料有哪些种类?
**46.** 什么是古代建筑悬山屋顶?
**47.** 防水粉的配料方法是什么?
**48.** 什么是水溶性聚氨酯灌浆材料?
**49.** 什么是弹性聚氨酯灌浆材料?
**50.** 遇水膨胀橡胶制品和腻子的特点和应用范围?
**51.** 刚性防水屋面适用范围有哪些?
**52.** 普通细石混凝土防水层施工工艺顺序有哪些?
**53.** 补偿收缩混凝土如何进行养护?
**54.** 编制屋面防水工程施工方案，一般应包括哪些内容?
**55.** 哪些情况下需要考虑防水材料相容性?
**56.** 屋面防水设防构造的原则是什么?
**57.** 屋面上哪些构造不能做为一道防水层?
**58.** 屋面隔汽层设计时应掌握哪些要求?
**59.** 屋面保温材料品种如何选用?
**60.** 屋面板状材料保温层施工如何铺设?
**61.** 屋面聚苯乙烯泡沫板保温层施工方法是什么?
**62.** 架空隔热屋面施工要求是什么?
**63.** 怎样做好地下工程盲沟排水?

**64.** 回填注浆和衬砌注浆施工顺序是什么?

**65.** 水箱型混凝土浇筑注意事项是什么?

**66.** 水池、游泳池防水对防水层材料有什么要求?

**67.** 冷库工程做软木隔热层的铺贴方法是什么?

**68.** 利用外脚手架或梯子登高作业怎样注意安全?

**69.** 地下工程易渗漏水的主要部位有哪些?

**70.** 地下工程渗漏水治理的原则和规定是什么?

**71.** 地下工程混凝土出现蜂窝、麻面渗漏水的处理方法是什么?

**72.** 地下工程混凝土出现孔洞渗漏水的处理方法是什么?

**73.** 地下工程混凝土施工缝渗漏水的防治方法是什么?

**74.** 地下工程混凝土裂缝渗漏水防治方法是什么?

**75.** 地下工程预埋件部位渗漏水的防治方法是什么?

**76.** 地下工程墙面潮湿如何采用环氧立得粉处理?

**77.** 地下工程墙面潮湿如何采用氰凝剂进行处理?

**78.** 如何查找地下工程渗漏水部位?以及堵漏的原则是什么?

**79.** 地下工程孔洞渗漏水怎样采用直接快速堵塞法进行修堵?

**80.** 地下工程孔洞渗漏水怎样采用木楔堵塞法进行修堵?

**81.** 地下工程孔洞渗漏水怎样采用下管堵漏法进行修堵?

**82.** 地下工程裂缝漏水怎样采用下线堵漏法进行修堵?

**83.** 外墙水泥砂浆饰面面层开裂渗漏水治理方法是什么?

**84.** 外墙粘贴面砖渗漏水,采用聚合物水泥砂浆勾缝工艺处理做法是什么?

**85.** 改性密封材料防水施工,接缝表面如何处理?

**86.** 改性密封材料,接缝密封施工方法有哪些?

**87.** 合成高分子密封材料防水施工有哪些操作步骤和要求?

**88.** 屋面接缝密封防水施工工艺流程有哪些?

**89.** 刚性防水屋面防水层按使用材料有哪些分类?

**90.** 刚性防水屋面对刚性防水材料选用要求是什么?

**91.** 普通细石混凝土防水层施工工艺顺序有哪些?

**92.** 屋面有机硅砂浆防水层施工操作要点是什么?

**93.** 简要说明屋面工程设计的要求?

**94.** 屋面防水工程要合理设防的根据和内容是什么?

**95.** 为什么对不同的卷材要规定不同的厚度?

**96.** 规范中提出“热粘”法与传统的热玛琋脂铺贴石油沥青纸胎油毡的做法有何不同?

**97.** 屋面卷材防水层搭接缝有哪些技术要求?

**98.** 在哪些条件下宜采用排汽屋面?

**99.** 目前建设部推广应用的防水卷材有哪些品种?

**100.** 目前建设部限制使用的卷材有哪些品种?

**101.** 目前建设部禁止使用的卷材有哪些品种?

102. 建设部推荐和禁止使用的防水涂料品种有哪些？

103. 建设部推荐和禁止使用的密封材料品种各有哪些？

104. 为什么要求防水涂料在施工时要薄涂多遍才能确保质量？

105. 屋面刚性防水层上哪些部位需预留缝隙必须要用各种密封材料来进行嵌填？

106. 规范强调钢纤维混凝土防水层在浇筑后应进行两次抹压为什么？

107. 屋面防水等级不是建筑物等级为什么？

108. 防水层合理使用年限不是建筑物的耐用年限为什么？

109. 一道防水设防不一定是一层或一遍为什么？

110. 屋面工程隐蔽验收记录的内容是什么？

111. 刚性防水屋面工程质量检验主控项目有哪些？

112. 刚性防水屋面工程密封材料嵌缝质量检验主控项目有哪些？

113. 隔热屋面工程质量检验主控项目有哪些？

114. 地下防水工程渗排水、盲沟排水质量检验主控项目有哪些？

115. 地下防水工程预注浆、后注浆的质量检验主控项目有哪些？

116. 什么是建筑施工图？它包括哪些内容？

117. 什么是暖卫施工图？

## 二、问答题答案

1. 结构施工图是说明房屋的结构构造类型、结构平面布置、构造尺寸、材料和施工要求等的图样。结构施工图包括基础平面图和基础详图，各层结构平面布置图、结构构造详图、构件图等。结构施工图样在图标内应标注“结施工××号图”。

2. 识图的方法一般是“先粗后细，从大到小，建筑、结构相互对照”。同时，看图还必须掌握扎实的基本功，即掌握正投影的原理，熟悉构造知识和施工方法，了解结构的基本概念。

3. 平面图虽然仅能表示长、宽二个方向的尺寸，但为了区别图中各平面的高差，可用标高来表示。一般平面图应标注下列标高：室内地面标高、室外地面标高、走道地面标高、大门室外台阶标高、卫生间地面标高、楼梯平台标高等。

4. 剖面图的剖切位置，应在平面图中表示其位置，以便剖面图与平面图对照阅读。剖切符号用短粗线画在平面图形之外，剖切时可转折一次（阶梯剖切），便于在剖切时更能反映建筑内部构造。

5. 一般在屋顶平面图附近配以檐口节点详图、女儿墙泛水构造详图、变形缝详图、高低跨层泛水构造详图，各个图安排在一张图上便于对照阅读。

6. 图纸会审的要点，主要是设计计算的假定和采用的处理方法是否符合，施工时有无足够的稳定性，对安全施工有无影响，地基处理和基础设计有无问题，地基钻探图是否明确，建筑、结构、设备安装之间有无矛盾，图纸及说明是否齐全、清楚、明确，有无矛盾，推行新技术及特殊工程和复杂设备的技术的可能性和必要性等。

7. 高聚物改性沥青防水卷材外观质量要求如下：

1）孔洞、缺边、裂口质量要求不允许；

2）边缘不整齐，质量要求，不超过 10mm；

3）胎体露白，未浸透，质量要求不允许；

4）撒布材料粒度、颜色，质量要求均匀；

5）每卷卷材的接头，质量要求不超过 1 处，较短的一段不应小于 1000mm，接头处应加长 15mm。

**8.** 合成高分子防水卷材的外观质量要求有如下几点：

1）折痕，质量要求每卷不超过 2 处，总长度不超过 20mm；

2）杂质，质量要求大于 0.5mm 颗粒不允许，每 $1m^2$ 不超过 $9mm^2$；

3）胶块，每卷不超过 6 处，每处面积不大于 $4mm^2$；

4）凹痕，质量要求每卷不超过 6 处，深度不超过本身厚度的 30%；树脂类深度不超过 5%；

5）每卷卷材的接头，质量要求橡胶类每 20m 不超过 1 处，较短的一段不应小于 3000mm，接头应加长 150mm；树脂类 20m 长度内不允许有接头。

**9.** 沥青防水卷材外观质量要求有如下几点：

1）孔洞、硌伤，露胎、涂盖不均，质量要求不允许；

2）折纹、皱折，质量要求距卷芯 1000mm 以外，长度不大于 100mm；

3）裂纹，质量要求距卷芯 1000mm 以外长度不大于 10mm；

4）裂口、缺边，质量要求边缘裂口小于 20mm；缺边长度小于 50mm，深度小于 20mm；

5）每卷卷材的接头，质量要求不超过 1 处，较短的一段不应小于 2500mm，接头处应加长 150mm。

**10.** 纸胎沥青油毡是先将原纸用低软化点的石油沥青浸渍成油纸，然后用高软化点的石油沥青涂盖在油纸两面，再在表面涂刷或铺撒隔离层材料制作而成。

1）规格：按幅宽的不同分为 915mm 和 1000mm2 种。常用的是后一种。

2）品种：按隔离层材料的不同分为粉状面油毡和片状面油毡 2 种。

3）标号：按浸涂材料的总量的不同分为 200 号、300 号和 500 号 3 种。

4）等级：按浸涂材料的总量和物理性能的不同分为合格品、一等品和优质品 3 种。

**11.** 塑性体（APP、APAO、APO）改性沥青防水卷材具有以下特点：

1）分子结构稳定、老化期长

APP、APAO、APO 分子结构为保护态，在改性沥青中呈网状结构，与石油沥青有良好的互溶性，将沥青包围在网中，使改性后的沥青有较好的稳定性，受高温、紫外线照射后，分子结构不会重新排列，故老化期长，一般老化期在 20 年以上。

2）具有良好的高温稳定性

APP 类卷材具有良好的耐热度，高温适应能力比 SBS 卷材强，特别是耐紫外线照射的能力比其他改性沥青卷材都强。所以，适宜在强烈阳光照射下的炎热地区使用。

3）施工简便，不污染

APP 类卷材具有良好的憎水性和粘结性，即可冷施工，又可热熔施工，无污染。与混凝土、塑料、木材、金属等建筑材料有良好的粘结性能。

**12.** 冷自粘聚合物改性沥青（有胎体或无胎体）防水卷材的规格有：

1）面积：$20m^2$、$10m^2$、$5m^2$；

2）幅宽：920mm、1000mm；

3）厚度：1.2mm、1.5mm、2.0mm。

**13.** 改性沥青聚乙烯胎防水卷材标记如下：

1）标记方法：按产品名称、品种代号、厚度、等级和标准编号的顺序标记。

2）标记示例：4mm 厚一等品高聚物改性沥青聚乙烯膜胎防水卷材，标记为：改性沥青卷材 PEE 4B JC/T633。

**14.** 改性沥青胶粘剂是沥青油毡和改性沥青类卷材的粘结材料，主要用于卷材与基层、卷材与卷材之间的粘结，也可代替改性沥青密封材料用于水落口、管道根、女儿墙、拼接缝等易渗部位、细部构造处做增强嵌缝密封处理，或作卷材搭接边接缝口的封边处理，当代替密封材料作嵌缝密封处理时，应采用薄涂多遍涂刷的施工方法，以使溶剂充分挥发。

**15.** 冷底子油外观质量应具有以下要求：

1）沥青应全部溶解，不应有未溶解的沥青硬块。

2）所用溶剂应洁净，不应有木屑、碎草、砂土等杂质。

3）在符合配合比的前提下，冷底子油宜稀不宜稠，以便于涂刷。

4）所用溶剂应易于挥发。

5）涂刷于基层的冷底子油经溶剂挥发后，沥青应具有一定的软化点。

**16.** 冷底子油亦称基层处理剂，是由沥青加溶剂调制而成。铺设防水卷材或涂刷防水涂膜前，在基层涂刷一道冷底子油，其目的如下：

1）清除基层浮尘，为防水层提供干净清洁的基面，无论是铺贴防水卷材，还是涂刷防水涂料，都不会因为有浮土而削弱防水层与基面的粘合力；

2）冷底子油渗入基层的毛细孔隙中，相当于沥青钉入基层，增加了防水层与基层的粘结力；

3）冷底子油起到封闭基面的作用。

**17.** 改性沥青是指通过吹氧氧化、加催化剂氧化、加非金属硫化剂硫化等手段对沥青进行改性后的产品。在沥青中存在小分子碳氢化合物，如石蜡等，使沥青的物理性能对温度敏感性大，温度低沥青变脆，温度高沥青易变形、流淌；另外过多的活性基团，降低了沥青的耐老化性能。因此，通过上述手段改性后使小分子碳氢化合物聚合，减小沥青中的活性基团，改善了沥青的物理性能，起到降低沥青的温度敏感性、提高耐热和耐低温性能的作用；同时，还提高了沥青分子抗降解裂变能力，延长了材料的使用寿命。

高聚物改性沥青是以高聚物为改性剂对沥青进行改性后的产物。通过改性，可以大大提高沥青类防水材料的物理和力学性能，这是沥青在建筑防水工程中应用的方向之一。使用最多的是 SBS 橡胶和 APP 树脂两种，此外还有氯丁橡胶、丁基橡胶和三元乙丙橡胶等。这些高聚物分子量大，分子极性基团和活性基团少，相对稳定，具有脆点温度低、熔点温度高、对高低温适应能力强、耐老化性能好的优点，因此，可以改善沥青的耐高低温性能及耐老化性能。

**18.** 合成高分子防水卷材常用的胶粘剂有：天然橡胶系胶粘剂、再生橡胶系胶粘剂、丁腈橡胶系胶粘剂、聚异丁烯胶粘剂、沥青系胶粘剂、醋酸乙烯树脂系胶粘剂、环氧树脂系胶粘剂。

**19.** 三元乙丙橡胶（EPDM）防水卷材是三元乙丙橡胶掺入适量丁基橡胶为基本原料，再加入软化剂、填充剂、补强剂和硫化剂、促进剂、稳定剂，经塑炼、挤出、拉片、压延、硫化成型等工序制成的高强度、高弹性防水材料。

**20.** 聚氯乙烯防水卷材外观质量要求如下：

1）卷材表面应平整、边缘整齐，无裂纹、孔洞、粘结、气泡和疤痕。

2）卷材的接头不多于一处，其中较短的一段长度不少于1.5m，接头应剪切整齐，并加长150mm。

3）卷材的厚度允许正偏差为0.2mm，负偏差为0.1mm；卷材的面积允许偏差为±3%。

4）卷材的平直度应不大于50mm；卷材的平整度不应大于10mm。

**21.** 氯化聚乙烯防水卷材是以聚乙烯经过氯化改性制成的新型树脂—氯化聚乙烯树脂，掺入适量的化学助剂和填充料，采用塑料或橡胶的加工工艺，经过捏和、塑炼、压延、卷曲、分卷、包装等工序加工制成的弹塑性防水材料。

氯化聚乙烯防水卷材分为N类无复合层、L类纤维单面复合及W类织物内增强卷材三类。

**22.** 氯化聚乙烯—橡胶共混防水卷材的综合性能优异，是指氯化聚乙烯树脂和橡胶两种原材料经过共混改性处理后，形成了高分子"合金"，兼有塑料和橡胶的双重特性，其综合防水性能得到提高，不但具有氯化聚乙烯的高强度和优异的耐老化性能，而且还具有橡胶类材料的高弹性和高延伸性。

**23.** 聚合物水泥柔性防水卷材是将60%以上的水硬性水泥等无机材料与橡胶、聚合物、掺合料等有机高分子材料共混后经捏合、搅拌、塑炼和压延等工艺制作而成，发挥了水泥水化产物与高聚物的超叠加效应。使卷材既具有橡胶状的柔韧性、弹性和抗拉、抗撕裂性能，以适应基层变形的需要，又具有水泥的耐久性和与基层的亲和性，以增强卷材与基层的粘结性。

**24.** 丁基橡胶防水密封胶粘带（简称丁基胶粘带）以饱和聚异丁烯橡胶、丁基橡胶、氯丁橡胶为主要原料，以超细硅氧化物（纳米级材料）为填料，以耐水性能优异的卤化丁基橡胶为改性材料制成的带状材料。

丁基胶粘带与大多数防水材料、建筑基料（橡胶、塑料、混凝土、金属、木材等）都有良好的粘结性。主要用于同种或异种卷材与卷材之间、涂膜与卷材之间、金属防水板材与板材之间的防水密封搭接粘结。

丁基橡胶防水密封胶粘带分为单面胶粘带和双面胶粘带两种胶带。粘结面用隔离纸隔离，使用时，隔离纸能很容易地从胶粘带上揭去。单面胶粘带表面贴有布、薄膜、金属箔等覆面材料。双面胶粘带不宜外露使用。

**25.** 蠕变性自粘防水卷材是在现有的高分子防水卷材和改性沥青防水卷材底层涂敷一层蠕变型底胶，用隔离纸隔离成卷，制作而成的具有蠕变性能的自粘卷材。蠕变性自粘防水卷材具有以下特点：

1）当基层开裂时，蠕变性底胶吸收了来自基层的应力，使应力不会传递给防水层，使防水层在整个使用寿命周期内始终处于无应力状态，避免防水层受到来自于基层的应力的作用而被拉裂；

2）蠕变型底胶具有压敏性，在防水层的整个耐用年限内都具有粘性和自愈能力，当防水层受到外力作用被戳破时，破坏点不会扩大，防水层底部不会出现窜水现象，蠕变性底胶的压敏性作用具有逐渐修复破坏点的作用。

3）蠕变性卷材的上覆防水层对拉伸强度和延伸率的要求降低，对其性能要求可更集中于防水能力和耐老化性能。

**26.** 膨润土是一种含有少量金属的铝硅酸盐矿物，有优良的吸水膨胀性，在水中体积可膨胀10～30倍，渗透系数可达$2\times10^{-9}$cm/s，利用这一特性，将一定级配的钠基膨润土与添加剂混合充填在聚丙烯纤维毡或纤维布中制成膨润土防水毡，或将钠基膨润土制作成球状粘附在聚乙烯板上制作成膨润土防水板。使用时将该毡或板紧贴在地下结构混凝土的迎水面，用回填土压实，膨润土与添加剂等遇水后，吸水膨胀达到饱和状态，形成凝胶隔水膜产生对水的排斥作用而达到防水目的。

**27.** 有机防水涂料的特点有如下几点：

1）与混凝土、砂浆材性不一致，必须在基面形成整体防水层，才能起到良好的防水效果。涂层的成型、涂膜的力学性能受环境温度、湿度的影响较大。

2）延伸性、弹塑性好，随基层变形的能力强。

3）形成致密、一定厚度的防水膜后起防水作用。

4）耐穿刺能力强。

5）水乳型涂料无毒。但以苯、甲醛等为溶剂的有机防水涂料有毒，对环境造成污染、人体易受侵害。

6）溶剂型、反应型涂料易燃，贮运时应注意防水。

7）除水乳型涂料外，溶剂型、反应型涂料不能在潮湿基层施工。

**28.** 无机防水涂料有如下特点：

1）与混凝土、砂浆材性一致，与基面具有良好的粘结性能，只须堵塞基面的毛细孔隙，就能起到防水效果，特别是背水面防水尤其如此。涂层受温度、湿度的影响与基层相同。

2）无延伸性，随基层变形的能力差。

3）形成一定厚度的涂层后起防水作用。

4）耐穿刺能力强。

5）基本无毒，对环境不会造成污染。

6）不燃。

7）可在潮湿基层施工。

**29.** 水乳型SBS改性沥青防水涂料是以石油沥青为基料，添加SBS热塑性弹性体高分子材料及乳化剂、分散剂等制成的水乳型改性沥青防水涂料。其特点如下：

1）具有优良的低温柔性和抗裂性能，是目前改性沥青涂料中性能较好的一个品种；

2）对水泥、混凝土、木板、塑料、油毡、铁板、玻璃等各种材质的基层均有良好的粘结力；

3）冷施工、无嗅、无毒、不燃，施工安全简单；

4）耐候性好，夏天不流淌，冬天不龟裂，不变脆。

**30.** 热熔改性沥青涂料是将沥青、改性剂、各类助剂和填料，在工厂事先进行合成，制成聚合物改性沥青涂料块体，送至现场施工后，投入采用导热油加温的热熔炉进行熔化，将熔化的热涂料直接刮涂于找平层上，用带齿的刮板一次成膜设计需要厚度的防水涂料。其特点如下：

1）它不带溶剂，固体含量100%，3mm厚的防水涂层，只需3.5kg/$m^2$用料；

2）沥青经SBS改性，性能大大提高，耐老化好，延伸率大，抗裂性优，耐穿刺能力强；

3）可一次性施工要求的厚度，工效高；

4）施工环境要求低，涂膜冷却后即固化成膜，具有设计要求的防水能力，不需要养护、干燥时间，低温条件下、下雨前均可施工，利于在南方多雨地区施工；

5）需现场加热。

**31.** 聚氨酯防水涂料（PU）分双组分和单组分两大类，都为反应型防水涂料。这里指的是纯聚氨酯，有别于焦油聚氨酯、非焦油聚氨酯和石油沥青聚氨酯。

双组分聚氨酯防水涂料是由基料和固化剂两种材料按一定比例混合经固化反应成膜的防水材料。基料（常称组分一或甲组分）是含异氰酸酯基（—NCO）的聚氨酯预聚体，固化剂（常称组分二或乙组分）是含有多羟基（—OH）或氨基（—$NH_2$）的固化剂及其他助剂的混合物。

单组分聚氨酯是在含异氰酸酯基（—NCO）的聚氨酯中加入其他助剂的预聚体，当其涂刷在基面上遇到空气中的水分子时，与水分子中的羟基（—OH）发生化学反应，固化成膜。

**32.** 聚合物水泥防水涂料（简称JS防水涂料）是由合成高分子聚合物乳液（如聚丙烯酸酯、聚醋酸乙烯酯、丁苯橡胶乳液等）及各种添加剂优化组合而成的液料和配套的粉料（由特种水泥、石英粉及各种添加剂组成）复合而成的双组分防水涂料，是一种既具有合成高分子聚合物材料弹性高，又有无机材料耐久性好的防水材料。

**33.** 三元乙丙橡胶防水涂料是采用耐老化极好的三元乙丙橡胶为基料，填加补强剂、填充剂、抗老化剂、抗紫外线剂、促进剂等制成混炼胶，采用“水分散”的特殊工艺制成的水乳型防水涂料。其具有以下特点：

1）具有强度高、弹性好、延伸率大的橡胶特性；

2）耐高低温性能好；

3）耐老化性能优异，使用寿命长；

4）冷施工作业，施工方便，操作简单；

5）可添加色料制作成彩色涂料，形成具有装饰效果的防水层。

**34.** 水乳型氯丁橡胶改性沥青防水涂料又名氯丁胶乳沥青防水涂料，是由阳离子型氯丁胶乳与阳离子型沥青乳液混合构成，氯丁橡胶及石油沥青的微粒，借助于阳离子型表面活性剂的作用，稳定分散在水中而形成乳状液。

**35.** 水泥基渗透结晶型防水材料（简称CCCW）分为涂料和防水剂（掺在混凝土中）两类。这是一种由水泥、硅砂、石膏及多种活性材料组成的刚性防水材料，与水作用后，活性物质通过载体（水、胶体）向混凝土内部渗透，在混凝土中形成不溶于水的枝蔓状结晶体，堵塞毛细孔缝，从而使混凝土致密、防水。

水泥基渗透结晶型防水涂料是一种粉末状材料，经与水拌合调配成涂刷或喷涂在水泥混凝土表面的浆料，亦可将其以干粉撒覆并压入未完全凝固的水泥混凝土表面。

水泥基渗透结晶型防水剂是一种掺入混凝土内部和混凝土一起搅拌的粉末状外加剂防水材料。

**36.** 涂膜胎体增强材料的品种、主要有聚酯无纺布、化纤无纺布、玻纤网格布等数种。

1）聚酯无纺布，俗称涤纶化纤，是纤维分布无规则的毡，它的拉伸强度最高，属高抗拉强度、高延伸率的胎体材料。要求布面平整、纤维均匀，无折皱、分层、空洞、团状、条状等缺陷。

2）化纤无纺布是从尼龙纤维为主的胎体增强材料，特点是延伸率大，但拉伸强度低。其外观质量要求与聚酯无纺布相同。

3）玻纤网格布的拉伸强度高，延伸率低，与涂料的浸润性好，但施工铺布时不容易铺平贴，容易产生胎体外露现象，所以现在多用聚酯无纺布来代替玻纤无纺布。

**37.** 建筑密封材料按原材料、固化机理及施工性分类方法可分为以下几种：

1）油性类密封材料，以塑性性能为主的嵌缝膏如建筑防水油膏、油灰腻子；

2）溶剂型建筑密封膏如丁基、氯丁、氯磺化橡胶建筑密封膏；

3）热塑型或热熔型防水接缝材料，如聚氯乙烯建筑防水接缝材料；

4）水乳型建筑密封膏，如丙烯酸酯建筑密封膏；

5）化学反应型建筑密封膏，如硅酮、聚氨酯、聚硫密封膏等。

**38.** 防水密封材料是用于填充缝隙、密封接头或能将配件、零件包起来，具备防水这一特定功能（防止外界液体、气体、固体的侵入，起到水密、气密作用）的材料。

防水密封材料按基材类型分为合成高分子密封材料和高聚物改性沥青密封材料两大类。

防水密封材料适用范围如下：

1）刚性细石混凝土分格缝嵌缝密封，水落口、下水管口、泛水、穿过防水层管道接口及钉孔的嵌缝密封，防水卷材搭接和接头的收口密封，室内预埋件和螺钉孔密封。

2）地下工程变形缝的嵌缝密封和其他各种裂缝的防水密封。

3）建筑工程中的幕墙安装，建筑物的窗户玻璃安装及门窗密封以及嵌缝，混凝土和砖墙墙体伸缩缝及桥梁、道路、机场跑道伸缩缝嵌缝，污水及其他给排水管道的对接密封。

4）电器设备制造安装中的绝缘和密封，仪器仪表电子元件的封装，线圈电路的绝缘防潮。

**39.** 改性沥青密封材料是以石油沥青为基料，加入适量改性材料（例如橡胶、树脂），助剂、填料等配制而成的黑色膏状密封材料。

目前改性沥青密封材料主要品种有丁基橡胶改性沥青密封材料、SBS 改性沥青密封膏、再生橡胶改性沥青油膏、塑料油膏和聚氯乙烯胶泥等，其中塑料油膏和聚氯乙烯胶泥中的主要成分为污染严重的焦油沥青，已被禁止使用。

**40.** 高分子密封材料是以合成高分子（橡胶、树脂）为主体。加入适量的助剂、填充材料和着色剂等，经过特定的生产工艺加工制成的膏状密封材料或密封胶带。

目前高分子密封材料主要品种有聚氨酯密封膏、聚硫密封膏、有机硅建筑密封膏、丙烯酸酯建筑密封膏、氯磺化聚乙烯建筑密封膏、丁基密封膏、丁苯密封膏、丁基橡胶密封胶带等。

高分子密封材料是依靠化学反应固化、与空气中的水分交链固化、依靠溶剂或水蒸发固化，成为与接缝两侧粘结牢固，密封牢固的弹性体或弹塑性体。与改性沥青密封材料相比，具有优越的耐高、低温性能和耐久性。该材料主要用于建筑结构接缝密封、卷材搭接密封，以及玻璃幕墙接缝密封、金属彩板密封等特殊场合的密封。

**41.** 丙烯酸酯建筑密封膏的特点和使用要点如下：

1）特点：

①无污染、无毒、不燃，安全可靠，具有较低的粘度，易于施工。

②经水分蒸发固化后的密封膏，具有优良的粘结性、弹性及低温柔性。

③具有良好的耐候性。

2）使用要点：

①丙烯酸酯建筑密封膏用于7.5％～12.5％位移幅度的接缝。

②用于10mm以下宽度接缝时，宜用支装密封膏（330mL）；用于10mm以上宽度的接缝时，宜用桶装密封膏（5kg、10kg、25kg）。

③施工适宜温度为15℃～30℃，不宜在冬季施工，以防成膜温度过低而影响其物理力学性能。

**42.** 硅酮建筑密封胶的使用要点如下：

1）金属及混凝土、硅酸钙等基层，应避免使用酸型硅酮建筑密封胶。

2）对不同基层应采用与产品配套的打底料。

3）贮存温度应控制在35℃以下，运输时避免太阳直晒，宜放在阴凉处。

**43.** 氯磺化聚乙烯密封材料的特点有如下几点：

1）弹性好，能适应一般基层伸缩变形的需要；

2）耐久性能优异，其使用寿命在15年以上；

3）耐高低温性好，在－20℃～100℃情况下，长期保持柔韧性；

4）粘结强度高，耐水、耐酸碱性好，并具有良好的着色性。

**44.** 用于接缝的背衬材料应符合以下要求：

1）背衬材料能支承密封材料，以防止凹陷；

2）背衬材料与密封材料不会粘结或粘结力差；

3）具有一定的可压缩性，当合缝时密封胶就不会被挤出，当开缝时又能复原；

4）与密封材料具有相容性，不会与密封材料发生反应影响密封材料的性能。

**45.** 刚性防水材料一般包括两类，一类是组成基准混凝土或基准砂浆的水泥、砂、石等普通基准材料，由基准材料浇筑成的防水混凝土叫作普通防水混凝土；另一类是在基准材料中掺入的各类外加剂，如：混凝土膨胀剂、防水剂、渗透型结晶剂、引气剂、减水剂、密实剂、复合型外加剂、掺合料等，由各类外加剂浇筑成的防水混凝土叫做掺外加剂防水混凝土。按要求配制的这两类混凝土都能使混凝土致密，水分子难以通过，其中，外加剂防水混凝土能按不同的使用要求，配制成不同性能的防水混凝土。

**46.** 悬山屋面　结构与硬山屋顶大致相同，只是所有的檩子都伸出山墙以外，檩子上钉搏风板。山墙可将梁架全部砌在墙内，也可以随着各层梁柱砌成阶梯形，称为五花山墙。其山尖悬空于外，故名悬山。

**47.** 防水粉的配料方法：

1）堵漏灵

堵漏灵Ⅱ型（简称02型）。这种材料适用于大面积涂刷，能起到抗渗防潮作用。施工方法有刷涂法、刮压法和刮压刷涂法三种。

2）确保时、防水宝

Ⅰ型防水宝与确保时都是以一种因料辅以一定比例的石英粉及硅酸盐水泥混合而得的，其比例如下，母料：石英粉：水泥＝1～1.5：2：8。

Ⅱ型防水宝是灰色粉末，拌水后即可使用。

堵漏停与确保时、防水宝的配料方法基本一致。

**48.** 水溶性聚氨酯灌浆材料是以环氧乙烷或环氧乙烷及环氧丙烷π环共聚的聚醚，与异氰酸酯合成制得的一种单组分灌浆材料。其特点具有良好的延伸性、弹性及耐低温性等，对使用一般方法难以奏效的大流量涌水、漏水、微渗水都有较好的止水效果。本材料适用于地下工程内外墙面、地面等变形缝的防水、堵漏。

**49.** 弹性聚氨酯灌浆材料则是以多异氰酸酯与多元醇反应而成的一种可在室温固化成弹性体的浆液。弹性聚氨酯浆材是一种弹性好、强度高、粘结力强、室温固化的材料。主要适用于处理变形缝和在反复变形情况下的混凝土裂缝。

**50.** 遇水膨胀橡胶制品、腻子的特点和适用范围：

1）特点：改性橡胶为基本原料，具有一般橡胶的弹性、延伸性和抗压缩变形能力；遇水后能膨胀，膨胀率可在100％～500％之间调节，膨胀率不受水质影响；耐水性好，膨胀后仍能保持弹性。

2）适用范围：制品型遇水膨胀橡胶产品适用于盾构施工法装配式衬砌接缝防水；建筑物及构筑物的变形缝、施工缝、金属、混凝土等各类预制件的接缝防水，也可用于现浇混凝土接缝的防水。

腻子型遇水膨胀橡胶制品则主要用于现浇混凝土施工缝等的防水。

**51.** 刚性防水屋面主要适用于防水等级为Ⅲ级的屋面防水，也可用作Ⅰ、Ⅱ级屋面多道防水设防中的一道防水层；刚性防水层不适用于受较大振动或冲击的建筑屋面。

**52.** 普通细石混凝土防水层施工工艺顺序见图3-3-1。

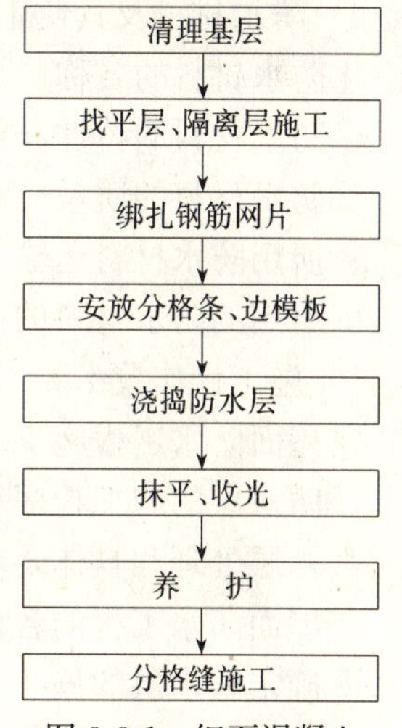

图3-3-1　细石混凝土防水层施工工艺顺序

**53.** 补偿收缩混凝土养护

应严格控制初始养护时间，浇捣完毕及时要用双层湿草包覆盖。常温下浇筑8～12h，低温下浇筑24h后即应浇水养护，养护时间不得少于14d。有条件地区夏季施工时宜采用蓄水养护。

补偿收缩混凝土不宜长期在高温下养护，这是由于混凝土中的钙矾石结晶体会发生晶性转变，使孔隙率增加，强度下降、抗渗性降低。因此，补偿收缩混凝土的养护及使用温度均不应超过 80℃。

**54.** 编制屋面防水工程施工方案，其内容如下：

1）工程概况

①整个工程简况：工程名称、所在地、施工单位、设计单位、建筑面积、屋面防水面积、工期要求；

②屋面防水等级、防水层构造层次、设防要求、防水材料选用、建筑类型和结构特点、防水层合理使用年限等；

③屋面防水材料的种类和技术指标要求；

④需要规定或说明的其他问题。

2）质量工作目标

①屋面防水工程施工的质量保证体系；

②屋面防水工程施工的具体质量目标；

③屋面防水工程各道工序施工的质量预控标准；

④防水工程质量的检验方法与验收；

⑤有关防水工程的施工记录和归档资料内容与要求。

3）施工组织与管理

①明确该项屋面防水工程施工的组织者和负责人；

②负责具体施工操作的班组及其资质；

③屋面防水工程分工序、分层次检查的规定和要求；

④防水工程施工技术交底的要求；

⑤现场平面布置图：材料堆放、油锅位置、运输道路；

⑥分工序、分阶段的施工进度计划。

4）防水材料及其使用

①防水材料的名称、类型、品种；

②防水材料的特性和各项技术经济指标，施工注意事项；

③防水材料的质量要求，抽样复试要求，施工用的配合比设计；

④所用防水材料运输、贮存的有关规定；

⑤所用的防水材料的使用注意事项。

5）施工操作技术

①屋面防水工程施工准备工作，如室内资料准备，施工工具准备等；

②防水层的施工程序和针对性的技术措施；

③基层处理和具体要求；

④屋面防水工程的各种节点处理做法要求；

⑤确定防水层的施工工艺和做法：如采用满粘法、条粘法、点粘法、空铺法、热熔法、冷粘法等；

⑥所选定施工工艺的特点和具体的操作方法；

⑦施工技术要求：如玛琋脂熬制的温度、配合比控制、铺设厚度、卷材铺贴方向、搭接缝宽度及封边处理等；

⑧防水层施工的环境条件和气候要求；

⑨防水层施工中与相关工序之间的交叉衔接要求；

⑩有关成品保护的规定。

6）安全注意事项

①操作时的人身安全、劳动保护和防护设施；

②防火要求、现场点火制度、消防设备的设置等；

③加热熬制时的燃烧监控、火患隔离措施、消防道路等；

④其他有关防水施工操作安全的规定。

**55.** 规范提出在6种情况下两种防水材料之间应具有相容性，即

1）防水材料与基层处理剂；

2）防水材料与胶粘剂；

3）防水材料与密封材料；

4）防水材料与保护层涂料；

5）两种防水材料复合使用；

6）基层处理剂与密封材料。

**56.** 屋面防水设防构造的原则，如下四点：

1）在合成高分子卷材或涂膜上，不应采用热熔型卷材或涂料。否则温度可高达200℃左右，会烧坏下边卷材或涂料，且又易引起火灾。

2）当卷材与涂膜复合使用时，最好将涂膜放在最下边，能将找平层上的各种缝隙和细部构造全部封闭，形成一道连续的、整体防水层，而且可提高涂膜的耐久性，延缓涂膜老化。这样卷材在上面，涂膜在下面，弥补了各自的不足，优势得到互补。

3）当采用涂膜、卷材与刚性防水层复合使用时，刚性防水层有优良的耐穿刺和耐老化性能，可对下边柔性防水层起保护作用；而柔性防水层有良好的适应基层变形的能力，弥补了刚性防水层易开裂的弱点，这样做也省去了柔性防水层上的保护层。

4）在聚氨酯涂料上面复合高分子卷材，采用热熔SBS改性沥青涂料上复合SBS改性沥青卷材的做法，也就是说反应型涂料和热熔性材料，它本身能形成一道防水层，而且又可作为卷材的胶粘剂，实现一举两得。

**57.** 在下列情况下，不得作为屋面的一道防水设防：

1）混凝土结构层；

2）现喷硬质聚氨酯等泡沫塑料保温层；

3）装饰瓦以及不搭接瓦的屋面；

4）隔汽层；

5）卷材或涂膜厚度不符合规范规定的防水层。

**58.** 屋面隔汽层设计时应掌握以下几点：

1）在我国纬度40℃以北地区，且室内空气湿度大于75%时，保温屋面应设置隔汽层。

2）其他地区室内空气湿度常年大于80%时，保温屋面应设置隔汽层。

3）有恒温、恒湿要求的建筑物屋面应设置隔汽层。

4）隔汽层的位置应设在结构层上，保温层下。

5）隔汽层应选用水密性、汽密性好的防水材料。可采用单层防水卷材铺贴，不宜用

汽密性不好的水乳型薄质涂料。

6）当用沥青基防水涂料做隔汽层时，其耐热度应比室内或室外的最高温度高出20～25℃。

7）屋面泛水处，隔汽层应沿墙面向上连续铺设，高出保温层上表面不得小于150mm，以便严密封闭保温层。

**59.** 屋面保温材料品种选用

1）选用保温材料时，应根据建筑物的使用功能和重要程度，选用与其相匹配的保温材料。

2）在选用保温材料时，应选择质量轻、导热系数小、吸水率低的保温材料。

3）选用保温材料时，还要结合当地的自然条件、经济发展水平和保温层的习惯做法，选用与其相适应的保温材料。

4）选用不同种类的保温材料，还要求应具有一定的抗压强度和抗折强度，以保证在运输过程或施工过程中不致被损坏。

5）不得选用现场需加水拌合的整体现浇水泥膨胀蛭石、水泥膨胀珍珠岩做屋面保温层。

**60.** 屋面板状材料保温层施工如何铺设

1）基层应平整，干燥和干净。

2）干铺板状保温材料，应紧靠在需要保温的基层表面上，并应铺平垫稳。分层铺设的板块上下层接缝应相互错开；板间缝隙应采用同类材料嵌填密实。

3）粘贴的板状保温材料应贴严、粘牢。分层铺贴的板块，上下层接缝应相互错开，并应符合下列要求：

①当采用沥青玛𤥆脂及其他粘结材料粘贴时，板状保温材料相互之间应满涂胶结材料，使之互相粘牢。玛𤥆脂加热温度不应高于240℃，使用温度不宜低于190℃。采用冷玛𤥆脂粘贴时应搅拌均匀，稠度太大时可加少量溶剂稀释搅匀。

②当采用水泥砂浆粘贴板状保温材料时，板间缝隙应采用保温灰浆填实并勾缝。保温灰浆的配合比宜为1∶1∶10（水泥∶石灰膏∶同类保温材料的碎粒，体积比）。

**61.** 屋面聚苯乙烯泡沫板保温层施工方法：

1）基层应平整、干燥和干净。

2）粘贴聚苯乙烯泡沫板的粘结剂应符合下列要求：

①有一定粘结强度，但不要求很高的粘结强度。

②溶剂型粘结剂中的溶剂不应溶解聚苯乙烯，宜采用水乳型粘结剂。

③能在室温下固化干燥，耐久性好。

3）聚苯乙烯泡沫板的切割

宜用高速无齿锯条切割，也可用电热丝切割，即用直径为0.5～1.0mm的电热丝切割，控制电压为5V～12V，一般温度控制在200～250℃。也可用普通的木工锯切割。

4）聚苯乙烯泡沫板铺设

①干铺

泡沫板应紧靠在需保温的基层表面上，并应铺平垫稳，板间应拼紧，拼缝应严密；分层铺设的板块上下层接缝应相互错开。

②粘贴

用冷玛琋脂及其他粘贴材料粘贴时，泡沫板相互之间及与基层之间应满涂粘结材料，以便互相粘牢；泡沫板应铺平、贴严；分层铺设的板块上下层接缝应相互错开。

**62.** 架空隔热屋面施工要求如下：

1）架空隔热层施工，应先将屋面清扫干净，并根据架空板尺寸弹出支座中心线。

2）在支座底面的卷材防水层或涂膜防水层上应采取加强措施，防止支座下的防水层损坏。支座宜采用水泥砂浆砌筑，其强度等级应为M5。

3）铺设架空板时，应将灰浆刮平，随时扫净屋面防水层上的落灰、杂物等，以保证架空隔热层气流畅通。操作时不得损伤已完工的防水层。

4）架空板的铺设应平整、稳固，缝隙宜用水泥砂浆或水泥混合砂浆嵌填密实，并按设计要求留变形缝。

**63.** 地下工程盲沟排水

1）盲沟排水法即在构筑物四周设置盲沟，使地下水沿着盲沟向低处排走的方法。排水效果好，并可节约原材料和费用。

2）凡有自流排水条件而无倒灌可能时，可采用盲沟排水法。盲沟断面尺寸的大小按水流量大小来确定，与盲沟所在土层有关。一般盲沟断面尺寸宽高为300mm×400mm。

3）为防止盲沟堵塞，沟内填粒径60～100mm的砾石或碎石，周围与土层接触的部位应设置粗砂或小碎石作滤水层。

4）盲沟的排水坡度不小于3%，出水口应设滤水钢筋格栅。渗排水管宜用无砂混凝土管，渗排水管在转角处和直线段设计规定处应设置检查井，供清淤时清除淤塞的泥砂，井盖应封严。

**64.** 回填注浆和衬砌注浆施工顺序

1）沿工程轴线由低到高，由下往上，从少水处到多水处；

2）在多水地段，应先两头，后中间；

3）对竖井应由上往下分段注浆，在本段内应从下往上注浆。

**65.** 水箱型混凝土浇筑注意事项

1）水箱壁混凝土要连续浇筑，不留施工缝。

2）水箱壁混凝土应分层浇筑，每层浇筑厚度不超过300～400mm。

3）混凝土用插入式振捣器捣实，并注意避免碰撞钢筋、模板、预埋管件等。

**66.** 水池、游泳池防水对防水层材料的要求

1）对于平面尺寸较大的水池、游泳池及大型蓄水池等，由于其结构易产生变形开裂，一般应选用延伸性较好的防水卷材或防水涂料。对于平面尺寸较小的水池也可采用刚性防水。

2）水池、游泳池等构筑物所使用的防水材料，不得有任何有毒有害物质渗入到水中。水质经检测应符合有关标准的规定。防水材料可采用三元乙丙—丁基橡胶防水卷材、氯化聚乙烯—橡胶共混防水卷材等高分子防水卷材，聚氨酯防水涂料、硅橡胶防水涂料等。

**67.** 冷库工程软木隔热层铺贴方法

冷库工程软木隔热层一般铺贴四层软木砖，其厚度为200mm，具体铺贴方法如下：

1）铺贴前应先在基层表面弹线分格，确保软木粘贴的位置准确。

2）铺贴前应对软木块的规格尺寸进行挑选加工，按厚度不同进行分类，长短不齐的应刨齐，软木不应受潮。

3）粘贴软木块前，先将软木块浸入热沥青中四面粘满沥青，然后铺贴在基层。第一块软木块铺贴后，要在表面满涂热沥青一道，然后贴第二层，粘贴方向同第一层。两层软木块的纵横接缝均应错开。

4）铺贴时，软木块缝间挤出的沥青必须趁热随时刮净，以免冷却后形成疙瘩，影响其平整度。

5）每层软木块铺贴完后，均应检查其平整情况。如软木块高低不平，必须刨平，然后才能铺贴下一层。

6）铺贴地面时，要随铺随用重物压实。铺贴外墙面时，要随铺随支撑，防止木块翘起和空鼓。从第二层起，每块软木均应用竹钉与前一层钉牢（每块可钉竹钉6颗）。

7）铺贴软木砖的石油沥青标号应和防潮层（隔气层）所用的石油沥青标号相同。

**68.** 利用外脚手架或梯子登高作业时应怎样注意安全

防水施工时，如要利用外脚手架的，应对外脚手架全面检查，符合要求后方可使用。如要利用脚手架作垂直攀登时，应直接通至屋面。如使用梯子登高或下坑，梯子应用坚固材料制成，一般应与固定物件牢固连接。若为移动式梯子，应有防滑措施，使用时应有专人监护，并不得提拎重物攀登梯子和脚手架。

**69.** 地下工程易渗漏水部位主要有以下部位：

1）变形缝（伸缩缝和沉降缝的总称）渗漏水；

2）施工缝、混凝土裂缝渗漏水；

3）预埋件及穿墙管件等渗漏水；

4）孔洞渗漏水；

5）墙面的渗漏和潮湿。

**70.** 地下工程渗漏水治理的原则和规定：

1）根据地下工程渗漏水的各种不同情况制定最佳方案，防水堵漏，以止水、防水为目的。地下工程治理渗漏水应遵循的原则是“堵排结合、因地制宜、刚柔相济、综合治理。”

2）地下工程渗漏水的治理应掌握工程原防、排水系统的设计、施工、验收资料，并由防水专业设计人员和有防水资质的专业施工队伍完成。

3）渗漏水治理施工时应按光顶（拱）后墙面，再后底板的顺序进行，应尽量少破坏原有完好的防水层；有降水和排水条件的地下工程，治理前应做好降水和排水工作；治理过程中应选用无毒、低污染的材料。

4）治理过程中的安全措施、劳动保护必须符合有关安全施工技术规定。

**71.** 地下工程混凝土出现蜂窝麻面渗漏水的处理方法

1）用水将基层清洗干净，然后用1∶2或1∶2.5聚合物水泥砂浆修补。

2）如遇大蜂窝，应将松动的石子剔掉，剔面喇叭口且外边大些，然后用水冲洗干净，湿透，再用高一级的防水细石混凝土捣实，并加强养护。

**72.** 地下工程混凝土出现孔洞渗漏水的处理

1）应与有关单位研究制定孔洞补强方案经批准后再实施。

2）一般是剔除孔洞处不密实的混凝土和突出的石子，要剔成斜形，用清水冲洗基层并保持湿润 72h 后，再用高一级的细石混凝土浇筑，应采用补偿收缩混凝土，并加强养护。

**73.** 地下工程混凝土施工缝渗漏水的防治

1）预防措施

①施工缝应尽量不留或少留。必须留时应与变形缝统一起来。

②施工缝留设的位置及施工方法要按规定要求严格执行。

③设计钢筋布置与墙体厚度时，应考虑施工的方便。

2）处理方法

①根据施工缝渗漏情况和水压大小，采取注浆、嵌填密封材料及设置排水暗槽等方法处理，表面增设水泥砂浆、涂料防水层等加强措施。

②对渗漏的施工缝，也可沿缝剔成八字凹槽，刷洗干净后，用水泥素浆打底，抹 1∶2.5聚合物水泥砂浆找平压实。

**74.** 地下工程混凝土裂缝渗漏水的防治方法

1）预防措施

①按工程功能及使用要求进行配合比选择，严格控制水泥品种及用量、砂石级配比及含泥量，严格控制水灰比。

②控制混凝土的入模温度，分层浇筑，采取挡风或遮阳措施。

③加强机械振捣，要充分、密实、不得漏振。

④加强混凝土覆盖，保湿、保温，严格进行浇水养护。

2）处理方法

①分析裂缝的性质，会同有关部门共同处理。

②塑性裂缝可用水泥砂浆薄抹处理。干缩裂缝的处理方法与塑性裂缝相同。温度裂缝当缝宽大于 0.1mm 时，根据可灌程度，采用水泥灌浆或化学灌浆方法，或者灌浆与表面封闭同时采用；当缝宽小于 0.1mm 时，可只作表面处理或不处理。

**75.** 地下工程预埋件部位渗漏水的防治方法

1）预防措施

①施工中预埋件必须固定牢固，要加强预埋件周围混凝土的振捣，避免碰撞预埋件。

②设计时合理布置预埋件，以方便施工和利于保证预埋件周围混凝土的浇筑质量。必要时预埋件部位的断面应适当加厚。

③加强预埋件表面的除锈处理。

④地下防水混凝土结构中，电源线路以明线为宜，不用暗线或少用暗线，以减少结构渗漏水通道。如必须采用暗线时，必须保证接头严密。穿线管必须采用无缝线管，确保管内不进水。

⑤对完工后使用中有振动的预埋件，应事先制作混凝土预制块并做好防水抹面处理，然后将其定位于固定位置，再与混凝土浇筑成整体。

2）处理方法

①对预埋件周边的渗漏，应先将周边剔成环形沟槽，用快速堵漏材料止水后，再采用嵌填密封材料、涂抹防水涂料、水泥砂浆等措施，按裂缝直接堵塞方法处理。

②对于因受振动而致使预埋件周边出现的渗漏，处理时需将预埋件拆除，制成预制块（其表面抹好防水层），并剔錾出凹槽，内嵌入水泥∶砂＝1∶1和水∶促凝剂＝1∶1的快凝砂浆，再迅速将预制块填入。待快凝砂浆具有一定强度后，周边用胶浆堵塞，并用素灰嵌实，然后分层分次抹防水层并补平压实。

**76.** 地下工程墙面潮湿采用环氧立得粉进行处理

1）用等量乙二胺和丙酮反应，制成丙酮亚胺，加入环氧树脂和二丁酯混合液中，环氧树脂的掺量为16%，并加入一定量的立得粉，制得环氧立得粉，并将其涂刷在清净、干燥的墙上。

2）如果墙面有碱性物质，应先用含酸水洗刷，然后用清水冲洗干净。一般涂刷两次环氧立得粉液，厚度为0.3～0.5mm。

**77.** 地下工程墙面潮湿采用氰凝剂进行处理

1）配比为预聚体氨基甲酸49%、催化剂三乙醇胺1%、稀释剂丙酮10%、填料水泥40%。

2）操作方法是先将预聚体倒入容器中，再用丙酮稀释，加入三乙醇胺，调成氰凝浆液，最后加入水泥，搅拌均匀后即可涂刷。

3）如果墙面涂刷后仍有微渗，可再涂刷一次，涂刷后撒 一层干水泥面压光。

**78.** 地下工程渗漏水的检查方法和堵漏的原则

1）先将基层表面擦干，立即均匀撒一层干水泥，若表面有湿点或印湿线，即为漏水孔或缝。

2）如果出现湿一片现象，用上述方法不易发现渗漏水的具体位置，可采用在基层表面均匀抹一层水泥胶浆（水泥∶水玻璃＝1∶1），其上再撒一层干水泥粉，当干水泥表面出现湿点或湿线时，该处即为渗漏部位。

3）查找到渗漏水源后，即着手进行堵漏，堵漏的原则是：逐步把大漏变小漏，线漏变点漏，片漏变为孔漏，使漏水集中于一点或数点，最后堵塞漏水点。

**79.** 地下工程孔洞渗漏水采用直接快速堵塞法修堵

1）直接快速堵塞法，一般在水压较小（水位在2m以下）、孔洞不大的情况下采用。

2）操作时先根据渗漏水的具体情况，以漏水点为圆心剔槽（直径×深度为10～30×20～50mm），一般毛细孔渗水剔成直径为10mm的圆孔，槽壁与基面必须垂直，不得剔成上大下小的楔形槽。

3）用水将槽冲洗干净后，随即将配合比为1∶0.6的水泥水玻璃（或其他促凝剂）胶浆捻成与槽直径相近的圆锥体，待胶浆开始凝固时，迅速将胶浆堵塞进槽内，将胶浆与槽壁紧密结合；同时将槽孔周围擦干，撒上干水泥，检查是否有渗水现象。

4）待堵塞严密、无渗水现象时，再在胶浆表面抹素灰和水泥砂浆各一层，并将砂浆表面扫毛，待砂浆有一定强度后（夏季一昼夜，冬季2～3昼夜），再在其上做防水层。如发现堵塞不严时，应将原有堵塞胶浆剔除，重新进行堵塞。

**80.** 地下工程孔洞渗漏水采用木楔堵塞法

1）木楔堵塞法一般在水压较高（水头在4m以上）、漏水孔洞不大时采用。

2）操作方法是将漏水处孔洞清理干净，用和孔眼大致相等的圆木楔子涂浸沥青，并打入孔眼，用铅油棉丝塞紧圆木四周，使其漏水量尽可能减小，然后用水泥水玻璃（或其他促凝剂）胶浆封堵木楔四周。

3）木楔打入孔眼后的顶端，离基层表面应有 30mm。待水止住后，用 1∶2 防水砂浆（水灰比 0.3）把木楔顶部填实与基层抹平，随即在整个孔眼表面打毛，待砂浆达到一定强度（约 24h）后，再在其上做防水层。

**81.** 地下工程孔洞渗漏水采用下管堵漏法

1）下管堵漏法，一般用于孔洞较大，水压较大（水头在 2～4m）时采用。

2）操作时，将漏水处四周松散部位凿去，剔凿孔洞大小与深度与漏水的程度及四周混凝土的坚硬程度有关。

3）孔洞剔好后，在孔洞底部铺一层碎石，上盖一层油毡（或铁片），并将一胶管穿透油毡伸到碎石内引走渗漏水。胶管插好后用促凝水泥砂浆（水灰比为 0.8～0.9）将管四周封严封好，使水从胶管内排出，胶浆要低于基面 1～2cm。

4）待胶浆达到一定强度，将胶皮管取出，再按“直接堵塞法”将所留孔洞堵塞，最后检查无漏水后，在四周按四层刚性防水层做法作防水层。

**82.** 地下工程裂缝漏水采用下线堵漏法进行修堵

1）下线堵漏法用于水压较大的裂缝渗漏水。

2）操作时，先将裂缝剔好沟槽，然后在沟槽底部沿裂缝放置一根小绳，绳径视漏水量大小而定，绳长约 200～300mm。绳放好后将准备好的胶浆迅速压入沟槽内，随后立即将小绳抽出，使渗水顺绳孔流出，最后堵塞绳孔。

3）如果裂缝较长，可分段堵压，每段留出大约 20mm 空隙，在空隙处按漏水量大小，决定采用下钉堵塞法或下管堵塞法将其缩小。当用下钉堵塞法时，是用胶浆包在钉杆上，待胶浆开始凝固时迅速插入预留 20mm 的空隙中并压实，同时转动钉杆将其拔出，使水顺钉眼流出。

4）经检查沟槽内除钉眼外已无渗漏时，再用“直接堵塞法”将钉眼堵塞，然后在沟槽表面抹素灰和水泥砂浆各一道，凝固后随其他部位一起做防水层。

**83.** 外墙水泥砂浆饰面面层开裂渗漏水治理

1）对于由于水泥砂浆开裂引起的渗漏要进行扩缝处理。

2）对于大于 1mm 的裂缝先将裂缝处凿成 10mm×10mm 的 U 形槽，用防水砂浆嵌填或直接用丙烯酸建筑密封膏嵌填，然后再选择与原饰面材料相同的色彩材料粉饰。

3）对于小于 1mm 的裂缝，可直接用彩色聚氨酯涂料涂刷两遍，也可以采用丙烯酸涂料、有机硅涂料。

**84.** 粘贴面砖的外墙渗水，采用聚合物水泥砂浆勾缝工艺处理

1）先清洗墙面，堵塞大的孔洞，墙面埋件周边用密封材料嵌填。再用砂轮机对准勾缝打磨，并用刷子清扫灰尘，洒水湿润。

2）拌制水泥浆，按乳液∶粉∶水泥∶水＝7∶5∶2∶0.5 的比例秤量。先将水加入胶中，然后将粉和水泥分别加入乳液中，边加边搅拌，搅匀为止，每次拌好的水泥浆在 3h 内用完。

3）用带胶皮套的手指勾缝。勾缝时先左后右，先上后下，顺序进行，并使水泥浆填满灰缝的裂缝、空隙，填满砂轮磨去的划痕，使灰缝表面平整光滑。

4）勾缝后 2～4h 内（视气温而定），用刮刀将面砖表面浮浆刮干净。在清理过程中，

同时检查每条灰缝有无缺陷，裂缝、孔洞、砂眼是否未填满，有无露底现象等。若有，应立即进行修补。

**85.** 改性密封材料防水施工，接缝表面的处理

1）在嵌填密封材料前，必须清理接缝，然后依据设计要求或密封材料供应方规定，在接缝表面应涂刷与密封材料配套的基层处理剂，接缝应保持干燥。

2）基层处理剂配比必须准确，搅拌均匀。采用多组分基层处理剂时，应根据有效时间确定使用量。基层处理剂的涂刷宜在铺放背衬材料后进行。涂刷应均匀，不得漏刷。待基层处理剂表面干后，立即嵌填密封材料。

3）嵌填背衬材料应按设计接缝深度和施工规范，密封材料嵌填必须密实、连续、饱满粘结牢固、无气泡、开裂、脱落等缺陷。

**86.** 改性密封材料接缝密封施工方法

1）热灌法施工　采用热灌法工艺施工时，密封材料需要在现场塑化或加热，使其具有流塑性。

2）冷嵌法施工　冷嵌法施工是采用手工或电动嵌缝枪，分次将密封材料嵌填在缝内，使其密实防水。

**87.** 合成高分子密封材料防水施工操作步骤和要求

1）合成高分子密封材料的密封施工准备，接缝表面处理，基层处理剂配制、涂刷和开始嵌填时间要求。凝固后的基层处理剂不得使用。

2）合成高分子密封材料防水施工要求

①单组分密封材料可直接使用。对于多组分密封材料，必须根据供应方规定的比例准确计量，拌和均匀，每次拌和量、拌和时间、拌和温度应按所用密封材料的要求严格控制。

②密封材料可使用挤出枪或腻子刀嵌填，嵌填应饱满，防止形成气泡和孔洞。密封材料嵌填后，应在表面干前用腻子刀进行压实、修整，使密封膏充分接触、渗透结构表面，排除气泡和空穴，清除多余的密封膏，形成光滑、流线、整齐的密封缝。

③多组分密封材料拌合后，应在规定时间内用完。未混合的多组分密封材料和未用完的单组分密封材料应密封存放。

④嵌填的密封材料表面干后可进行保护层施工。

⑤合成高分子密封材料，严禁在雨天或雪天施工，五级风及以上时不得施工。溶剂型密封材料的施工环境气温宜为 3～35℃，水乳型密封材料的施工环境气温宜为5～35℃。

**88.** 屋面接缝密封防水施工工艺流程见图 3-3-2。

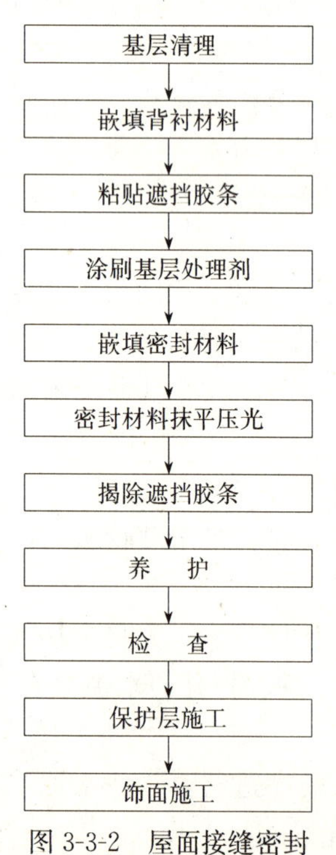

图 3-3-2　屋面接缝密封防水施工工艺流程图

**89.** 刚性防水屋面防水层按使用材料分类

1）普通细石混凝土防水层；

2）补偿收缩混凝土防水层；

3）预应力混凝土防水层；

4）块体刚性防水层；

5）粉状憎水材料防水层；

6）砂浆防水层。

**90.** 屋面刚性防水材料选用要求

1）防水层的细石混凝土宜用普通硅酸盐水泥或硅酸盐水泥。当采用矿渣硅酸盐水泥时，应采取减小泌水性的措施，水泥标号不宜低于425号，并不得使用火山灰质水泥。膨胀水泥主要用于补偿收缩混凝土防水层。水泥贮存时应防止受潮，存放期不超过三个月。如超过存放期限，应重新检验，确定水泥标号。

2）防水层内配置的钢筋宜采用冷拔低碳钢丝。

3）防水层的细石混凝土和砂浆中，粗骨料的最大粒径不宜大于15mm，含泥量不应大于1%；细骨料应采用中砂或粗砂，含泥量不应大于2%；拌和用水应采用不含有害物质的洁净水。

4）对防水层细石混凝土使用的膨胀剂、减少剂、防水剂等外加剂，应根据不同品种的适用范围、技术要求加以选择。外加剂应分类保管、不得混杂，并应存放于阴凉、通风、干燥处。运输时，应避免雨淋、日晒和受潮。

5）块体刚性防水层使用的块材应无裂纹，无石灰颗粒，无灰浆泥面，无缺棱掉角，质地密实，表面平整。

**91.** 普通细石混凝土防水层施工工艺顺序见图3-3-3。

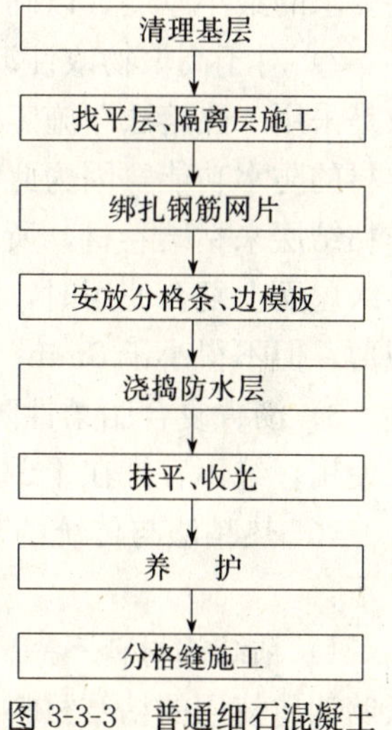

图3-3-3　普通细石混凝土防水层施工工艺顺序

**92.** 屋面有机硅砂浆防水层施工操作要点

1）基层清理完毕后，在基层上先刷1～2遍硅水（按有机硅防水剂：水＝1：8配制有机硅水备用）。

2）抹有机硅砂浆防水层　未等硅水干燥便抹2～3mm厚有机硅水泥净浆，使其与底层粘结牢固，待达到初凝后，抹压第一层防水砂浆，厚约10mm，用木抹子抹平压实，初凝时戳成麻面。待其初凝后铺抹面层防水砂浆，初凝时赶实压实，戳成麻面待做保护层。

3）做保护层　用不掺防水剂的砂浆抹2～3mm厚做保护层，表面压实，收光，不留抹痕。

4）养护　养护按正常方法进行湿润养护，时间不少于14d。

5）注意事项　基层不可潮湿，必须待干燥后施工；施工时注意保护人的皮肤，尤其眼睛不能直接接触有机硅防水剂；有机硅可于冬期施工，防水剂冻结后，经化冻仍可使用。

**93.** 屋面工程设计的要求

1）遵循规范，综合考虑。做到设计合理经济适用，确保质量。

2）必须满足屋面防水功能要求。确保在防水层合理使用年限内不发生渗漏。

3）符合当地的自然条件。

4）强调复合用材。要充分发挥不同防水材料自身的优点，尽量避免其弱点，共同工作，做到技术可靠，经济合理。

5）保证屋面排水畅通。

6）避免对人身及环境的污染。

7）要有利于施工操作和维修清理。

8）屋面工程施工图纸要完整系统，具备一定深度。

**94.** 屋面防水工程合理设防的根据和内容

1）合理设防的根据　合理设防就是要根据建筑物的性质、重要程度，使用功能要求及防水层合理使用年限，确定屋面等级，并按不同的防水等级，进行合理设防，做到既要满足防水等级的要求，又不会盲目提高设防标准，造成浪费。

2）合理设防的具体内容

①设几道防水设防最合理；

②可采用多种防水层复合使用：发挥各种防水层的优点，做到“优势互补，刚柔结合，以柔适变，节点密封”。

③复合防水时，防水层的层次布置要合理，即哪层在上，哪层在下，材料之间的材性是否相容。

**95.** 不同的卷材应规定不同的厚度

1）对于合成高分子防水卷材，因为其本身厚度就较薄，铺到屋面上后要经受人们的踏踩、机具的压轧、穿刺、紫外线的辐射及酸雨、臭氧的侵蚀，所以规范规定了卷材防水层要求的最小厚度，以确保在使用过程中的防水功能。

2）对于高聚物改性沥青防水卷材，此类卷材以沥青为基料，单层施工，而且绝大多数是采用“热熔法”施工工艺，如果厚度过薄，在热熔施工时，容易将卷材烧穿，破坏了卷材的防水功能，因为此种卷材的底面，是一层热熔胶，施工时是将“热熔胶”烤化，当作粘结层来粘结卷材，所以规定其厚度在Ⅲ级屋面上单独使用时不得小于4mm，在Ⅰ、Ⅱ级屋面上复合使用时，因已有二或三道设防，整体防水功能大为提高，所以厚度可适当减薄，但不得小于3mm。

3）沥青复合胎柔性防水卷材和纸胎沥青卷材是一个档次，只能在Ⅲ、Ⅳ级屋面上叠层使用，绝不容许在Ⅰ、Ⅱ级屋面上单独使用。

**96.** 热粘法与传统的热玛琋脂铺贴石油沥青纸胎油毡的做法有何不同之处，现分述于下：

1）粘结的材料不一样，热粘法使用的粘结材料是“热熔型改性沥青胶”；而石油沥青纸胎油毡使用的粘结材料是“热玛琋脂”。

2）粘结材料的材性不一样，“热熔型改性沥青胶”系由工厂生产，用高聚物对沥青进行了改性，有较好的耐热度和低温柔性，能与高聚物改性沥青防水卷材的材性相适应；而玛琋脂则是在沥青中加入滑石粉等填充料，一般在现场熬制，沥青没有经过改性处理。

3）加热方法不一样，“熔化热熔型改性沥青胶”时，宜采用专用的导热油炉加热；而热玛琋脂则是在现场用沥青锅加热熬制。

4）加热温度和使用温度不一样，热熔型改性沥青胶的加热温度不应高于200℃，使用温度不应低于180℃；而热玛琋脂的加热温度不应高于240℃，使用温度不宜低于190℃。

5）粘结的对象不一样，热熔型改性沥青胶粘结的对象是高聚物改性沥青防水卷材，而热玛琋脂粘结的对象是石油沥青纸胎油毡。

**97.** 屋面卷材防水层搭接缝的技术要求

1）平行于屋脊的搭接缝应顺流水方向搭接；

2）垂直于屋脊的搭接缝应顺年最大频率风向搭接；

3）高聚物改性沥青防水卷材、合成高分子防水卷材的搭接缝，宜用材性相容的密封材料封严；

4）叠层铺贴时，上下层卷材间的搭接缝应错开 1/3 幅宽；

5）叠层铺设的各层卷材，在天沟与屋面的连接处，应采用叉接法搭接，搭接缝应错开；

6）天沟、檐沟处的卷材搭接缝，宜留在屋面或天沟侧面，不宜留在沟底。

**98.** 排汽屋面的适用条件

排汽屋面又称“吸收屋面”，其机理是使保温层和找平层中的水分蒸发时，沿着排汽道排入大气，因此可以有效地避免卷材起鼓，同时还可以使保温层逐年干燥，达到设计要求的保温效果。故在下列条件下宜采用排汽屋面：

1）工程抢工期，基层潮湿，且干燥有困难，可能引起卷材起鼓时；

2）雨季施工，基层虽已干燥，但在未铺卷材时突然下雨，使基层潮湿，这样一晴一雨，一干二湿，很难等找平层干燥后再铺卷材时；

3）屋面为封闭式保温层，且采用了含水量大的保温材料时（如现浇水泥膨胀珍珠岩、现浇水泥膨胀蛭石等）；

4）基层整体刚度差，或基层开裂严重，可能引起卷材拉裂时。

**99.** 目前建设部推广应用的防水卷材有以下品种：

1）SBS、APP 改性沥青防水卷材

①优点　拉伸强度高、尺寸稳定性好、耐腐蚀 、耐霉变和耐候性能好。

②适应范围　SBS 改性沥青防水卷材适用于寒冷地区的建筑工程（低温性能好）；APP 改性沥青防水卷材适用于较发热地区的建筑工程（耐热度高、耐紫外线照射）。

2）三元乙丙橡胶（硫化型）防水卷材

①优点　综合性能优越、耐老化、使用寿命长、延伸率大，对基层开裂变形的适应能力强，接缝技术要求高。

②适用于耐久性、耐腐蚀性和适应变形要求高，防水等级为Ⅰ、Ⅱ级的屋面。

3）聚氯乙烯防水卷材（Ⅱ型）

①优点是拉伸强度高，延伸率大，抗穿刺性能好，使用寿命长。

②适用于建筑屋面，也适用于种植屋面作防水层。

**100.** 目前建设部限制使用的卷材

1）石油沥青纸胎油毡

即三毡四油，不得用于屋面防水等级为Ⅰ、Ⅱ级的屋面，在Ⅲ级屋面上使用时必须三层叠加构成一道防水层。

2）沥青复合胎柔性防水卷材

因为这种卷材的胎体是在再生破布的纸胎上复合玻璃纤维“增强”网格布制成，再浸涂沥青而成。

限制：不得用于Ⅰ、Ⅱ级屋面，在Ⅲ级屋面上必须三层叠加构成一道防水层。

3）聚乙烯丙纶复合防水卷材

弊病：

①以旧再生塑料为原料，耐久性极差。

②0.1～0.2mm厚不能作为永久性建筑的防水层。

③二次加热会加速聚乙烯膜的老化，严重影响产品寿命。

**101.** 目前建设部禁止使用的卷材有以下两种：

1）采用二次加热复合成型工艺生产的聚乙烯丙纶复合防水卷材（2004年7月1日执行）。

2）S型聚氯乙烯防水卷材

依据建设部印发的《关于发布化学建材技术与产品公布》27号从2001年7月4日起禁止使用于建筑物的防水工程。

**102.** 建设部推荐和禁止使用的防水涂料

1）推荐使用的防水涂料

①聚氨酯防水涂料

优点是在形状复杂的基层上形成连续、弹性、无缝、整体的防水层、具有拉伸强度高，延伸率大和耐高温、低温性能好，对基层开裂变形的适应能力强等特点。

②聚合物水泥防水涂料

特点：水性涂料、产生、应用符合环保要求，能在潮湿基层上面施工，操作简便。

可用于非暴露型屋面。

2）禁止使用的防水涂料

①焦油型聚氨酯防水涂料

有毒，影响人体健康，不符合环保要求。

建设部27号公告，明确禁止使用。

②水性聚氯乙烯焦油防水涂料

同上。

**103.** 建设部推荐和禁止使用的密封材料

1）推荐使用的密封材料

①建筑用硅酮密封胶

优点是耐紫外线、耐臭氧、耐候性好、粘结力强，寿命长。

可用于幕墙和石材等密封工程。

②聚硫建筑密封膏，可用于中空玻璃、门窗。

③聚氨酯建筑密封膏，可用于混凝土接缝、墙体、屋面、地下室接缝。

④丙烯酸密封胶，可用于室内混凝土板、钢铝窗洞口等。

2）禁止使用的密封材料

聚氯乙烯建筑防水接缝材料（焦油型），污染环境、危害人体健康。

**104.** 防水涂料在施工时要薄涂多遍才能确保质量。

04规范规定："防水涂膜应分遍涂布，待先涂布的涂料干燥成膜后，方可涂布后一遍涂料"。因为涂料在成膜过程中，要释放出水分或气体，所以涂膜越薄，则水分和气体容易挥发，并缩短了成膜的时间。但是由于水分和气体的挥发会在防水涂膜上留下一些毛细孔，会形成渗水的通道，所以在涂第二遍防水涂料时，涂料会将第一遍涂膜中的毛细孔封闭，堵塞第一遍涂膜中的渗水通道。涂刷第三遍防水涂料时，涂料又会将第二遍涂膜上的毛细孔堵塞。经过这样多次涂刷，用上边一遍涂料堵住下边一层涂膜的毛细孔，从而提高了涂膜防水层的整体防水功能。所以，一般冷施工的防水涂料，都要经过多遍涂刷才能达到所需要的涂膜厚度，而不能一次就涂刷到规定厚度。

**105.** 刚性防水屋面，必须贯彻“刚柔结合，以柔适变”的原则。也就是说，在刚性防水屋面中，其细部构造和各种缝隙，必须要用各种密封材料来进行嵌填。其中包括：

1）刚性防水层与山墙、女儿墙的交接处；

2）刚性防水层与突出屋面结构的交接处；

3）刚性防水层与穿过屋面的各种管道根部；

4）刚性防水层上的分格缝；

5）刚性防水层与屋面水落口交接的部位；

6）刚性防水层与变形缝相交接的部位。

**106.** 规范强调钢纤维混凝土防水层在浇筑后应进行两次抹压

1）当钢纤维混凝土振捣完毕后，由于钢纤维在混凝土中呈三维方向排列，钢纤维易露出混凝土防水层表面，不仅影响钢纤维混凝土的强度，而且容易形成渗水通道，所以必须人工或机械进行抹压平整，将外露的钢纤维压入混凝土中。

2）当钢纤维混凝土收水后，应对混凝土表面进行二次抹压，消除防水层表面可能出现的塑性裂缝，并将钢纤维混凝土表面的毛细孔封闭，提高刚性防水层的抗渗能力。

**107.** 屋面防水等级不是建筑物的等级，因为：

1）建筑物的等级是根据建筑物的不同使用功能，按有关设计规范规定的。

2）屋面防水等级则是按照建筑物的性质、重要程度、使用功能要求、防水层合理使用年限等，将屋面防水分为4个等级，并按不同等级规定了设防要求。也就是说屋面防水等级是专门针对屋面工程防水功能的不同而划分的。

3）因此不能将屋面防水等级与建筑物的等级混为一谈。不能认为某种建筑物等级为Ⅰ级，就必须选定屋面防水等级为Ⅰ级。因为建筑物的等级与屋面防水等级是两个不同的概念，屋面防水等级不能按建筑物等级来认定，而只能按建筑物的性质、重要程度、使用功能要求、防水层合理使用年限来确定。

**108.** 防水层合理使用年限不是建筑物的耐用年限

1）防水层合理使用年限，在规范中定义为：“屋面防水层能满足正常使用的年限”。也就是说防水层在不遭受特殊自然灾害或人为破坏情况下的防水层寿命，防水层在合理使用年限内，屋面不允许出现渗漏。根据不同屋面防水等级、设防构造、防水材料档次等将屋面防水层合理使用年限划分为4个年限规定，是指不同屋面防水等级的保证期。

2）建筑物的耐久年限是根据《民用建筑设计通则》GB 50352—2005，将建筑物的耐久年限分为4个等级，即Ⅰ级100年以上，Ⅱ级50～100年，Ⅲ级25～50年，Ⅳ级15年以下。

3）因此不能将防水层的合理使用年限与建筑物的耐用年限混为一谈。因为这两者所涵盖的不是同一个内容，不能说建筑物耐用年限是多少年，就要求屋面防水层耐用年限是多少年。

**109.** 规范中对一道防水设防的定义为："具有单独防水能力的一道防水层次。"规范中所指的"一道"，既不是指"一遍"，也不一定指"一层"。

1）譬如"三毡四油"是由三层油毡，四层玛琋脂组合而成，既不能叫三道，也不能叫七道，因为"三毡四油"才能算是一个具有单独防水能力的防水层次，所以只能叫"一道"。当然如果采用一定厚度的高聚物改性沥青防水卷材或合成高分子防水卷材，因为这种卷材只需铺设一层就具有单独防水的能力，那么虽然只是一层卷材，也应是"一道"防水层次。

2）又如在涂膜防水屋面中过去提的"两布六涂"，既不能叫"两道"，也不能叫"六道"，这仅指是铺了两层胎体增强材料和涂刷了6遍防水涂料，在确保规范中规定厚度的情况下，才能形成具有单独防水能力的"一道"防水层。

所以不能将规范中的"一道"理解为"一层"或"一遍"，而应理解为具有单独防水能力的一个防水层次。

**110.** 屋面工程施工过程中，应认真进行隐蔽工程的质量检查和验收工作，并及时做好隐蔽验收记录。屋面工程隐蔽验收记录应包括以下主要内容：

1）卷材、涂膜防水层的基层。

2）密封防水处理部位。

3）天沟、檐沟、泛水和变形缝等细部构造。

4）卷材、涂膜防水层的搭接宽度和附加层。

5）刚性保护层与卷材、涂膜防水层之间设置的隔离层。

6）刚性防水层的配筋。

7）瓦屋面的固定措施，如油毡瓦的钉压、金属板材的橡胶密封条等。

**111.** 刚性防水屋面工程质量检验主控项目：

1）细石混凝土的原材料及配合比必须符合设计要求

检验方法：检查出厂合格证、质量检验报告、计量措施和现场抽样复验报告。

2）细石混凝土防水层不得有渗漏或积水现象。

检验方法：雨后或淋水、蓄水检验。

3）细石混凝土防水层在天沟、檐沟、檐口、水落口、泛水、变形缝和伸出屋面管道的防水构造，必须符合设计要求。

检验方法：观察和检查隐蔽工程验收记录。

**112.** 刚性防水屋面工程密封材料嵌缝质量检验主控项目

1）密封材料的质量必须符合设计要求。

检验方法：检查产品出厂合格证、配合比和现场抽样复验报告。

2）密封材料嵌填必须密实、连续、饱满、粘结牢固，无气泡、开裂、脱落等缺陷。

检验方法：观察检查。

**113.** 隔热屋面工程质量检验主控项目

架空隔热制品的质量必须符合设计要求，严禁有断裂和露筋等缺陷。

检验方法：观察和检查构件合格证或试验报告。

**114.** 地下防水工程渗排水、盲沟排水质量检验主控项目

1）反滤层的砂、石粒径和含泥量必须符合设计要求。

检验方法：检查砂、石试验报告。

2）集水管的埋设深度及坡度必须符合设计要求。

检验方法：观察和尺量检查。

**115.** 地下工程预注浆、后注浆的质量检验主控项目有以下两点：

1）配制浆液的原材料及配合比必须符合设计要求。

检验方法：检查出厂合格证、质量检验报告、计量措施和试验报告。

2）注浆效果必须符合设计要求。

检验方法：采用钻孔取芯、压水（或空气）等方法检查。

**116.** 建筑施工图的概念和包括的内容。

1）什么是建筑施工图，建筑施工图是表明房屋建筑各层平面布置、房屋立面与剖面形式、建筑各部构造和构造详图的图样。

2）建筑施工图包括设计说明、各层平面图、各层立面图、剖面图、构造详图、材料做法说明等。

3）建筑施工图纸在图标栏内应标注“建施××号图”，以便查阅。

**117.** 暖卫施工图是一栋房屋建筑中卫生设备、给排水管道、暖气管道、煤气管道、通风管道等的布置和构造图。

暖卫施工图主要有平面布置图、轴测图（立体图）、构造详图等。

暖卫施工图在图标内应分别标上“水施、暖通”等。

## 第四节　高级工计算题

### 一、计算题

**1.** 某公司对去年屋面工程中不合格项目进行统计，其不合格品分项统计见表3-4-1。

**表3-4-1**

| 序　号 | 项　目 | 频　数 | 累计数 | 累　积 |
|---|---|---|---|---|
| 1 | 表面空鼓 | 22 | | |
| 2 | 坡　度 | 10 | | |
| 3 | 泛　水 | 8 | | |
| 4 | 搭　接 | 4 | | |
| 5 | 开　裂 | 1 | | |
| 6 | 其　他 | 2 | | |

试绘制影响屋面防水质量的排列图

分项累计计算。

**2.** 某工程大面积渗漏采用环氧贴玻璃布进行修补，预配环氧贴玻璃布底胶面胶各200kg在潮湿面层上使用，问需各种材料为多少？见表3-4-2。

**环氧粘贴材料配合比表** **表 3-4-2**

| 材料名称 | Ⅰ（干燥面层） | | Ⅱ（潮湿面层） | |
|---|---|---|---|---|
| | 底胶 | 面胶 | 底胶 | 面胶 |
| 环氧树脂 | 100 | 100 | 100 | 100 |
| 煤沥青（70℃软化点） | | | 50～70 | 30～50 |
| 甲苯（稀释剂） | 50 | 20 | | |
| 苯二甲酸二丁酯（增塑剂） | 8 | 8 | 8 | 8 |
| 乙二胺（固化剂） | 10 | 10 | 12 | 12 |
| 水泥（325 以上硅酸盐） | 50 | 100 | 50 | 100 |

**3.** 某防水混凝土工程，混凝土配合比为 1∶0.6∶2.5∶4.2，三乙醇胺掺量为 0.05%，问每拌制一罐混凝土（两袋水泥）需各种材料各多少？

**4.** 某工程采用水泥—快燥精快速塞料，处理孔眼渗水，预配凝固时间<30min 的水泥快燥精 500g，需各种材料各多少？见表 3-4-3、表 3-4-4。

**快燥精配合比** **表 3-4-3**

| 名称 | 重量比 | 名称 | 重量比 |
|---|---|---|---|
| 水玻璃温度－40℃ | 200 | 荧火粉 | 0.001 |
| 硫酸钠 | 2 | 水 | 14 |

**快燥精凝固时间与配合比关系** **表 3-4-4**

| 类别 | 凝固时间（min） | 水泥（g） | 砂（g） | 水（g） | 快燥精（g） |
|---|---|---|---|---|---|
| 甲 | <1 | 100 | | | 50 |
| 乙 | <5 | 100 | | 20 | 30 |
| 丙 | <30 | 100 | | 35 | 15 |
| 丁 | <60 | 500 | 1000 | 280 | 70 |

**5.** 某 30 甲建筑石油沥青，试验室测定其延伸度在 25℃时，三次测定值分别为 3.1cm、3cm、2.7cm，问该沥青是否符合质量标准？

**6.** 某石油沥青玛琋脂配合比为 10 号沥青∶30 号沥青∶滑石粉为 70∶5∶25，问 500kg 玛琋脂需各种材料为多少？

**7.** 某防水工程 2000$m^2$，问应检查几处？在抽检的项目中，其检验项目全为优良，而允许偏差项目有 17 个点在允许范围内，该工程质量应定为什么？

**8.** 一长 3m、宽 2m 的厕浴间地面采用 1∶6 水泥焦渣垫层 40mm，坡度 2%、采用 1∶2.5水泥砂浆找平层，厚 20mm；采用聚氨酯涂膜防水层，四周高出地面 60cm。计算水泥、焦渣、砂及聚氨酯的用量（水泥焦渣的密度 800kg/$m^3$，水泥砂浆密度为 1600kg/$m^3$，聚氨酯用量 2.5kg/$m^2$，配合比为重量比）。

**9.** 有一长 8m、宽 5m 的屋面，采用三元乙丙橡胶防水卷材单层防水施工，卷材规格为每卷长 20m，宽 1.2m，试计算用卷材多少卷？用于基层与卷材的胶粘剂氯丁胶（0.4kg/$m^2$）需要多少？

## 二、计算题答案

**1.** 解：①表面空鼓 $\frac{22}{22+10+8+4+1+2}=46.9\%$

②坡度 $\frac{22+10}{22+10+8+4+1+2}=68.1\%$

③泛水 $\frac{22+10+8}{22+10+8+4+1+2}=85.1\%$

④搭接 $\frac{22+10+8+4}{22+10+8+4+1+2}=93.6\%$

⑤开裂 $\frac{22+10+8+4+1}{22+10+8+4+1+2}=95.6\%$

⑥其他 $\frac{47}{47}=100\%$

屋面防水质量排列图（略）

**2.** 解：需各种材料如下：

①底胶环氧树脂 $200\times\frac{100}{230}=87\text{kg}$

②煤沥青 $200\times\frac{60}{230}=52\text{kg}$

③苯二甲酸二丁酯 $200\times\frac{8}{230}=7\text{kg}$

④乙二胺 $200\times\frac{12}{230}=10\text{kg}$

⑤水泥 $200\times\frac{50}{230}=43\text{kg}$

⑥面胶需要环氧树脂 $200\times\frac{100}{260}=77\text{kg}$

⑦煤沥青 $200\times\frac{40}{260}=31\text{kg}$

⑧苯二甲酸二丁酯 $200\times\frac{8}{260}=6\text{kg}$

⑨乙二胺 $200\times\frac{12}{260}=9\text{kg}$

⑩水泥 $200\times\frac{100}{260}=77\text{kg}$

共计：环氧树脂 164kg

煤沥青 83kg

苯二甲酸二丁酯 13kg

乙二胺 19kg

水泥 120kg

**3.** 解：水泥 2 袋 100kg

水为 $0.6\times100=60$kg

砂子 $2.5\times100=250$kg

石子 $4.2\times100=420$kg

三乙醇胺掺量 $100\times0.05\%=0.05$kg

**4.** 解：500g 快燥精快速塞料水（配制）

水 $=500\times\frac{35}{150}=117$g

水泥 $=500\times\frac{100}{150}=333$g

快燥精 $=500\times\frac{15}{150}=50$g

配制水 117g 需水 $=117\times\frac{380}{399}=111$g

硫酸钾 $=117\times\frac{10}{399}=3$g

氨水 $=117\times\frac{9}{359}=3$g

配制 50g 快燥精需水玻璃 $=50\times\frac{200}{216}=46$g

硫酸钠 $=50\times\frac{2}{216}=0.46$g

荧火粉 $=50\times\frac{0.001}{216}=0.0002$g

水 $=50\times\frac{14}{216}=3.24$g

**5.** 解：平均值为 $\frac{3.1+3+2.7}{3}=3$

其中 $\frac{3-2.7}{3}=10\%>5\%$

$\frac{3-3.1}{3}=3\%<5\%$

所以应舍去 2.7 取高的两次的平均值

$\frac{3+3.1}{2}=3.05>3$ 符合要求

沥青符合质量标准

**6.** 解：需 10 号石油沥青为 $500\times\frac{70}{100}=350$kg

30 号石油沥青为 $500\times\frac{5}{100}=25$kg

滑石粉为 $500\times\frac{25}{100}=125$kg

**7.** 解：防水工程每 100m$^2$ 抽查 1 处，2000m$^2$ 应抽查 $2000\div100=20$ 处，20 处中有

17 点在允许差范围内抽查点数的$\frac{17}{20}=85\%<90\%$。

所以该项目只能评为合格。

**8.** 解：水泥焦渣总重量为 $0.04\times3\times2\times800=192kg$

水泥重 $192\times\frac{1}{7}=27kg$

焦渣 $192\times\frac{6}{7}=164kg$

水泥砂浆重 $0.02\times3\times2\times1600=192kg$

水泥重 $192\times\frac{1}{3.5}=55kg$

砂重 $192\times\frac{2.5}{3.5}=137kg$

水泥总重 $55+27=82kg$

聚氨酯用量$=2.5\times[3\times2+(3+2)\times2\times0.6]=30kg$

**9.** 解：需卷材$\frac{8\times5}{20\times1}=2$卷（除掉搭接）

氯丁胶 $0.4\times40=16kg$

## 第五节　实际操作部分

**1.** 玻璃钢施工见表 3-5-1。

**考核项目及评分标准**　　**表 3-5-1**

| 序号 | 测定项目 | 评分标准 | 满分 | 检测点 | | | | | 得分 |
|---|---|---|---|---|---|---|---|---|---|
| | | | | 1 | 2 | 3 | 4 | 5 | |
| 1 | 打底 | 打底层腻子，层厚、层数、间隔时间合理 | 20 | | | | | | |
| 2 | 粘贴工艺 | 顺序、方法、方向、正确、各层牢固、无空鼓、气泡、皱褶 | 30 | | | | | | |
| 3 | 表面 | 平滑、色泽均匀无白点片、浸胶固化不完全，平整符合要求 | 10 | | | | | | |
| 4 | 坡度 | 符合设计，排水流畅 | 10 | | | | | | |
| 5 | 文明施工 | 配料不浪费、不污染、工完场清 | 10 | | | | | | |
| 6 | 安全生产 | 小事故扣分事故严重无分 | 10 | | | | | | |
| 7 | 工效 | 根据项目，按照劳动定额进行，低于定额 90% 本项无分，在 90%～100%之间酌情扣分，超过定额酌情加 1～3 分 | 10 | | | | | | |

**2.** 刚性防水屋面水泥砂浆五层做法见表 3-5-2。

考核项目及评分标准 表 3-5-2

| 序号 | 测定项目 | 评分标准 | 满分 | 检测点 | | | | | 得分 |
|---|---|---|---|---|---|---|---|---|---|
| | | | | 1 | 2 | 3 | 4 | 5 | |
| 1 | 蓄水试验 | 24h不渗漏合格，渗漏不合格 | | | | | | | |
| 2 | 基层 | 原混凝土屋面密实，坡度符合要求 | 20 | | | | | | |
| 3 | 分层做法 | 各层配比水灰比正确，各层间隔时间合理，抹灰应密实 | 40 | | | | | | |
| 4 | 养护 | 适时、足时（无数） | 10 | | | | | | |
| 5 | 文明施工 | 工完场清 | 10 | | | | | | |
| 6 | 安全 | 重大事故不合格，小事故扣分 | 10 | | | | | | |
| 7 | 工效 | 根据项目，按照劳动定额进行，低于定额90%本项无分，在90%～100%之间酌情扣分，超过定额酌情加1～3分 | | | | | | | |

**3.** 平屋面拒水粉防水施工见表3-5-3。

考核项目及评分标准 表 3-5-3

| 序号 | 测定项目 | 评分标准 | 满分 | 检测点 | | | | | 得分 |
|---|---|---|---|---|---|---|---|---|---|
| | | | | 1 | 2 | 3 | 4 | 5 | |
| 1 | 找平层 | 平整光洁，无裂纹，坡度符合要求排水顺畅 | 20 | | | | | | |
| 2 | 铺拒水粉 | 厚度符合要求，平整、均匀、节点加强符合要求 | 15 | | | | | | |
| 3 | 铺隔离层 | 不漏铺，搭接合理，连接牢固平整 | 10 | | | | | | |
| 4 | 保护层 | 不破坏防水层，平整密实，养护符合时间要求 | | | | | | | |
| 5 | 分格缝 | 设置位置合理，嵌缝严密 | 10 | | | | | | |
| 6 | 文明施工 | 工完场清 | 10 | | | | | | |
| 7 | 安全 | 重大事故不合格，小事故扣分 | 10 | | | | | | |
| 8 | 工效 | 根据项目，按照劳动定额进行，低于定额90%本项无分，在90%～100%之间酌情扣分，超过定额酌情加1～3分 | | | | | | | |

**4.** 阳离子氯丁胶乳防水砂浆屋面施工见表3-5-4。

考核项目及评分标准 表 3-5-4

| 序号 | 测定项目 | 评分标准 | 满分 | 检测点 | | | | | 得分 |
|---|---|---|---|---|---|---|---|---|---|
| | | | | 1 | 2 | 3 | 4 | 5 | |
| 1 | 底层 | 处理得当，涂浆均匀，间隔时间合理 | 20 | | | | | | |
| 2 | 防水层 | 厚度、配比、拌和方法、间隔时间，抹压方法正确 | 20 | | | | | | |
| 3 | 保护层 | 适时、不裂、空、起砂等，光滑、平整，接槎严密，排水顺畅 | 20 | | | | | | |

续表

| 序号 | 测定项目 | 评分标准 | 满分 | 检测点 | | | | | 得分 |
|---|---|---|---|---|---|---|---|---|---|
| | | | | 1 | 2 | 3 | 4 | 5 | |
| 4 | 养护 | 方法正确足时 | 10 | | | | | | |
| 5 | 文明施工 | 工完场清 | 10 | | | | | | |
| 6 | 安全生产 | 重大事故不合格，小事故扣分 | 10 | | | | | | |
| 7 | 工效 | 根据项目，按照劳动定额进行，低于定额90%本项无分，在90%～100%之间酌情扣分，超过定额酌情加1～3分 | | | | | | | |

注：做蓄水试验，24h不渗漏为合格，渗漏不合格，本操作无分。

**5.** 无机铝盐防水砂浆水塔施工见表3-5-5。

**考核项目及评分标准** **表3-5-5**

| 序号 | 测定项目 | 评分标准 | 满分 | 检测点 | | | | | 得分 |
|---|---|---|---|---|---|---|---|---|---|
| | | | | 1 | 2 | 3 | 4 | 5 | |
| 1 | 基层处理 | 基层平整密实、清洁，按要求作节点及凿毛等处理 | 20 | | | | | | |
| 2 | 防水层 | 材料质量合格，配比合理，各层间隔合理，抹压密实 | 30 | | | | | | |
| 3 | 表面 | 平整光洁无空、起砂现象坡度顺畅 | 10 | | | | | | |
| 4 | 养护 | 及时、足时 | 10 | | | | | | |
| 5 | 文明施工 | 工完场清 | 10 | | | | | | |
| 6 | 安全生产 | 重大事故不合格，小事故扣分 | 10 | | | | | | |
| 7 | 工效 | 根据项目，按劳动定额进行，低于定额90%本项无分，在90%～100%，酌情扣分，超过定额酌情加1～3分 | 10 | | | | | | |

注：做蓄水试验，24h不渗漏为合格，渗漏为不合格，本操作无分。

**6.** 油毡屋面防水层渗漏维修

1）题目：油毡防水层空鼓渗漏维修的施工。

2）内容：对屋面油毡防水层空鼓渗漏破裂的部位进行修补，包括切除裂口、清理、刮除、刷油、铺毡及铺设保护层，使完成的项目符合质量标准和验收规范。

3）时间要求：8h完成全部操作。

4）使用的工具、材料：

①工具　一般防水工常用的工具。如小平铲、钢丝刷、皮风箱、铁桶、油漆刷、鸭嘴壶和现场砌筑沥青锅灶等。

②材料　油毡、沥青、绿豆砂等。

5）考核项目及评分标准（满分为100分）。见表3-5-6。

考核项目及评分标准　　表 3-5-6

| 序号 | 测定项目 | 评分标准允许范围 | 满分 | 检测点 | | | | | 得分 |
|---|---|---|---|---|---|---|---|---|---|
| | | | | 1 | 2 | 3 | 4 | 5 | |
| 1 | 切除修理法 | 操作顺序、切口大小符合规范 | 20 | | | | | | |
| 2 | 基层处理 | 清理刮除 | 20 | | | | | | |
| 3 | 刷油铺贴 | 符合规定 | 20 | | | | | | |
| 4 | 油毡接缝 | 严密不翘边 | 10 | | | | | | |
| 5 | 保护层 | 涂刷均匀 | 10 | | | | | | |
| 6 | 文明施工 | 工完场清 | 10 | | | | | | |
| 7 | 安　全 | 安全施工 | 10 | | | | | | |

注：蓄水试验，24h 不渗漏合格，渗漏不合格。

**7.** 冷库工程防潮、隔热层施工操作

1）题目：冷库工程防潮、隔热层施工，（防潮层采用二毡三油、隔热层采用软木砖）。

2）内容：某冷库工程作防潮、隔热层施工，包括基层处理、二毡三油防潮层铺贴、软木隔热层安装及钢丝网防水砂浆面层制作等，使完成的项目符合质量标准和验收规范。

3）时间要求：按劳动定额要求而定。

4）使用工具、材料：

①工具　一般防水工使用的工具及机具，现场砌筑沥青锅灶等。

②材料　沥青、油毡、软木砖等。

5）考核项目及评分标准（满分为 100 分）。见表 3-5-7。

考核项目及评分标准　　表 3-5-7

| 序号 | 测定项目 | 评分标准 | 满分 | 检测点 | | | | | 得分 |
|---|---|---|---|---|---|---|---|---|---|
| | | | | 1 | 2 | 3 | 4 | 5 | |
| 1 | 基层处理 | 清洁无突出物，冷底子油涂刷均匀无漏刷 | 10 | | | | | | |
| 2 | 防潮层工艺 | 各层间粘结紧密，不空鼓接缝严密，搭接合理 | 20 | | | | | | |
| 3 | 保护层 | 撒石子均匀，嵌入牢固 | 10 | | | | | | |
| 4 | 铺贴软木 | 粘贴软木牢固、无翘、平整，错缝合理，各层钉牢 | 20 | | | | | | |
| 5 | 钢丝网砂浆面层 | 平整不空裂，不破坏软木层 | 10 | | | | | | |
| 6 | 文明施工 | 用料合理、节约，工完场清 | 10 | | | | | | |
| 7 | 安全生产 | 重大事故不合格，小事故扣分 | 10 | | | | | | |
| 8 | 工　效 | 根据项目，按照劳动定额进行，低于定额 90% 本项无分，在 90%～100%之间酌情扣分，超过定额酌情加 1～3 分 | | | | | | | |

# 第四章　技师考试题

## 第一节　技师判断题

### 一、判断题

**1.** 图纸幅面，A0 图纸的尺寸为 841×1189mm。（　）
**2.** 图纸幅面，A0 图纸的尺寸为 594×841mm。（　）
**3.** 图纸幅面，A1 图纸的尺寸为 594×841mm。（　）
**4.** 图纸幅面，A1 图纸的尺寸为 841×1189mm。（　）
**5.** 图纸幅面，A2 图纸的尺寸为 420×594mm。（　）
**6.** 图纸幅面，A3 图纸的尺寸为 420×594mm。（　）
**7.** 图纸幅面，A4 图纸的尺寸为 210×297mm。（　）
**8.** 图纸幅面，A4 图纸的尺寸为 297×420mm。（　）
**9.** 图幅一般为横式幅面，必要时也可用立式幅面。（　）
**10.** A0 图纸的面积为 $1m^2$，A1 幅面是 A0 幅面的对开。其他幅面依此类推。（　）
**11.** A1 图纸的面积为 $1m^2$，A0 幅面是 A1 幅面的对开。（　）
**12.** 在建筑工程图中，为了表示出图中的不同内容，并能分清主次，需要使用不同的线形和不同粗细的图线。（　）
**13.** 建筑工程图的图线线形有实线、虚线、点划线、双点划线、折断线和波浪线等。（　）
**14.** 图中的粗实线，主要可见轮廓线。（　）
**15.** 图中的粗实线，主要可见有关专业制图标准。（　）
**16.** 图中的中实线，可见轮廓线。（　）
**17.** 图中的中实线，不可见轮廓线。（　）
**18.** 图中的中点划线，见有关专业制图标准。（　）
**19.** 图中的中点划线，用于中心线、对称线等。（　）
**20.** 图中的折断线，用于断开界线。（　）
**21.** 图中的折断线，用于中心线、对称线等。（　）
**22.** 在同一张图样内，各不相同线宽组中的细线，可统一采用较细的线宽组中的细线。（　）
**23.** 虚线、点划线或双点划线的线段长度和间隔应各自相等。（　）
**24.** 点划线或双点划线的两端不应是点。（　）

**25.** 点划线或双点划线的两端宜应是点。 (　　)

**26.** 点划线与点划线交接或点划线与其他图线交接时，应是线段交接。 (　　)

**27.** 点划线与点划线交接或点划线与其他图线交接时，应是点交接。 (　　)

**28.** 在较小图形中绘制点划线或双点划线有困难时，可用相应实线代替。 (　　)

**29.** 在较小图形中绘制点划线或双点划线有困难时，可用细虚线代替。 (　　)

**30.** 虚线与虚线交接或虚线与其他图线交接时，应是线段交接。 (　　)

**31.** 虚线与虚线交接或虚线与其他图线交接时，应是点交接。 (　　)

**32.** 虚线为实线的延长线时，不得与实线连接。 (　　)

**33.** 虚线为实线的延长线时，应与实线连接。 (　　)

**34.** 图线不得与文字、数字或符号重叠、混淆。 (　　)

**35.** 图线在某种情况下可与文字、数字或符号重叠、混合。 (　　)

**36.** 建筑工程图上常用的字体有汉字、阿拉伯数字和字母，有时也采用罗马数字和希腊字母。 (　　)

**37.** 文字的高，以字高称为字体号数，如需书写更大的字，其高度应按$\sqrt{2}$的比值递增。 (　　)

**38.** 文字的高，以字高称为字体号数，如需书写更大的字，其高度应按 2 倍的比值递增。 (　　)

**39.** 建筑工程图中，汉字的字高，应不少于 3.5mm。 (　　)

**40.** 建筑工程图中，汉字的字高，应不少于 1.5mm。 (　　)

**41.** 写长仿宋字体时应做到笔划基本上是横平竖直，字体结构要匀称，并注意笔划起落要分明，写满格子。 (　　)

**42.** 数字和字母如果是斜体字，其斜度应从字的底线逆时针向上倾斜。斜体字的高度与宽度的关系应与相应的正体字的高宽关系相同。 (　　)

**43.** 数字和字母如果是斜体字，其斜度应从字的底线逆时针向上倾斜。斜体字的高度与宽度的关系应与相应的正体字的高宽关系不同。 (　　)

**44.** 比例应注写在图名的右侧。 (　　)

**45.** 比例应注写在图名的左侧。 (　　)

**46.** 绘图所用的比例最大比例是 1∶1. (　　)

**47.** 绘图所用的比例最大比例是 1∶2。 (　　)

**48.** 绘图所用的比例最小比例是 1∶200000。 (　　)

**49.** 绘图所用的比例最小比例是 1∶100000。 (　　)

**50.** 建筑工程图中的尺寸是施工的依据，图样中标注的尺寸应清晰、完整、准确。 (　　)

**51.** 图样上的尺寸，应包括尺寸界限、尺寸线、尺寸起止符号和尺寸数字。 (　　)

**52.** 建筑制图标准中规定，尺寸线与尺寸界线相交处应适当延长，最外边的尺寸界限应接近所指的部分，中间的尺寸界线可用短线表示。 (　　)

**53.** 建筑制图标准中规定，尺寸线与尺寸界线相交处应适当缩短，最外边的尺寸界限应接近所指的部分，中间的尺寸界线可用短线表示。 (　　)

**54.** 引出线必须通过被引的各层，文字说明的次序应与构造层次一致，由上而下或从

左到右，文字说明一般注写在线的一侧。（ ）

**55.** 引出线必须通过被引的各层，文字说明的次序应与构造层次一致，由下而上或从右到左，文字说明一般注写在线的一侧。（ ）

**56.** 对各种制图工具和仪器，必须了解它们的性能，熟悉掌握它们的使用方法，并经常注意维护保养，才能保证绘图质量，加快绘图速度。（ ）

**57.** 绘图铅笔的铅心硬度用 B 和 H 标明，B 表示软，H 表示硬，HB 表示软硬适中。（ ）

**58.** 绘图铅笔的铅芯硬度用 H 和 B 标明，H 表示软，B 表示硬，HB 表示软硬适中。（ ）

**59.** 绘图的图板的左边要作为导边，必须平直，否则用丁字尺画出的线就不准确。（ ）

**60.** 绘图的图板的右边要作为导边，必须平直，否则用丁字尺画出的线就不准确。（ ）

**61.** 图板布置方向应使其左侧朝向窗或灯，光线从左侧射来，图板不得朝向或背向窗户布置。（ ）

**62.** 图板布置方向应使其右侧朝向窗或灯，光线从右侧射来，图板不得朝向或背向窗户布置。（ ）

**63.** 丁字尺是画水平线的长尺。在画线时，丁字尺的尺头紧靠图板的左边，使得画出来的线条始终保持平行。（ ）

**64.** 丁字尺是画水平线的长尺。在画线时，丁字尺的尺头紧靠图板的右边，使得画出来的线条始终保持平行。（ ）

**65.** 丁字尺的尺头只能放在图板的左边，绝对不能依靠其他三边来画线。（ ）

**66.** 丁字尺的尺头只能放在图板的右边，绝对不能依靠其他三边来画线。（ ）

**67.** 使用丁字尺画水平线的姿势是，以左手按住丁字尺尺身，右手执笔自左向右画。（ ）

**68.** 使用丁字尺画水平线的姿势是，以右手按住丁字尺尺身，左手执笔自右向左画。（ ）

**69.** 三角板与丁字尺配合用来画垂直线和某些角度的倾斜线。（ ）

**70.** 曲线板是用来画非圆曲线的工具。（ ）

**71.** 绘图墨水笔又叫针管笔，也是描墨线图的工具。（ ）

**72.** 斜投影法：即投影线与投影面相互垂直的平行投影法。（ ）

**73.** 正投影法：即投影线与投影面相互倾斜的平行投影法。（ ）

**74.** 斜投影法：即投影线与投影面相互倾斜的平行投影法。（ ）

**75.** 正投影法：即投影线与投影面相互垂直的平行投影法。（ ）

**76.** 由于正投影法能真实准确地表达空间物体的形状和大小，且作图简单，容易掌握，大多数工程制图都采用正投影法。（ ）

**77.** 利用正投影法绘制的图样称为正投影图。（ ）

**78.** 三面正投影图具有一定的投影规律，即正立面图与平面图长对正；正立面图与侧立面图高平齐；平面图与侧立面图宽相等。（ ）

**79.** 三面正投影图具有一定的投影规律，即正立面图与侧立面图长对正；正立面图与平面图高平齐；平面图与侧立面图宽相等。（　）

**80.** 曲线和直线相连时，应先画曲线后画直线。（　）

**81.** 曲线和直线相连时，应先画直线后画曲线。（　）

**82.** 画墨线时，先画所有中心线，后画实线，再画虚线。（　）

**83.** 画墨线时，先画所有的实线，后画中心线，再画虚线。（　）

**84.** 画墨线时，一般应先左后右、先上后下画粗墨线，免得触及未干墨线和缩短待干时间。（　）

**85.** 画墨线时，一般应先右后左、先下后上画粗墨线，免得触及未干墨线和缩短待干时间。（　）

**86.** 绘制建筑施工图除遵循制图的一般要求外，还要考虑建筑平、立、剖面图的完整性和统一性。（　）

**87.** 绘图时一般先从平面图开始，然后再画剖面图、立面图等，并应从大到小，从整体到局部，逐步深入。（　）

**88.** 绘图时一般先从剖面图开始，然后再画平面图、立面图等，并应从小到大，从局部到整体，逐步深入。（　）

**89.** 绘制建筑平、立、剖面图，必须注意它们的完整性和相互关系的一致性。（　）

**90.** 立面图和剖面图相应的高度关系必须一致。（　）

**91.** 立面图和剖面图相应的宽度关系必须一致。（　）

**92.** 立面图和平面图相应的宽度关系必须一致。（　）

**93.** 立面图和平面图相应的长度关系必须一致。（　）

**94.** 在建筑施工图中，防水做法主要采用剖面图或节点详图表示。（　）

**95.** 在建筑施工图中，防水做法主要采用平面图和立面图来表示。（　）

**96.** 施工组织设计是施工准备工作的重要组成部分，也是及时做好其他有关施工准备工作的依据。（　）

**97.** 施工组织设计是对施工活动实行科学管理的重要手段。（　）

**98.** 施工组织设计是对施工活动实行计划管理的重要手段。（　）

**99.** 施工组织设计是编制工程概、预算的依据之一。（　）

**100.** 施工组织设计是编制工程概、预算的最好方法。（　）

**101.** 施工组织设计是施工企业整个生产管理工作的重要组成部分。（　）

**102.** 施工组织设计是施工企业整个生产过程的一部分。（　）

**103.** 施工组织设计是编制施工生产计划和施工作业计划的主要依据。（　）

**104.** 施工组织设计是编制施工生产计划和施工作业计划的一部分。（　）

**105.** 施工组织总设计是以一个建设项目或建筑群为编制对象，用以规划整个拟建工程施工活动的技术经济文件。（　）

**106.** 施工组织总设计是以一个完整的建筑物为编制对象，用以规划整个拟建工程施工活动的技术经济文件。（　）

**107.** 施工组织总设计，它是整个建设项目施工任务总的战略性的部署安排，涉及范围较广，内容比较概括。（　）

**108.** 施工组织总设计，它是整个建设项目减少材料消耗降低成本总的战略性的部署安排，涉及范围广，内容比较概括。 ( )

**109.** 施工组织总设计，一般是在初步设计或扩大初步设计批准后，由总承包单位负责，并邀请建设单位、设计单位、施工分包单位参加编制。 ( )

**110.** 单位工程施工组织设计是以一个单位工程或一个不复杂的单项工程为对象而编制的。 ( )

**111.** 单位工程施工组织设计是以 个建筑群为对象而编制的。 ( )

**112.** 单位工程施工组织设计是根据施工组织总设计的规定要求和具体实际条件对拟建的施工工作所作的战术性部署，内容比较具体、详细。 ( )

**113.** 单项工程施工组织设计，是在全套施工图设计完成并交底、会审完后，根据有关资料，由工程项目技术负责人组织编制。 ( )

**114.** 对于常见的小型民用工程等可以编制单位工程施工方案，它内容比较简化，一般包括施工方案、施工进度、施工平面布置和有关的一些内容。 ( )

**115.** 分部工种施工作业设计是以某些新结构、技术复杂的或缺乏施工经验的分部工程为对象。 ( )

**116.** 分部工种施工作业设计是以单项工程为对象而编制的。 ( )

**117.** 分部（分项）工种施工作业设计的主要内容包括：施工方法、技术组织措施、主要施工机具、配合要求、劳动力安排、平面布置、施工进度等。 ( )

**118.** 分部（分项）工种施工作业设计的主要内容包括：工程概况、施工方案与施工方法、施工进度计划、施工准备工作及各项资源需要量计划、施工平面图、主要技术组织措施及主要经济指标等。 ( )

**119.** 施工组织的基本原则，要认真贯彻基本建设工作中的各项有关方针、政策，严格执行基本建设程序和施工程序的要求。 ( )

**120.** 施工组织的基本原则，要认真贯彻基本建设工作中的各项有关方针、政策，严格执行施工组织设计方案。 ( )

**121.** 工程概况，主要包括工程特点、当地自然状况和施工条件等。 ( )

**122.** 工程概况，主要包括施工方案的选择、主导施工过程施工方法的选择和技术组织措施的制订等。 ( )

**123.** 施工组织的基本原则，要严格遵守国家和合同规定的工程竣工和交付使用的期限。 ( )

**124.** 施工方案和施工方法，主要包括施工方案的选择、主导施工过程施工方法的选择和技术组织措施的制订等。 ( )

**125.** 施工方案和施工方法，主要是确定各施工项目工程量、劳动量或机械台班量；确定各分部分项工程的施工顺序和施工时间；编制施工进度计划表。 ( )

**126.** 施工组织的基本原则，应合理地安排施工程序。 ( )

**127.** 施工进度计划表，主要是确定各施工项目工程量、劳动量或机械台班量；确定各分部分项工程的施工顺序和施工时间；编制施工进度计划表。 ( )

**128.** 施工进度计划表，主要包括施工准备工作计划及劳动力、技术物资资源的需要量及加工供应计划。 ( )

**129.** 施工组织的基本原则，在采用先进、适用的技术和经济合理的前提下，在多方案比较的基础上，选择最优的施工方案。（ ）

**130.** 施工组织设计中施工准备工作及各项资源需要量计划，主要包括施工准备工作计划及劳动力、技术物资资源的需要量及加工供应计划。（ ）

**131.** 施工组织设计中施工准备工作及各项资源需要量计划，主要包括各种主要材料、构件、半成品堆放安排、施工机具布置、各种必须的临时设施及道路、水电等安排与布置。（ ）

**132.** "施工平面图"，主要包括各项技术措施，质量措施、安全措施、降低成本措施和现场文明施工措施等。（ ）

**133.** 施工组织设计中"主要技术组织措施"，主要包括各项技术措施，质量措施、安全措施、降低成本措施和现场文明施工措施等。（ ）

**134.** 施工组织设计中的"主要技术经济指标"，包括工期指标、质量和安全指标、降低成本和节约材料指标等。（ ）

**135.** 施工组织设计中的"主要技术经济指标"包括施工准备计划及劳动力、技术物资资源的需要量及加工供应计划。（ ）

**136.** 合理选用施工方案是单位工程施工组织设计的核心，是单位工程施工设计中带决策性的重要环节。（ ）

**137.** 施工进度计划拟定时一般须对主要工程项目的几种可能采用的施工方法作技术经济比较，然后选择最优方案作为安排施工进度计划、设计施工平面图的依据。（ ）

**138.** 施工方案的选择，当施工方案拟定时一般须对主要工程项目的几种可能采用的施工方法作技术经济比较，然后选择最优方案作为安排施工进度计划、设计施工平面图的依据。（ ）

**139.** 施工进度计划，就是指单位工程施工进度计划，是用图表的形式表明一个拟建工程从施工前准备到开始施工，直至工程全部竣工。（ ）

**140.** 单位工程施工平面图是施工组织设计的重要组成部分。（ ）

**141.** 单位工程施工平面图是施工方案的重要组成部分。（ ）

**142.** 防水施工方案是防水施工的主要依据。（ ）

**143.** 防水施工方案是防水质量的主要依据。（ ）

**144.** 防水施工方案是防水质量的有力保证。（ ）

**145.** 防水施工方案是防水施工的主要保证。（ ）

**146.** 防水施工方案是防水安全施工的重要措施。（ ）

**147.** 防水施工方案是防水实现经济效益的重要措施。（ ）

**148.** 防水施工方案是防水实现经济效益的有效途径。（ ）

**149.** 防水施工方案是防水安全施工的有效途径。（ ）

**150.** 防水施工方案编制后，应向专业施工队及工地技术负责人详细交底，作为防水施工的依据。（ ）

**151.** 有了施工方案，经过技术交底，明确了细部做法，解决了施工图中未明确的技术问题，就可以做好质量预控工作。（ ）

**152.** 防水施工方案原则上应由防水专业队的施工员、技术员、工长或技术负责人编

写，即由谁指导组织施工则由谁编制。 （ ）

**153.** 防水施工方案原则上应由防水专业队队长来编制。 （ ）

**154.** 防水施工方案应在施工前编制完，并经上一级领导审核后，由防水专业队技术负责人向有关操作人员进行书面和口头交底，并以此作为防水施工的依据。 （ ）

**155.** 防水施工方案应在施工前编制完毕，开始施工时应交给有关操作人员，并以此作为防水施工的依据。 （ ）

**156.** 对于较大和复杂防水工程施工方案，应多方征求意见，可以邀请建设单位参加审批和核定，并报请上一级技术单位审批。 （ ）

**157.** 对于较小和不太复杂防水工程施工方案，也应多方征求意见，邀请建设单位参加制订防水方案，后报上一级技术部门审批。 （ ）

**158.** 防水施工方案中，整个工程概况内容包括工程名称、所在地、施工单位、设计单位、建筑面积、防水面积、工期要求。 （ ）

**159.** 按照防水工程和使用材料的档次，制订出竣工后的回访和保修时间。一般情况下，在竣工后第一个雨季应对防水工程进行回访，发现渗漏及时修理。 （ ）

**160.** 按照防水工程和使用材料的档次，制订出竣工后的回访和保修时间。一般情况下，在竣工后第三个雨季应对防水工程进行回访，发现渗漏要及时修理。 （ ）

**161.** 防水施工方案编制完成后，应由技术负责人审批，重要工程和工程量较大或技术复杂的工程，应经企业总工程师审批。 （ ）

**162.** 防水施工方案编制完成后，应由技术负责人审批，重要工程和工程量较大或技术复杂的工程，应经企业总经理审批。 （ ）

**163.** 新工艺、新材料的验评标准应经设计部门和技术监督部门审批。经批准的施工方案要向操作人员详细交底。 （ ）

**164.** 新工艺、新材料的验评标准应经技术负责人和企业总经理审批。经批准的施工方案要向操作人员详细交底。 （ ）

**165.** 对进场保温材料应进行表观密度、导热系数的检测，质量不合格者不得使用。 （ ）

**166.** 保温材料铺贴时，要求基层做到平整、清洁、干燥。 （ ）

**167.** 刚性防水层应在屋面板的支承端（即 6m 间距）处设置横向分格缝，并与屋面板缝口对齐，同时在屋脊处亦留设纵向分格缝。 （ ）

**168.** 刚性防水层应在屋面板的支承端（即 6m 间距）处设置纵向分格缝，并与屋面板缝口对齐，同时在屋脊处亦留设横向分格缝。 （ ）

**169.** 在刚性找平层与保温层之间应铺贴 200 号沥青油纸一层（或农用薄膜布一层），既作为隔离材料，又避免混凝土施工时水泥浆注入保温层内。 （ ）

**170.** 在刚性找平层与保温层之间应洒铺一层石灰粉，作为隔离材料。 （ ）

**171.** 刚性找平层混凝土施工时，必须采用机械搅拌、机械振捣，以提高混凝土密实度。 （ ）

**172.** 刚性找平层混凝土施工时，每个分格块应一次浇筑完毕，不得留设施工缝。 （ ）

**173.** 刚性找平层混凝土施工时，每个分格块不得超过两次浇筑完毕，更不得留设施

工缝。 ( )

**174.** 进场的沥青防水卷材物理性能应检验纵向拉力、耐热度、柔度、不透水性。 ( )

**175.** 进场的沥青防水卷材物理性能应检验可溶物含量，拉力，最大拉力时延伸率，耐热度，低温柔度，不透水性。 ( )

**176.** 进场的高聚物改性沥青防水卷材，物理性能应检验可溶物含量，拉力，最大拉力时延伸率，耐热度，低温柔度，不透水性。 ( )

**177.** 进场的高聚物改性沥青防水卷材，物理性能应检验纵向拉力，耐热度，柔度，不透水性。 ( )

**178.** 进场的合成高分子防水卷材，物理性能应检验断裂拉伸强度，扯断伸长率，低温弯折，不透水性。 ( )

**179.** 进场的合成高分子防水卷材，物理性能应检验可溶物含量，拉力，最大拉力时延伸率，耐热度，低温柔度，不透水性。 ( )

**180.** 进场的卷材胶粘剂即改性沥青胶粘剂物理性能应检验剥离强度。 ( )

**181.** 进场的卷材改性沥青胶粘剂物理性能应检验剥离强度和浸水 168h 后的保持率。 ( )

**182.** 进场的卷材合成高分子胶粘剂物理性能应检验剥离强度和浸水 168h 后的保持率。 ( )

**183.** 进场的卷材合成高分子胶粘剂物理性能应检验剥离强度。 ( )

**184.** 进场的双面胶粘带物理性能应检验剥离强度和浸水 168h 后的保持率。 ( )

**185.** 进场的双面胶粘带物理性能应检验剥离强度。 ( )

**186.** 建筑工程的防水部位要确保良好的使用功能，做到不渗不漏，必须加强防水工程的综合治理和实现防水工程施工的专业化。 ( )

**187.** 对防水施工专业队实行控制管理措施是，建设工程质量监督总站（不属各个分站），检查专业施工队的“三证”，即施工队资质证书、专业队人员上岗证和在当地使用防水材料的认证书，合格后方准进行施工，否则勒令停止施工。 ( )

**188.** 对防水施工专业队实行控制管理措施是，建设工程质量监督总站（不属各个分站），检查专业施工队，凡持有施工队资质证书者，皆可进行防水施工，否则勒令停止。 ( )

**189.** 统一培训建筑防水施工骨干人员，由当地建设主管部门组织或委托下属部门集中力量系统培训防水施工作业人员。 ( )

**190.** 培训防水施工骨干人员，由各防水专业队集中时间，系统培训防水施工作业人员。 ( )

**191.** 建立防水材料使用认证管理和施工现场材料复测制度。 ( )

**192.** 防水工程实行保修制度，在保修期间如发生质量问题，由专业施工队修复，费用由责任方承担。 ( )

**193.** 防水工程实行保修制度，在保修期间如发生质量问题，由专业施工队修复，费用由专业施工队承担。 ( )

**194.** 防水工程实行保修制度，这不仅促使施工专业队精心作业，不断提高工程质量，

同时也增强了施工企业的市场竞争意识。 （ ）

**195.** 队组长的职责是围绕生产任务编制好作业计划，合理安排人力、物力，保障优质高效地搞好生产，同时做到工完场清，文明施工。 （ ）

**196.** 防水施工员的职责是围绕生产任务编制好作业计划，合理安排人力、物力，保证优质高效地搞好生产，同时做到工完场清，文明施工。 （ ）

**197.** 队组设兼职宣传员，负责政治宣传、政治学习，协助队组长做好思想工作，宣传好人好事。 （ ）

**198.** 队组设兼职宣传员，负责贯彻操作规程和施工技术措施，开展 QC 小组活动，进行质量检测和组织技术学习。 （ ）

**199.** 队组设兼职质量员，负责贯彻操作规程和施工技术措施，开展 QC 小组活动，进行质量检测和组织技术学习。 （ ）

**200.** 队组设兼职质量员，负责贯彻安全规程检查分析队组的安全生产和文明生产情况，发现事故隐患及时报告，协助贯彻安全措施，管好、用好劳保用品。 （ ）

**201.** 队组设兼职安全员，负责贯彻安全规程，检查分析队组的安全生产和文明生产情况，发现事故隐患及时报告，协助贯彻安全措施，管好、用好劳保用品。 （ ）

**202.** 队组设兼职安全员，负责材料和工具的领退，现场管理，登好台账，分析节超原因。 （ ）

**203.** 队组设兼职料具员，负责材料和工具的领退，现场管理，登好台账，分析节超原因。 （ ）

**204.** 队组设兼职料具员，负责登录好用工用料台账，进行经济活动分析，提出增产节约措施。 （ ）

**205.** 队组设兼职核算员，负责登录好用工用料台账，进行经济活动分析，提出增产节约措施。 （ ）

**206.** 队组设兼职核算员，负责贯彻安全规程，检查分析队组的安全生产和文明生产情况，发现事故隐患及时报告，协助贯彻安全措施，管好、用好劳保用品。 （ ）

**207.** 队组质量管理制度，应明确质量责任制，确立自检、互检和交接检制度，明确必须检查的部位、检验方法和质量标准、建立 QC 小组并开展好活动。 （ ）

**208.** 队组质量管理制度，根据施工人员的交底，结合操作规程，对各个岗位的工作进行技术交底，使人人明确各自应做到的技术工作。 （ ）

**209.** 队组技术交底制度，根据施工人员的交底，结合操作规程，对各个岗位的工作进行技术交底，使人人明确各自应做到的技术工作。 （ ）

**210.** 队组技术交底制度，做好安全交底，对安全设施应有验收手续，制订劳保用品使用的奖罚细则，建立安全生产责任制。 （ ）

**211.** 队组安全制度，做好安全交底，对安全设施应有验收手续，制订劳保用品使用的奖罚细则，建立安全生产责任制。 （ ）

**212.** 队组安全制度，首先应明确质量责任制，确立自检、互检和交接检制度，明确必须检查的部位、检验方法和质量标准、建立 QC 小组并开展好活动。 （ ）

**213.** 队组成品保护制度，成品保护方法之一——护，护就是提前保护，如外墙板缝防水施工时，为防止密封材料污染外墙面，提前粘贴防污条等。 （ ）

214. 队组成品保护制度，成品保护方法之一——护，如在施工屋面保护层时，小推车的支腿包裹麻袋皮，以免碰坏防水层等。（ ）

215. 队组成品保护制度，成品保护方法之一——封，封就是暂时用围栏封闭，防止损坏和污染。如浴厕间防水涂膜未固化前，在门口设护栏，禁止人员践踏等。（ ）

216. 队组成品保护制度，成品保护方法之一——封，如外墙饰面施工时，将已做好的板缝密封材料加以遮盖等。（ ）

217. 队组材料管理制度，现场材料应分类堆放整齐，工作完毕应将剩余材料及时归仓。所用机械应做好保养工作，工具用完应及时清洗，特殊机具应有专人负责。（ ）

218. 队组劳动管理制度，加强教育，使员工自觉遵守劳动纪律，根据人员的具体情况，合理安排工作，合理分配，使物质奖励和精神鼓励相结合。（ ）

219. 在施工管理中要根据施工组织设计、防水施工方案及工程总进度计划编制防水施工作业计划。（ ）

220. 在施工管理中要根据施工组织设计、防水施工方案及工程总进度计划编制防水工程施工过程检验计划。（ ）

221. 防水施工作业计划包括月度作业计划和旬作业计划两种，以月度作业计划为主。（ ）

222. 防水施工作业计划包括月度作业计划和旬作业计划两种，以旬作业计划为主。（ ）

223. 施工作业计划是年、季度施工计划的具体化，是基层施工单位据以施工的行动计划。（ ）

224. 施工作业计划是年、季度施工计划的一部分，是基层施工单位据以施工的行动计划。（ ）

225. 月度作业计划是施工企业具体组织施工生产活动的主要指导文件，是基层施工单位安排施工活动的依据。（ ）

226. 年度作业计划是施工企业具体组织施工生产活动的主要指导文件，是基层施工单位安排施工活动的依据。（ ）

227. 旬作业计划是基层施工单位内部组织施工活动的作业计划，主要是组织协调班组的施工活动，实际上是月计划的短安排，以保证月计划的完成。（ ）

228. 季作业计划是基层施工单位内部组织施工活动的作业计划，主要是组织协调班组的施工活动，实际上是年计划的短安排，以保证年计划的完成。（ ）

229. 编制防水工程施工作业计划，要考虑确保总施工进度计划的实施，还要根据防水施工的特点，确保防水施工的质量。（ ）

230. 技术交底工作必须在工程正式施工前认真做好。（ ）

231. 技术交底工作必须在工程正式施工中认真做好。（ ）

232. 技术交底工作应分级进行，分级管理。（ ）

233. 技术交底工作应分项进行，分项管理。（ ）

234. 施工队一级的技术交底工作，由施工队技术队长负责向施工员、质量检查员、安全员及班组长进行图纸、施工方法、技术措施、操作要求等方面的技术交底。（ ）

235. 施工队一级的技术交底工作，由施工队长负责向施工员、质量检查员、安全员

及班组长进行图纸、施工方法、技术措施、操作要求等方面的技术交底。（ ）

**236.** 技术交底的最基层一级，是单位工程技术负责人向班组的交底工作。（ ）

**237.** 技术交底的最基层一级，是担任单位工程防水施工的工班长向施工人员进行技术交底工作。（ ）

**238.** 单位工程技术负责人在向班组交底时，要结合具体操作部位，贯彻落实上级技术领导的要求，明确关键部位的质量要求、操作要点及注意事项。（ ）

**239.** 对关键性项目、部位、新技术的推广项目应反复、细致向操作班组进行技术交底。（ ）

**240.** 技术交底的过程是贯彻防水施工方案的过程，同时也是进行工作预控的过程。（ ）

**241.** 单列的预算定额编制管理费、劳动定额测定费、上级（行业）管理费并入间接费的规费中。（ ）

**242.** 单列的预算定额编制管理费、劳动定额测定费、上级（行业）管理费并入其他费用。（ ）

**243.** 建筑安装工程费用中间接费包括：（1）企业管理费；（2）财务费用；（3）规费。（ ）

**244.** 建筑安装工程费用中间接费包括：（1）营业税；（2）城市建设维护费；（3）教育费附加。（ ）

**245.** 建筑安装工程费用中税金，包括：（1）营业税；（2）城市建设维护费；（3）教育费附加。（ ）

**246.** 建筑安装工程费用中，税金包括：（1）企业管理费；（2）财务费用；（3）规费。（ ）

**247.** 建筑安装工程费用中，现场经费包括：现场管理费和临时设施费。（ ）

**248.** 根据质量检验及评定标准的规定，逐项检查，允许偏差项目要进行实测实量。（ ）

**249.** 建筑（装饰）安装工程费用（预算）是总承包单位与分包单位签订建筑工程施工合同的依据。（ ）

**250.** 建筑（装饰）安装工程费用（预算）是建设单位（又称甲方）与承包单位（又称乙方）签订建筑工程施工合同的依据。（ ）

**251.** 直接工程费中，价差包括：（1）人工费价差；（2）材料费价差；（3）机械使用费价差。（ ）

**252.** 直接工程费中，价差包括：（1）人工费；（2）材料费；（3）施工机械使用费。（ ）

**253.** 根据国家《建筑工程施工质量验收统一标准》GB 50300—2001 规定，建筑防水工程按建筑部位确定为一个分部工程或子分部工程，其有关防水工程费用的计算，仍是以定额直接费作为计算基础。（ ）

**254.** 在建筑安装企业的生产活动中，应力求用最少的人力、物力，生产出质量合格的建筑产品，获得最好的经济效益。（ ）

**255.** 在建筑安装企业的生产活动中，应力求用最多的人力、物力，生产出质量合格

的建筑产品，获得最好的经济效益。（ ）

**256.** 随着生产的发展，先进技术的采用，必须制定出符合新的生产条件的新定额，以满足指导与组织生产的需要。（ ）

**257.** 定额按生产要素可分劳动定额、材料消耗定额和机械台班消耗定额。（ ）

**258.** 定额按生产要素可分预算定额、概算定额、概算指标。（ ）

**259.** 定额按用途可分为预算定额、概算定额、概算指标。（ ）

**260.** 定额按用途可分为全国统一定额、地区统一定额、专业统一定额。（ ）

**261.** 定额按范围可分为全国统一定额、地区统一定额、专业统一定额。（ ）

**262.** 定额按范围可分为建筑工程定额、安装工程定额、间接费定额。（ ）

**263.** 定额按专业及费用分为建筑工程定额、安装工程定额、间接费定额。（ ）

**264.** 定额按专业及费用分为劳动定额、材料消耗定额、机械台班消耗定额。（ ）

**265.** 建筑防水工程各部位应达到不渗漏、不积水。（ ）

**266.** 地下室防水层铺贴卷材的搭接缝，可否覆盖压条，但搭接缝边必须封固严密。（ ）

**267.** 地下室防水层铺贴卷材的搭接缝，应覆盖压条，条边应封固严密。（ ）

**268.** 防水工程所用各类材料均应符合质量标准和设计要求。（ ）

**269.** 屋面工程、地下室工程等在施工中，应做子分部交接检查，未经检查验收的工程不得进行后续施工。（ ）

**270.** 屋面工程、地下室工程等在施工中，应做分项交接检查，未经检查验收的工程不得进行后续施工。（ ）

**271.** 防水层施工中，每一道防水层完成后，应由专人进行检查，合格后方可进行下一道防水层施工。（ ）

**272.** 防水层施工中，防水层完成后，应由专人进行检查，合格后方可进行保护层施工。（ ）

**273.** 检验屋面有无渗漏水、积水，排水系统是否畅通，可在雨后或持续淋水 2h 以后进行。（ ）

**274.** 防水工程施工完成后，由质量监督部门进行核定，检验合格后验收。（ ）

**275.** 防水工程施工完成后，由技术领导部门核定，检验合格后验收。（ ）

**276.** 防水工程的质量直接影响建筑物的使用功能，应编制单独的施工方案。（ ）

**277.** 防水工程的质量直接影响建筑物的使用功能，应认真做好施工方案。（ ）

**278.** 加强图纸会审不仅可熟悉材料性能，熟悉设计要求的细部做法，而且可对设计中的不妥当及不确切的部位提出意见，给以修正。（ ）

**279.** 施工记录是屋面维护保养和翻修的依据。（ ）

**280.**《屋面工程质量验收规范》GB 50207—2002 把卷材防水屋面、涂膜防水屋面、刚性防水屋面、瓦屋面、隔热屋面均定为子分部工程。（ ）

**281.**《屋面工程质量验收规范》GB 50207—2002 把卷材防水屋面、涂膜防水屋面、刚性防水屋面、瓦屋面、隔热屋面均定为分项工程。（ ）

**282.** 卷材防水屋面子分部工程划分为保温层、找平层、卷材防水层、细部构造等分项工程。（ ）

**283.** 卷材防水屋面分部工程划分为保温层、找平层、卷材防水层、细部构造等分项工程。（　）

**284.** 防水混凝土必须密实，其强度和抗渗等级必须符合设计要求和有关标准规定。（　）

**285.** 细部构造根据分项工程的内容，应全部进行检查。（　）

**286.** 细部构造根据分项工程的内容，可部分进行检查。（　）

**287.**《地下防水工程质量验收规范》GB 50208—2002，又把地下防水工程划分为地下建筑防水工程、特殊施工法防水工程、排水工程和注浆工程等分项工程。（　）

**288.**《地下防水工程质量验收规范》GB 50208—2002，又把地下防水工程划分为地下建筑防水工程、特殊施工法防水工程、排水工程和注浆工程等分部工程。（　）

**289.** 嵌缝密封材料应与两侧基层粘牢，密封部位光滑、平直，不得有开裂、鼓泡、下塌现象。（　）

**290.** 嵌缝密封材料应与基层粘牢，密封部位光滑、平直，不得有开裂、鼓泡、下塌现象。（　）

**291.** 盾构法隧道衬砌自防水、衬砌外防水涂层、衬砌接缝防水和内衬结构防水应符合设计要求。（　）

**292.** 锚喷支护、地下连续墙、复合式衬砌等防水构造应符合设计要求。（　）

**293.** 全面质量管理是要求全员参加的质量管理。（　）

**294.** 全面质量管理是要求全体工人参加的质量管理。（　）

**295.** 实现全员的管理，还要制定各个部门、各级人员的质量责任制，明确规定他们在质量管理中的作用、任务和权限，各司其职，相互配合，为达到提高产品质量，提高经济效益的目的而共同努力。（　）

**296.** 全面质量管理所管的范围是产品质量产生、形成和实现的全过程。（　）

**297.** 优良的产品质量是设计、制造出来的，而不是检查出来的。（　）

**298.** 优良的产品质量是设计、制造出来的，也是检查出来的。（　）

**299.** 全面质量管理要求把管理工作的重点，从“事后把关”转移到“事先预防”上来，从管结果变为管因素，实行预防为主的方针，将不合格的产品消灭在形成过程之前。（　）

**300.** 全面质量管理要求把管理工作的重点，从“事先预防”转移到“事后把关”上来，从管因素变为管结果，实行预防为主的方针，将不合格的产品消灭在形成过程之前。（　）

**301.** 塑料板防水层应铺设牢固、平整，搭接焊缝严密，不得有焊穿、下垂、绷紧现象。（　）

**302.** PDCA 循环法就是指按照计划、执行、检查、处理这四个阶段的顺序来进行管理工作。（　）

**303.** PDCA 循环法就是指按照计划、执行、处理、检查这四个阶段的顺序来进行管理工作。（　）

**304.** 排列图是为寻找影响质量的主要原因所使用的图。（　）

**305.** 因果图是质量特性与原因关系的图。（　）

**306.** 因果图是质量结果和产生问题原因的图。 ( )

**307.** 质量认证制度之所以得到世界各国的普遍重视，关键在于它是由一个公正的机构对产品或体系作出正确、可靠的评价，从而使人们对产品质量建立信心。 ( )

**308.** 质量认证制度之所以得到世界各国的普遍重视，关键在于它是由一个衡量的机构对产品或体系作出正确、可靠的评价，从而使人们对产品质量建立信心。 ( )

**309.** 企业获证三年后应重新申请认证，并接受认证机构的重新审查，如再次获证，一般为一年监督审核一次。 ( )

**310.** 企业获证三年后应重新申请认证，并接受认证机构的重新审查，如再次获证，一般为三年监督审核一次。 ( )

**311.** 根据国家职业标准，防水工技师应能够对初、中、高级防水工进行专业理论知识的培训和技能传授。 ( )

**312.** 质量体系是指为实施质量管理所需的组织结构、程序、过程和资源。 ( )

**313.** 质量体系是指由组织的最高管理者正式发布的该组织总的质量宗旨和质量方向。 ( )

**314.** 建筑施工图中，阿拉伯数字、拉丁字母或罗马数字的字高，应不小于 2.5mm。 ( )

**315.** 图样上所需书写的文字、数字或符号等，均应笔画清晰、字体端正、排列整齐、标点符号清楚正确。 ( )

**316.** 屋面防水等级Ⅰ级是指特别重要或对防水有特殊要求的建筑，防水层合理使用年限为 25 年，设防要求为三道或三道以上防水设防。 ( )

**317.** 屋面防水等级Ⅱ级是指重要的建筑和高层建筑，防水层合理使用年限为 15 年，设防要求为二道防水设防。 ( )

**318.** 屋面防水等级Ⅲ级是指一般的建筑，防水层合理使用年限为 10 年，设防要求为一道防水设防。 ( )

**319.** 屋面防水等级Ⅳ级是指非永久性建筑，防水层合理使用年限为 5 年，设防要求为一道防水设防。 ( )

**320.** 屋面防水等级Ⅰ级是指重要的建筑和高层建筑，防水层合理使用年限为 25 年，设防要求为三道或三道以上防水设防。 ( )

**321.** 屋面防水等级Ⅱ级是指特别重要或对防水有特殊要求的建筑，防水层合理使用年限为 15 年，设防要求为二道防水设防。 ( )

**322.** 屋面防水等级Ⅲ级是指重要的建筑和高层建筑，防水层合理使用年限为 10 年，设防要求为一道防水设防。 ( )

**323.** 屋面防水等级Ⅳ级是指一般建筑，防水层合理使用年限为 10 年，设防要求为一道防水设防。 ( )

**324.** 正确选用和合理使用防水材料是防水工程设计的基本条件和必要手段。 ( )

**325.** 地下工程防水设计，要掌握定级准确、方案可靠、施工简便、经济合理的原则。 ( )

**326.** 地下工程防水设计要掌握防、排、截、堵相结合，刚柔相济，因地制宜，综合治理的原则。 ( )

**327.** 地下工程防水设计要掌握符合环境保护的原则。（　）

**328.** 地下工程防水设计要积极采用新技术、新材料、新工艺的原则。（　）

**329.** 掌握工程的基本条件和使用要求，是进行防水设计的前提，有了这个前提就可以有针对性地制定设计方案。（　）

**330.** 气候寒冷的地区，应选用耐热度高的防水材料。（　）

**331.** 气温比较高的地区，应选用耐低温的防水材料。（　）

**332.** 地基沉降大、结构变形大或有振动的车间等可能造成基层开裂的情况，应选择强度高、延伸率大的防水材料。（　）

**333.** 跨度小的Ⅲ级防水屋面可以选用细石混凝土刚性防水层。（　）

**334.** Ⅰ、Ⅱ级防水屋面多道设防中可以选用一道细石混凝土刚性防水层，振动较大的建筑物屋面也可选用一道刚性防水层。（　）

**335.** 厕所、浴室、厕房等空间小，穿过地面的管道较多的防水层宜选用防水涂料。（　）

**336.** 地下工程防水选用防水混凝土结构自防水外，可选用合成高分子防水涂料，接缝可靠的卷材、塑料防水板、金属板等。（　）

**337.** 地下工程和厕浴间防水均不宜选用油溶性防水涂料。（　）

**338.** 二道以上防水设防时，原则上耐穿刺、耐老化的防水材料放在上（外）面，二道防水层最好是不同材质的，如刚柔结合，卷材与涂料配合，也可以同种材料叠层使用。（　）

**339.** 平屋面采用结构找坡时，找平层的排水坡度不应小于2%；采用材料找坡时，找平层的排水坡度宜为3%。天沟、檐沟纵向找坡≥1%，沟底水落差不得超过200mm。（　）

**340.** 找平层与突出屋面的结构（女儿墙、山墙、天窗壁、变形缝、烟囱等）的交接处和基层的转角处做成圆弧形，选用沥青防水卷材时圆弧半径应为50mm。（　）

**341.** 找平层与突出屋面的结构（女儿墙、山墙、天窗壁、变形缝、烟囱等）的交接处和基层的转角处做成圆弧形，选用高聚物改性沥青防水卷材时，圆弧半径应为20mm。（　）

**342.** 找平层与突出屋面的结构（女儿墙、山墙、天窗壁、变形缝、烟囱等）的交接处和基层的转角处做成圆弧形，当选用合成高分子防水卷材时，圆弧半径应为15mm。（　）

**343.** 橡胶类与橡塑共混类合成高分子卷材采用与卷材材性相容的接缝胶粘剂粘结。（　）

**344.** 树脂类合成高分子防水卷材采用热风焊接法或胶粘剂粘结。（　）

**345.** 合成高分子防水卷材可选用满粘法、条粘法、点粘法和空铺法施工。（　）

**346.** 卷材在基层分格缝处空铺，宽度应为100mm。（　）

**347.** 当屋面坡度大于25%时，卷材在屋面上应采取机械固定，固定处密封严密。（　）

**348.** Ⅰ级屋面防水，设防道数为三道或三道以上设防，当选用合成高分子防水卷材时，其厚度不应小于1.2mm。（　）

**349.** Ⅱ级屋面防水，设防道数为二道设防，当选用合成高分子防水卷材时，其厚度不应小于 1.0mm。（　）

**350.** Ⅲ级屋面防水，设防道数为一道设防，当选用合成高分子防水卷材时，其厚度不应小于 1.0mm。（　）

**351.** 高聚物改性沥青防水卷材可用热熔法、冷粘法和自粘法进行卷材与基层、卷材与卷材间的粘结，施工方法可选用满粘法、条粘法、点粘法、自粘法等。

**352.** 沥青防水卷材可用于Ⅲ级、Ⅳ级屋面防水，用于Ⅲ级屋面防水时采用三毡四油的七层作法，用于Ⅳ级屋面防水时采用二毡三油五层作法。（　）

**353.** 沥青防水卷材一般用热沥青玛琋脂粘结和铺贴，满粘法施工。（　）

**354.** Ⅰ级屋面防水，设防道数为三道或三道以上设防，选用高聚物改性沥青防水卷材时，其厚度不应小于 1.5mm。（　）

**355.** Ⅱ级屋面防水，设防道数为二道设防，选用高聚物改性沥青防水卷材时，其厚度不应小于 2mm。（　）

**356.** Ⅲ级屋面防水，设防道数为一道设防，选用高聚物改性沥青防水卷材时，其厚度不应小于 3mm。（　）

**357.** 屋面坡度小于 3%时，卷材应平行屋脊铺贴。（　）

**358.** 屋面坡度在 3%～15%时，可平行或垂直屋脊铺贴。（　）

**359.** 屋面坡度大于 15%或屋面受振动时，沥青防水卷材应垂直屋脊铺贴，高聚物改性沥青防水卷材和合成高分子防水卷材可平行或垂直屋脊铺贴。（　）

**360.** 屋面卷材防水层，上下层卷材不得相互垂直铺贴。（　）

**361.** Ⅰ级屋面防水，设防道数为三道或三道以上设防，当选用合成高分子防水涂料时，其厚度不应小于 1.2mm。（　）

**362.** Ⅱ级屋面防水，设防道数为二道设防，当选用合成高分子防水涂料时，其厚度不应小于 1.2mm。（　）

**363.** Ⅲ级屋面防水，设防道数为一道设防，当选用合成高分子防水涂料时，其厚度不应小于 1.5mm。（　）

**364.** 屋面防水层采用水泥砂浆、细石混凝土和块体保护层时，与卷材之间应设隔离层。（　）

**365.** 防水屋面隔离层采用的材料，可以从蛭石、云母粉、细砂、塑料薄膜、纸筋灰、纸胎油毡中选一种。（　）

**366.** 防水屋面采用块体保护层时，应留设分格缝，分格缝面积不大于 150m$^2$，分格缝宽度为 20mm，并用建筑密封膏密封。（　）

**367.** 防水屋面采用水泥砂浆保护层时，应设分格缝，分格缝面积不大于 100m$^2$，分格缝宽度为 20mm，并用建筑密封膏密封。（　）

**368.** 高聚物改性沥青防水涂膜施工时，当屋面结构变形较大或受振动时，应铺设 1～2 层胎体增强材料增加涂膜的抗拉强度。（　）

**369.** 刚性防水层可用于Ⅰ、Ⅱ、Ⅲ级屋面防水。用于Ⅰ、Ⅱ级屋面防水时，应与柔性材料配合使用，用于Ⅲ级屋面防水时可独立使用。（　）

## 二、判断题答案

1.✓ 2.× 3.✓ 4.× 5.✓ 6.× 7.✓ 8.× 9.✓
10.✓ 11.× 12.✓ 13.✓ 14.✓ 15.× 16.✓ 17.× 18.✓
19.× 20.✓ 21.× 22.✓ 23.✓ 24.✓ 25.× 26.✓ 27.×
28.✓ 29.× 30.✓ 31.× 32.✓ 33.× 34.✓ 35.× 36.✓
37.✓ 38.× 39.✓ 40.× 41.✓ 42.✓ 43.× 44.✓ 45.×
46.✓ 47.× 48.✓ 49.× 50.✓ 51.✓ 52.✓ 53.× 54.✓
55.× 56.✓ 57.✓ 58.× 59.✓ 60.× 61.✓ 62.× 63.✓
64.× 65.✓ 66.× 67.✓ 68.× 69.✓ 70.✓ 71.✓ 72.×
73.× 74.✓ 75.✓ 76.✓ 77.✓ 78.✓ 79.× 80.✓ 81.×
82.✓ 83.× 84.✓ 85.× 86.✓ 87.✓ 88.× 89.✓ 90.✓
91.× 92.✓ 93.× 94.✓ 95.× 96.✓ 97.✓ 98.× 99.✓
100.× 101.✓ 102.× 103.✓ 104.× 105.✓ 106.× 107.✓ 108.×
109.✓ 110.✓ 111.× 112.✓ 113.✓ 114.✓ 115.× 116.× 117.✓
118.× 119.✓ 120.× 121.✓ 122.× 123.✓ 124.✓ 125.× 126.✓
127.✓ 128.× 129.✓ 130.✓ 131.× 132.× 133.✓ 134.✓ 135.×
136.✓ 137.× 138.✓ 139.✓ 140.✓ 141.✓ 142.✓ 143.× 144.✓
145.× 146.✓ 147.× 148.✓ 149.× 150.✓ 151.✓ 152.✓ 153.×
154.✓ 155.× 156.✓ 157.× 158.✓ 159.✓ 160.× 161.✓ 162.×
163.✓ 164.× 165.✓ 166.✓ 167.✓ 168.× 169.✓ 170.× 171.✓
172.✓ 173.× 174.✓ 175.✓ 176.✓ 177.× 178.✓ 179.× 180.✓
181.× 182.✓ 183.× 184.✓ 185.× 186.✓ 187.✓ 188.× 189.✓
190.× 191.✓ 192.✓ 193.× 194.✓ 195.✓ 196.× 197.✓ 198.×
199.✓ 200.× 201.✓ 202.× 203.✓ 204.× 205.✓ 206.× 207.✓
208.× 209.✓ 210.× 211.✓ 212.× 213.✓ 214.× 215.✓ 216.×
217.✓ 218.✓ 219.✓ 220.× 221.✓ 222.× 223.✓ 224.× 225.✓
226.× 227.✓ 228.× 229.✓ 230.✓ 231.× 232.✓ 233.× 234.✓
235.× 236.✓ 237.× 238.✓ 239.✓ 240.✓ 241.✓ 242.× 243.✓
244.× 245.✓ 246.× 247.✓ 248.✓ 249.× 250.✓ 251.✓ 252.×
253.✓ 254.✓ 255.× 256.✓ 257.✓ 258.× 259.✓ 260.× 261.✓
262.× 263.✓ 264.× 265.✓ 266.× 267.✓ 268.✓ 269.× 270.✓
271.✓ 272.× 273.✓ 274.✓ 275.× 276.✓ 277.× 278.✓ 279.✓
280.✓ 281.× 282.✓ 283.× 284.✓ 285.✓ 286.× 287.✓ 288.×
289.✓ 290.× 291.✓ 292.✓ 293.✓ 294.× 295.✓ 296.✓ 297.✓
298.× 299.✓ 300.× 301.✓ 302.✓ 303.× 304.✓ 305.✓ 306.×
307.✓ 308.× 309.✓ 310.× 311.✓ 312.✓ 313.× 314.✓ 315.✓
316.✓ 317.✓ 318.✓ 319.✓ 320.× 321.× 322.× 323.× 324.✓

325. ✓　326. ✓　327. ✓　328. ✓　329. ✓　330. ×　331. ×　332. ✓　333. ✓
334. ×　335. ✓　336. ✓　337. ×　338. ✓　339. ×　340. ×　341. ×　342. ×
343. ✓　344. ✓　345. ✓　346. ✓　347. ✓　348. ×　349. ×　350. ×　351. ✓
352. ✓　353. ✓　354. ×　355. ×　356. ×　357. ✓　358. ✓　359. ✓　360. ✓
361. ×　362. ×　363. ×　364. ✓　365. ✓　366. ×　367. ×　368. ✓　369. ✓

## 第二节　技师选择题

### 一、选择题

**1.** 建筑工程图是对建筑物______的表达和施工要求。

A. 构造；　B. 表象；　C. 内部；　D. 装饰。

**2.** 图标的短边为______ mm、长边可采用 30mm、40mm、50mm。

A. 15；　B. 18；　C. 16；　D. 20。

**3.** 图线的宽度 $b$，可从下列线宽系列中选取：______ mm、0.25mm、0.35mm、0.5mm、0.7mm、1.0mm、1.4mm、2.0mm。

A. 0.15；　B. 0.16；　C. 0.18；　D. 0.20。

**4.** 为保护图线的清晰，需要微缩的图样，不宜采用______的线宽。

A. 0.15；　B. 0.16；　C. 0.17；　D. 0.18。

**5.** 在同一张图样内，各不相同线宽组中的细线，可统一采用较______的线宽组中的细线。

A. 细；　B. 稍细；　C. 微细；　D. 粗细。

**6.** 相互平等的图线，其间隙不宜大于其中的粗线宽度，也不宜小于______ mm。

A. 0.5；　B. 0.7；　C. 0.6；　D. 0.4。

**7.** 图样上所需书写文字、数字或符号等，均应笔画______、字体端正、排列整齐，标点符号清楚正确。

A. 清楚；　B. 明朗；　C. 清晰；　D. 看得清。

**8.** 汉字必须遵守______公布的《汉字简化方案》和有关规定。

A. 国家；　B. 文字改革委员会；
C. 出版署；　D. 国务院。

**9.** 文字的高，应从下列系列中选用______ mm、3.5mm、5mm、7mm、10mm、14mm、20mm。

A. 2.5；　B. 2.8；　C. 2.0；　D. 2.4。

**10.** 以字高称为字体号数，简称字号，如 2.5 号字、3.5 号字等，如需书写更大的字，其高度应按______的比值递增。

A. $\sqrt{1}$；　B. $\sqrt{2}$；　C. $\sqrt{3}$；　D. $\sqrt{4}$。

**11.** 汉字的字高，应不少于 3.5mm；阿拉伯数字、拉丁字母或罗马数字的字高，应不小于 2.5mm；长仿宋体字的宽高之比约______。

A. 3∶5；　　B. 5∶7；　　C. 7∶10；　　D. 10∶15。

**12.** 写长仿宋体字前应先画好______，写数字和字母时，可只画两条直线作稿线，字写好后，即可把稿线擦去。

A. 直线；　　B. 横线；　　C. 斜线；　　D. 格子线。

**13.** 图样上的______是实物在图样上与实物的实际长度之比，也就是图形与实物相对应的线性尺寸之比。

A. 比例；　　B. 比值；　　C. 比较；　　D. 对比。

**14.** 比例应以______数字表示，1∶1、1∶100 等。

A. 罗马；　　B. 阿拉伯；　　C. 汉字；　　D. 拉丁。

**15.** 绘图所用的比例，应根据图样的______与被绘对象的复杂程度及大小。

A. 目的；　　B. 特点；　　C. 用途；　　D. 作用。

**16.** 多层构造引出线注法，引出线必须通过被引的各层，文字说明的次序应与构造层次一致，由上而下或从左到右，文字说明一般注写在线的______。

A. 上面；　　B. 下边；

C. 有空的地方；　　D. 一侧。

**17.** 绘图工作面可以是绘图桌的桌面或与桌分开的图板，图板作为画图的垫板时要求表面______。

A. 平整光洁；　　B. 光洁；

C. 光滑；　　D. 平坦。

**18.** 图板的大小有各种不同规格，可根据常用的______图幅来选定。

A. 同等；　　B. 最大；　　C. 最小；　　D. 中等。

**19.** 比例尺是刻有各种比例的直尺，它的______在于能直接将物体的实际长度按一定比例缩小或放大画在图纸上。

A. 目的；　　B. 特点；　　C. 用途；　　D. 作用。

**20.** ______通常制成三棱形，也叫作三棱尺，有三个棱面刻有六种不同比例的刻度。

A. 直尺；　　B. 丁字尺；　　C. 比例尺；　　D. 三角板。

**21.** 百分比例尺：1∶100、1∶200、1∶300、1∶400、1∶500、______。

A. 1∶600；　　B. 1∶700；

C. 1∶800；　　D. 1∶900。

**22.** 千分比例尺：1∶1000、1∶1250、1∶1500、1∶2000、1∶2500、______。

A. 1∶3000；　　B. 1∶5000；

C. 1∶3500；　　D. 1∶4000。

**23.** 虽然比例尺的刻度不同，但它们均可______使用。

A. 计算；　　B. 盘算；　　C. 换算；　　D. 倒算。

**24.** 绘图墨水笔，笔尖粗细共分 12 种，一般画细线时用 0.2mm，画粗线时用______ mm。

A. 0.6；　　B. 0.7；　　C. 0.8；　　D. 0.9。

**25.** 中心投影法一般______绘制建筑透视图。

A. 用于；　　B. 不能；　　C. 可以；　　D. 做法。

**26.** 投影线相互______向物体透射，这种投影方法称为平行投影法。

A. 垂直；　B. 平行；　C. 倾斜；　D. 交叉。

**27.** 平行投影法根据投影线与投影面的______不同，可分为斜投影法和正投影法。

A. 交叉；　B. 方向；　C. 角度；　D. 斜向。

**28.** 用几个投影图能完整地表示出物体的形状和大小。在实际应用中，常用的是______面正投影图。

A. 二面；　B. 四面；　C. 五面；　D. 三面。

**29.** 物体在三个投影面上的______图分别为：正面投影图或正立面、水平投影图或平面图、侧面投影图或侧立面图。

A. 正投影；　B. 斜投影；

C. 平行投影；　D. 中心投影。

**30.** 房屋建筑施工图是设计师根据技术条件和标准绘制的，是施工单位进行工程施工的______。

A. 条件；　B. 依据；　C. 方针；　D. 根据。

**31.** 施工图能够准确地表示出建筑物的外形模样、尺寸大小、结构构造和材料作法的______。

A. 样图；　B. 图形；　C. 图样；　D. 文件。

**32.** 图纸______包括各类各张图的名称、内容、图号。

A. 前言；　B. 说明；　C. 附录；　D. 目录。

**33.** ______施工图表示设备位置、走向和设备基础，设备安装图。

A. 设备；　B. 电气；　C. 暖通；　D. 给水排水。

**34.** 在建筑物的全套施工图中，对______而言建筑施工图是最主要的，其他施工图如结构、给水排水等均以建筑施工图为依据进行配套设计。

A. 钢筋工；　B. 防水工；　C. 瓦工；　D. 混凝土工。

**35.** 建筑施工图决定建筑物的位置、外观、内部布置，以及装饰装修、防水作法和施工需用的材料、施工要求的详图，主要用来作为定位、放线、装饰装修和建筑______的施工依据。

A. 油漆；　B. 抹灰；

C. 防水；　D. 浇筑混凝土。

**36.** 通过识读总说明，可以熟悉该建筑物的相关资料，特别是______有关资料和数据应熟记或摘录。

A. 油漆；　B. 抹灰；　C. 装修；　D. 防水。

**37.** 用料及作法是总说明的重要组成部分，也是______施工的重要依据，必须熟悉其内容，掌握其要求。

A. 防水工程；　B. 水暖工程；

C. 油漆工程；　D. 抹灰工程。

**38.** ______就是用一假想的水平面沿窗口稍高一点的位置剖开，从上往下看到的这个切口下部的图形投影。

A. 建筑剖面图；　B. 建筑平面图；

C. 建筑详图；　　　　　　　　D. 建筑立面图。

**39.** 看标题栏，了解______、图号、比例、设计人员、设计日期。

A. 图例；　　　　　　　　B. 建筑施工图；

C. 图名；　　　　　　　　D. 详图。

**40.** 建筑施工平面图，看房间的用途，特别是盥洗室、厕所、厨房等与______关系密切的房间的平面位置及构造，看有关详图内容及编号，看有关文字说明。

A. 水暖；　　B. 电气；　　C. 装饰；　　D. 防水。

**41.** 看剖面图首先应看清是哪个剖面的剖面图，剖切线______不同，剖面图的图形也不同。

A. 位置；　　B. 地方；　　C. 角度；　　D. 方向。

**42.** 看剖面图时必须对照______一起看，才能了解清楚图纸所表达的内容。

A. 立面图；　　B. 平面图；　　C. 详图；　　D. 侧面图。

**43.** 识图要从______到专业图，从建筑施工图到其他施工图，从平面图到立面图、剖面图、详图，从外到内，从大到小，循序渐进。

A. 平面图；　　　　　　　　B. 立面图；

C. 总图；　　　　　　　　D. 图纸目标。

**44.** 看图时首先要阅读______，了解建筑物的概况，材料要求，质量标准，以及施工中应注意的事项和一些特殊技术要求。

A. 总说明；　　　　　　　　B. 总平面图；

C. 图纸目录；　　　　　　　D. 设计说明。

**45.** 识图对于防水工而言要特注意水文地质资料情况，防水部位的构造和防水作法，______的选用等等。

A. 防水材料；　　　　　　　B. 防水工具；

C. 施工方法；　　　　　　　D. 防水施工方案。

**46.** 对______而言，应抓住与防水部位施工关系密切的部位的结构、作法、材料要求、尺寸和质量标准，例如屋面保温和防水做法，有防水要求的建筑地面作法，地下工程的结构及防水作法，外墙结构与装饰作法等。

A. 油漆工；　　B. 防水工；　　C. 抹灰工；　　D. 瓦工。

**47.** 施工组织设计是指导拟建工程从施工准备到施工完成的组织、技术、经济的一个综合性的设计文件，对施工全过程起______作用。

A. 帮助；　　B. 引导；　　C. 指导；　　D. 牵线。

**48.** 分部（分项）工种施工作业设计是以某些新结构、技术复杂的或缺乏施工经验的分部工程为______而编制的。

A. 内容；　　B. 目的；　　C. 主；　　D. 对象。

**49.** 施工平面图绘制的比例一般为______。

A. 1∶200～1∶500；　　　　　B. 1∶600～1∶700；

C. 1∶800～1∶1000；　　　　D. 1∶1000～1∶1500。

**50.** 为了提高防水工程的质量和加强施工管理，在施工前应根据工程量、工期及质量要求认真编制______工程的施工方案。

A. 土木施工；　B. 防水；　C. 结构；　D. 装饰。

**51.** 预制大型屋面板与屋面梁之间应焊接严密，焊点不少于______处。

A. 1；　B. 2；　C. 3；　D. 4。

**52.** 在保温层及找平层上纵横每隔______ m 设置排气道，排气道内应清除干净，保持空气流通，防止杂物堵塞。

A. 7；　B. 9；　C. 8；　D. 6。

**53.** 在保温层之间填入透气性好、粒径为______ mm 左右的炉渣（必须经筛分）。

A. 20；　B. 30；　C. 35；　D. 40。

**54.** 排气孔留设在纵、横排气道的交叉点上，并与排气道相通，每______ $m^2$ 设置一个，排气孔选用 $\phi$50mm 钢管。

A. 49；　B. 36；　C. 64；　D. 38。

**55.** 合成高分子胶粘剂的粘结剥离强度不应小于______ N/10mm，浸水 168h 后粘结剥离强度保持率不应小于 70%。

A. 15；　B. 16；　C. 17；　D. 18。

**56.** 防水基层平整度，用 2m 靠尺检查，基层表面平整度不应大于______ mm。

A. 5；　B. 6；　C. 7；　D. 8。

**57.** 防水基层干燥简易检测方法，由 $1m^2$ 卷材平坦地干铺在基层表面上，静置______ h 后掀开检查，如果基层无水印时即认为基本干燥，可以铺贴卷材。

A. 1～2；　B. 2～3；　C. 3～4；　D. 4～5。

**58.** 采用排气屋面构造，必须选用条粘法铺贴卷材，其长边或短边的搭接宽度均不小于______ mm。

A. 50；　B. 60；　C. 80；　D. 100。

**59.** 在檐口、屋脊和屋顶转角处及突出屋面的连接处，卷材应采用满粘法铺贴工艺，其宽度不得小于______ mm。

A. 250；　B. 500；　C. 600；　D. 800。

**60.** 氯化聚乙烯—橡胶共混防水卷材、采用条粘法铺贴时，即每幅卷材与基层粘结面不少于两条，每条宽度不小于______ mm。

A. 50；　B. 150；　C. 80；　D. 100。

**61.** ______检查防水专业施工队的“三证”，即施工队资质证书、专业队人员上岗证书和在当地使用防水材料的认证书，合格后方准进行防水工程施工，否则勒令停工。

A. 当地建设主管部门；　B. 政府技术主管部门；

C. 建筑工程质量监督总站；　D. 企业技术主管部门。

**62.** 防水工程保修期一般规定为______年。

A. 1；　B. 2；　C. 3；　D. 4。

**63.** 技术交底包括技术、质量、安全、用料、______要求及与相关工种的协作配合方法等。

A. 工期；　B. 工种；　C. 工作；　D. 时间。

**64.** 防水层一般都是多层作法，在施工过程中是逐层______的，所以必须把好每层次的质量，才能确保整个防水工程的质量。

A. 检查；　　B. 隐蔽；　　C. 施工；　　D. 验收。

**65.** 在防水施工过程中，要检查督促______严格按操作规程和技术交底办事，如果作业条件有变化，要及时修正施工方法以适应变化了的情况。

A. 作业人员；　　B. 工作人员；

C. 管理人员；　　D. 专业队人员。

**66.** 防水工程检查中如发现有相关工种穿插，要做好______工作，特别要对成品保护问题做好交底。

A. 商量；　　B. 配合；　　C. 协调；　　D. 安排。

**67.** 每一层防水层完成后，要及时组织______。

A. 检查；　　B. 评比；　　C. 讲评；　　D. 验收。

**68.** 建筑（装饰）安装工程费用由______、间接费、利润、其他费用、税金五部分组成。

A. 人工费；　　B. 直接工程费；　　C. 材料费；　　D. 机械使用费。

**69.** 定额直接费由工人费、材料费和______费组成。

A. 施工机械使用费；　　B. 生产工具用具使用费；

C. 材料二次搬运费；　　D. 现场管理费。

**70.** 间接费包括：企业管理费、财务费用和______。

A. 现场管理费；　　B. 规费；　　C. 临时设施费；　　D. 教育费附加。

**71.** 根据全国统一建筑工程______定额，可查知各类防水工程定额直接费，然后根据各地取费标准、材料价差、税金等计算出防水工程总费用。

A. 基本；　　B. 常用；　　C. 基础；　　D. 一般。

**72.** 建筑工程______是在一定生产条件下，用科学的方法定出的生产质量合格的单位建筑产品所需要消耗的劳动力、材料、机械台班的数量标准。

A. 量；　　B. 投资；　　C. 施工标准；　　D. 定额

**73.** 建筑工程定额有预算定额、概算定额、______等。

A. 劳动定额；　　B. 材料定额；　　C. 机械台班定额；D. 生产定额。

**74.** 根据造成防水工程渗漏质量事故的分析可以看出，影响防水工程质量的因素很多，主要有设计、材料、施工、______等方面的原因。

A. 维修；　　B. 管理；　　C. 检查；　　D. 督促。

**75.** 在防水工程施工中，应对各种影响防水工程质量的原因进行分析，并提出对策，采取相应的______措施，以便有效地控制各道工序的质量，以确保防水工程的整体质量。

A. 管理；　　B. 检查；　　C. 技术；　　D. 施工。

**76.** 防水工程所用各类材料均应符合质量标准和______要求。

A. 施工；　　B. 领导要求；　　C. 选用；　　D. 设计。

**77.** 各细部构造处理均应达到______要求，不得出现渗漏现象。

A. 设计；　　B. 规范；　　C. 规定；　　D. 施工方案。

**78.** 卷材防水层，铺贴工艺应符合标准、规范规定和______要求，卷材搭接宽度准确，接缝严密。

A. 规范；　　B. 设计；　　C. 规定；　　D. 施工方案。

**79.** 平面、立面卷材及搭接部位卷材铺贴后，表面应______、无皱折、鼓泡、翘边现象，接缝牢固严密。

A. 平坦； B. 平缓； C. 平整； D. 整齐。

**80.** 涂膜防水层涂膜厚度必须达到标准、规范规定和______要求。

A. 规定； B. 施工方案； C. 行业； D. 设计。

**81.** 涂膜防水层不应有裂纹、脱皮、起鼓、薄厚不均或堆积、______以及皱皮等现象。

A. 露胎； B. 露底； C. 露筋； D. 结块。

**82.** 密封处理必须达到______要求，嵌填密实，表面光滑、平直、无开裂、翘边，无鼓泡、龟裂等现象。

A. 规定； B. 设计； C. 施工方案； D. 规范。

**83.** 除防水混凝土和防水砂浆的材料应符合标准规定外，外加剂及预埋件等均应符合有关标准和______要求。

A. 施工方案； B. 规定； C. 设计； D. 规范。

**84.** 防水混凝土必须密实，其______和抗渗等级必须符合设计要求和有关标准规定。

A. 特性； B. 性能； C. 抗压能力； D. 强度。

**85.** 刚性防水层的厚度应符合______要求，其表面应平整、不起砂，不出现裂缝。

A. 设计； B. 规定； C. 规范； D. 施工方案。

**86.** 细石混凝土防水层内的钢筋位置应准确，______做到平直、位置正确。

A. 沉降缝； B. 分格缝； C. 伸缩缝； D. 变形缝。

**87.** 地下防水工程施工缝和变形缝的止水片（带）、穿墙管件、支模铁件等设置和构造部位，必须符合______要求和有关规范规定，不得有渗漏现象。

A. 施工方案； B. 施工规范； C. 设计； D. 规定。

**88.** 平瓦屋面的基层应______、牢固，互片排列整齐、平直，搭接合理，接缝严密，不得有残缺瓦片。

A. 平坦； B. 平缓； C. 较平； D. 平整。

**89.** 防水材料的外观质量、规格和物理性能均应符合标准、规范的规定要求，并应对进场的材料进行______检验。

A. 抽样； B. 外观； C. 重量； D. 尺寸。

**90.** 板状保温材料，应抽样检查其密度、厚度、板的形状和______。

A. 尺寸； B. 强度； C. 宽度； D. 颜色。

**91.** 找平层和刚性防水层的平整度，用2m直尺检查，面层与直尺间的最大空隙不超过5mm；空隙应平缓变化，每米长度内不多于______处。

A. 一； B. 二； C. 三； D. 四。

**92.** 屋面工程、地下室工程等在施工中，应做______交接检查，未经检查验收的工程不得进行后续施工。

A. 分开； B. 分项； C. 分部； D. 分单元。

**93.** 防水层施工中，每一道防水层完成后，应由专人进行检查，______后方可进行下一道防水层的施工。

A. 验收；　　B. 总结；　　C. 合格；　　D. 清理。

**94.** 检验屋面有无渗漏水、积水，排水系统是否畅通，可在雨后或持续淋水______h以后进行。

A. 1；　　B. 2；　　C. 3；　　D. 4。

**95.** 检验厕浴间有无渗漏水现象，蓄水______h后进行检验。

A. 2；　　B. 8；　　C. 12；　　D. 24。

**96.** 各类防水工程的细部构造处理，各种接缝、保护层等均应做______检验。

A. 外观；　　B. 尺量；　　C. 目测；　　D. 宏观。

**97.** 涂膜防水的涂膜厚度检查，可用针刺法或仪器检测。每100m² 防水层面积不应少于一处，每项工程至少检测______处。

A. 一；　　B. 二；　　C. 三；　　D. 四。

**98.** 各种密封防水处理部位和地下防水工程，经检查______后方可隐蔽。

A. 验收；　　B. 合格；　　C. 清理；　　D. 整修。

**99.** 防水材料必须具备产品合格证，提供技术性能指标，施工单位应把好材料验收关，对照技术性能指标逐项检查验收，______时应抽样化验。

A. 有疑问；　　B. 无疑问；　　C. 必要；　　D. 一般情况。

**100.** 防水材料应存放在通风、阴凉的仓库里，并根据厂家提供的性能特征确定存放方式。材料应______堆放，避免混淆和用错。

A. 分开；　　B. 分别；　　C. 放稀；　　D. 分类。

**101.** 除了结构自防水外，其他各种防水层都是附着在结构层的。结构层的质量会影响找平层和防水层的质量，在施工过程中，要完成一层检查一层，一旦上面一层施工完成，很难整修下面一层。所以防水工程应逐层验收，建立______制度。

A. 工序交接检查；　　B. 自检；

C. 互检；　　D. 验收。

**102.** 凡出屋面的烟囱、排气孔、管道、墙等，均应在防水层施工前完成，并在其根部做好______处理。

A. 防水；　　B. 接缝搭接；　　C. 密封；　　D. 泛水。

**103.** 檐沟、天沟的排水坡度应考虑卷材附加层、落水口等的______。

A. 层数；　　B. 尺寸；　　C. 厚度；　　D. 宽度。

**104.** 施工记录要详尽记录施工实况，包括施工中遇到的问题和采取的______措施等。

A. 保险；　　B. 技术；　　C. 学习；　　D. 安全。

**105.** 各种屋面工程包括找坡层、保温层、找平层、防水层及保护层等，均为每100m² 抽查______处，每处10m²，且不得少于3处。

A. 1；　　B. 2；　　C. 3；　　D. 4。

**106.** 接缝密封防水，每______m应抽查一处，每处5m，且不得少于3处。

A. 50；　　B. 100；　　C. 60；　　D. 150。

**107.** 各种地下防水工程质量应按工程设计的防水______标准进行验收。

A. 等级；　　B. 规范；　　C. 施工；　　D. 操作。

**108.** 推行全面质量管理时，应该注意做到“三全、一多样”，即______、全员、全企业的质量管理；所运用的方法必须多种多样，因此制宜。

A. 全方位； B. 全过程； C. 全面； D. 全部。

**109.** 全面质量管理就是充分调动企业各部门和全体职工关心______的积极性。

A. 产量； B. 生产； C. 产品质量； D. 集体。

**110.** 实现全面质量管理，首先必须抓好全员的质量管理教育，加强职工的质量意识，牢固树立“质量______”的思想，促进职工自觉地参加质量管理的各项活动。

A. 第一； B. 第二； C. 第三； D. 第四。

**111.** 全面质量管理“排列图”法，是为寻找影响______的主要原因所使用的图。

A. 数量； B. 产量； C. 效果； D. 质量。

**112.** 产品质量在形成的过程中，一旦出现了问题，就要进一步寻找______，集思广益，再把分析的意见按其相互间的关系，用特定的形式反映在一张图上，就是因果图。

A. 问题； B. 原因； C. 对策； D. 办法。

**113.** “______，质量第一”是我国建筑施工企业多年来强调必须贯彻的方针。

A. 建筑施工； B. 建筑工程； C. 百年大计； D. 社会主义建设。

**114.** 房屋建筑构造中与防水密切相关的是______、主体结构的墙、装饰装修之地面、门窗和建筑屋面工程。

A. 基础； B. 基地； C. 底层； D. 地下结构。

**115.** 基础（地下工程）的变形缝、施工缝、诱导缝、后浇带、穿墙管、预埋件、桩头等细部构造，应加强______措施。

A. 保护； B. 防水； C. 施工； D. 技术。

**116.** 砖石等都是吸湿性材料，为了防止地下水或地表水利用墙体材料的毛细管作用侵入墙体，基础墙应设置______层。

A. 隔离层； B. 找平层； C. 防潮层； D. 保护层。

**117.** 当用防水砂浆作防潮层时，其厚度宜为______ mm。

A. 10； B. 20； C. 30； D. 40。

**118.** 伸缩缝的宽度一般为______ mm。

A. 10～20； B. 20～30； C. 30～40； D. 40～50。

**119.** 伸缩缝在建筑物的基础部分不断开，其余上部结构______断开。

A. 部分； B. 半； C. 全； D. 不。

**120.** 沉降缝在基础部分是______的。

A. 断开； B. 不断开； C. 半断开； D. 部分断开。

**121.** 为了防止相邻部位因沉降不均匀而造成建筑物断裂，必须设置沉降缝，使各自______沉降。

A. 独立； B. 互相； C. 能自由； D. 不能自由。

**122.** 有防水要求的楼面工程，在铺设找平层前，应对立管、套管和地漏与楼板节点之间进行______处理。

A. 防水； B. 施工； C. 堵缝； D. 密封。

**123.** 屋面防水找平层应设分格缝，缝宽宜为______ mm。

A. 10； B. 20； C. 30； D. 40。

**124.** 架空隔热屋面的坡度不宜大于______%。

A. 5；　　B. 6；　　C. 7；　　D. 8。

**125.** 蓄水屋面的坡度不宜大于______%。

A. 0.5；　　B. 0.6；　　C. 0.7；　　D. 0.8。

**126.** 种植屋面的排水层可用卵石或轻质陶粒。滤水层用______ $g/m^2$ 的聚酯无纺布。

A. 100～150$g/m^2$；　　B. 120～140$g/m^2$；

C. 125～165$g/m^2$；　　D. 130～170$g/m^2$。

**127.** 屋面工程应根据建筑物的性质、重要程度、使用功能要求，以及防水层的合理使用年限，按不同______进行设防。

A. 种类；　　B. 类别；　　C. 等级；　　D. 情况。

**128.** 建筑屋面防水等级的确定应准确，特别重要或对防水有特殊要求的建筑如国家级博物馆，应定为______级防水。

A. Ⅰ；　　B. Ⅱ；　　C. Ⅲ；　　D. Ⅳ。

**129.** 重要的建筑和高层建筑，如重要的博物馆，屋面防水等级应定为______级。

A. Ⅰ；　　B. Ⅱ；　　C. Ⅲ；　　D. Ⅳ。

**130.** 一般的建筑如住宅，一般的工业厂房、仓库等建筑，其屋面防水等级应定为______级。

A. Ⅰ；　　B. Ⅱ；　　C. Ⅲ；　　D. Ⅳ。

**131.** 非永久性建筑，如建筑工地上的临建办公楼、临时宿舍等，屋面防水等级为______级。

A. Ⅰ；　　B. Ⅱ；　　C. Ⅲ；　　D. Ⅳ。

**132.** Ⅰ级防水的设防要求为三道或三道以上的防水设防，防水层的合理使用年限为______年。

A. 25；　　B. 15；　　C. 10；　　D. 5。

**133.** Ⅱ级防水的设防要求为二道防水设防，防水层合理使用年限为______年。

A. 25；　　B. 15；　　C. 10；　　D. 5。

**134.** Ⅲ级防水的设防要求为一道防水设防，防水层的合理使用年限为______年。

A. 25；　　B. 15；　　C. 10；　　D. 5。

**135.** Ⅳ级防水设防要求为一道防水设防，防水层的合理使用年限为______年。

A. 25；　　B. 15；　　C. 10；　　D. 5。

**136.** 屋面防水，在材料选择方面，南方地区宜选用耐热度较高的材料，而北方地区则宜选用______较好的材料。

A. 柔性；　　B. 高分子类；　　C. 橡胶类；　　D. 树脂类。

**137.** 所谓______道防水设防，就是具有单独防水能力的一个防水层次。

A. 一；　　B. 二；　　C. 三；　　D. 四。

**138.** 对于重要和特别重要的建筑物要采取二道、三道或三道以上的防水设防，这就是______道设防。

A. 很多；　　B. 多；　　C. 几；　　D. 止水。

**139.** 地下工程防水设计原则是，定级______、方案可靠、施工简便、经济合理。

A. 确切；　　B. 正确；　　C. 准确；　　D. 差不多。

**140.** 防、排、截、堵相结合，刚柔相济，因地制宜，______治理的地下工程防水设计原则。

A. 混合；　　B. 结合；　　C. 合理；　　D. 综合。

**141.** 正确选用和合理使用防水材料是防水工程设计的______和必要手段。

A. 基本条件；　　B. 基本要求；　　C. 基本内容；　　D. 首要因素。

**142.** 地下工程和厕浴间防水均不宜选______溶性涂料。

A. 油；　　B. 水；　　C. SBS 可；　　D. APP 可。

**143.** 厕浴间、厨房等空间小，穿地地面的管道较多的防水材料宜选______。

A. 水泥砂浆；　　B. 密封膏；　　C. 涂料；　　D. 卷材。

**144.** 地基沉降大、结构变形大或有振动的车间等可能造成基层开裂的情况，应选择强度高、延伸率大的防水材料，如______卷材。

A. 沥青基防水；　　B. 高聚物改性沥青；

C. 塑料板防水；　　D. 三元乙丙橡胶。

**145.** 跨度小的Ⅲ级防水屋面可以选用______刚性防水层。

A. 细石混凝土；　　B. 水泥砂浆；　　C. 混凝土；　　D. 膨胀混凝土。

**146.** 屋面防水设计找平层的基层为装配式钢筋混凝土板时，板端、侧缝用细石混凝土灌缝，其强度等级不低于 C20；板缝宽度大于______ mm 或上窄下宽时，板缝内设构造钢筋；板端缝用建筑密封膏密封。

A. 40；　　B. 50；　　C. 55；　　D. 60。

**147.** 平屋面采用结构找坡时，找平层的排水坡度不应小于______%。

A. 1；　　B. 2；　　C. 3；　　D. 4。

**148.** 平屋面采用材料找坡时，找平层的排水坡度宜为______%。

A. 1；　　B. 2；　　C. 3；　　D. 4。

**149.** 天沟、檐沟纵向找坡，基坡度≥______%，沟底水落差不得超过 200mm。

A. 1；　　B. 2；　　C. 3；　　D. 4。

**150.** 屋面防水找平层与突出屋面的结构的交接处和基层的转角处做成圆弧形，圆弧半径当采用合成高分子卷材时，其半径为______ mm。

A. 10；　　B. 20；　　C. 30；　　D. 40。

**151.** 屋面防水找平层与突出屋面的结构的交接处和基层的转角处做成圆弧形，圆弧半径当采用高聚物改性沥青卷材时，其半径为______ mm。

A. 20；　　B. 30；　　C. 50；　　D. 100。

**152.** 屋面防水找平层与突出屋面的结构的交接处和基层的转角处做成圆弧形，圆弧半径当采用沥青防水卷材时，其半径为______ mm。

A. 20～50；　　B. 50～80；　　C. 80～100；　　D. 100～150。

**153.** 基层处理剂的选择应与卷材的材性______，基层处理剂涂刷在找平层上应均匀一致。

A. 相容；　　B. 相同；　　C. 一致；　　D. 不同。

**154.** 屋面防水Ⅰ级设防，采用合成高分子防水卷材其厚度不应小于______ mm。

A. 1.2；　　B. 1.5；　　C. 1.8；　　D. 1.0。

155. 屋面防水Ⅰ级设防，采用高聚物改性沥青防水卷材，其厚度不应小于______mm。

A. 1；　　B. 2；　　C. 3；　　D. 4。

156. 屋面防水Ⅱ级设防，采用合成高分子防水卷材，其厚度不应小于______mm。

A. 1；　　B. 1.2；　　C. 1.5；　　D. 1.8。

157. 屋面防水Ⅲ级设防，采用高聚物改性沥青防水卷材，其厚度不应小于______mm。

A. 1；　　B. 1.2；　　C. 3；　　D. 4。

158. 卷材在基层分格缝处空铺，宽度应为______mm。

A. 20；　　B. 50；　　C. 100；　　D. 150。

159. 屋面防水施工，当屋面坡度大于______%时，卷材应垂直屋脊铺贴，并采取机械固定，固定点处密封严密。

A. 25；　　B. 26；　　C. 27；　　D. 28。

160. 绿豆砂保护层，热玛琋脂粘结的沥青防水卷材用粒径为______、色浅、耐风化和颗粒均匀的绿豆砂密布，粘结牢固作保护层。

A. 2～3；　　B. 3～5；　　C. 5～7；　　D. 7～9。

161. 涂料保护层：用与卷材材性______、粘结力强和耐风化的浅色涂料涂刷一层作保护层。

A. 差异不大；　　B. 不同；　　C. 相容；　　D. 相同。

162. 块体材料保护层留设分格缝，分格缝面积不大于______$m^2$，分格缝宽20mm，建筑密封膏密封。

A. 50；　　B. 60；　　C. 80；　　D. 100。

163. 水泥砂浆、细石混凝土和块体保护层与______之间设隔离层。隔离材料可从蛭石、云母粉、细砂、塑料薄膜、纸筋灰、纸胎油毡中选一种。

A. 卷材；　　B. 保温层；　　C. 找平层；　　D. 基层。

164. 屋面防水设计，合成高分子防水涂料用于Ⅰ级防水设防，其厚度不应小于______mm。

A. 1.0；　　B. 1.2；　　C. 1.4；　　D. 1.5。

165. 屋面防水设计，合成高分子防水涂料用于Ⅲ级防水设防，其厚度不应小于______mm。

A. 1.0；　　B. 1.5；　　C. 1.8；　　D. 2.0。

166. 屋面防水设计，高聚物改性沥青防水涂料，用于Ⅳ级防水设防，其厚度不应小于______mm。

A. 1.0；　　B. 1.5；　　C. 1.8；　　D. 2.0。

167. 屋面防水设计，涂膜在分格缝处空铺，宽度为______mm。

A. 20；　　B. 50；　　C. 100；　　D. 150。

168. 刚性防水屋面设计，用于Ⅰ、Ⅱ级屋面防水时应与柔性材料配合使用，用于______屋面防水时可独立使用。

A. Ⅰ；　B. Ⅱ；　C. Ⅲ；　D. Ⅳ。

**169.** 刚性防水屋面设计，不适用设有松散材料保温层的屋面，受较大震动或冲击的屋面，坡度大于______%的屋面。

A. 10；　B. 15；　C. 20；　D. 25。

**170.** 隔气层在屋面与墙面连接处沿墙向上铺设，高出保温层上表面______ mm 以上。

A. 100；　B. 150；　C. 200；　D. 250。

**171.** 架空隔热层的高度可在 100～300mm 间，距山墙或女儿墙的距离不小于______ mm。

A. 100；　B. 150；　C. 200；　D. 250。

**172.** 蓄水屋面的设计，蓄水高度为______ mm。

A. 200～300；　B. 300～400；　C. 500～600；　D. 600～700。

**173.** 种植屋面设计，屋面坡度宜为______。

A. 1%～3%；　B. 3%～5%；　C. 5%～6%；　D. 6%～7%。

**174.** 瓦屋面设计，当平瓦、波形瓦屋面坡度大于 50%，油毡瓦屋面坡度大于______%时，应采取固定加固措施。

A. 25；　B. 30；　C. 50；　D. 55。

**175.** 天沟、檐沟增铺附加层，附加层可用卷材，也可用涂膜，附加层空铺，空铺宽度______ mm，收头处密封。

A. 100～200；　B. 200～300；　C. 300～400；　D. 400～500。

**176.** 泛水处铺设附加层，宽高各______卷材铺贴采用满粘法。

A. 150；　B. 200；　C. 250；　D. 300。

**177.** 水落口处应增铺附加层，周围直径 500mm 范围内坡度不小于______%。并用厚度不小于 2mm 的防水涂料或密封材料涂封。

A. 2；　B. 5；　C. 3；　D. 4。

**178.** 屋面留置的过水孔高度不应小于 150mm，宽度不应小于______ mm。

A. 100；　B. 150；　C. 200；　D. 250。

**179.** 伸出屋面管道的找平层应做成圆锥台。锥台台端管道留凹槽密封，增设防水附加层，防水层收头处应用金属箍箍紧，并用______材料封严。

A. 密封膏；　B. 水泥浆；　C. 水泥砂浆；　D. 防水卷材。

**180.** 屋面垂直______防水层应压在混凝土压顶圈下。

A. 门口；　B. 出入口；　C. 进出口；　D. 楼顶口。

**181.** 屋面水平______防水层应压在混凝土踏步下，防水层的泛水应设保护墙。

A. 门口；　B. 楼顶口；　C. 出入口；　D. 进出口。

**182.** 刚性防水层分格缝的宽度为______ mm，分格缝中嵌填密封材料，上部铺贴防水卷材。

A. 5～10；　B. 10～15；　C. 15～20；　D. 20～40。

**183.** 天沟、檐沟与屋面交接处，屋面保温层的铺设应延伸到墙内，其伸入的长度不应小于墙厚的______。

A. 1/2；　B. 1/3；　C. 1/4；　D. 1/5。

**184.** 蓄水屋面的溢水口的上部距分仓墙顶面为______mm。

A. 50；　B. 100；　C. 150；　D. 200。

**185.** 平瓦的瓦头挑出封檐板的长度为______mm。

A. 20～30；　B. 30～50；　C. 50～70；　D. 70～90。

**186.** 波形瓦、压型钢板檐口挑出的长度不小于______mm。

A. 50；　B. 100；　C. 150；　D. 200。

**187.** 烟囱与瓦屋面交接处在迎水面中部应抹出分水线，高出两侧为______mm。

A. 30；　B. 40；　C. 50；　D. 60。

**188.** 压型钢板屋面的泛水板与突出屋面的墙体搭接高度不应小于______mm，安装应平直。

A. 200；　B. 300；　C. 350；　D. 400。

**189.** 平瓦屋面的屋脊下端距坡面瓦的高度不宜大于______mm，脊瓦在两坡面瓦上的搭接宽度每边不小于40mm。

A. 120；　B. 100；　C. 80；　D. 90。

**190.** 处于腐蚀性介质中的地下工程，应采用耐侵蚀的______混凝土、防水砂浆、卷材或涂料等防水材料。

A. 抗渗；　B. 膨胀；　C. 普通；　D. 防水。

**191.** 处于冻土层中的混凝土结构，其混凝土抗冻融循环不得少于______次。

A. 100；　B. 90；　C. 80；　D. 70。

**192.** 防水混凝土的环境温度，不得高于______℃。

A. 90；　B. 80；　C. 100；　D. 110。

**193.** 防水混凝土结构裂缝宽度不得大于______mm，并不得贯通。

A. 0.25；　B. 0.30；　C. 0.2；　D. 0.5。

**194.** ______防水层可用于结构主体的迎水面防水，也可以用于背水面防水。

A. 金属板；　B. 防水卷材；　C. 防水涂料；　D. 水泥砂浆。

**195.** 聚合物水泥砂浆防水层厚度，单层施工宜为______mm。

A. 6～8；　B. 7～9；　C. 8～10；　D. 9～12。

**196.** 聚合物水泥砂浆防水层厚度，双层施工宜为______mm。

A. 8～10；　B. 10～12；　C. 12～14；　D. 14～16。

**197.** 地下工程防水设计，高聚物改性沥青防水卷材，双层使用时，总厚度不应小于______mm。

A. 2；　B. 4；　C. 6；　D. 8。

**198.** 地下工程防水设计，合成高分子防水卷材，双层使用时，总厚度不应小于______mm。

A. 1.2；　B. 1.8；　C. 2.0；　D. 2.4。

**199.** 地下工程防水设计，在转角处、阴阳角等特殊部位，应增贴1～2层相同的卷材，宽度不宜小于______mm。

A. 250；　B. 300；　C. 400；　D. 500。

**200.** 地下工程防水设计，潮湿基层宜选用与潮湿基面粘结力大的无机涂料或有机涂料，或采用先涂______类无机涂料而后涂有机涂料的复合涂层。

A. 水泥基； B. 水泥浆； C. 水泥砂浆； D. 防水砂浆。

**201.** 地下工程防水设计，冬季施工宜选用反应型涂料，如用水乳性涂料，温度不得低于______℃。

A. 0； B. 5； C. 2； D. 3。

**202.** 地下工程防水设计，水泥基防水涂料的厚度宜为______mm。

A. 1.0～1.1； B. 1.1～1.2； C. 1.2～1.5； D. 1.5～2.0。

**203.** 地下工程防水设计，水泥基渗透结晶型防水涂料的厚度不应小于______mm。

A. 0.4； B. 0.5； C. 0.6； D. 0.8。

**204.** 地下工程防水设计，塑料防水板防水层厚度宜为______mm。

A. 0.5～0.6； B. 0.6～0.8； C. 0.8～1.0； D. 1～2。

**205.** 无机高效防水粉是由水硬性无机胶凝材料与______调合后具防水防渗性能。

A. 汽油； B. 水； C. 柴油； D. 乳液。

**206.** 卷材防水屋面施工，空铺法适用于基层______过大、找平层的水蒸气难以由排气道排入大气的屋面，或用于埋压法施工的屋面。

A. 温度； B. 强度； C. 湿度； D. 鼓泡。

**207.** 点粘法铺贴防水卷材，要求每平方米面积内至少有______个粘结点，每点面积不小于100mm×100mm，卷材与卷材搭接缝应满粘。

A. 2； B. 3； C. 4； D. 5。

**208.** 卷材铺贴应遵守“先高后低、先远后近”的施工______。

A. 顺序； B. 方法； C. 方案； D. 原则。

**209.** 屋面坡度大于______%或受振动时，沥青防水卷材应垂直屋脊铺贴，高聚物改性沥青防水卷材和合成高分子防水卷材可平行或垂直屋脊铺贴。但上下层卷材不得相互垂直铺贴。

A. 15； B. 20； C. 25； D. 30。

**210.** 合成高分子防水卷材铺贴施工时，采用胶粘带满粘法铺贴，长边搭接宽度50mm，短边搭接宽度应为______mm。

A. 50； B. 100； C. 150； D. 80。

**211.** 慢挥发性冷底子油，喷涂在终凝前的水泥基层上干燥时间为______h。

A. 5～10； B. 5～12； C. 12～48； D. 48～60。

**212.** 快挥发性冷底子油，喷涂在终凝后的水泥基层上干燥时间为______h。

A. 2～4； B. 4～8； C. 1～2； D. 5～10。

**213.** 速干性冷底子油，涂刷在金属配件表面上干燥时间为______h。

A. 1； B. 2； C. 3； D. 4。

**214.** 热沥青玛琋脂使用时加热温度不应超过240℃，使用温度不宜低于______℃。

A. 110； B. 140； C. 150； D. 190。

**215.** 涂刷冷底子油的时间宜在卷材铺贴前______d内进行，等其表干不粘手后即可铺贴卷材。

A. 0.5； B. 1； C. 1～2； D. 2～3。

**216.** 为了便于掌握卷材铺贴的______、距离和尺寸，检查卷材有无弯曲，在正式铺贴前要进行试铺工作。

A. 方法； B. 步骤； C. 方向； D. 顺序。

**217.** 改性沥青防水卷材每平方米屋面铺设一层时需卷材______ $m^2$。

A. 1； B. 1.05； C. 1.1； D. 1.15～1.2。

**218.** 热熔法施工的关键是掌握好烘烤的______。

A. 温度； B. 热度； C. 时间； D. 方法。

**219.** 卷材与卷材搭接时要将上下搭接面同时烘烤，粘合后从搭接边缘要有______连续的沥青挤出来，边缘挤出的沥青要随时用小抹子压实。

A. 大量； B. 少量； C. 较多； D. 较少。

**220.** 冷粘法施工质量的关键是胶粘剂的质量。胶粘剂材料要求与沥青相容，剥离强度要大于______ N/10mm，耐热度大于85℃。

A. 5； B. 6； C. 7； D. 8。

**221.** 合成高分子防水卷材冷粘法施工，涂刷胶粘剂后，经静置______ min，待指触基本不粘手时，即可将卷材用纸筒芯卷好，就可进行铺贴。

A. 3～5； B. 5～10； C. 10～20； D. 20～25。

**222.** 合成高分子防水卷材自粘法施工时，搭接缝粘贴密实后，所有搭接缝均应用密封材料封边，宽度不少于______ mm。

A. 5； B. 10； C. 15； D. 20。

**223.** 卷材热风焊接法施工时，焊缝检查方法，可用5号注射针与压力表相接，将钓针扎于两个焊缝的中间，再用打气筒进行充气。当压力表达到0.15MPa时应停止充气，如保持压力时间不少于______ min，则说明焊接良好。

A. 0.5； B. 0.8； C. 1； D. 1.2。

**224.** 防水涂料抽样复验，应根据防水面积每______ $m^2$ 所耗用的防水涂料和胎体增强材料的数量为一个抽检单位的原则。

A. 1000； B. 500； C. 300； D. 100。

**225.** 防水涂料抽样复验，同一规格品种的防水涂料每______ t 为一批。

A. 1； B. 5； C. 8； D. 10。

**226.** 防水涂料抽样复验，胎体增强材料每______ $m^2$ 为一批。

A. 1000； B. 2000； C. 3000； D. 4000。

**227.** 溶剂型防水涂料施工气温宜为______℃。

A. −5～35； B. 0～35； C. 5～35； D. 10～35。

**228.** 水乳型防水涂料施工气温宜为______℃。

A. 0～35； B. 5～35； C. −5～35； D. 10～35。

**229.** 所谓薄质防水涂料是指设计防水涂膜厚度在______ mm以下的涂料。

A. 1； B. 2； C. 3； D. 4。

**230.** 厚质防水涂料的涂层厚度一般为______ mm，有纯涂层，也有铺衬一层胎体增强材料。

A. 3～4； B. 4～8； C. 5～6； D. 6～10。

**231.** 薄质防水涂料施工时，采用双组分涂料时，主剂和固化剂的混合偏差不得大于±______%。

A. 2；　　B. 3；　　C. 4；　　D. 5。

**232.** 防水涂料施工，基层处理剂若使用水乳型防水涂料，可用掺______乳化剂的水溶液或软化水将涂料稀释。

A. 0.2%～0.5%；　　B. 0.3%～0.6%；

C. 0.1%～0.4%；　　D. 0.4%～0.7%。

**233.** 高聚物改性沥青防水涂料也可用沥青溶液（即冷底子油）作为基层处理剂，或在现场以煤油：30号石油沥青＝______的比例配置而成的溶剂作为基层处理剂。

A. 80：20；　　B. 60：40；　　C. 50：50；　　D. 30：70。

**234.** 油膏稀释涂料，其浸润性和渗透性强，______基层处理剂，直接在基层上涂刷第一道涂料。

A. 可多刷；　　B. 可少刷；　　C. 可不刷；　　D. 可以刷。

**235.** 附加层涂膜伸入水落口、地漏杯的深度不少于______ mm。

A. 20；　　B. 30；　　C. 40；　　D. 50。

**236.** 在板端缝处，应设缓冲层，其宽度为______ mm的聚乙烯薄膜空铺在板端缝上，再增铺有胎体增强材料的空铺附加层。

A. 50～70；　　B. 70～150；　　C. 150～200；　　D. 200～300。

**237.** 涂料涂布应分条按顺序进行，______进行时，每条宽度应与胎体增强材料宽度相一致，以避免操作人员踩踏刚涂好的涂层。

A. 分条；　　B. 分开；　　C. 分流；　　D. 施工。

**238.** 防水涂料施工时，涂层间的接茬，在每遍涂刷时应退茬50～100mm，接茬时应超过______ mm，避免在搭接处发生渗漏。

A. 30～80；　　B. 50～100；　　C. 100～150；　　D. 150～200。

**239.** 防水涂料施工，所有收头均应用密封材料压边，压边宽度不得小于______ mm。

A. 15；　　B. 8；　　C. 10；　　D. 6。

**240.** 防水涂料施工，当采用二层胎体增强材料时，上下层不得相互垂直铺设，搭接缝应错开，其间距不应小于幅宽的______。

A. 1/5；　　B. 1/4；　　C. 1/2；　　D. 1/3。

**241.** 涂膜防水层的平均厚度应符合设计要求，最小厚度不应小于设计厚度的______%。

A. 80；　　B. 90；　　C. 70；　　D. 60。

**242.** 反应型和水乳型涂料贮运和保管环境温度不宜低于______℃。

A. 2；　　B. 5；　　C. 4；　　D. 3。

**243.** 溶剂型涂料贮运和保管环境温度不宜低于______℃。

A. －5；　　B. －1；　　C. 0；　　D. 1。

**244.** 涂膜防水层，采用水泥砂浆保护层其厚度不宜小于______ mm。

A. 14；　　B. 16；　　C. 18；　　D. 20。

**245.** 高聚物改性沥青防水涂料施工，涂层间夹铺胎体增强材料时，最上面的涂层厚度不应小于______ mm。

A. 1.0； B. 2.0； C. 1.2； D. 1.5。

**246.** 合成高分子防水涂料施工，在涂层间夹铺胎体增强材料时，位于胎体下面的涂层厚度不宜小于______ mm。

A. 1； B. 1.2； C. 1.5； D. 1.8。

**247.** 合成高分子防水涂料施工，在涂层间夹铺胎体增强材料时，最上层的涂层不应少于两遍，其厚度不应小于______ mm。

A. 0.5； B. 0.6； C. 0.7； D. 0.8。

**248.** 热熔型涂料施工环境气温不宜低于______℃。

A. －15； B. －10； C. －5； D. 0。

**249.** 合成高分子防水涂料施工，可采用涂刮或喷涂施工。当采用涂刮施工时，每遍涂刮的推进方向宜与前一遍相互______。

A. 依存； B. 垂直； C. 平行； D. 重叠。

**250.** 当屋面防水等级为Ⅰ级、Ⅱ级时，不宜采用______屋面。

A. 架空； B. 种植； C. 蓄水； D. 倒置式。

**251.** ______屋面不宜在寒冷地区、地震地区和振动较大的建筑物上采用。

A. 种植； B. 架空； C. 蓄水； D. 倒置式。

**252.** ______屋面应采用刚性防水层，或在卷材、涂膜防水层上再做刚性复合防水层。

A. 蓄水； B. 种植； C. 架空隔热； D. 倒置式。

**253.** 屋面的防水层应采用耐腐蚀、耐霉烂、______防植物根系穿刺、耐水性好的防水材料；卷材、涂膜防水层上部应设置刚性保护层。

A. 蓄水； B. 倒置式； C. 架空隔热； D. 种植。

**254.** 保温层设置在防水层______部时，保温层的上面应做保护层。

A. 中； B. 侧； C. 下； D. 上。

**255.** 保温层设置在防水层______部时，保温层的上面应做找平层。

A. 上； B. 下； C. 侧面； D. 中。

**256.** 当屋面宽度大于______ m时，架空屋面应设置通风屋脊。

A. 5； B. 10； C. 15； D. 20。

**257.** 蓄水屋面的坡度不宜大于______%。

A. 0.5； B. 0.6； C. 0.7； D. 0.8。

**258.** 蓄水屋面的蓄水深度宜为______ mm。

A. 100～150； B. 150～200； C. 200～250； D. 250～300。

**259.** 蓄水屋面泛水的防水层高度，应高出溢水口______ mm。

A. 100； B. 150； C. 200； D. 250。

**260.** 种植屋面防水层的高度要做到铺设种植土的部位上面______ mm处。

A. 50； B. 80； C. 100； D. 150。

**261.** 倒置式屋面的坡度不宜大于______%。

A. 1； B. 2； C. 3； D. 4。

**262.** 刚性防水层与山墙、女儿墙以及突出屋面结构的交接处______ 30mm缝隙，并应做柔性密封处理。

A. 应留；　　B. 宜留；　　C. 不应留；　　D. 不宜留。

**263.** 刚性防水层，天沟、檐沟应用水泥砂浆找坡，找坡厚度大于______ mm 时宜采用细石混凝土。

A. 30；　　B. 25；　　C. 18；　　D. 20。

**264.** 刚性防水层与山墙、女儿墙交接处，应留宽度为______ mm 的缝隙，应用密封材料嵌填。

A. 10；　　B. 15；　　C. 20；　　D. 30。

**265.** 细石混凝土防水层的厚度不应小于______ mm，并应配置直径为 4～6mm、间距为 100～200mm 的双向钢筋网片。

A. 20；　　B. 40；　　C. 30；　　D. 50。

**266.** 细石混凝土防水层内钢筋网片在分格缝处应断开，其保护层厚度不应小于______ mm。

A. 10；　　B. 15；　　C. 20；　　D. 25。

**267.** 刚性防水层的分格缝应设在屋面板的______、屋面转折处、防水层与突出屋面结构的交接处，并应与板缝对齐。

A. 顶端；　　B. 支撑端；　　C. 末端；　　D. 受力端。

**268.** 普通细石混凝土和补偿收缩混凝土防水层分格缝的宽度宜为______ mm，分格缝内应嵌填密封材料，上部应设置保护层。

A. 5～30；　　B. 6～32；　　C. 7～34；　　D. 8～35。

**269.** 刚性防水层与变形缝两侧墙体交接处应留宽度为______ mm 的缝隙，并应用密封材料嵌填。

A. 20；　　B. 25；　　C. 30；　　D. 35。

**270.** 屋面密封防水的接缝宽度不应大于 40mm，且不应小于______ mm。

A. 10；　　B. 15；　　C. 20；　　D. 25。

**271.** 天沟用金属板材制作时，应伸入屋面金属板材下不小于______ mm。

A. 50；　　B. 80；　　C. 100；　　D. 150。

**272.** 屋面金属板应伸入檐沟内，其长度不应小于______ mm。

A. 150；　　B. 100；　　C. 70；　　D. 50。

**273.** 屋面渗漏修缮工程应根据房屋防水等级、使用要求、渗漏现象及部位，查清渗漏原因，找准漏点，制定修缮______。

A. 方案；　　B. 方法；　　C. 方针；　　D. 原则。

**274.** 卷材防水层有规则裂缝，宜在缝内嵌填密封材料，缝上单边点粘宽度不应小于______ mm 卷材隔离层，面层应用宽度大于 300mm 卷材铺贴覆盖，其与原防水层有效粘结宽度不应小于 100mm。

A. 50；　　B. 100；　　C. 150；　　D. 200。

**275.** 采用密封材料维修卷材裂缝，应清除裂缝宽 50mm 范围卷材，沿着缝剔成宽 20～40mm，深为宽度的 0.5～0.7 倍的缝槽，清理干净后喷、涂基层处理剂并设置背衬材料，缝内嵌填密封材料且超出两侧不应小于______ mm，高出屋面不应小于 3mm，表面应呈弧形。

A. 20；　　B. 30；　　C. 15；　　D. 18。

**276.** 采用防水涂料维修裂缝，应沿裂缝清理面层浮灰、杂物，铺设两层带有胎体增强材料的涂膜防水层，其宽度不应小于______ mm，宜在裂缝与防水层之间设置宽度为100mm隔离层，接缝处应用涂料多遍涂刷封严。

A. 100；　　B. 200；　　C. 300；　　D. 400。

## 二、选择题答案

1. A　2. B　3. C　4. D　5. A　6. B　7. C　8. D　9. A
10. B　11. C　12. D　13. A　14. B　15. C　16. D　17. A　18. B
19. D　20. C　21. A　22. B　23. C　24. D　25. A　26. B　27. C
28. D　29. A　30. B　31. C　32. D　33. A　34. B　35. C　36. D
37. A　38. B　39. C　40. D　41. A　42. B　43. C　44. D　45. A
46. B　47. C　48. D　49. A　50. B　51. C　52. D　53. A　54. B
55. A　56. A　57. C　58. D　59. D　60. B　61. C　62. C　63. A
64. B　65. A　66. C　67. D　68. B　69. A　70. B　71. C　72. D
73. A　74. B　75. C　76. D　77. A　78. B　79. C　80. D　81. A
82. B　83. C　84. D　85. A　86. B　87. C　88. D　89. A　90. B
91. A　92. B　93. C　94. B　95. D　96. A　97. C　98. B　99. A
100. D　101. A　102. D　103. C　104. B　105. A　106. A　107. A　108. B
109. C　110. A　111. D　112. B　113. C　114. A　115. B　116. C　117. B
118. B　119. C　120. A　121. C　122. D　123. B　124. A　125. A　126. B
127. C　128. A　129. B　130. C　131. D　132. A　133. B　134. C　135. D
136. A　137. A　138. B　139. C　140. D　141. A　142. B　143. C　144. D
145. A　146. A　147. C　148. B　149. A　150. B　151. C　152. D　153. A
154. B　155. C　156. B　157. D　158. C　159. A　160. B　161. C　162. D
163. A　164. D　165. D　166. D　167. C　168. C　169. B　170. B　171. D
172. A　173. A　174. C　175. B　176. C　177. B　178. D　179. A　180. B
181. C　182. D　183. A　184. B　185. C　186. D　187. A　188. B　189. C
190. D　191. A　192. B　193. C　194. D　195. A　196. B　197. C　198. D
199. D　200. A　201. B　202. D　203. D　204. D　205. B　206. C　207. D
208. A　209. A　210. A　211. C　212. D　213. D　214. D　215. C　216. C
217. D　218. A　219. B　220. D　221. C　222. B　223. C　224. A　225. D
226. C　227. A　228. B　229. C　230. B　231. D　232. A　233. B　234. C
235. D　236. D　237. A　238. B　239. C　240. D　241. A　242. B　243. C
244. D　245. A　246. A　247. A　248. B　249. B　250. C　251. C　252. A
253. D　254. D　255. B　256. B　257. A　258. B　259. A　260. C　261. C
262. A　263. D　264. D　265. B　266. A　267. B　268. A　269. C　270. A

271. C　272. D　273. A　274. B　275. B　276. C

## 第三节　技师问答题

### 一、问答题

**1.** 在房屋建筑的主要构造中哪些构造与防水密切相关？
**2.** 基础墙防潮层的常用作法有哪些？
**3.** 何谓变形缝？
**4.** 屋面由哪些构造组成？请画图示意。
**5.** 什么是防水层的找平层？其作用是什么？
**6.** 防水层的找平层如何设置分格缝？
**7.** 常见防水屋面有哪几种？
**8.** 何谓图标？
**9.** 何谓比例？举例说明。
**10.** 常用的制图工具和仪器有哪些？
**11.** 房屋建筑施工图按专业可分为哪些？
**12.** 何谓建筑施工图？
**13.** 图纸目录包括哪些内容？
**14.** 屋面平面图主要表示哪些内容？
**15.** 识图要点有哪些？
**16.** Ⅰ级防水屋面应如何选用防水材料？
**17.** Ⅱ级防水屋面应如何选用防水材料？
**18.** Ⅲ级防水屋面应如何选用防水材料？
**19.** Ⅳ级防水屋面应如何选用防水材料？
**20.** 屋面防水等级设防要求是什么？
**21.** 屋面防水设计的综合治理原则是什么？
**22.** 屋面防水多道设防有什么好处？
**23.** 地下工程防水设计原则是什么？
**24.** 天沟、檐沟纵向坡度要求是什么？
**25.** 刚性保护层有哪些规定和要求？
**26.** 屋面卷材防水工程泛水防水构造防水层收头如何处理？
**27.** 屋面卷材防水工程变形缝防水构造作法是什么？
**28.** 屋面卷材防水层施工伸出屋面的管道防水构造作法是什么？
**29.** 屋面防水工程板缝密封防水作法是什么？
**30.** 屋面防水工程排汽管防水构造作法是什么？
**31.** 地下工程防水等级设防要求根据是什么？
**32.** 定额的分类按定额用途分可分哪几种？

33. 地下工程对潮湿基层应如何选用防水材料？

34. 建筑防水材料有哪六大类？

35. 石油沥青的基本性质是什么？

36. 沥青防水卷材按胎体材料不同可分为哪几个类型卷材？

37. 沥青防水卷材的外观质量要求有哪些？

38. 高聚物改性沥青防水卷材主要品种有哪些？

39. 高聚物改性沥青防水卷材的胎体主要有哪些？

40. 高聚物改性沥青防水卷材外观质量有什么要求？

41. 何谓沥青复合胎柔性防水卷材？

42. 何谓合成高分子防水卷材？

43. 合成高分子防水卷材的分类及常用产品有哪些？

44. 合成高分子防水卷材的外观质量要求是什么？

45. 三元乙丙橡胶防水卷材的含意是什么？

46. 三元乙丙橡胶防水卷材的特点是什么？

47. 三元乙丙橡胶防水卷材的厚度和宽度有哪些规格？

48. 防水涂料的优缺点是什么？

49. 何谓沥青基防水涂料？

50. 什么是高聚物改性沥青防水涂料？

51. 聚氨酯防水涂料的特点是什么？

52. 聚合物水泥防水涂料的适用范围有哪些？

53. 建筑密封材料如何分类？

54. 常用的合成高分子密封材料产品有哪几种？

55. 防水混凝土的定义是什么？

56. 防水混凝土通常可分为几种？

57. 防水砂浆通常可分为几种？

58. 常用的堵漏材料有哪些？

59. 屋面防水工程施工前应做好哪些技术准备？

60. 水箱水泥砂浆防水层施工工艺顺序是什么？

61. 对基层找平层的干燥程度简易测试方法是什么？

62. 空铺法的优缺点和适用范围是什么？

63. 卷材防水屋面施工顺序是什么？

64. 屋面坡度大于15%或受振动时，卷材铺贴方向是什么？

65. 卷材防水屋面基层与突出屋面结构的交接处，以及基层的转角处，均应做成圆弧，各类卷材的圆弧半径应是多少？

66. 卷材防水屋面卷材的铺贴方法应符合什么规定？

67. 卷材防水屋面采用基层处理剂时，其配制和施工有何规定？

68. 卷材防水屋面施工卷材搭接缝有何规定？

69. 怎样做好屋面设施的防水处理？

70. 卷材防水屋面施工，怎样做好排汽屋面？

**71.** 卷材防水屋面无组织排水檐口怎样做好防水处理?
**72.** 怎样做好水落口防水处理?
**73.** 怎样做好反梁过水孔的防水处理?
**74.** 采用叠层铺贴沥青防水卷材的粘贴层厚度是多少?
**75.** 如何做好水落口、天沟、檐沟、檐口及立面卷材收头施工?
**76.** 什么是冷底子油?
**77.** 沥青防水卷材铺贴有哪些规定?
**78.** 高聚物改性沥青防水卷材冷粘法铺贴应符合哪些规定?
**79.** 高聚物改性沥青防水卷材热粘法铺贴应符合哪些规定?
**80.** 高聚物改性沥青防水卷材热熔法铺贴应符合哪些规定?
**81.** 高聚物改性沥青防水卷材自粘法铺贴应符合哪些规定?
**82.** 合成高分子防水卷材冷粘法铺贴时，卷材搭接部位采用胶粘带如何施工?
**83.** 合成高分子防水卷材采用焊接法和机械固定法铺贴应符合哪些规定?
**84.** 涂膜防水屋面施工要做哪些技术准备工作?
**85.** 何谓薄、厚质防水涂料?举例说明。
**86.** 如何做好薄质防水涂料施工的收头处理?
**87.** 涂膜防水屋面需铺设胎体增强材料时，铺设方向和搭接如何进行施工?
**88.** 高聚物改性沥青防水涂料用于屋面Ⅱ级、Ⅲ级、Ⅳ级防水其厚度各应多少?
**89.** 合成高分子防水涂料用于屋面Ⅰ级、Ⅱ级、Ⅲ级防水，其厚度各应多少?
**90.** 高聚物改性沥青防水涂膜施工，屋面板缝如何进行防水处理?
**91.** 高聚物改性沥青防水涂膜施工应符合哪些规定?
**92.** 高聚物改性沥青防水涂膜不应在什么环境下施工?
**93.** 合成高分子防水涂膜施工，在涂层间夹铺胎体增强材料时，位于胎体下面、上面的涂层厚度各多少?
**94.** 刚性防水屋面适用哪些范围?
**95.** 刚性防水屋面防水层采用细石混凝土时，应如何选用水泥?
**96.** 防水层的细石混凝土中，如何选择粗细骨料?
**97.** 细石混凝土防水层的厚度和配筋有什么要求?
**98.** 刚性防水屋面防水层的分格缝如何设置?
**99.** 屋面刚性防水层与变形缝交接处应如何做好防水处理?
**100.** 伸出屋面管道与刚性防水层交接处应如何做好防水处理?
**101.** 屋面接缝密封防水适用范围有哪些?
**102.** 密封防水部位的基层应符合哪些要求?
**103.** 屋面接缝密封防水所采用的背衬材料应具备哪些特性?
**104.** 采用的密封材料应具有哪些特性?
**105.** 进场的改性石油沥青密封材料抽样复验应符合哪些规定?
**106.** 进场的合成高分子密封材料抽样复验应符合哪些规定?
**107.** 接缝密封应如何选择背衬材料?
**108.** 改性石油沥青密封材料防水施工应符合哪些规定?

109. 架空屋面的设计应符合哪些规定?
110. 瓦屋面适用范围有哪些?
111. 瓦屋面的坡度多少为宜?
112. 平瓦屋面的基层如何作防水处理?
113. 平瓦屋面泛水防水作法有何要求?
114. 油毡瓦屋面如何铺设脊瓦?
115. 油毡瓦屋面施工，怎样做好屋面与突出屋面结构的交接处防水处理?
116. 金属板材屋面施工，怎样做好天沟、檐沟、檐口、山墙防水作法?
117. 什么是施工组织设计?
118. 施工组织设计如何分类? 其相互关系是什么?
119. 施工组织总设计的主要内容是什么?
120. 单项工程施工组织设计的主要内容有哪些?
121. 分部(分项)工程施工作业设计的主要内容是什么?
122. 单项工程施工方案的主要内容是什么?
123. 防水工程施工方案编制的重要性是什么?
124. 防水施工方案的编制内容是什么?
125. 防水施工专业化与管理方面，目前有哪些新的制度和做法?
126. 防水施工专业队组有哪些管理制度?
127. 怎样做好技术交底工作?
128. 防水工程的施工验收，资料方面包括哪些内容?
129. 防水工程的施工验收，实物方面包括哪些内容?
130. 建筑(装饰)安装工程费用由哪些项目构成?
131. 直接工程费包括哪些项目?
132. 其他直接费包括哪些项目?
133. 防水工程基层质量要求是什么?
134. 防水工程细部构造质量要求是什么?
135. 防水工程卷材防水层质量要求是什么?
136. 防水工程涂膜防水层质量要求是什么?
137. 防水工程刚性防水质量要求是什么?
138. 高聚物改性沥青防水卷材抽样检验项目有哪些?
139. 防水涂料抽样检验项目有哪些?
140. 密封材料抽样检验项目有哪些?
141. 什么是全面质量管理?
142. 全面质量管理的方法有哪些?
143. 为什么防水层施工前要涂刷冷底子油?
144. 什么是蠕变性自粘防水卷材?
145. 什么是金属防水卷材? 有何优点?
146. 涂膜防水工程由哪些材料组成的?
147. 什么是水乳型三元乙丙橡胶防水涂料?

**148.** 涂膜防水层加设胎体增强材料有什么好处？

**149.** 建筑定型密封材料的共同特点是什么？

**150.** 止水带的种类和用途有哪些？

**151.** 地下防水工程分项工程包括哪些？

**152.** 为什么防水混凝土施工配合比设计的抗渗等级要比设计等级提高一级？

**153.** 防水混凝土结构底板的混凝土垫层厚度和强度为什么要提高？

**154.** 防水混凝土的配合比设计应符合什么规定？

**155.** 地下室施工缝留置形式为什么以平缝为主？

**156.** 什么是混凝土界面处理剂？

**157.** 穿过防水混凝土的固定模板用螺栓防水应怎么处理？

**158.** 防水混凝土施工质量检验数量是怎么规定的？

**159.** 防水混凝土质量检验主控项目有哪些？

**160.** 防水混凝土质量检验一般项目有哪些？

**161.** 水泥砂浆防水层所用的材料应符合哪些规定？

**162.** 水泥砂浆防水层的基层质量应符合什么要求？

**163.** 水泥砂浆防水层施工应符合哪些要求？

**164.** 地下防水工程卷材防水层完工并经验收合格后应及时做保护层，保护层应符合哪些规定？

**165.** 地下防水工程防水涂料在不同防水等级所应达到的厚度是多少？

**166.** 地下工程防水涂料防水层施工应符合哪些规定？

**167.** 地下防水工程涂料防水层质量检验一般项目有哪些？

**168.** 塑料板防水层的铺设应符合哪些规定？

**169.** 塑料板防水层的施工质量检验数量应是多少？

**170.** 地下防水工程塑料板防水层质量检验主控项目是什么？

**171.** 金属板防水层的施工质量检验数量应是多少？

**172.** 地下防水工程变形缝的防水施工有哪些规定？

**173.** 地下防水工程施工缝的防水施工应符合哪些规定？

## 二、问答题答案

**1.** 在房屋建筑的主要构造中与防水有密切相关的构造有基础、主体结构的墙、装饰装修之地面、门窗和建筑屋面工程。

**2.** 基础墙防潮层的常用作法是：在室内地坪下一皮砖处，用掺适量防水剂的1∶2.5水泥砂浆或沥青油毡或乳化沥青，沿外墙及内墙的水平灰缝做防潮层。

**3.** 变形缝将建筑物分成几个相对独立的部分，使各部分能相对自由变形，而不致影响整个建筑物。

**4.** 屋面的构造主要由结构层、找平层、保温层、隔汽层、防水层、保护层、通风隔热层等组成。见图4-3-1。

**5.** 找平层是为保证结构层或保温层上表面光滑、平整、密实并具有一定强度而设置的，其作用是为隔离层、保温层或防水层的铺设提供良好的基层条件，排水坡度应符合设计要求。

**6.** 找平层应设分格缝，缝宽宜为 20mm，缝内嵌填密封材料；分格缝应留设在板的支承处，其纵横的最大间距：采用水泥砂浆或细石混凝土找平层时，不宜大于 6m；采用沥青砂浆找平层时，不宜大于 4m。

**7.** 常见防水屋面有：卷材防水屋面、涂膜防水屋面、刚性防水屋面、瓦屋面（平瓦屋面、油毡瓦屋面、金属板材屋面）、隔热屋面（架空隔热屋面、蓄水屋面、种植屋面）。

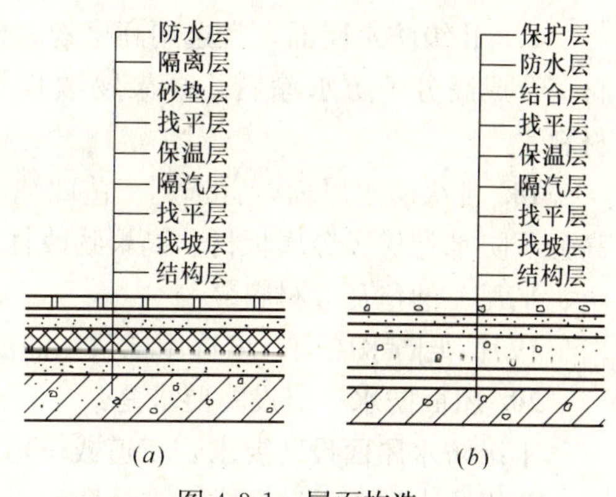


图 4-3-1 屋面构造

(*a*) 柔性防水屋面；(*b*) 刚性防水屋面

**8.** 图标的含意是，建筑工程图应有工程名称、设计单位名称、图名、图号及设计人、绘图人、审核人等，把这些列表放在图样的右下角，称图样题栏，简称图标。图标的长边为 180mm、短边可采用 30mm、40mm、50mm。

**9.** 比例，在图样上的比例是实物在图样上与实物的实际长度之比，也就是图形与实物相对应的线性尺寸之比。例如某一实物长度为 1m，即 100cm，如果在图样上画成 10cm，那就在图样上缩小了 10 倍，即 1∶10。

**10.** 常用的制图工具和仪器有：铅笔、图板、丁字尺、三角板、比例尺、圆规、直线笔、绘图墨水笔等。

**11.** 房屋建筑施工图按专业分为：建筑施工图、结构施工图、给水排水施工图、暖通空调施工图、电气施工图、设备施工图等，简称为建施、结施、水施、暖施、电施、设施等。

**12.** 建筑施工图表示新建筑物的内部各层平面布置，各个方向的立面造型、屋顶平面、内外装修和细部构造等。

**13.** 图纸目录包括各类各张图的名称、内容、图号。

**14.** 屋面平面图主要表示屋面建筑物的位置、构造、屋面的坡度、排水方法、屋面结构剖面、各层做法以及女儿墙、变形缝、挑檐的构造做法等。

**15.** 识图要点有以下七点：

1）识图要循序渐进；

2）要记住重要部位的尺寸；

3）弄清楚各图之间的关系；

4）抓住关键；

5）要了解建筑物的主要特点；

6）进行图表对照；

7）注意三个结合。一是将建筑施工图与结构施工图结合起来看，二是将室内与室外图结合起来看，三是将土建图与安装图结合起来看，这样才能全面理解整套图纸，避免遗漏、矛盾，造成返工修理。

**16.** Ⅰ级防水屋面，宜选用合成高分子防水卷材、高聚物改性沥青防水卷材、金属板材、合成高分子防水涂料、细石混凝土等材料。

**17.** Ⅱ级防水屋面，宜选用高聚物改性沥青防水卷材、合成高分子防水卷材、金属板材、合成高分子防水涂料、高聚物改性沥青防水涂料、细石混凝土、平瓦、油毡瓦等材料。

**18.** Ⅲ级防水屋面，宜选用三毡四油沥青防水卷材、高聚物改性沥青防水卷材、合成高分子防水卷材、金属板材、高聚物改性沥青防水涂料、合成高分子防水涂料、细石混凝土、平瓦、油毡瓦等材料。

**19.** Ⅳ级防水屋面，可选用二毡三油沥青防水卷材、高聚物改性沥青防水涂料。

**20.** 屋面防水等级设防要求是：

Ⅰ级防水屋面设防要求，三道或三道以上防水设防；

Ⅱ级防水屋面设防要求，二道防水设防；

Ⅲ级防水屋面设防要求，一道防水设防；

Ⅳ级防水屋面设防要求，一道防水设防。

**21.** 建筑屋面工程防水设计时，不仅要考虑建筑物的性质、重要程度和使用功能要求确定防水等级和屋面作法，同时还要按照不同地区的自然条件、防水材料情况、经济技术水平和其他特殊要求等，综合考虑其屋面的防水设防等级、屋面形式、防水构造、防水材料的选用，这就是屋面防水设计的综合治理原则。

**22.** 多道设防能充分发挥每一道防水设防的作用，当一道防水设防失败后还有第二道、第三道，甚至更多道防水设防起到防水作用，确保防水层的防水功能；上面的一道防水设防是下面一道设防的保护层，可以充分保护下层的防水设防材料不加速老化，保证使用年限。

**23.** 地下工程防水设计原则是：定级准确、方案可靠、施工简便、经济合理。

**24.** 天沟、檐沟纵向坡度要求是纵向找坡为≥1%，沟底水落差不得超过 200mm。

**25.** 刚性保护层规定和要求：

1）水泥砂浆保护层厚 20mm，按不大于 6m×6m 设分格缝，建筑密封膏密封；

2）细石混凝土（宜掺微膨胀剂）保护层厚 30mm，设分格缝，间距不大于 6m×6m，建筑密封膏密封。

3）块体材料保护层留设分格缝，分格缝面积不大于 $100m^2$，分格缝宽 20mm，建筑密封膏密封。

**26.** 屋面防水工程泛水防水构造防水层收头处理：

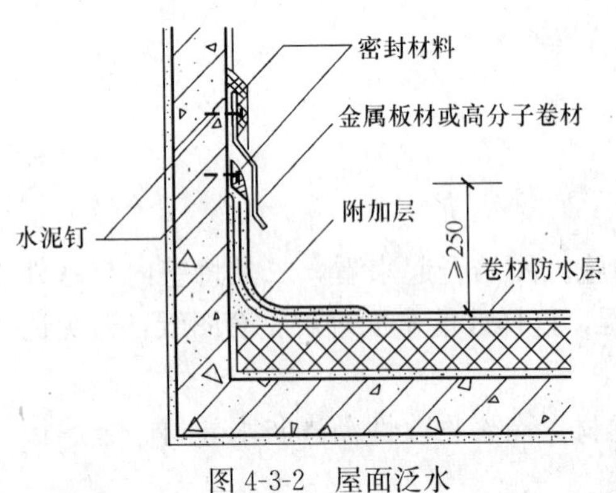

图 4-3-2　屋面泛水

1）当墙体为砖墙时，防水层直接铺在女儿墙压顶下，压顶做防水处理；

2）也可在砖墙上留凹槽，卷材收头压入凹槽内固定密封，泛水高度 250mm，凹槽上部墙体用水泥砂浆做防水处理；

3）墙体为混凝土时，卷材收头采用金属或塑料压条钉压，并用密封材料封固；

4）刚性防水层与女儿墙、山墙交接处，留宽度为 30mm 的缝隙，并用密封材料嵌填；泛水处铺设卷材或涂膜附加层，并进行收头处理。

见图 4-3-2。

**27.** 屋面变形缝防水构造。变形缝内填充泡沫塑料或沥青麻丝，上部填放衬垫材料，并用卷材封盖，顶部加扣混凝土盖板或金属盖板。见图 4-3-3。

**28.** 伸出屋面的管道防水构造作法：伸出屋面管道的找平层应做成圆锥台，锥台上端管道留凹槽密封，增设防水附加层，防水层收头处应用金属箍箍紧，并用密封材料封严见图 4-3-4。

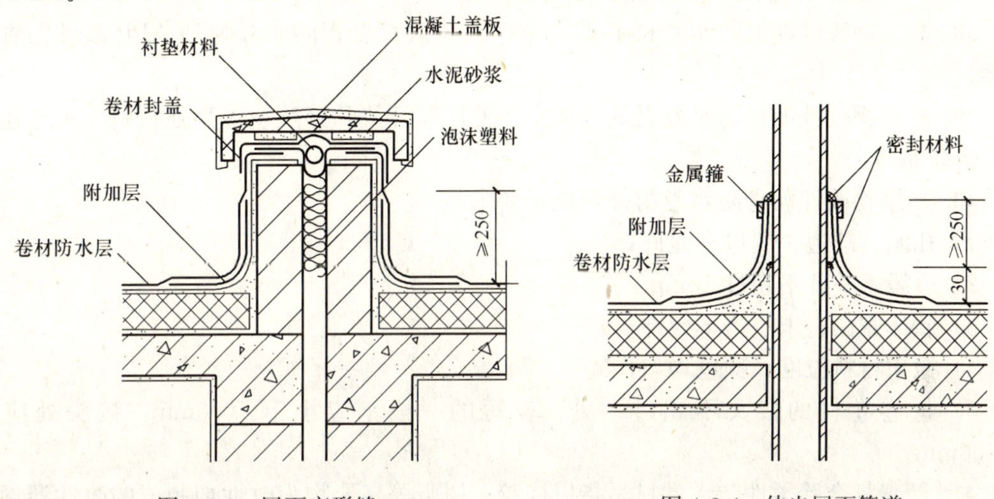


图 4-3-3　屋面变形缝　　　　图 4-3-4　伸出屋面管道

**29.** 板缝密封防水作法：结构层板缝中下部浇灌细石混凝土，上部应衬塑料泡沫棒做背衬材料，再嵌填密封材料，并设置保护层。

**30.** 排汽管防水构造作法：排汽屋面上的排汽管设在结构层上，穿过保温屋面的管壁应打排汽孔。见图 4-3-5、图 4-3-6。

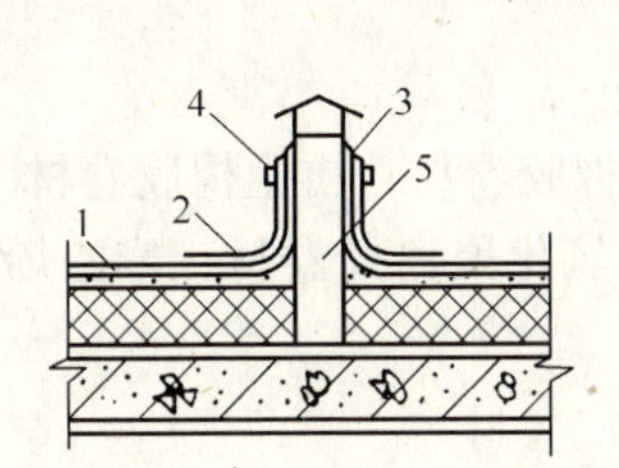


图 4-3-5　排汽出口构造

1—防水层；2—附加防水层；3—密封材料；

4—金属箍；5—排汽管

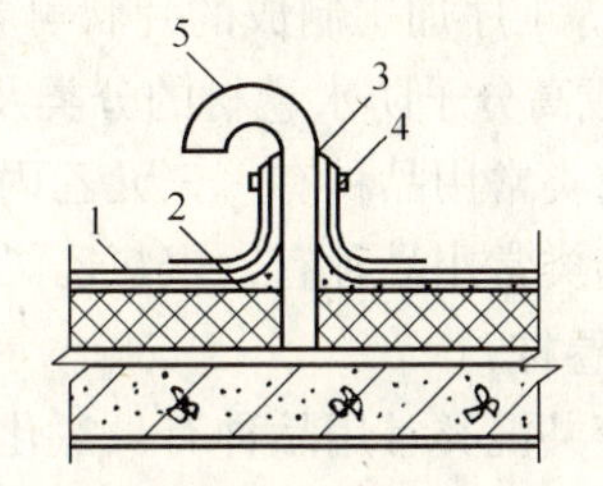


图 4-3-6　排汽出口构造

1—防水层；2—附加防水层；3—密封材料；

4—金属箍；5—排汽管

**31.** 地下工程的防水要求，应根据使用功能、结构形式、环境条件、施工方法及材料性能等因素合理确定。

**32.** 定额的分类按定额用途分可分为预算定额、概算定额、概算指标。

**33.** 潮湿基层宜选用与潮湿基层面粘结力大的无机涂料或有机涂料，或采用先涂水泥基类无机涂料而后涂有机涂料的复合涂层。

**34.** 建筑防水材料可分成六大类：防水卷材、防水涂料、防水密封材料、刚性防水材料、堵漏止水材料、瓦类防水材料。

**35.** 石油沥青的基本性质有粘滞性（稠度）、塑性、温度稳定性。

**36.** 沥青防水卷材按胎体材料不同可分为：石油沥青纸胎油毡、玻璃布胎沥青油毡、玻纤毡胎沥青油毡、黄麻胎沥青油毡、铝箔胎沥青油毡。

**37.** 沥青防水卷材外观质量要求是：①孔洞、硌伤、露胎、涂盖不均不允许；②折纹、抗皱距卷芯 1000mm 以外，长度不应大于 100mm；③裂纹距卷芯 1000mm 以外，长度不应大于 100mm；④裂口、缺边，边缘裂口小于 20mm；缺边长度小于 50mm；深度小于 20mm；⑤接头不超过一处，较短的一段不应小于 2500mm；接头处应加长 150mm。

**38.** 高聚物改性沥青防水卷材主要品种有 SBS 改性沥青防水卷材和 APP 改性沥青防水卷材。

**39.** 高聚物改性沥青防水卷材的胎体主要使用玻纤毡和聚酯毡等高强材料。另外还有聚乙烯膜胎体。

**40.** 高聚物改性沥青防水卷材外观质量要求是：

1）孔洞、缺边、裂口不允许；

2）边缘不整齐不超过 10mm；

3）胎体露白、未浸透不允许；

4）撒布材料粒度、颜色均匀；

5）每卷卷材的接头不超过一处，较短的一段不应小于 1000mm，接头处应加长 150mm。

**41.** 沥青复合胎柔性防水卷材是指以橡胶、树脂等高聚物为改性剂制成的改性沥青为基料，以两种材料复合毡为胎体，细砂、矿物粒（片）料、聚酯膜、聚乙烯膜等为覆盖材料，以浸涂、滚压工艺而制成的防水卷材。

**42.** 合成高分子防水卷材是以合成橡胶、合成树胎或它们两者的共同体系为基料，加入适量的化学助剂和填充料等，经过橡胶或塑料加工工艺，如经塑炼、混炼、挤出成型、硫化、定型等工序加工制成的片状可卷曲的卷材。

**43.** 合成高分子防水卷材的分类及常见产品有：

1）橡胶类常用品种有：三元乙丙橡胶卷材；丁基橡胶卷材；再生橡胶卷材。

2）树脂类常用品种有：聚氯乙烯（PVC）卷材；氯化聚乙烯卷材；聚乙烯卷材；氯磺化聚乙烯卷材。

3）橡胶共混类常用品种有：氯化聚乙烯—橡胶共混卷材。

**44.** 合成高分子防水卷材的外观质量要求是：

1）折痕：每卷不超过 2 处，总长度不超过 20mm；

2）杂质：大于 0.5mm 颗粒不允许，每 $1m^2$ 不超过 $9mm^2$；

3）胶块：每卷不超过 6 处，每处面积不超过 $4mm^2$；

4）凹痕：每卷不超过 6 处，深度不超过本身厚度的 30%，树脂类深度不超过 15%；

5）每卷卷材的接头：橡胶类每 20m 不超过 1 处，较短的 1 段不应小于 3000mm，接头处应加长 150mm；树脂类 20m 长度内不允许有接头。

**45.** 三元乙丙橡胶防水卷材的定义是以乙烯、丙烯和任何一种非共轭二烯烃（如双环戊二烯）三种单体共聚合成的三元乙丙橡胶为主体，掺入适量的丁基橡胶、硫化剂、促进剂、软化剂、补强剂和填充剂等，经过配料、密炼、拉片、过滤、挤出（或压延）成型、硫化、检验、分卷、包装等工序，加工制成的高档防水材料。

**46.** 三元乙丙橡胶防水卷材的特点：耐老化性强、耐化学性强、优异的耐低温和耐高温性能、优异的耐绝缘性能、拉伸强度高，施工方便，不污染环境，不受施工环境条件限制。

**47.** 三元乙丙橡胶防水卷材的厚度和宽度的规格有：

1）厚度：有1.0mm、1.2mm、1.5mm、1.8mm、2.0mm五种；

2）宽度：有1.0m、1.1m、1.2m三种。

每卷长度为20m以上。

**48.** 防水涂料的优缺点是：

1）优点：

①适合于形状复杂、节点繁多的作业面；

②整体性好，可形成无接缝的连续防水层；

③冷施工，操作方便；

④易于对渗漏点作出判断和维修。

2）缺点：

①膜层厚度不一致；

②涂膜成型受环境温度制约；

③膜层的力学性能受成型环境的温度和湿度影响。

**49.** 沥青基防水涂料是以石油沥青为基料，掺加无机填料和助剂而制成的低档防水涂料。

**50.** 高聚物改性沥青防水涂料的定义是，通常用再生橡胶、合成橡胶、SBS或树脂对沥青进行改性而制成的溶剂型或水乳型涂膜防水材料。

**51.** 聚氨酯防水涂料的特点是，具有橡胶状弹性，延伸性好，抗拉强度和抗撕裂强度高；具有良好的耐酸、耐碱、耐腐蚀性；施工操作简便，对于大面积施工部位或复杂结构，可实现整体防水涂层。

**52.** 聚合物水泥防水涂料的适用范围有，可在潮湿或干燥的各种基面上直接施工；用于各种新旧建筑物及构筑物防水工程；调整液料与粉料比例为腻子状，也可作为粘结、密封材料。

**53.** 建筑密封材料按其外观形状可分为定形密封材料与不定型密封材料；按其基本原料主要分为改性沥青密封材料和高分子密封材料。

**54.** 常用的合成高分子密封材料产品有：

1）水乳型丙烯酸建筑密封膏；

2）聚氨酯建筑密封膏；

3）聚硫建筑密封膏；

4）硅酮建筑密封膏。

**55.** 防水混凝土是以调整混凝土配合比，掺加外加剂或使用膨胀剂，提高混凝土自身的密实性、憎水性、抗渗性，使其满足抗渗压力大于0.6MPa的不透水性混凝土。

**56.** 防水混凝土通常可分为：普通防水混凝土、外加剂防水混凝土、膨胀剂防水混凝土。

**57.** 防水砂浆通常可分为：普通防水砂浆、防水剂防水砂浆和聚合物防水砂浆。

**58.** 常用堵漏材料有以下几种：

1）堵漏剂：

①水玻璃；

②防水室、堵漏灵、堵漏能、确保时；

③水不漏。

2）灌浆材料：

①聚氨酯灌浆材料；

②丙凝；

③环氧树脂灌浆材料；

④水泥类灌浆材料。

**59.** 屋面防水工程施工前应做好以下技术准备：

1）学习设计图纸；

2）编制施工方案；

3）确定施工中的检验程序；

4）做好施工记录；

5）做好技术交底。

**60.** 水箱水泥砂浆防水层施工工艺顺序见图4-3-7。

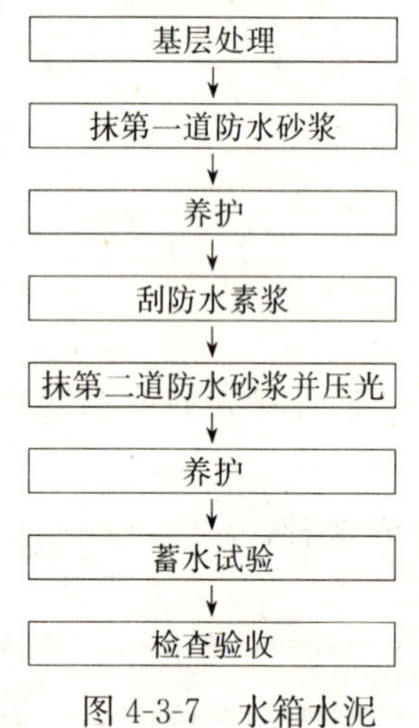


图4-3-7　水箱水泥砂浆防水层施工工艺顺序

**61.** 屋面防水基层找平层干燥程度的简易测试方法是，裁剪一块1m×1m的防水卷材，平铺在找平层上，过3～4h后揭开卷材，如找平层上没有明显的湿印，即可认为含水率合格；如有明显的湿印甚至有水珠出现，说明基层含水率太高，不宜铺设卷材。

**62.** 防水卷材空铺法的优缺点是，空铺法可使卷材与基层之间互不粘结，减少了基层变形对防水层的影响，有利于解决防水层开裂、起鼓等问题；但是对于叠层铺设的防水层由于减少了一油，降低了防水功能，如果一旦渗漏，不容易找到渗漏点。

空铺法适用于基层湿度过大、找平层的水蒸气难以由排气道排入大气的屋面，或用于埋压法施工的屋面。

**63.** 卷材防水屋面施工顺序是，“先高后低，先远后近”。

**64.** 屋面坡度大于15%或受振动时卷材铺贴方向是，沥青防水卷材应垂直屋脊铺贴，高聚物改性沥青防水卷材和合成高分子防水卷材可平行或垂直屋脊铺贴。但上下层卷材不得相互垂直铺贴。

**65.** 卷材防水屋面基层与突出屋面结构的交接处，以及基层的转角处均应做成圆弧，各类卷材圆弧半径尺寸如下：

1）沥青防水卷材，圆弧半径为100～150mm；

2）高聚物改性沥青防水卷材，圆弧半径为50mm；

3）合成高分子防水卷材，圆弧半径为20mm。

**66.** 卷材的铺贴方法应符合下列规定：

1）卷材防水层上有重物覆盖或基层变形较大时，应优先采用空铺法、点粘法、条粘法或机械固定法，但距屋面周边800mm内以及叠层铺贴的各层卷材之间应满粘；

2）防水层采取满粘法施工时，找平层的分格缝处宜空铺，空铺宽度宜为100mm；

3）卷材屋面的坡度不宜超过25%，当坡度超过25%时应采取防止卷材下滑的措施。

**67.** 卷材防水屋面采用基层处理剂时，其配制与施工应符合下列规定：

1）基层处理剂的选择应与卷材的材性相容；

2）喷、涂基层处理剂之前，应用毛刷对屋面节点、周边、转角等处先行涂刷；

3）基层处理剂可采取喷涂法或涂刷法施工。喷、涂应均匀一致，待其干燥后应及时铺贴卷材。

**68.** 卷材防水屋面施工，铺贴卷材应采用搭接法，其规定如下：

1）平行于屋脊的搭接缝，应顺流水方向搭接；

2）垂直屋脊的搭接缝，应顺年最大频率风向搭接；

3）叠层铺贴的各层卷材，在天沟与屋面的交接处，应采用叉接法搭接，搭接缝应错开；

4）搭接缝宜留在屋面或天沟侧面，不宜留在沟底。

**69.** 屋面设施的防水处理做法如下：

1）设施基座与结构层相连时，防水层应包裹设施基座的上部，并在地脚螺栓周围做密封处理。

2）在防水层上放置设施时，设施下部的防水层应做卷材增强层，必要时应在其上浇筑细石混凝土，其厚度不应小于50mm；

3）需经常维护的设施周围和屋面出入口至设施之间的人行道应铺设刚性保护层。

**70.** 排汽屋面作法如下：

1）找平层设置的分格缝可兼作排汽道；铺贴卷材时宜采用空铺法、点粘法、条粘法。

2）排汽道应纵横贯通，并同与大气连通的排汽管相通；排汽管可设在檐口下或屋面排汽道交叉处。

3）排汽道应纵横设置，间距宜为6m。屋面面积每36m$^2$宜设置一个排汽孔，排汽孔应做防水处理。

4）在保温层下也可铺设带支点的塑料板，通过空腔层排水、排汽。

**71.** 无组织排水檐口防水做法是，檐口800mm范围内的卷材应采用满粘法，卷材收头应固定密封。檐口下端应做滴水处理见图4-3-8。

**72.** 水落口防水处理如下：

1）水落口宜采用金属或塑料制品。

2）水落口埋设标高，应考虑水落口设防时增加的附加层和柔性密封层的厚度及排水坡度加大的尺寸。

3）水落口周围直径500mm范围内坡度不应小于5%，并应用防水涂料涂封，其厚度不应小于2mm。水落口与基层接触处应留宽20mm、深20mm凹槽，嵌填密封材料。

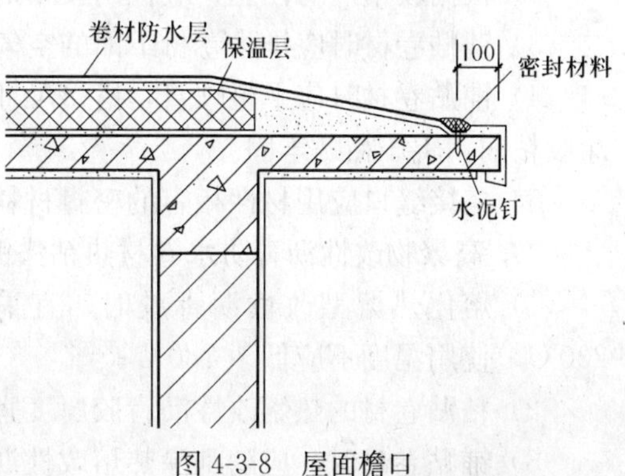

图4-3-8　屋面檐口

**73.** 反梁过水孔的防水处理作法如下：

1）根据排水坡度要求留设反梁过水孔，图纸应注明孔底标高；

2）留置的过水孔高度不应小于150mm，宽度不应小于250mm，采用预埋管道时其管径不得小于75mm；

3）过水孔可采用防水涂料、密封材料防水。预埋管道两端周围与混凝土接触处应留凹槽，并用密封材料封严。

**74.** 采取叠层铺贴沥青防水卷材的粘贴层厚度是：热玛琋脂宜为1～1.5mm，冷玛琋脂宜为0.5～1mm；面层厚度：热玛琋脂宜为2～3mm，冷玛琋脂宜为1～1.5mm。玛琋脂应涂刷均匀，不得过厚或堆积。

**75.** 水落口、天沟、檐沟、檐口及立面卷材收头防水作法如下：

1）水落口应牢固地固定在承重结构上。当采用金属制品时，所有零件均应做防锈处理。

2）天沟、檐沟铺贴卷材应从沟底开始，当沟底过宽、卷材需纵向搭接时，搭接缝应用密封材料封口。

3）铺至混凝土檐口或立面的卷材收头应裁齐后压入凹槽，并用压条或带垫片钉子固定，最大钉距不应大于900mm，凹槽内用密封材料嵌填封严。

**76.** 冷底子油是由10号或30号石油沥青，溶解于柴油、煤油、汽油、苯或甲苯等有机溶剂所制成的油溶性石油沥青防水卷材与基层粘结用的打底材料。

**77.** 沥青防水卷材铺贴应符合下列规定：

1）卷材在铺贴前应保持干燥，其表面的撒布料应预先清扫干净，并避免损伤卷材；

2）在无保温层的装配式屋面上，应沿屋面板的端缝先单边点粘一层卷材，每边的宽度不应小于10mm，或采取其他能增大防水层适应变形的措施，然后再铺贴屋面卷材；

3）选择不同胎体和性能的卷材复合使用时，高性能的卷材应放在面层；

4）铺贴卷材时应随刮涂玛琋脂随滚铺卷材，并展平压实；

5）采用空铺、点粘、条粘第一层卷材或第一层为打孔卷材时，在檐口、屋脊和屋面的转角处及突出屋面的交接处，卷材应满涂玛琋脂，其宽度不得小于800mm。当采用热玛琋脂时，应涂刷冷底子油。

**78.** 高聚物改性沥青防水卷材冷粘法铺贴应符合下列规定：

1）胶粘剂涂刷应均匀、不露底、不堆积。卷材空铺、点粘、条粘时，应按规定的位置及面积涂刷胶粘剂。

2）根据胶粘剂的性能，应控制胶粘剂涂刷与卷材铺贴的间隔时间。

3）铺贴卷材时应排除卷材下面的空气，并辊压粘贴牢固。

4）铺贴卷材时应平整顺直，搭接尺寸准确，不得扭曲、皱折。搭接部位的接缝应满涂胶粘剂，辊压粘贴牢固。

5）搭接缝口应用材性相容的密封材料封严。

**79.** 高聚物改性沥青防水卷材热粘法铺贴应符合下列规定：

1）熔化热熔型改性沥青胶时，宜采用专用的导热油炉加热，加热温度不应高于200℃，使用温度不应低于180℃；

2）粘贴卷材的热熔改性沥青胶厚度宜为1～1.5mm；

3）铺贴卷材时，应随刮涂热熔改性沥青胶随滚铺卷材，并展平压实。

**80.** 高聚物改性沥青防水卷材热熔法铺贴应符合以下规定：

1）火焰加热器的喷嘴距卷材面的距离应适中，幅宽内加热应均匀，以卷材表面熔融至光亮黑色为度，不得过分加热卷材。厚度小于3mm的高聚物改性沥青防水卷材，严禁采用热熔法施工。

2）卷材表面热熔后应立即滚铺卷材，滚铺时应排除卷材下面的空气，使之平展并粘贴牢固。

3）搭接缝部位宜以溢出热熔的改性沥青为度，溢出的改性沥青宽度以2mm左右并均匀顺直为宜。当接缝处的卷材有铝箔或矿物粒料时，应清除干净后再进行热熔和接缝处理。

4）铺贴卷材时应平整顺直，搭接尺寸准确，不得扭曲。

5）采用条粘法时，每幅卷材与基层粘结面不应少于两条，每条宽度不应小于150mm。

**81.** 高聚物改性沥青防水卷材自粘法铺贴应符合以下规定：

1）铺贴卷材前，基层表面应均匀涂刷基层处理剂，干燥后及时铺贴卷材。

2）铺贴卷材时应将自粘胶底面的隔离纸完全撕掉。

3）铺贴卷材时应排除卷材下面的空气，并辊压粘结牢固。

4）铺贴的卷材应平整顺直，搭接尺寸准确，不得扭曲、皱折。低温施工时，立面大坡面及搭接部位宜采用热风机加热，加热后随即粘贴牢固。

5）搭接缝口应采用材性相容的密封材料封严。

**82.** 合成高分子防水卷材冷粘法铺贴，卷材搭接部位采用胶粘带施工方法是，粘合面应清理干净，必要时可涂刷与卷材及胶粘带材性相容的基层胶粘剂，撕去胶粘带隔离纸后及时粘合上层卷材，并辊压粘牢。低温施工时，宜采用热风机加热，使其粘结牢固、封闭严密。

**83.** 合成高分子防水卷材采用焊接法和机械固定法铺贴应符合下列规定：

1）对热塑性卷材的搭接缝宜采用单缝焊或双缝焊，焊接应严密。

2）焊接前，卷材应铺放平整、顺直，搭接尺寸准确，焊接缝的结合面应清扫干净。

3）应先焊长边搭接缝，后焊短边搭接缝。

4）卷材采用机械固定时，固定件应与结构层固定牢固，固定件间距应根据当地的使用环境与条件确定，并不宜大于600mm。距周边800mm范围内的卷材应满粘。

**84.** 涂膜防水屋面施工要做好技术准备工作如下：

1）熟悉和会审图纸，掌握和了解设计意图；收集有关该产品和涂膜防水有关资料；

2）编制防水工程施工方案；

3）向操作人员进行技术交底或培训；

4）确定质量目标和检验要求；

5）提出施工记录的内容和要求。

**85.** 薄质、防水涂料是指设计防水涂膜厚度在3mm以下的涂料，3mm以上一般称厚质涂料。薄质涂料一般是水乳型或溶剂型的高聚物改性沥青防水涂料或合成高分子防水涂料。厚质涂料目前常用有石灰膏乳化沥青涂料、膨润土乳化沥青涂料、石棉乳化沥青涂料等。

**86.** 薄质防水涂料施工，收头处理：为防止收头部位出现翘边现象，所有收头均应用密封材料压边，压边宽度不得小于 10mm。收头处的胎体增强材料应裁剪整齐，压入凹槽内，不得出现翘边、皱折、露白等现象。

**87.** 涂膜防水屋面需铺设胎体增强材料时，当屋面坡度小于 15%，可平行屋脊铺设；当屋面坡度大于 15%，应垂直于屋脊铺设，并由屋面最低处向上进行。胎体增强材料长边搭接宽度不得小于 50mm，短边搭接宽度不得小于 70mm。采用二层胎体增强材料时，上下层不得垂直铺设，搭接缝应错开，其间距不应小于幅宽的 1/3。

**88.** 高聚物改性沥青防水涂料用于屋面Ⅱ级防水厚度不应小于 3mm；用于屋面Ⅲ级防水其厚度不应小于 3mm；用于屋面Ⅳ级防水，其厚度不应小于 2mm。

**89.** 合成高分子防水涂料用于屋面Ⅰ级防水其厚度不应小于 1.5mm；用于屋面Ⅱ级防水其厚度不应小于 1.5mm；用于屋面Ⅲ级防水其厚度不应小于 2mm。

**90.** 高聚物改性沥青防水涂膜施工；屋面板缝防水处理如下：

1）板缝应清理干净，细石混凝土应浇捣密实，板端缝中嵌填的密封材料应粘结牢固、封闭严密。无保温层屋面的板端缝和侧缝应预留凹槽，并嵌填密封材料。

2）抹找平层时，分格缝应与板端缝对齐、顺直，并嵌填密封材料。

3）涂膜施工时，板端缝部位空铺附加层的宽度宜为 100mm。

**91.** 高聚物改性沥青防水涂膜施工应符合下列规定：

1）防水涂膜应多遍涂布，其总厚度应达到设计要求和规范规定。

2）涂层的厚度应均匀，且表面平整。

3）涂层间夹铺胎体增强材料时，宜边涂布边铺胎体，胎体应铺贴平整，排除气泡，并与涂料粘结牢固。在胎体上涂布涂料时，应使涂料浸透胎体，覆盖完全，不得有胎体外露现象。最上面的涂层厚度不应小于 1.0mm。

4）涂膜施工应先做好节点处理，铺设带有胎体增强材料的附加层，再进行大面积涂布。

5）屋面转角及立面的涂膜应薄涂多遍不得有流淌和堆积现象。

**92.** 高聚物改性沥青防水涂膜不应在以下环境施工：

1）严禁在雨天、雪天施工；

2）五级风及其以上时不得施工；

3）溶剂型涂料施工环境气温宜为－5～35℃；水乳型涂料施工环境气温宜为 5～35℃，热熔型涂料施工环境气温不宜低于－10℃。

**93.** 合成高分子防水涂膜施工，在涂层间夹铺胎体增强材料时位于胎体下面的涂层厚度不宜小于 1mm，最上层的涂层不应少于两遍，其厚度不应小于 0.5mm。

**94.** 刚性防水屋面适用于防水等级为Ⅲ级的屋面防水，也可用作Ⅰ、Ⅱ级屋面多道防水设防中的一道防水层；刚性防水层不适用于受较大振动或冲击的建筑屋面。

**95.** 刚性防水屋面防水层采用细石混凝土时，水泥的选择，宜用普通硅酸盐水泥或硅酸盐水泥，不得使用火山灰质硅酸盐水泥；当采用矿渣硅酸盐水泥时，应采取减少泌水性的措施。

**96.** 防水层的细石混凝土中，粗骨料的最大粒径不宜大于 15mm，含泥量不应大于 1%；细骨料应采用中砂或粗砂，含泥量不应大于 2%。

**97.** 细石混凝土防水层的厚度不应小于 40mm，并应配置直径为 4～6mm、间距为 100～200mm 的双向钢筋网片；钢筋网片在分格缝处应断开，其保护层厚度不应小于 10mm。

**98.** 刚性防水屋面防水层的分格缝应设在屋面板的支承端、屋面转折处、防水层与突出屋面结构的交接处，并应与板缝对齐见图4-3-9。

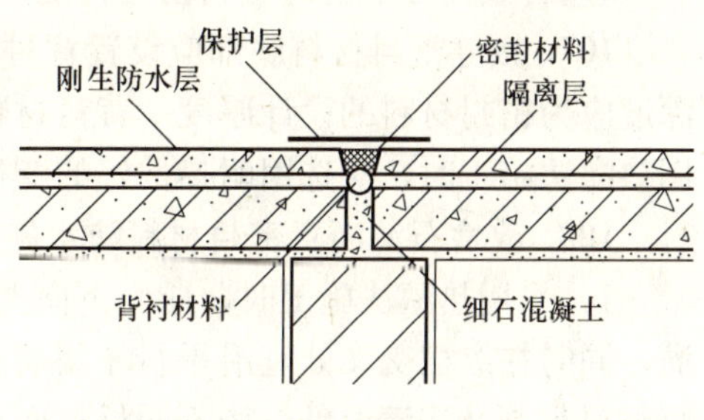


图 4-3-9 屋面分格缝

普通细石混凝土和补偿收缩混凝十防水层的分格缝，其纵横间距不宜大于 6m。分格缝的宽度宜为 5～30mm，分格缝内应嵌填密封材料，上部应设置保护层。

**99.** 屋面刚性防水层与变形缝两侧墙体交接处应留宽度为 30mm 的缝隙，并用密封材料嵌填；泛水处应铺设卷材或涂膜附加层；变形缝中应填泡沫塑料，其上填放衬垫材料，并应用卷材封盖，顶部应加扣混凝土盖板或金属盖板见图 4-3-10。

**100.** 伸出屋面管道与刚性防水层交接处应留缝隙，用密封材料嵌填，并应加设卷材或涂膜附加层；收头应固定密封见图 4-3-11。

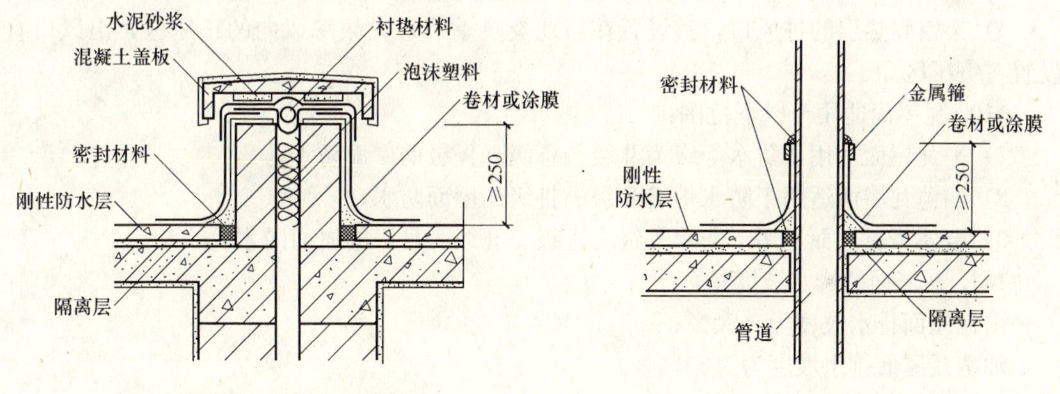


图 4-3-10 屋面变形缝　　图 4-3-11 伸出屋面管道

**101.** 屋面接缝密封防水适用于屋面防水工程的密封处理，并与刚性防水屋面、卷材防水屋面、涂膜防水屋面等配套使用。

**102.** 密封防水部位的基层应符合下列要求：

1）基层应牢固，表面应平整、密实，不得有裂缝、蜂窝、麻面、起皮和起砂现象。

2）嵌填密封材料前，基层应干燥、干净。

**103.** 采用的背衬材料应能适应基层的膨胀和收缩，具有施工时不变形、复原率高和耐久性好等特性。

**104.** 采用的密封材料应具有弹塑性、粘结性、施工性、耐候性、水密性、气密性和位移性。

**105.** 进场的改性石油沥青密封材料抽样复验应符合下列规定：

1）同一规格、品种的材料应每 2t 为一批，不足 2t 者按一批进行抽样；

2）改性石油沥青密封材料物理性能，应检验耐热度、低温柔性、拉伸粘结性和施工度。

**106.** 进场的合成高分子密封材料抽样复验应符合下列规定：

1）同一规格、品种的材料每1t为一批，不足1t者按一批进行抽样；

2）合成高分子密封材料物理性能，应检验拉伸模量、定伸粘结性和断裂伸长率。

**107.** 接缝密封材料底部应设置背衬材料，背衬材料宽度应比接缝宽度大20%，嵌入深度应为密封材料的设计厚度。背衬材料应选择与密封材料不粘结或粘结力弱的材料；采用热灌法施工时，应选用耐热性好的背衬材料。

**108.** 改性石油沥青密封材料防水施工应符合下列规定：

1）采用热灌法施工时，应由下向上进行，尽量减少接头。垂直于屋脊的板缝宜先浇灌，同时在纵横交叉处宜沿平行于屋脊的两侧板缝各延伸浇灌150mm，并留成斜槎。密封材料熬制及浇灌温度应按不同材料要求严格控制。

2）采用冷嵌法施工时，应先将少量密封材料批刮在缝槽两侧，分次将密封材料嵌填在缝内，并防止裹入空气。接头应采用斜槎。

**109.** 架空屋面的设计应符合下列规定：

1）架空屋面的坡度不宜大于5%；

2）架空隔热层的高度，应按屋面宽度或坡度大小的变化确定；

3）当屋面宽度大于10m时，架空屋面应设置通风屋脊；

4）架空隔热层的进风口，宜设置在当地炎热季节最大频率风向的正压区，出风口宜设置在负压区。

**110.** 瓦屋面适用于以下范围：

1）平瓦屋面适用于防水等级为Ⅱ级、Ⅲ级、Ⅳ级的屋面防水；

2）油毡瓦屋面适用于防水等级Ⅱ级、Ⅲ级的屋面防水；

3）金属板材屋面适用于防水等级为Ⅰ级、Ⅱ级、Ⅲ级的屋面防水。

**111.** 瓦屋面的排水坡度是：

平瓦屋面排水坡度为≥20%；

油毡瓦屋面排水坡度为≥20%；

金属板材屋面排水坡度为≥10%。

**112.** 平瓦屋面的基层防水作法。首先在基层上面铺一层卷材，其搭接宽度不应小于100mm，并用顺水条将卷材压钉在基层上；顺水条的间距宜为500mm，再在顺水条上铺钉挂瓦条。

**113.** 平瓦屋面的泛水，宜采用聚合物水泥砂浆或掺有纤维的混合砂浆分次抹成；烟囱与屋面的交接处，在迎水面中部应抹出分水线，并应高出两侧各30mm。油毡瓦屋面和金属板材屋面的泛水板，与突出屋面的墙体搭接高度不应小于250mm。

**114.** 油毡瓦屋面施工，铺设脊瓦时，应将油毡瓦切槽剪开，分成四块做为脊瓦，并用两个油毡瓦钉固定；脊瓦应顺年最大频率风搭接，并应搭盖住两坡面油毡瓦接缝的1/3；脊瓦与脊瓦的压盖面，不应小于脊瓦面积的1/2。

**115.** 屋面与突出屋面结构的交接处，油毡瓦应铺贴在立面上，其高度不应小于250mm。

在屋面与突出屋面的烟囱、管道等处，应先做二毡三油防水层，待铺瓦后再用高聚物改性沥青卷材做单层防水。

在女儿墙泛水处，油毡瓦可沿基层与女儿墙的八字坡铺贴，并用镀锌薄钢板覆盖，钉入墙内预埋木砖上，泛水上口与墙间的缝隙应用密封材料封严。

**116.** 天沟、檐沟、檐口、山墙防水做法如下：

1）天沟用金属板材制作时，应伸入屋面金属板材下不小于100mm；

2）当有檐沟时，屋面金属板材应伸入檐沟内，其长度不应小于50mm；

3）檐口应用异型金属板材的堵头封檐板；

4）山墙应用异型金属板材的包角板和固定支架封严。

**117.** 施工组织设计是指导拟建工程从施工准备到施工完成的组织、技术、经济的一个综合性的设计文件，对施工全过程起指导作用。

**118.** 施工组织设计根据设计阶段和编制对象不同，大致可以分为以下三类：

1）施工组织总设计（施工组织大纲）；

2）单项工程施工组织设计；

3）分部（分项）工程施工作业设计。

这三类施工组织设计是由大到小、由粗到细、由战略布署到战术安排的关系，但各自要解决问题的范围和侧重点等要求有所不同。

**119.** 施工组织总设计的主要内容包括：工程概况、施工部署与施工方案、施工总进度计划、施工准备工作及各项资源需要量计划、施工总平面图、主要技术组织措施及主要技术经济指标等。

**120.** 单项工程施工组织设计的主要内容有：工程概况、施工方案与施工方法、施工进度计划、施工准备工作及各项资源需要量计划、施工平面图、主要技术组织措施及主要经济指标等。

**121.** 分部（分项 ）工程施工作业设计的主要内容包括：施工方法、技术组织措施、主要施工机具、配合要求、劳动力安排、平面布置、施工进度等。

**122.** 单项工程施工方案的主要内容包括确定施工程序，施工阶段的划分，施工顺序及流水施工的组织，主要分部分项工程的施工方法。

**123.** 防水工程施工方案编制的重要性主要有以下四点：

1）防水施工方案是防水施工的主要依据；

2）防水施工方案是防水质量的有力保证；

3）防水施工方案是防水安全施工的重要措施；

4）防水施工方案是防水实现经济效益的有效途径。

**124.** 防水施工方案的编制内容有以下八点：

1）工程概况；

2）质量工作目标；

3）施工组织与管理；

4）防水材料及其使用；

5）施工操作技术；

6）质量验收；

7）安全注意事项；

8）工程回访。

**125.** 防水施工专业化与管理方面，目前形成的制度和做法主要有以下五点：

1）普遍组建防水施工专业队，实行防水工程承包制；

2）统一培训建筑防水设施骨干人员；

3）建立防水材料使用认证管理和施工现场材料复测制度；

4）实行保修制度；

5）试行“防水工程推荐做法”或“防水施工工法”。

**126.** 防水施工专业队组管理制度有：质量管理制度、技术交底制度、安全制度、成品保护制度、料具管理制度和劳动管理制度。

**127.** 技术交底应遵循防水施工方案的原则，应结合现场变化的情况编写，交底要具体、详细、明确。

技术交底包括技术、质量、安全、用料、工期要求及相关工种的协作配合方法等，不仅要写出书面资料，要求接受交底的负责人签字认可，而且要口头交底到主要作业人员，使操作人员真正明确和彻底领会，必要时示范操作。

技术交底的过程也是贯彻防水施工方案的过程，同时也是进行工作预控的过程。

**128.** 防水工程的施工验收，资料方面包括以下内容：

1）原材料、半成品及成品的出厂质量证明、检验试验报告；

2）沥青玛𤧛脂的配合比及检验试验报告；

3）施工记录和隐蔽验收记录；

4）技术交底记录；

5）质量检验和评定记录；

6）防水施工方案；

7）屋面工程施工图；

8）防水工程施工图；

9）淋水或蓄水检验记录；

10）验评报告。

**129.** 防水工程的施工验收，实物方面的内容如下：

1）根据质量检验及评定标准的规定，逐项检查，允许偏差项目要进行实测实量；

2）地下防水工程应重点检查管道穿过处、设备基础四周、施工缝及止水带等容易产生漏水部位；

3）屋面工程应检查有无渗漏和积水，排水系统是否畅通，可在雨后或持续淋水 2h 后进行。有可能作蓄水试验的，要作 24h 蓄水试验。

**130.** 建筑（装饰）安装工程费用由直接工程费、间接费、利润、其他费用、税金五部分组成。

**131.** 直接工程费包括：定额直接费、其他直接费、现场经费、流动施工津贴、价差等。

**132.** 其他直接费包括以下六项：

1）冬雨季施工增加费；

2）夜间施工增加费；

3）材料二次搬运费；

4）生产工具用具使用费；

5）检查试验费；

6）工程定位复测点交场地清理费。

**133.** 防水工程基层质量要求是：

1）基层（找平层）表面平整度不应大于5mm，表面无酥松、起砂、起皮现象。

2）平面与突出物连接处或阴阳角等部位的找平层应抹成圆弧，并达到规范规定或设计要求。

3）防水层作业前，基层应干燥、干净。

4）屋面坡度应准确，排水系统应通畅。

**134.** 防水工程细部构造质量要求是，各细部构造处理均应达到设计要求，不得出现渗漏现象。地下室防水层铺贴卷材的搭接缝，应覆盖压条，条边应封固严密。

**135.** 防水工程卷材防水层质量要求是，铺贴工艺应符合标准、规范规定和设计要求，卷材搭接宽度准确，接缝严密。平面、立面卷材及搭接部位卷材铺贴后，表面应平整、无皱折、鼓泡、翘边现象，接缝牢固严密。

**136.** 防水工程涂膜防水层质量要求是：

1）涂膜厚度必须达到标准、规范规定和设计要求。

2）涂膜防水层不应有裂纹、脱皮、起鼓、厚薄不匀或堆积、露胎以及皱皮等现象。

**137.** 防水工程刚性防水质量要求如下：

1）除防水混凝土和防水砂浆的材料应符合标准规定外，外加剂及预埋件等均应符合有关标准和设计要求。

2）防水混凝土必须密实，其强度和抗渗等级必须符合设计要求和有关标准规定。

3）刚性防水层的厚度应符合设计要求，其表面应平整，不起砂，不出现裂缝。细石混凝土防水层内的钢筋位置应准确，分格缝做到平直、位置正确。

4）施工缝和变形缝的止水片（带）、穿墙管件、支模铁件等设置和构造部位，必须符合设计要求和有关规范规定，不得渗漏现象。

**138.** 高聚物改性沥青防水卷材抽样检验项目有：拉伸性能、耐热度、柔性和不透水性。

**139.** 防水涂料抽样检验项目有：固体含量、耐热度、柔性、不透水性和延伸性。合成高分子防水涂料还需检验其拉伸强度和断裂延伸率。

**140.** 密封材料抽样检验项目如下：

1）改性沥青密封材料应检验其施工度、粘结性、耐热度和柔性；对改性煤焦油沥青密封材料，应检验其粘结延伸率、耐热度、柔性和回弹率。

2）合成高分子密封材料应检验粘结性、柔性和拉伸——压缩循环性能。

**141.** 全面质量管理，就是企业全体职工及有关部门同心协力把专业技术、经营管理、数理统计和思想教育结合起来，建立起产品的设计研究、生产制造、售后服务等活动全过程的质量保证体系，从而用最经济的手段生产出用户满意的产品。

**142.** 全面质量管理的方法有：PDCA循环法、全面质量管理“排列图法”、全面质量管理“因果图”法。

**143.** 防水层施工前要刷冷底子油其理由有三：

1）清除基面浮尘，为防水层提供干净清洁的基面，无论是铺贴防水卷材，还是涂刷防水涂料，都不会因为有浮土而削弱防水层与基面的粘结力；

2）冷底子油渗入基层的毛细孔隙中，相当于沥青钉入基层，增加了防水层与基层的粘结力；

3）冷底子油起到封闭基面的作用。

**144.** 蠕变性自粘防水卷材是在现有的高分子防水卷材和改性沥青防水卷材底层涂敷一层蠕变型底胶，用隔离纸隔离成卷，制作而成的具有蠕变性能的自粘卷材。

**145.** 金属防水卷材是从我国宫廷建筑经典防水工程中得到启示开发成功的防水材料，是以铅、锡、锑等为基料经浇注、辊压加工而成的防水卷材，因为它是惰性金属，具有不腐烂、不生锈、不腐蚀、抗老化能力强、延伸性好、可焊性好、施工方便、防水可靠、使用寿命长等优点，综合经济效益显著。

**146.** 涂膜防水工程主要材料包括基层处理剂、防水涂料、增强材料、隔离材料、保护材料等。

**147.** 三元乙丙橡胶防水涂料是采用耐老化极好的三元乙丙橡胶为基料，添加补强剂、填充剂、抗老化剂、抗紫外线剂、促进剂等制成混炼胶，采用“水分散”的特殊工艺制成的水乳型防水涂料。

**148.** 涂膜防水层施工时，经常在防水涂层中加设玻璃纤维布或聚脂纤维布等作为胎体增强材料，其主要目的是：

1）细部节点用胎体增强材料适应变形能力；

2）大面积使用胎体可增强防水涂层的抗拉强度；

3）大面积使用胎体可提高防水涂膜厚度的均匀性；

4）起固胶、带胶的作用。

**149.** 建筑定型密封材料的共同特点是：

1）具有良好的弹塑性和强度，不致于因构件的变形、振动而发生脆裂和脱落，并且有防水、耐热、耐低温性能；

2）具有优良的压缩、拉伸和膨胀及回复性能；

3）密封性能好，并具有优良的耐久性能；

4）定型尺寸精度要求高。

**150.** 止水带按组成材料的不同，常用的种类有橡胶止水带、塑料止水带、钢板止水带、钢边橡胶止水带等。

在建筑工程中常用的天然橡胶止水带和塑料止水带按其断面形状可分为哑铃形和肋形两种类型，哑铃形止水带又可分为平哑铃形和空心球哑铃形两种。

平哑铃形止水带一般应用于施工缝的防水处理，空心球哑铃形和肋形止水带常用于变形缝的防水设防。

**151.** 地下防水工程分项工程包括以下工程：

1）地下建筑防水工程：防水混凝土、水泥砂浆防水层、卷材防水层、涂料防水层、塑料防水层、金属板防水层、细部构造；

2）特殊施工法防水工程：锚喷支护、地下连续墙、复合式衬砌，盾构法隧道；

3）排水工程：渗排水，盲沟排水，隧道、坑道排水；

4）注浆工程：预注浆、后注浆、衬砌裂缝注浆。

**152.** 混凝土的抗渗等级是指在标准试验条件下，混凝土试件的抗渗压力值。考虑到施工现场混凝土的制备、浇筑、振捣和养护的条件与试验室条件有较大的差别，试验室配制防水混凝土的施工配合比，其抗渗等级应比设计要求提高一级（0.2MPa），以保证现场施工混凝土的抗渗能力。

**153.** 混凝土垫层是承载结构底板的平面基础，它的稳定使结构底板很好地与桩基结合，形成完整的载荷体系，同时又是结构底板的一道防水保护层；提高强度同时提高了垫层密实度，提高了垫层的抗渗性。同时对于预拌混凝土来说，很难配出低于C15的混凝土，厚度提高有利于降低其弹性变化量，有利于结构底板的稳定。

足够的厚度是混凝土垫层具有足够刚度的保证，规范规定结构底板垫层混凝土厚度不应小于100mm，在软弱土层中不应小于150mm。

**154.** 防水混凝土的配合比设计应符合以下规定：

1）试配要求的抗渗水压值应比设计值提高0.2MPa；

2）水泥用量不得少于320kg/m$^3$；掺有活性掺和料时，水泥用量不得少于280kg/m$^3$；

3）砂率宜为35%～40%，泵送时可增至45%；

4）灰砂比宜为1∶1.5～1∶2.5；

5）水灰比不得大于0.55；

6）普通防水混凝土坍落度不宜大于50mm。防水混凝土采用预拌混凝土时，入泵坍落度宜控制在120±20mm，入泵前坍落度每小时损失值不应大于30mm，坍落度总损失值不应大于60mm；

7）掺加引气剂或引气型减水剂时，混凝土含气量应控制在3%～5%；

8）防水混凝土采用预拌混凝土时，缓凝时间宜为6～8h。

**155.** 平缝形式在原来的基础上有了很大的改进与完善，通过内埋和外贴相结合的手法，解决了界面结合差的毛病，切实加强了施工缝这个防水的薄弱环节，如在缝上敷设遇水膨胀止水腻子条或遇水膨胀橡胶条，利用它们遇水膨胀的特性止住缝中的渗水通道。

内埋止水带通过止水带延长水流通道来起到防水效果；外贴止水带、外涂防水涂料、外贴防水卷材和外抹防水砂浆等通过外加防水层的方法在迎水面将水止住，使施工缝的防水形成了一个完整的系统。

通过长期的施工实践，平缝防水系统能简化施工，克服了凹缝、凸缝、阶梯缝等企口缝的一些弊病，也加快了施工的速度，提高了防水的效果。

**156.** 混凝土浇筑完，在模板拆除后，清除施工缝界面基层浮灰和油污等杂物，将有机聚合物和无机粘结材料相结合的改性水泥砂浆，用其对混凝土表面进行处理，但注意水灰比不宜太大，约在1∶3左右，用喷涂或铁板涂刮约2mm的厚度，等界面处理剂稍收浆即可进行浇筑。这样既操作方便又有效，大大提高了施工质量和速度。

经过界面处理剂处理后，能湿润并渗透入基层表面并有一定的保水性能，和易性好。既和原混凝土基层有良好的粘结性能又与新混凝土有很好的粘结性能，使新旧混凝土很好地结合在一起。

**157.** 为了防止穿墙螺栓成为渗水通道，必须采取下列措施进行防水处理：

1）在螺栓上加焊方形止水环，延长渗水路线的长度；

2）拆模后割除端部螺栓，将凹槽清理干净；

3）用柔性密封材料将凹槽部位密封严密；

4）密封材料外部用聚合物水泥砂浆封堵密实；

5）在迎水面涂刷防水涂料增强处理。

**158.**《地下防水工程质量验收规范》GB 50208—2002 规定防水混凝土的施工质量检验数量，应按混凝土外露面积每 100$m^2$ 抽查 1 处，每处 10$m^2$，且不得少于 3 处；细部构造应全数检查。

**159.** 防水混凝土质量检验主控项目有以下三点：

1）防水混凝土的原材料、配合比及坍落度必须符合设计要求。

检验方法：检查出厂合格证、质量检验报告、计量措施和现场抽样试验报告。

2）防水混凝土的抗压强度和抗渗压力必须符合设计要求。

检验方法：检查混凝土抗压、抗渗试验报告。

3）防水混凝土的变形缝、施工缝、后浇带、穿墙管道、埋设件等设置和构造，均须符合设计要求，严禁有渗漏。

检验方法：观察检查和检查隐蔽工程验收记录。

**160.** 防水混凝土质量检验一般项目有以下三点：

1）防水混凝土结构表面应坚实、平整，不得有露筋、蜂窝等缺陷；埋设件位置应正确。

检查方法：观察和尺量检查。

2）防水混凝土结构表面的裂缝宽度不应大于 0.2mm，并不得贯通。

检查方法：用刻度放大镜检查。

3）防水混凝土结构厚度不应小于 250mm，其允许偏差为＋15mm、－10mm；迎水面钢筋保护层厚度不应小于 50mm，其允许偏差为±10mm。

**161.** 水泥砂浆防水层所用的材料应符合下列规定：

1）水泥品种应按设计要求选用，其强度等级不应低于 32.5 级，不得使用过期或受潮结块水泥；

2）砂宜采用中砂，粒径 3mm 以下，含泥量不得大于 1％，硫化物和硫酸盐含量不得大于 1％；

3）水应采用不含有害物质的洁净水；

4）聚合物乳液的外观质量，无颗粒、异物和凝固物；

5）外加剂的技术性能应符合国家或行业标准一等品及以上的质量要求。

**162.** 水泥砂浆防水层的基层质量应符合以下要求：

1）水泥砂浆铺抹前，基层的混凝土和砌筑砂浆强度应不低于设计值的 80％；

2）基层表面应坚实、平整、粗糙、洁净，并充分湿润，无积水；

3）基层表面的孔洞、缝隙应用与防水层相同的砂浆填塞抹平。

**163.** 水泥砂浆防水层施工应符合下列要求：

1）分层铺抹或喷涂，铺抹时应压实、抹平和表面压光；

2）防水层各层应紧密贴合，每层宜连续施工，必须留施工缝时应采用阶梯坡形槎，但离阴阳角处不得小于 200mm；

3）防水层的阴阳角处应做成圆弧形；

4）水泥砂浆终凝后应及时进行养护，养护温度不宜低于5℃并保持湿润，养护时间不得少于14d。

**164.** 地下防水工程卷材防水层完工并经验收合格后应及时做保护层。保护层应符合下列规定：

1）顶板的细石混凝土保护层与防水层之间宜设置隔离层；

2）底板的细石混凝土保护层厚度应大于50mm；

3）侧墙宜采用聚苯乙烯泡沫塑料保护层，或砌砖保护墙（边砌边填实）和铺抹30mm厚水泥砂浆。

**165.** 地下防水工程防水涂料在不同防水等级所应达到的厚度如下：

1）反应型防水涂料在Ⅰ级、Ⅱ级防水设防中厚度均应要达到1.2～2.0mm。

2）水乳型防水涂料在Ⅰ级、Ⅱ级防水设防中厚度均应要达到1.2～1.5mm。

3）聚合物水泥涂料在Ⅰ级、Ⅱ级防水设防中厚度均应要达到1.5～2.0mm；在Ⅲ级防水一道设防时厚度应达到2.0mm，在复合设防时厚度应达到1.5mm。

4）水泥基防水涂料在Ⅰ级、Ⅱ级防水设防中厚度均应达到1.5～2.0mm，Ⅲ级防水一道设防，厚度应达到2.0mm，在Ⅲ级防水复合设防，厚度应达到1.5mm。

5）水泥基渗透结晶型防水涂料，在Ⅰ级、Ⅱ级防水设防时，厚度均应为0.8mm。

**166.** 地下工程防水层的施工应符合下列规定：

1）涂料涂刷前应先在基层上涂一层与涂料相容的基层处理剂；

2）涂膜应多遍完成，涂刷应待前遍涂层干燥成膜后进行；

3）每遍涂刷时应交替改变涂层的涂刷方向，同层涂膜的先后搭茬宽度宜为30～50mm；

4）涂料防水层的施工缝（甩槎）应注意保护，搭接缝宽度应大于100mm，接涂前应将其甩茬表面处理干净；

5）涂刷程序应先做转角处、穿墙管道、变形缝等部位的涂料加强层，后进行大面积涂刷；

6）涂料防水层中铺贴的胎体增强材料，同层相邻的搭接宽度应大于100mm，上下层接缝应错开1/3幅宽。

**167.** 地下防水工程涂料防水层质量检验一般项目如下：

1）涂料防水层的基层应牢固，基面应洁净、平整，不得有空鼓、松动、起砂和脱皮现象；基层阴阳角处应做成圆弧形。

检验方法：观察检查和检查隐蔽工程验收记录。

2）涂料防水层应与基层粘结牢固，表面平整、涂刷均匀，不得有流淌、皱折、鼓泡、露胎体和翘边等缺陷。

检查方法：观察检查。

3）涂料防水层的平均厚度应符合设计要求，最小厚度不得小于设计厚度的80%。

检验方法：针测法或割取20mm×20mm实样用卡尺测量。

4）侧墙涂料防水层的保护层与防水层粘结牢固，结合紧密，厚度均匀一致。

检查方法：观察检查。

**168.** 塑料板防水层的铺设应符合下列规定：

1）塑料板的缓冲衬垫应用暗钉圈固定在基层上，塑料板边铺边将其与暗钉圈焊接牢固；

2）两幅塑料板的搭接宽度应为100mm，下部塑料板应压住上部塑料板；

3）搭接缝宜采用双条焊缝焊接，单条焊缝的有效焊接宽度不应小于10mm；

4）复合式衬砌的塑料板铺设与内衬混凝土的施工距离不应小于5m。

**169.** 塑料板防水层的施工质量检验数量，应按铺设面积每100m² 抽查1处，每处10m²，但不少于3处。焊缝的检验应按焊缝数量抽查5%，每条焊缝为1处，但不少于3处。

**170.** 地下防水工程塑料板防水层质量检验主控项目有两点：

1）防水层所用塑料板及配套材料必须符合设计要求。

检验方法：检查出厂合格证、质量检验报告和现场抽样试验报告。

2）塑料板的搭接缝必须采用热风焊接，不得有渗漏。

检验方法：双焊缝间空腔内充气检查。

**171.** 金属板防水层的施工质量检验数量，应按铺设面积每10m² 抽查1处，每处1m²，且不得少于3处。焊缝检验应按不同长度的焊缝各抽查5%，但均不得少于1条。长度小于500mm的焊缝，每条检查1处；长度500～2000mm的焊缝，每条检查2处；长度大于2000mm的焊缝，每条检查3处。

**172.** 地下防水工程变形缝的防水施工应符合下列规定：

1）止水带宽度和材质的物理性能均应符合设计要求，且无裂缝和气泡；接头应采用热接，不得叠接，接缝平整、牢固，不得有裂口和脱胶现象；

2）中埋式止水带中心线应和变形缝中心线重合，止水带不得穿孔或用铁钉固定；

3）变形缝设置中埋式止水带时，混凝土浇筑前应校正止水带位置，表面清理干净，止水带损坏处应修补；顶、底板止水带的下侧混凝土应振捣密实，边墙止水带内外侧混凝土应均匀，保持止水带位置正确、平直，无卷曲现象；

4）变形缝处增设的卷材或涂料防水层，应按设计要求施工。见图4-3-12、图4-3-13、图4-3-14。

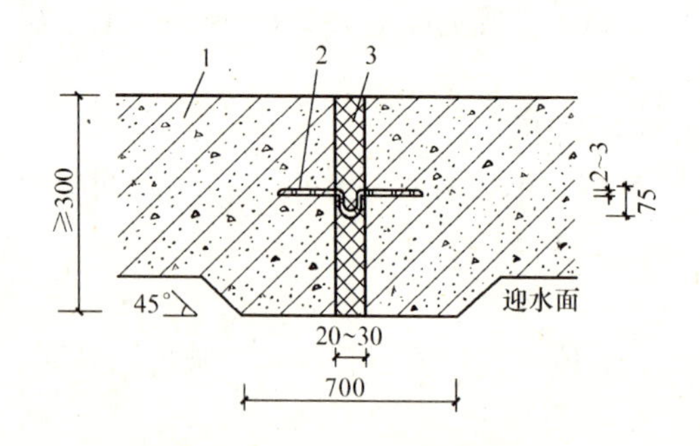


图4-3-12　中埋式金属止水带

1—混凝土结构；2—金属止水带；3—填缝材料

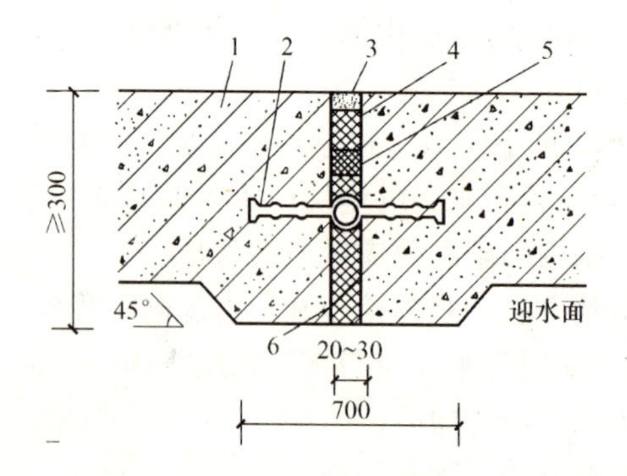


图4-3-13　中埋式止水带与遇水膨胀橡胶条、嵌缝材料复合使用

1—混凝土结构；2—中埋式止水带；3—嵌缝材料；4—背衬材料；5—遇水膨胀橡胶条；6—填缝材料

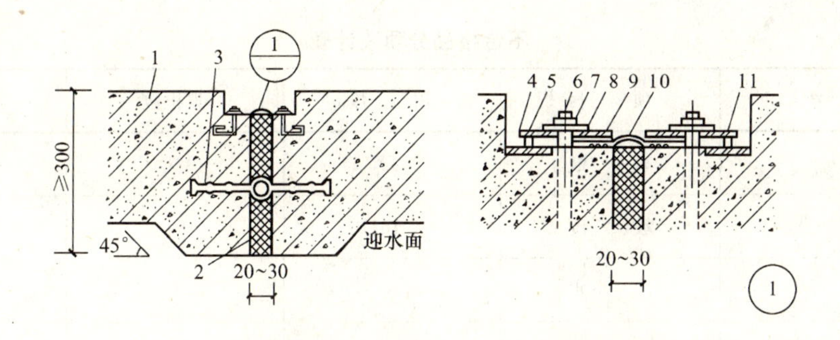


图 4-3-14 中埋式止水带与可卸式止水带复合使用

1—混凝土结构；2—填缝材料；3—中埋式止水带；4—预埋钢板；5—紧固件压板；6—预埋螺栓；7—螺母；8—垫圈；9—紧固件压块；10—Ω 型止水带；11—紧固件圆钢

**173.** 地下防水工程施工缝的防水施工应符合下列规定：

1）水平施工缝浇筑混凝土前，应将其表面浮浆和杂物清除，铺水泥砂浆或涂刷混凝土界面处理剂并及时浇筑混凝土；

2）垂直施工缝浇筑混凝土前，应将其表面清理干净，涂刷混凝土界面处理剂并及时浇筑混凝土；

3）施工缝采用遇水膨胀橡胶腻子止水条时，应将止水条牢固地安装在缝表面预留槽内；

4）施工缝采用中埋式止水带时，应确保止水带位置准确、固定牢靠。

## 第四节 技师计算题

### 一、计算题

**1.** 某屋面工程屋面尺寸长为 150m，宽 20m，问屋面找平层和防水层应分别检查几处？

**2.** 某防水工程需配制玛琋脂（S-70）300kg，采用 10 号 60 号沥青、蛭石粉、石棉绒配制，以硫酸铜为催化剂，其配合比为 10 号沥青：60 号沥青：滑石粉：石棉绒＝60：10：20：10，硫酸铜为沥青重量的 1.5%，问需各种材料各多少？

**3.** 已知长 2.2m，宽 1.5m 的厕浴间地面采用 1：6 水泥焦渣垫层，厚度 40mm，坡度 2%；并用 1：2.5 水泥砂浆找平，厚度 20mm；用聚氨酯涂膜防水层，四周墙面高出地面 50cm，求水泥、焦渣、平砂及聚氨酯的用量。

**4.** 面积为 $800m^2$ 的室内地面作单层 LYX-603 防水卷材，长边搭接为 100mm，短边搭接为 150mm；卷材规格长 20m、宽 1m；基层卷材配套 603-3 号胶粘结剂（$0.4kg/m^2$），其中胶粘结剂配合比为甲料：乙料：稀释剂＝1：0.6：0.8。求卷材和甲乙料、稀释剂的用量（胶料为重量比）。

**5.** 某公司对去年屋面工程中不合格项目进行统计，其中不合格品分项统计见表 4-4-1。

**不合格品分项统计表** **表 4-4-1**

| 序　　号 | 项　　目 | 频　　数 | 累积数 | 累　　积 |
|---|---|---|---|---|
| 1 | 表面空鼓 | 22 | | |
| 2 | 坡　　度 | 10 | | |
| 3 | 泛　　水 | 8 | | |
| 4 | 搭　　接 | 4 | | |
| 5 | 开　　裂 | 1 | | |
| 6 | 其　　他 | 2 | | |

试绘制影响屋面防水质量的排列图。分项累计计算。

**6.** 某 30 甲建筑石油沥青，试验室测定其延伸度在 25℃时三次测定值分别为 3.1cm、3cm、2.7cm，问该沥青是否符合质量标准？

## 二、计算题答案

**1.** 解：①屋面总面积为 $150\times20\text{m}=3000\text{m}^2$

②每 $100\text{m}^2$ 检查一处但不少于 3 处

③找平层和防水层各检查$\dfrac{3000}{100}=30$ 处

**2.** 解：①10 号沥青为$\dfrac{300\times60}{60+10+20+10}=180\text{kg}$

②60 号沥青为 $300\times\dfrac{10}{60+10+20+10}=30\text{kg}$

③滑石粉为 $300\times\dfrac{20}{60+10+20+10}=60\text{kg}$

④石棉绒为 $300\times\dfrac{10}{60+10+20+10}=30\text{kg}$

⑤硫酸铜为（180＋30）×0.015＝3.15kg

**3.** 解：①聚氨酯为：[2.2×1.5＋（2.2＋1.5）×2×0.5]×2.5＝17.5kg

②水泥为：$2.2\times1.5\times0.04\times800\times\dfrac{1}{7}+2.2\times1.5\times0.02\times1600\div3.5=45.26\text{kg}$

③焦渣为：$2.2\times1.5\times0.04\times800\times\dfrac{6}{7}=91\text{kg}$

④砂为：$2.2\times1.5\times0.02\times1600\times\dfrac{25}{35}=76\text{kg}$

**4.** 解：①卷材为：800÷[（20－0.15)]×（1－0.1)]＝51 卷

②603－3 号胶粘剂为：800×0.4＝320kg

③甲料为：320÷（1＋0.8＋0.6）×1＝134kg

④乙料为：320÷（1＋0.8＋0.6）×0.6＝80kg

⑤稀释剂为：320÷（1＋0.8＋0.6）×0.8＝107kg

**5.** 解：①表面空鼓占$\frac{22}{22+10+8+4+1+2}=46.8\%$

②坡度占$\frac{22+10}{22+10+8+4+1+2}=68.1\%$

③泛水占$\frac{22+10+8}{22+10+8+4+1+2}=85.1\%$

④搭接占$\frac{22+10+8+4}{22+10+8+4+1+2}=93.6\%$

⑤开裂占$\frac{22+10+8+4+1}{22+10+8+4+1+2}=95.7\%$

⑥其他占$\frac{22+10+8+4+1+2}{22+10+8+4+1+2}=100\%$

⑦屋面防水质量排列图（未图）

**6.** 解：①平均值为（3.1＋3＋2.7）÷3＝3

②（3－2.7）÷3＝10%＞5%

③（3－3.1）÷3＝3%＜5%

所以应舍去2.7取高的两次的平均值。

(3＋3.1）÷3＝3.05＞3 符合要求

沥青符合质量标准。

## 第五节　实际操作评分

**1.** 三毡四油防水层平屋面施工操作见表4-5-1。

**考核项目及评分标准**　　**表4-5-1**

| 序号 | 测定项目 | 评分标准 | 满分 | 检测点 | | | | | 得分 |
|---|---|---|---|---|---|---|---|---|---|
| | | | | 1 | 2 | 3 | 4 | 5 | |
| 1 | 基层处理 | 清洁、基层平整度符合要求，冷底子油喷涂均匀 | 20 | | | | | | |
| 2 | 卷材粘贴 | 各层粘贴牢固不空鼓、翘边，搭接合理顺序、方向正确 | 30 | | | | | | |
| 3 | 保护层 | 豆砂均匀牢固 | 10 | | | | | | |
| 4 | 文明施工 | 不浪费材料，工完场清 | 15 | | | | | | |
| 5 | 安全生产 | 重大事故不合格，小事故扣分 | 10 | | | | | | |
| 6 | 工效 | 根据项目，按照劳动定额进行，低于定额90%本项无分，在90%～100%之间酌情扣分，超过定额酌情加1～3分 | 15 | | | | | | |

**2.** 地下室氯化聚乙烯橡胶共混防水卷材施工（按上人作保护层）见表 4-5-2。

**考核项目及评分标准** **表 4-5-2**

| 序号 | 测定项目 | 评分标准 | 满分 | 检测点 | | | | | 得分 |
|---|---|---|---|---|---|---|---|---|---|
| | | | | 1 | 2 | 3 | 4 | 5 | |
| 1 | 基层处理 | 基层干净，平整度符合要求，处理剂涂刷均匀 | 10 | | | | | | |
| 2 | 粘贴卷材 | 附加层符合节点要求，涂胶均匀，适时粘贴牢固，搭接方法正确 | 30 | | | | | | |
| 3 | 搭接收头 | 接缝方法正确，粘压牢固，密封收头严密 | 20 | | | | | | |
| 4 | 保护层 | 平整不空裂 | 10 | | | | | | |
| 5 | 文明施工 | 不浪费材料，工完场清 | 10 | | | | | | |
| 6 | 安全生产 | 重大事故不合格，小事故扣分 | 10 | | | | | | |
| 7 | 工效 | 根据项目，按照劳动定额进行，低于定额 90%本项无法在 90%～100%之间酌情扣分，超过定额酌情加 1～3 分 | 10 | | | | | | |

注：蓄水试验，24h 不渗漏为合格，渗漏为不合格，本项操作无分。

**3.** 冷库工程防潮、隔热层施工（防潮层采用二毡三油，隔热层采用软木砖）见表4-5-3。

**考核项目及评分标准** **表 4-5-3**

| 序号 | 测定项目 | 评分标准 | 满分 | 检测点 | | | | | 得分 |
|---|---|---|---|---|---|---|---|---|---|
| | | | | 1 | 2 | 3 | 4 | 5 | |
| 1 | 基层处理 | 清洁无凸出物，冷底子油均匀无漏喷 | 10 | | | | | | |
| 2 | 防潮层工艺 | 名层间粘结紧密不空鼓，接缝严密搭接合理 | 20 | | | | | | |
| 3 | 保护层 | 撒石子均匀，嵌入牢固 | 10 | | | | | | |
| 4 | 铺贴软木 | 粘贴软木牢固，无翘，平整错缝合理，各层钉牢 | 20 | | | | | | |
| 5 | 钢网砂浆面层 | 平整不空裂，不破坏防水层 | 10 | | | | | | |
| 6 | 文明施工 | 用料合理、节约，工完场清 | 10 | | | | | | |
| 7 | 安全生产 | 重大事故不合格，小事故扣分 | 10 | | | | | | |
| 8 | 工效 | 根据项目，按照劳动定额进行，低于定额 90%本项无分，在 90%～100%之间酌情扣分，超过定额酌情加 1～3 分 | 10 | | | | | | |

**4.** 无机铝盐防水砂浆水塔施工见表 4-5-4。

考核项目及评分标准　　表 4-5-4

| 序号 | 测定项目 | 评分标准 | 满分 | 检测点 | | | | | 得分 |
|---|---|---|---|---|---|---|---|---|---|
| | | | | 1 | 2 | 3 | 4 | 5 | |
| 1 | 基层处理 | 基层平整密实、清洁，按要求作节点及凿毛等处理 | 20 | | | | | | |
| 2 | 防水层 | 材料质量合格配比合理各层间隔合理 | 30 | | | | | | |
| 3 | 表面 | 平整光滑无空鼓、起砂现象坡度顺畅 | 10 | | | | | | |
| 4 | 养护 | 及时，足时 | 10 | | | | | | |
| 5 | 文明施工 | 工完场清 | 10 | | | | | | |
| 6 | 安全生产 | 重大事故不合格，小事故扣分 | 10 | | | | | | |
| 7 | 工效 | 根据项目，按照劳动定额进行，低于定额 90%本项无分，在 90%～100%之间酌情扣分，超过定额酌情加 1～3 分 | 10 | | | | | | |

注：做蓄水试验，24h 不渗漏为合格，有渗漏者不合格，本操作无分。

**5.** 防水工程施工方案的编制

1）题目：编制某一教学楼屋面防水施工方案。

2）内容：编制防水施工方案。包括工程概况、施工准备工作、操作要点、质量安全、成品保护、现场维修措施等。

3）时间：8h。

4）考核项目及评分标准见表 4-5-5。

考核项目及评分标准　　表 4-5-5

| 序号 | 测定项目 | 评分标准 | 满分 | 检测点 | | | | | 得分 |
|---|---|---|---|---|---|---|---|---|---|
| | | | | 1 | 2 | 3 | 4 | 5 | |
| 1 | 工程概况 | 工程名称、面积、结构形式、防水部位及要求 | 10 | | | | | | |
| 2 | 施工准备 | 材料准备、技术准备的内容及要求 | 20 | | | | | | |
| 3 | 操作要点 | 使用新型材料性能及技术说明关键部位做法、要点 | 20 | | | | | | |
| 4 | 质量验收 | 质量要求和质量标准，验收 | 20 | | | | | | |
| 5 | 安全施工 | 防水防毒要求，高空作业安全规定 | 10 | | | | | | |
| 6 | 成品保护 | 保护措施现场维修 | 10 | | | | | | |
| 7 | 工程回访 | 回访制度渗漏维修 | 10 | | | | | | |

# 参 考 文 献

[1] 屋面工程技术规范（GB 50345—2004）. 北京：中国建筑工业出版社，2004.
[2] 屋面工程质量验收规范（GB 50207—2002）. 北京：中国建筑工业出版社，2002.
[3] 地下工程防水技术规范（GB 50108—2001）. 北京：中国建筑工业出版社，2001.
[4] 地下防水工程质量验收规范（GB 50208—2002）. 北京：中国建筑工业出版社，2002.
[5] 房屋渗漏修缮技术规程（CJJ 62—95）. 北京：中国建筑工业出版社，1995.
[6] 建筑专业《职业技能鉴定教材》编审委员会. 防水工（中级）. 北京：中国劳动社会保障出版社，2001.
[7] 建筑专业《职业技能鉴定教材》编审委员会，防水工（高级）. 北京：中国劳动社会保障出版社，2000.
[8] 劳动和社会保障部中国就业培训技术指导中心. 防水工（基础知识、初级、中级、高级、技师）. 北京：中国城市出版社，2003.
[9] 建设部人事教育司. 防水工（技师）. 北京：中国建筑工业出版社，2005.
[10] 建设部人事教育司. 防水工. 北京：中国建筑工业出版社，2002.
[11] 朱馥林. 屋面工程施工与验收手册. 北京：中国建筑工业出版社，2006.